火力发电工人实用技术问答丛书

电气设备检修技术问答

（第二版）

《火力发电工人实用技术问答丛书》编委会　编著

中国电力出版社
CHINA ELECTRIC POWER PRESS

内 容 提 要

本书为《火力发电工人实用技术问答丛书》之一，全部以问答形式，简明扼要地介绍了电力生产基础知识、安全管理常识以及火力发电厂电气设备检修基本知识。本书共分四篇十二章，介绍了发电厂、变电站电气一次设备的检修、试验以及电气测量知识、操作方法和安全注意事项。主要内容有变配电检修、电机检修、电气试验、电测仪表检修四个部分。考虑到现场工人的实际应用需要，各部分又按初级工、中级工、高级工分类，可适应不同水平读者的阅读需求。该书编著者均为长年工作在生产一线的专家、技术人员，具有较好的理论基础、丰富的实践经验和培训经验。

本书从火力发电厂电气设备检修的实际出发，理论突出重点、实践注重技能。全书以实际运用为主，可供火力发电厂从事电气检修工作的技术人员、检修人员学习参考以及为考试、考问等提供题目；也可供相关专业的大、中专学校的师生参考阅读。

图书在版编目（CIP）数据

电气设备检修技术问答/《火力发电工人实用技术问答丛书》编委会编著．—2版．—北京：中国电力出版社，2022.6

（火力发电工人实用技术问答丛书）

ISBN 978-7-5198-6813-0

Ⅰ.①电… Ⅱ.①火… Ⅲ.①火力发电—发电机组—设备检修—问题解答 Ⅳ.①TM621.3-44

中国版本图书馆CIP数据核字（2022）第097948号

出版发行：中国电力出版社
地　　址：北京市东城区北京站西街19号（邮政编码100005）
网　　址：http://www.cepp.sgcc.com.cn
责任编辑：孙　芳（010-63412381）
责任校对：黄　蓓　常燕昆　朱丽芳
装帧设计：赵姗姗
责任印制：吴　迪

印　　刷：三河市万龙印装有限公司
版　　次：2003年3月第一版　2022年6月第二版
印　　次：2022年6月北京第四次印刷
开　　本：787毫米×1092毫米　16开本
印　　张：26.75
字　　数：663千字
印　　数：0001—1000册
定　　价：98.00元

《火力发电工人实用技术问答丛书》

编　委　会

前 言

为了提高电力生产检修、运行人员和技术管理人员的技术素质和管理水平，适应现场岗位培训的需要，特别是为适应火力发电技术快速发展、超临界和超超临界机组大规模应用的现状，使火力发电员工技术水平与生产形势相匹配编写了此套丛书。

丛书结合近年来火力发电发展的新技术及地方电厂现状，根据《中华人民共和国职业技能鉴定规范（电力行业）》及《职业技能鉴定指导书》，本着紧密联系生产实际的原则编写而成。丛书采用问答形式，内容以操作技能为主，基本训练为重点，着重强调了基本操作技能的通用性和规范化。

《电气设备检修技术问答（第二版）》在编著中，尽量反映新技术、新设备、新工艺、新材料、新经验和新方法，以 660MW 超超临界机组及其辅助设备为主，兼顾 600MW 超临界、300MW 亚临界以及 1000MW 机组及其辅助设备的内容。全书内容丰富、覆盖面广，文字通俗易懂，是一套针对性较强的，有相当先进性和普遍适用性的工人技术培训参考书。

本书内容共四篇。第一篇由国家能源集团国能山西新能源产业投资开发有限公司郭希红、古交西山发电有限公司郭宏胜编写；第二篇由古交西山发电有限公司赵喜红、山西兴能发电有限责任公司李思国编写；第三篇由中国大唐太原第二热电厂丁旭、高铁伦、李浩元编写；第四篇由古交西山发电有限公司郭景仰、山西兴能发电有限责任公司刘铁编写。全书由古交西山发电有限公司赵喜红统稿并主编。古交西山发电有限公司副总工程师王国清对全书进行主审。

在此书出版之际，谨向为本书提供咨询及所引用的技术资料的作者们致以衷心的感谢。

本书在编写过程中，由于时间仓促和编著者的水平与经历有限，书中难免有缺点和不妥之处，恳请读者批评指正。

编 者

2022 年 6 月

目录

第三篇 电 气 试 验

第四篇 电 测 仪 表

第一篇

变配电检修

第一章

变配电检修初级工

第一节 电 工 基 础

1 变压器的基本工作原理是什么？

答：变压器是运用电磁感应定律工作的。在构成闭合回路的铁芯上绕有一次绕组、二次绕组。当一次绕组加上交流电压时，铁芯中产生交变磁通，交变磁通在一次、二次绕组中感应电动势，但因一次、二次侧绕组的匝数不同，所以一次、二次侧感应电动势的大小就不同，从而实现了变电压的目的。一次、二次侧感应电动势之比等于一次、二次侧匝数之比。当二次侧接上负载时，二次侧电流也产生磁动势，而主磁通由于外加电压不变而趋于不变，随之在一次侧增加电流，使磁动势达到平衡。这样，一次侧和二次侧通过电磁感应而实现了能量的传递。

2 变压器有哪些主要部件？

答：变压器的主要部件有：

（1）器身。包括铁芯、绕组、绝缘部件及引线。

（2）调压装置。即分接开关，分为无励磁调压和有载调压装置。

（3）油箱及冷却装置。

（4）保护装置。包括储油柜、压力释放阀、吸湿器、气体继电器和测温装置等。

（5）绝缘套管。

3 变压器铁芯为什么必须接地，且只允许一点接地？

答：变压器在运行或试验时，铁芯及零件等金属部件均处在强电场之中，由于静电感应作用在铁芯或其他金属结构上产生悬浮电位，造成对地放电而损坏零件，这是不允许的，除穿心螺杆外，铁芯及其所有金属构件都必须可靠接地。

如果有两点或两点以上的接地，在接地点之间便形成了闭合回路，当变压器运行时，其主磁通穿过此闭合回路时，就会产生环流，将会造成铁芯的局部过热，烧损部件及绝缘，造成事故。所以，变压器只允许一点接地。

4 什么是功率因数？提高功率因数有何重要意义？

答：在交流电路中，有功功率与视在功率的比值。即 $\cos\Phi=p/s$，叫功率因数。

提高功率因数的意义在于：在总功率不变的条件下，功率因数越大，则电源供给的有功功率越大。这样，提高功率因数，可以充分利用输电与发电设备。

5 什么是集肤效应？有何应用？

答：当交变电流通过导体时，电流将集中在导体表面流通，这种现象称为集肤效应。

为了有效地利用导体材料和使之散热，大电流母线常做成槽形或菱形。另外，在高压输配电线路中，利用钢芯绞线代替铝绞线，这样既节省了铝导体，又增加了导线的机械强度。

6 什么是涡流？在生产中有何利弊？

答：交变磁场中的导体内部（包括铁磁物质），将在垂直于磁力线方向的截面上感应出闭合的环形电流，称为涡流。

在生产中的利是：利用涡流原理可制成感应炉来冶炼金属；利用涡流可制成磁电式、感应式电工仪表；电度表中的阻尼器也是利用涡流原理制成的。弊是在电机、变压器等设备中，由于涡流存在将产生附加损耗。同时磁场减弱造成电气设备效率降低，使设备的容量不能充分利用。

7 什么是互感电动势？试述互感原理的应用。

答：两个互相靠近的绕组，当一个绕组中的电流发生变化时，在另一个绕组中产生感应电动势，这种由互感现象产生的电动势，叫互感电动势。

互感现象是一种电磁感应现象，两个绕组上是互不相通的，而是通过磁耦合在电气上建立联系。各种变压器、互感器都是根据互感原理制成的。

8 什么是电介质的极化？

答：在外电场作用下，电介质内部沿电场方向产生感应偶极矩，电介质表面出现与电极极性相反的电荷，这种现象称为电介质极化。

9 什么是沿面放电？

答：沿面放电是指沿着不同凝聚态电介质交界面的放电，如气体或液体电介质沿固体电介质表面的放电。

10 什么是电晕放电？

答：气体间隙在极不均匀电场下产生的局部放电现象，叫电晕放电。

11 什么是操作过电压？

答：操作过电压是指电力系统由于进行断路器操作或发生突然短路而引起的过电压。

12 什么是雷电感应过电压？

答：雷闪击中电气设备附近地面，在放电过程中由于空间电磁场的急剧变化而使未直接遭受雷击的电气设备（包括二次设备、通信设备）上感应出的过电压。

13 什么是液体电介质小桥击穿？

答：在电场作用下，工程用液体电介质中杂质形成小桥，导致液体电介质由绝缘状态突变为良导电状态的过程。

第二节 变压器及互感器检修基础知识

1 简述电力变压器的分类和型号的含义。

答：电力变压器的分类和型号见表1-1。

表1-1 电力变压器分类和型号表

型号中代表符号排列顺序	分类	类别	代表符号
1	线圈耦合方式	自耦	O
2	相数	单相	D
		三相	S
3	冷却方式	油浸风冷	J
		干式空气自冷	G
		干式浇注绝缘	C
		油浸风冷	F
		油浸水冷	S
		强迫油循环风冷	FP
		强迫油循环水冷	SP
4	线圈数	双线圈	—
		三线圈	S
5	线圈导线材质	铜	—
		铝	L
6	调压方式	无激磁调压	—
		有载调压	Z

2 变压器的作用是什么？如何进行分类？

答：变压器是利用电磁感应原理制成，用以满足电力的经济输送，分配与安全使用升高或降低电压要求的一种电器。

变压器一般分为电力变压器和特种变压器两大类。

3 变压器型号 SFPSZ—63000/110 代表什么意义？

答：第1个S表示三相，F表示风冷，P表示强迫油循环，第2个S表示三绕组，Z表示有载调压，63000表示容量为63000kVA，110表示高压侧额定电压为110kV，型号意义是该变压器为三相强迫油循环风冷三绕组有载调压 110kV 变压器，额定容量为 63000kVA。

4 变压器设备各主要技术参数的基本含义是什么？

答：变压器主要技术参数包括：额定容量、额定电压、额定电流、额定频率、线圈连接组标号以及额定性能数据（阻抗电压、空载电流、空载损耗和短路损耗）等。

额定容量。制造厂所规定的在额定条件下使用时输出能力的保证值。单位为 VA 或 kVA。对于三相变压器，是指三相总的容量。

额定电压。由制造厂所规定的加到一次侧绕组的电压为一次侧额定电压；二次侧额定电压为在变压器空载时一次侧施加额定电压对应的二次侧端电压。单位为 V 或 kV。

额定电流。变压器一次侧和二次侧的额定电流，是从相对应的额定电压和额定容量计算出来的电流值。

阻抗电压和短路损耗。当变压器二次线圈端子短接（稳态短路），为使一次线圈产生额定电流而施加的电压称为阻抗电压。变压器自电源汲取的功率为短路损耗。

5 叙述变压器的铭牌参数的实际意义。

答：变压器铭牌上的参数是变压器制造厂在设计时给变压器正常运行所规定的数据，它对变压器的妥善运行和维护相当重要。一般变压器铭牌上标有下述内容：

（1）相数。三相交流电各组之间相隔 120°电角度。三相变压器可以是单台的三相变压器，也可以是由三台单相变压器组成的三相变压器组。

（2）序号。变压器出厂编号，包括制造年月。它是使用者从制造厂获得许多有用资料的关键，这些资料包括详细的结构图和出厂试验结果。

（3）等级。这一名称指变压器绝缘型式和冷却方式。

（4）额定千伏安数。额定千伏安（kVA）或兆伏安（MVA）指变压器设计在额定条件下运行时的最大视在功率。

（5）温升。温升是指变压器部件的温度与周围环境温度之差（通常是“绕组温升”或“绕组最热点温升”）。平均温升是指变压器在额定满负荷功率运行时绕组平均温度高于环境温度之差值。变压器温度计指示的是运行温度而不是温升，当减去环境温度后才是温升。如某变压器额定温升为 55℃，则它在 30℃环境温度下运行时的最高温度不得超过 85℃。

（6）额定电压。如铭牌上标记为额定电压为 230000～13800Y/7970，其意义是指一次绕组侧的额定电压为 230000V，经过变压器将电压降至二次绕组侧的 Y 接线电压为 13800V。因为铭牌上已提出为三相变压器，故可计算出二次侧的相电压为：$13800/\sqrt{3}=7970(V)$，以上电压均指有效值，而电压的峰值是有效值的$\sqrt{2}$倍。

（7）基本冲击水平。指变压器绝缘系统耐受雷电冲击电压和其他系统过电压能力的指数。

（8）绕组连接图。最普通的变压器接线是三角形（△）接法（即各绕组按相序串联，形成一个闭合回路）和星形接法（Y）（即各绕组一端接成公共中性点，而其他端为线端）。三相变压器组最普通的接法有四种：△—Y、Y—△、△—△、Y—Y。这里的“三相”是指三相绕组装在同一油箱中，而三台单独油箱的单相变压器组成三相时，则由外部端子进行接线。

（9）阻抗。以百分数表示的变压器阻抗值反比于变压器在全电源电压下的出口短路电流，这一短路电流的倍数等于100除以变压器阻抗百分数。如一台变压器的阻抗为4%，则短路电流为25倍的变压器额定电流。

6 配电变压器在运行前应做哪些检查项目？

答：检查项目有：

（1）检查试验合格证，如试验合格证签发日期超过3个月，应重新测试绝缘电阻，其阻值应大于允许值，不小于原试验值的70%。

（2）套管完整，无损坏裂纹，外壳无漏油、渗油情况。

（3）高、低压引线完整可靠，各处接点符合要求。

（4）引线与外壳及电杆的距离符合要求，油位正常。

（5）一次、二次熔断器符合要求。

（6）防雷保护齐全，接地电阻合格。

7 变压器小修周期是如何规定的？

答：（1）变压器的小修每年至少一次。

（2）必要时小修也可一年两次或根据情况增加。

（3）有载调压变压器及其开关的小修为每三个月在切换开关中取油样做试验，若低于标准时应更换或过滤。

（4）当运行时间满一年或更换次数达4000次应进行换油。

8 变压器大修周期是如何规定的？

答：（1）投入运行后的第5年内和以后一般每10年大修一次。

（2）运行中的变压器发现异常状况，经试验判断内部有故障时应提前大修。

（3）在大容量系统中运行的变压器，当承受出口短路后，应做绕组变形和电感量测定，以决定是否提前大修。

9 变压器小修项目有哪些？

答：变压器小修项目有：

（1）检查并消除已发现的缺陷。

（2）检查并拧紧套管引出线的接头。

（3）变压器油保护装置及放油门的检修。

（4）冷却器、储油柜、安全气道及保护膜的检修。

（5）套管密封、顶部连接帽密封衬垫的检查，瓷绝缘的检查清扫。

（6）各种保护装置、测量装置（保护、仪表）的检修试验。

（7）有载调压开关的检修。

（8）充油套管及本体补充变压器油。

（9）油箱附件的检修。

（10）进行规定的测量和试验。

（11）更换不合格的硅胶。

10 变压器大修项目有哪些？

答：变压器的大修项目一般有：

（1）对外壳进行清洗、试漏、补漏及重新喷漆。

（2）对所有附件（油枕、安全气道、散热器、所有截门、气体继电器、套管等）进行检查、修理及必要的试验。

（3）检修冷却系统。

（4）对器身进行检查及处理缺陷。

（5）检修分接开关（有载或无励磁）的接点和传动装置。

（6）检修及校对测量仪表。

（7）滤油。

（8）重新组装变压器。

（9）按规定进行试验。

11 变压器大修有何程序？

答：变压器大修的程序：

第一步解体检修：

（1）办理工作票，停电，拆除变压器的外部连接引线和二次引线，进行检修前的检查和试验。

（2）部分排油后拆卸套管、升高座，储油柜、冷却器、气体继电器，净油器，压力释放阀，联管、温度计等附属装置，并分别进行检修和校验。在储油柜放油时应检查油位计指示是否正确。

（3）排除全部油并进行处理。

（4）拆除无励磁开关操作杆；拆除有载分接开关，拆卸大盖连接螺栓后吊罩。

（5）检查器身情况，进行各部件的紧固并测试绝缘。

（6）更换密封胶垫、检修全部阀门、清洗检修铁芯、绕组及油箱。

第二步进行变压器组装：

（1）装回钟罩紧固螺栓后按规定注油。

（2）适量排油后安装套管、并装好内部引线，进行二次注油。

（3）安装冷却器等附属装置。

（4）整体密封试验。

（5）注油至规定的油位线。

（6）按 DL/T 596—1996 进行电气和油的试验。

12 变压器常规大修验收内容有哪些？

答：变压器常规大修的验收内容一般有：

（1）实际检修项目是否按计划全部完成，检修质量是否合格。

（2）审查全部试验结果和试验报告。

（3）整理大修原始记录资料，特别注意对结论性数据的审查。

（4）作出大修技术报告（应附有试验报告单、气体继电器试验票及其他必要的表格）。

（5）如有技术改造项目，应按事先制定的施工方案、技术要求以及有关规定进行验收。

（6）对检修质量做出评价。

13 变压器器身大修时应检查哪些项目？

答：器身大修时应检查：

（1）检查绕组无变形，绝缘完整，不缺少垫块。油隙不堵塞，绕组应压紧，引线绝缘距离应符合标准。

（2）检查铁芯应夹紧，无松散变形。铁芯叠片绝缘无局部变色，油路畅通，夹件及铁轭螺杆绝缘良好，铁芯接地片完好。

（3）检查连接件，所有螺栓包括夹件、铁轭螺杆、压钉、接紧螺杆、木件紧固螺栓，均应紧固并有防松措施。

（4）检查调压装置与引线连接是否正确。各分接头应清洁，接触压力适当，动触头正确停留在各个位置，且与指示器的指示相符。调压装置的机械传动部位完整无损，动作正确可靠；绝缘筒无漏油，各部分坚固良好。

（5）进行电气试验，测量上、下夹件，穿芯螺杆和铁芯之间的绝缘电阻，测量调压装置各触头的接触电阻。

（6）清理油箱底部，排净残油，检查并更换各处阀门和油堵的密封垫。

14 变压器套管在安装前应检查哪些项目？

答：变压器套管在安装前应检查的项目为：

（1）瓷套表面有无裂纹伤痕。

（2）套管法兰颈部及均压球内壁是否清洁干净。

（3）套管经试验是否合格。

（4）充油套管的油位指示是否正常，有无渗油现象。

15 变压器油箱和冷却装置的作用是什么？

答：变压器的油箱是变压器的外壳，内装铁芯、绕组和变压器油，同时起一定的散热作用。

变压器冷却装置的作用是：当变压器上层油温产生温差时，通过散热器形成油循环，使油经散热器冷却后流回油箱，有降低变压器油温的作用。为提高冷却效果，可采用风冷、强油风冷等措施。

16 简述变压器绕组的组成。其结构特点是什么？

答：理想的变压器绕组应是造价低廉而且具有一切所要求的特性，同时有较长的使用寿命。一般情况下，线圈—绕组应达到下述目的：

（1）适应各种电压应力，如雷电波或操作波，并有足够的绝缘强度。

（2）足够的绕组冷却能力，即具有足够的空间留给绝缘介质和冷却通道。

（3）具有足够的机械强度（如耐受短路的能力）。

（4）最低的造价。

（5）合乎规定的损耗。

变压器绕组材料包括导体材料和绝缘材料。绕组的导体材料中，目前普遍应用的为铜。采用铜线线圈的主要优点是：

（1）机械强度高。

（2）导电性能好，线圈体积小。

绕组绝缘材料：绕组的匝间和层间都应绝缘，一般采用A级绝缘材料，有经耐温达105℃的液体绝缘材料浸渍过的棉纱、纤维素等制成的纺织品；浸渍过的纸、纸板、木质板等，纸板和木垫块用来形成油道，便于油的循环，而起到冷却和绝缘的作用。

绕组线圈的压紧结构是大型电力变压器的重要环节，因为变压器在运行中承受着导线振动、雷电冲击的电应力和由于短路而引起的机械应力的冲击。如果合理地配置绕组线圈的压紧结构及铁芯的夹件，则可以减小上述的电应力和机械应力的冲击，从而达到保护变压器的目的。一般情况下，具有高耐张强度的铜合金和可以浸油的用于上、下部作线圈支撑的绝缘材料，均可作线圈压紧结构的一部分。现代最新型的弹簧荷载缓冲器可以调节压紧系统，从而保证变压器在组装、运输和运行中绕组线圈都是被压紧的。

17 简述变压器铁芯的材料及结构型式和夹件结构。

答：（1）铁芯材料。变压器一般采用厚度为0.35mm或0.5mm，高纯度的加有3%硅的冷轧定向结晶硅钢片作为铁芯材料。为减少铁芯涡流损耗，在铁芯叠片的两面涂有绝缘用的硅钢片漆。

（2）铁芯结构型式。变压器的型式—芯式或壳式的结构形状。在芯式变压器中，磁回路是变压器的中心，这种形式通常用于额定电流和容量较小的电力变压器。在壳式变压器中磁回路是一个外壳包覆着绕组，叠成筒状的线圈从上到下与磁路相随，这种形式通常用于额定容量为50000kVA及以上的大型电力变压器。铁芯结构的三种基本形式是：直口叠接式、斜口叠接式和绕带式。对于较大型的电力变压器一般采用两种铁片叠接方式，老式的设计采用热轧无定向铁芯钢片，叠接方法一律用直口叠接方式。对于冷轧定向材料，斜口叠接方式是合适的，斜口约45°，这样可以发挥冷轧钢片定向磁性的优点。不论是直口或斜口叠接方式，都要求上层铁片的接缝与下一层铁片相重叠，并且相邻两层接缝应错开。制造铁芯时最重要的一点是使接口缝隙为最小，以减小激磁电流。

（3）铁芯的夹件结构。如果铁芯叠片没有很好地紧固，它必然在变压器的运行中产生振动，从而可听到变压器的嗡嗡响声，长期运行必然会发生故障。铁芯的夹件结构，有两种形式：穿芯螺栓夹紧结构和无螺栓的夹紧结构。前者适用于老式的小型变压器，后者适用于现代大型的变压器。同时，夹件用高强度的环氧玻璃丝带缠绕，以使夹件具有一定的弹性，从而获得均匀的压力，减弱对声音和振动的传播。

18 简述变压器油箱的结构。

答：变压器油箱为钢制结构。它除为铁芯和绕组提供机械保护以外，还可作为冷却和绝缘液体的容器，一般变压器油箱还有附件油枕（油膨胀箱）。许多中型或大型变压器，都是在变压器主油箱上方带有一个辅助的膨胀油箱（即油枕），容量为主油箱的3%～10%，变压器油充满主油箱以及油枕的下半部，整个变压器通过油枕上部的呼吸器与大气连通，以减少变压器油对氧气和潮气的吸收，延缓油的老化寿命。目前此类变压器的油枕内均装有合成橡胶袋（隔膜），也就是通常所说的隔膜密封变压器。

19 分头切换装置（开关）的作用是什么？

答：变压器通常在高压绕组上设置分头，其目的是通过改变绕组分头，即改变匝比，从而达到改变电压，以允许在小范围内改变电压比（当一侧电压不变时而改变另一侧电压）。

20 试述变压器保护装置的作用。

答：变压器保护装置是由储油柜等几部分组成，其作用分述如下：

（1）储油柜。也叫油枕或油膨胀器，主要用以缩小变压器油与空气的接触面积，减少油受潮和氧化的程度，减缓油的劣化，延长变压器油的使用寿命。同时，随温度、负荷的变化给变压器油提供缓冲空间。

（2）吸湿器。内装吸湿剂，如变色硅胶等，能吸收进入储油柜的潮气，确保变压器油不变质。

（3）压力释放阀。当变压器内发生故障时，如短路等，绝缘油即燃烧并急剧分解成气体，导致变压器内部压力骤增，油和气体将冲开压力释放阀，变压器油喷出泄压，避免变压器油箱破裂。

（4）气体继电器。又叫瓦斯继电器。当变压器内部发生故障（如绝缘击穿、绕组匝间或层间短路等）产生气体时，或变压器油箱漏油使油面降低时，则气体继电器动作，发出报警信号，或接通继电保护回路，使开关跳闸，以保证故障不再扩大。

（5）测温装置。用来测量变压器的油温。

第三节　变配电设备原理及构造

1 试说明 GW5—110GD/600 设备型号的含义。

答：G—表示隔离开关；W—表示户外式；5—表示第5次系列统一设计；GD—改进型产品并装有接地开关；110—表示额定电压为110kV；600—表示额定电流为600A。

2 变压器套管的作用是什么？其按结构如何分类？

答：为了安全地引出变压器的绕组导线，必须将导线用一个端部保护装置的形式引出油箱，以使一次和二次绕组对油箱绝缘，而套管则是具有这种功能的装置，套管应有良好的密封性能，不漏气、漏水和油。

常用变压器套管按结构可分为：

（1）实心高铝陶瓷套管。主要用于25kV以下变压器。

（2）充油瓷套管。用于25～69kV变压器。

(3) 环氧树脂瓷套管。

(4) 合成树脂黏胶纸芯瓷套管。用于34.5～115kV变压器。

(5) 油浸纸芯瓷套管。用于69～275kV及以上的变压器。

套管必须具有耐受高电压的绝缘功能，特别是穿过变压器油箱盖的地方。在套管的外部，设置伞裙来提高爬距，以减少潮湿和灰尘污秽而引起闪络。

3 各类互感器型号的含义是什么？

答：电压互感器型号见表1-2。

表1-2 电压互感器型号

字母排列顺序	代号含义
1	J—电压互感器
2	D——单相 S——三相 C——串级式
3	J——油浸式 C——瓷箱式 Z——浇注式 G——干式 R——电容分压式
4	B——有Z型接线补偿线 J——接地保护 W——三线圈三相三柱旁轭式铁芯结构

4 电流互感器的基本原理是什么？

答：电流互感器的铁芯上装有一次和二次绕组。设一次绕组的匝数为W_1，电流为I_1；二次绕组的匝数为W_2，电流为I_2。在忽略激磁损耗的情况下，$I_1W_1=I_2W_2$，即$I_2=I_1W_1/W_2$。因为$W_2>W_1$，所以$I_2<I_1$。即把一次的大电流变成了二次的小电流，以便于测量和装设保护装置。

5 互感器的作用是什么？

答：互感器的作用是：

(1) 与测量仪表配合，对线路的电压、电流、电能进行测量。

(2) 使测量仪表、继电保护装置和线路的高电压隔开，以保证操作人员和设备的安全。

(3) 将电压和电流转换成统一的标准值。

6 电压互感器的绝缘结构是什么？

答：电压互感器按绝缘结构的不同，可分为干式、塑料浇注式、油浸式和充气式等几种。

浇注式电压互感器有其一次线圈两端均用浇注套管引出，然后再装上铁芯的半浇注式结构及线圈和铁芯装好后，一起浇注的全浇注式。

油浸式电压互感器：35kV 电压互感器铁芯为单相旁路式，一次线圈为分段式（双线圈）或宝塔式（三线圈），其他线圈为圆筒式，同心排列。110kV 及以上的电压互感器，采用瓷箱式结构，瓷箱既起高压出线套管作用，又代替油箱一次线圈采用串级式宝塔型结构，整个一次线圈由匝数相等两部组成，分别套在两个铁柱上，两者互相串联，接点与铁芯连接，平衡线圈设置在靠近铁芯的里层。

7 什么是电流互感器的相位差？

答：电流互感器的相位差是指一次电流与二次电流相量的相位差。相量方向以理想互感器的相位差为零来确定。当二次电流相量超前一次电流相量时，相位差为正值，通常以分或度来表示。

8 电流、电压互感器二次回路中为什么必须有一点接地？

答：电流、电压互感器二次回路一点接地属于保护性接地，防止一次、二次绝缘损坏、击穿，以致高电压窜到二次侧，造成人身触电及设备损坏。如果有两点接地会弄错极性、相位，造成电压互感器二次线圈短路而致烧损，影响保护仪表动作；对电流互感器会造成二次线圈多处短接，使二次电流不能通过保护仪表元件，造成保护拒动，仪表误指示，威胁电力系统安全供电。所以电流、电压互感器二次回路中只能有一点接地。

9 电压互感器二次短路的现象及危害是什么？为什么？

答：电压互感器二次短路，会使二次线圈产生很大短路电流，烧损电压互感器线圈，以致会引起一次、二次击穿，使有关保护误动作，仪表无指示。

因为电压互感器本身阻抗很小，一次侧是恒压电源，如果二次短路后，在恒压电源作用下二次线圈中会产生很大短路电流，烧损互感器，使绝缘损害，一次、二次击穿。失掉电压互感器会使有关距离保护和与电压有关的保护误动作，仪表无指示，影响系统安全，所以电压互感器二次不能短路。

10 电流互感器二次开路的现象及危害是什么？为什么？

答：电流互感器二次开路后有两种现象：

（1）二次线圈产生很高的电动势，威胁人身设备安全。

（2）造成铁芯强烈过热，烧损电流互感器。

因为电流互感器二次闭合时，一次磁化力 I_1W_1 大部分被 I_2W_2 所补偿，故二次线圈电压很小。如果二次开路 $I_2=0$，则 I_1W_1 都用来做激磁用，使二次线圈产生数千伏电动势，造成人身触电事故和仪表保护装置、电流互感器二次线圈的绝缘损坏。另一方面一次绕组磁化力使铁芯磁通密度增大，造成铁芯过热，最终烧坏互感器，所以不允许电流互感器二次开路。

11 在低压电网中，为什么多采用四芯电缆?

答：低压电网中多采用四芯电缆原因如下：

（1）低压电网多采用三相四线制，四芯电缆的中性线除作为保护接地外，还可通过三相不平衡电流。

（2）在三相四线系统中，若采用三芯电缆，则不允许另外加一根导线作为中心线的敷设方法，因为这样会使三芯电缆铠装发热，从而降低了电缆的载流能力，所以多采用四芯电缆。

12 高压断路器的主要作用是什么?

答：高压断路器的主要作用为：

（1）控制（电气设备投入或退出运行，可手动、自动，可远方或就地操作）。

（2）保护（线路故障时与继电保护相配合切除故障线路，使非故障部分正常运行，保护电气设备，不扩大事故）。

（3）改变设备状态（运行和检修、冷备用、热备用）。

13 什么是横吹灭弧方式?

答：在分闸时，动、静触头分开产生电弧，其热量将油气化并分解，使灭弧室中的压力急剧增高，这时气体受压缩储存压力。当动触头运动，喷口打开时，高压力将油和气自喷口喷出，横向（水平）吹电弧，使电弧拉长、冷却而熄灭，这种灭弧方式称为横吹灭弧方式。

14 什么是纵吹灭弧方式?

答：纵吹灭弧方式是指断路器在分闸时，动、静触头分开，高压力的油和气沿垂直方向吹弧，使电弧拉长、冷却而熄灭。

15 SF_6 断路器的工作原理是什么?

答：SF_6断路器是利用 SF_6气体特异的热化学特性和显著的负电性，对于产生的等离子体空间，尽可能供给多量的新鲜 SF_6气体，促进 SF_6气体分子与电弧的接触反应，是 SF_6 断路器的基本工作原理。

16 真空断路器的工作原理是什么?

答：在高真空中绝缘强度非常高。同时，在真空中金属蒸汽和带电离子扩散形成的灭弧作用是很显著的。利用此种特点在真空容器内进行电流的开断与关合的设备就是真空断路器。

17 磁吹断路器的工作原理是什么?

答：利用可将电弧驱进电弧栅之类的去离子装置的电磁回路，而在大气中进行电路开断的断路器。

18 高压断路器的主要结构特点是什么？

答：高压断路器的主要结构特点是：

（1）断路器有完善的灭弧装置。

（2）能开断、关合负荷电流、故障电流。

19 预防断路器载流部分过温的反事故措施有哪些？

答：（1）在室内外断路器设备的接头部分贴示温蜡片，并要定时监视，尤其在负荷高峰时。

（2）断路器的铜、铝过渡接头要定期检查，负荷大的断路器每年要检查两次。

（3）在交接和预防性试验中，应严格按照有关规定测量接触电阻。

20 断路器在没有开断故障电流的情况下，为什么要定期进行小修和大修？

答：断路器要定期进行小修和大修，是因为其存在以下情况：

（1）断路器在正常的运行中，存在着断路器机构轴销的磨损。

（2）润滑条件变坏。

（3）密封部位及承压部件的劣化。

（4）导电部件损耗。

（5）灭弧室的脏污。

（6）瓷绝缘的污秽等情况。

所以要进行定期检修，以保证断路器的主要电气性能及机械性能，符合规定值的要求。

21 为什么断路器都要有缓冲装置？

答：断路器分、合闸时，导电杆具有足够的分、合速度。但往往当导电杆运动到预定的分、合位置时，仍剩有很大的速度和动能，对机构及断路器有很大的冲击。故需要缓冲装置以吸收运动系统的剩余动能，使运动系统平稳。

22 隔离开关的作用是什么？

答：隔离开关的作用是：

（1）隔离电路，使电路有明显的断开点，保证检修人员安全工作。

（2）可拉合小电流，110kV以下空载变压器，但一般不可拉合电容电流。

（3）转换接线，增加运行灵活性，即倒闸操作。

23 隔离开关的主要结构特点是什么？

答：主要结构特点是没有灭弧装置，或只有简单的灭弧装置。

24 熔断器的主要机构特点和作用是什么？

答：熔断器的主要机构特点和作用是：熔断器又称保险是一次性的，有简单的灭弧装置，可以切断故障电流，一定时间的负荷电流。

25 负荷开关（包括接触器）的主要机构特点和作用是什么？

答：负荷开关有简单的灭弧装置，可开断关合正常的负荷电流，但不能开合故障电流，能通过故障电流，4s内不会有问题。

26 接地开关（刀闸）的主要机构特点和作用是什么？

答：接地开关主要机构特点是没有灭弧装置。

接地开关的作用为：

（1）代替携带型地线，在高压设备和线路检修时，将设备接地，保护人身安全。

（2）造成人为接地，满足保护要求。

27 电抗器的作用是什么？有哪些类型？

答：电抗器的作用是在电路中用作限流、稳流无功补偿、移相等的一种电感元件。

电抗器有三种基本类型：空芯式、铁芯式、饱和电抗器与自饱和电抗器。

28 电力电容器的用途有哪些？

答：电力电容器按用途不同可分为：

（1）移相电容器。补偿电力系统感性负荷无功功率。

（2）串联电容器。用以补偿线路的分布感抗，提高系统的静、动态稳定性。

（3）均压电容器。并联于断路器断口上，使断口间的电压在开断时均匀。

（4）耦合电容。高压端接于输电线上，低压端经过耦合线圈接地，使高频载波装置，在低电压下与高压线路耦合，用于载波通讯以及测量、控制和保护。

（5）脉冲电容器。用于冲击电压和冲击电流发生器及振荡回路等高压试验装置。

（6）滤波电容器。

1）用于倍压或串级高压直流装置中。

2）用于高压整流滤波装置中。

3）用于交流滤波装置中，包括直流输电的滤波装置均压电容器，电容器接于线、地之间，降低大气过电压的波前陡度和波峰峰值，配合避雷器保护发电机和电动机标准电容器，用在工频高压测量介质损耗回路中，作为标准电容，或用作测量高压的电容分压装置。

29 电力电容器的基本结构是什么？

答：电力电容器主要由芯子、外壳和出线结构三部分组成。

芯子通常由若干元件、绝缘件和紧固件经过压装并按规定的串、并联接法连接而成。元件由一定厚度及层数的介质和两块极板（通常为铝箔）卷绕一定圈数后压扁而成。

外壳有金属、瓷套和酚醛绝缘纸筒等几种。金属外壳有利于散热，瓷套和酚醛绝缘纸筒外壳的外绝缘性能较好。

出线结构包括出线导体和出线绝缘两部分。出线导体通常包括金属导杆或软连接线（片）及金属接线法兰和螺栓等；出线绝缘通常为绝缘套管，某些产品的出线绝缘常为产品的绝缘盖或绝缘外壳本身。把芯子或由多个芯子组成的器身与外壳、出线结构进行装配，经过真空干燥浸渍处理和密封即成电容器。

30 消弧线圈的作用是什么?

答：在中性点不接地系统发生单相接地故障时，有很大的电容性电流流经故障点，使接地电弧不易熄灭，有时会扩大为相间短路。因此，常在系统中性点加装消弧线圈，用电感电流补偿电容电流，使故障电弧迅速熄灭。

31 复合绝缘子通常比传统绝缘子具有更好的污秽性能，其主要原因有哪些?

答：复合绝缘子通常比传统绝缘子具有更好的污秽性能，其主要原因如下：

（1）平均直径较小，尤其是对于悬式绝缘子。

（2）材料厚度减小，使伞形更为精巧和开放。

（3）材料物理特性不同，降低了热滞后（在雾、毛毛雨中较难受潮），改变了积污状态和电弧发展。

（4）憎水性表面降低了表面电导率和泄漏电电流。

第四节　变配电设备的检修与维护

1 电气触头有何要求?

答：电气触头的要求是：

（1）结构可靠。

（2）有良好的导电性能和接触性能，即触头必须有低的电阻值。

（3）通过规定的电流时，表面不过热。

（4）能可靠地开断规定容量的电流及有足够的抗熔焊和抗电弧烧伤性能。

（5）通过短路电流时，具有足够的动态稳定性和热稳定性。

2 导线接头的接触电阻有何要求?

答：（1）硬母线应使用塞尺检查其接头紧密程度，如有怀疑时应做温升试验或使用直流电源检查接点的电阻或接点的电压降。

（2）对于软母线仅测接点的电压降，接点的电阻值不应不大于相同长度母线电阻值的1.2倍。

3 绝缘子串、导线及避雷线上各种金具的螺栓穿入方向有什么规定?

答：螺栓穿入方向的规定为：

（1）垂直方向者一律由上向下穿。

（2）水平方向者顺线路的受电侧穿；横线路的两边线由线路外侧向内穿，中相线由左向右穿（面向受电侧）；对于分裂导线，一律由线束外侧向线束内侧穿。

（3）开口销，闭口销，垂直方向者向下穿。

4 常用的减少接触电阻的方法有哪些？

答：常用的减少接触电阻的方法有：

（1）磨光接触面，扩大接触面。

（2）加大接触部分压力，保证可靠接触。

（3）涂抹导电膏，采用铜、铝过渡线夹。

5 电力电容器在安装前应检查的项目有哪些？

答：在安装前应检查的项目有：

（1）套管芯棒应无弯曲和滑扣现象。

（2）引出线端连接用的螺母垫圈应齐全。

（3）外壳应无凹凸缺陷，所有接缝不应有裂纹或渗油现象。

6 安装电容器主要有哪些要求？

答：安装电容器的要求：

（1）电容器分层安装时，一般不超过三层，层间不应加设隔板。电容器母线对上层架构的垂直距离不应小于20cm，下层电容器的底部与地面距离应大于30cm。

（2）电容器构架间的水平距离不应小于0.5m。每台电容器之间的距离不应小于50mm。电容器的铭牌应面向通道。

（3）要求接地的电容器，其外壳应与金属架构共同接地。

（4）电容器应在适当部位设置温度计或贴示温蜡片，以便监视运行温度。

（5）电容器组应装设相间及电容器内元件故障保护装置—熔断器，可装设差动保护或零序保护，也可分台装设专用熔断器保护。

（6）电容器应有合格的放电设备。

（7）户外安装的电容器应尽量安装在台架上，台架底部与地面距离不应小于3m；采用户外落地式安装的电容器组，应安装在变、配电所围墙内的混凝土地面上，底部与地面距离不小于0.4m。同时，电容器组应装设于高度不低于1.7m的固定围栏内，并有防止小动物进入的措施。

7 变压器、电抗器、互感器，干燥过程中有哪些安全注意事项？

答：干燥过程中的安全注意事项为：

（1）绝缘油的温度控制要严格，温度过高油会老化。

（2）特别注意各部分温度的控制，不能超过规定的温度，以防发生绝缘损坏和火灾。

（3）按防火要求配备消防用具，制定安全防火措施。

8 并联电容器定期维修时，应注意哪些事项？

答：并联电容器定期维修的注意事项为：

（1）维修或处理电容器故障时，应断开电容器的断路器，拉开断路器两侧的隔离开关，并对并联电容器组完全放电且接地后，才允许进行工作。

（2）检修人员戴绝缘手套，用短接线对电容器两极进行短路后，才可接触设备。

（3）对于额定电压低于电网电压、装在对地绝缘构架上的电容器组停运维修时，其绝缘构架也应接地。

9 用橡胶棍（带）制作法兰密封垫应注意的问题是什么？

答：制作时应注意：

（1）首先应目视检查胶棍质量是否合格，如弹性及表面平整程度等。

（2）仔细测量所需长度，在胶棍没有扭曲的前提下，确定接头切割位置。

（3）接头处应做坡口，坡口长度不小于直径（或厚度）的4～5倍，坡口表面无明显的不平。坡口前端不能切成平头，两侧接口要对称，接头密封面要严密。

（4）接口处应胶黏接或用塑料带绑扎。法兰密封压紧时，接头压接应严密。

10 怎样控制橡胶密封件的压缩量才能保证密封质量？

答：橡胶密封垫是靠橡胶的弹力来密封的，如压缩量过小，压缩后密封件弹力小；如压缩量超过橡胶的极限而失去弹力，易造成裂纹，都起不到密封作用，或影响橡胶垫的使用寿命。因此，密封的压缩量控制在垫厚的1/3左右比较合适。

11 为确保安装的法兰不渗漏油，对法兰和密封垫有哪些要求？安装时注意哪些问题？

答：安装的要求及应注意的问题如下：

（1）法兰应有足够的强度，紧固时不得变形。法兰密封面应平整清洁，安装时要认真清理油污和锈斑。

（2）密封垫应有良好的耐油和抗老化性能以及比较好的弹性和机械强度。

（3）安装应根据连接处形状选用不同截面和尺寸的密封垫，并安放正确。

（4）法兰紧固力应均匀一致，胶垫压缩量应控制在1/3左右。

12 绝缘子在什么情况下容易损坏？

答：绝缘子在以下情况时容易损坏。

（1）绝缘子安装使用不合理，如机械负荷超过规定、电压等级不符、安装位置不当等。

（2）由于天气骤冷、骤热以及冰雹的外力破坏。

（3）由于绝缘子污秽，在雷雨雾天气时引起闪络。

（4）电气设备短路，电应力、机械应力过大引起的绝缘子损坏。

13 简述用电气检测方法判定劣化绝缘子的准则。

答：用电气检测方法判定劣化绝缘子的准则如下：

（1）测量运行中电压分布。

1）被测绝缘子电压值低于50%标准规定值，判为劣化绝缘子。

2）被测绝缘子电压值高于50%的标准规定值，同时明显低于相邻两侧合格绝缘子的电压值，判为劣化绝缘子。

3）在规定火花间隙距离和放电电压下未放电，判为劣化绝缘子。

（2）测量绝缘电阻（停电或带电）。

1）电压等级 500kV，绝缘子绝缘电阻低于 500M，判为劣化绝缘子。

2）电压等级 50kV 以下，绝缘子绝缘电阻低于 300M，判为劣化绝缘子。

（3）工频耐压试验（停电）。对机械破坏负荷为 60～530kN 级的绝缘子，施加 60kV 工频耐受电压 1min；对大盘径防污型绝缘子，施加对应普通型绝缘子干工频闪络电压值。未耐受者判为劣化绝缘子。

14 复合绝缘子巡视项目有哪些？

答：巡视时应对如下情况和现象进行观察或检查，观察或检查结果应记录存档。

（1）在雨、雾、露、雪等气象条件下，绝缘子表面的局部放电情况及憎水性能是否减弱或消失。

（2）硅橡胶伞套表面有否蚀损、漏电起痕，树枝状放电或电弧烧伤痕迹。

（3）是否出现硬化、脆化、风化、开裂等现象。

（4）伞裙有否变形，伞裙之间黏接部位有否脱胶等现象。

（5）端部金具连接部位有否明显的滑移，密封有否破坏。

（6）钢脚或钢帽锈蚀、钢脚弯曲、电弧烧损、锁紧销缺少。

15 复合绝缘子维护的一般要求有哪些？

答：对清洁区和一般污秽地区的绝缘子，当其表面憎水性尚未永久消失时，可以免清扫；当憎水性永久消失后，应采取相应的维护措施。对较严重的工业和盐碱污染地区绝缘子，当表面憎水性丧失时，建议予以更换。绝缘子运行中伞裙受到外力或射击破坏，若发现在绝缘子护套上嵌入有异物或护套受损危及到芯棒时，应尽快更换。若仅个别伞裙发现微小破损，且对绝缘子的电气性能没有影响则可不更换。

第五节　避雷器和接地装置

1 简述氧化锌避雷器的结构、原理与特性。

答：氧化锌避雷器，其阀片以氧化锌为主要原料，辅以少量精选过的金属氧化物，在高温下烧结而成，氧化锌阀片具有很理想的非线性伏安特性，在工作电压下氧化锌阀片实际上相当于一绝缘体。与 SiC 避雷器相比，氧化锌避雷器除了有较理想的非线性伏安特性外，其主要优点是：

（1）无间隙。消除了因串联间隙而带来的一系列问题，如污秽、内部气压变化使串联间隙放电电压不稳定等。同时，因无间隙大大改善了陡坡下的响应特性。

（2）无续流。氧化锌避雷器因无续流，故只需吸收过电压能量即可。这样，对氧化锌的热容量的要求就比 SiC 低得多。也可使用于直流输电系统。

（3）电气设备所受过电压可以降低。

（4）通流容量大，可以用来限制内部过电压。

2 简述避雷器的作用及类型。

答：避雷器的作用是限制过电压以保护电气设备。

避雷器的类型主要有保护间隙和管形避雷器、阀型避雷器以及氧化锌避雷器等几种。

保护间隙和管形避雷器主要用于限制大气过电压，一般用于配电系统、线路和发、变电所进线段保护。

阀型避雷器用于变电所和发电厂的保护，在220kV及以下系统主要用于限制大气过电压，在超高压系统中还用于限制内过电压或作内过电压的后备保护。

3 避雷针设置原则是什么？

答：避雷针设置原则是：

(1) 独立避雷针与被保护物之间应有不小于5m距离，以免雷击避雷针时出现反击。独立避雷针宜设独立的接地装置，与接地网间地中距离不小于3m。

(2) 35kV及以下高压配电装置构架及房顶上不宜装设避雷针。装在构架上的避雷针应与接地网相连，并装设集中接地装置。

(3) 变压器的门型构架上不应安装避雷针。

(4) 避雷针及接地装置距道路及出口距离应大于3m，否则应铺碎石或沥青面5～8cm厚，以保人身不受跨步电压危害。

(5) 严禁将架空照明线、电话线、广播线、天线等装在避雷针或构架上。

(6) 如在独立避雷针或构架上装设照明灯，其电源线必须使用铅皮电缆或穿入钢管，并直接埋入地中长度10m以上。

4 安装避雷器有哪些要求？

答：安装避雷器的要求是：

(1) 首先固定避雷器底座，然后由下而上逐级安装避雷器各单元（节）。

(2) 避雷器在出厂前已经过装配试验并合格，现场安装应严格按制造厂编号组装，不能互换，以免使特性改变。

(3) 带串、并联电阻的阀式避雷器，安装时应进行选配，使同相组合单元间的非线性系数互相接近，其差值应不大于0.04。

(4) 避雷器接触表面应擦拭干净，除去氧化膜及油漆，并涂一层电力复合脂。

(5) 避雷器应垂直安装，垂度偏差不大于2%，必要时可在法兰面间垫金属片予以校正。三相中心应在同一直线上，铭牌应位于易观察的同一侧，均压环应安装水平，最后用腻子将缝隙抹平并涂以油漆。

(6) 拉紧绝缘子串，使之紧固，同相各串的拉力应均衡，以免避雷器受到额外的拉应力。

(7) 放电计数器应密封良好，动作可靠，三相安装位置一致，便于观察。接地可靠，计数器指示恢复零位。

(8) 氧化锌避雷器的排气通道应通畅，安装时应避免其排出气体，引起相间短路或对地闪络，并不得碰及其他设备。

5 什么叫工作接地与保护接地?

答：将电路中的某一点与大地作电气上的连接，以保证电气设备在正常或事故情况下可靠地工作，这样的接地称为工作接地。

电气设备的金属外壳或架构与大地连接，以保护人身安全，这种接地称为保护接地。

6 电力系统中接地装置可分为哪几种？其的作用各是什么?

答：电力系统中各种电气设备的接地可分为以下三种：

（1）保护接地。为了人身安全，无论在发、配电还是用电系统中都将电气设备金属外壳接地，这样就可以保证金属外壳经常固定为地电位，一旦设备绝缘损坏而使设备外壳带电时，不致有危险的电位升高，以避免工作人员触电伤亡。

（2）工作接地。这是根据电力系统正常运行方式的需要而接地的，如将系统的中性点接地。

（3）防雷接地。这是针对防雷保护的需要而设置的，目的是减小雷电流通过接地装置时的地电位升高。

第六节　400V 低压配电柜及低压电器检修

1 低压开关灭弧罩受潮有何危害？为什么?

答：灭弧罩受潮会使低压开关绝缘性能降低，使触头严重烧损，损坏整个开关，以致报废不能使用。

因为灭弧罩是用来熄灭电弧的重要部件，灭弧罩一般用石棉水泥、耐弧塑料、陶土或玻璃丝布板等材料制成，这些材料制成的灭弧罩如果受潮严重，不但影响绝缘性能，而且使灭弧作用大大降低。在电弧的高温作用下，灭弧罩里的水分被汽化，造成灭弧罩上部的压力增大，电弧不容易进入灭弧罩；燃烧时间加长，使触头严重烧坏，以致整个开关报废不能再用。

2 低压电磁开关衔铁噪声大的原因有哪些?

答：有以下几个原因：

（1）开关的衔铁，是靠线圈通电后产生的吸力而动作，衔铁的噪声主要是衔铁接触不良而致。正常时，铁芯和衔铁接触十分严密，只有轻微的声音，当两接触面磨损严重或端面上有灰尘、油垢等时，都会使其接触不良，产生振动，加大噪声。

（2）另外为了防止交流电过零值时，引起衔铁跳跃，常采用在衔铁或铁芯的端面上装设短路环，运行中，如果短路环损坏脱落，衔铁将产生强烈的跳动发出噪声。

（3）吸引线圈上所加的电压太低，电磁吸力远低于设计要求，衔铁就会发生振动力产生噪声。

3 智能型万能式断路器的主要用途有哪些?

答：智能型万能式断路器（以下简称断路器）额定电压为 400V、690V，交流 50Hz，额定电流为 630～6300A。主要在配电网络中用来分配电能和保护线路及电源设备免受过载、欠电压、短路、单相接地等故障的危害，同时也可以用作隔离开关使用。该断路器具有多种智能保护功能，可做到选择性保护，且动作精确，可避免不必要的停电，提高供电可靠性。

4 智能型万能式断路器有哪些型式？它们如何分类？

答：按安装方式可分为：抽屉式、固定式。按传动方式可分为：电动机传动、手动（检修、维护用）。按极数可分为：三极、四极。按脱扣器种类可分为：智能型脱扣器、欠电压瞬时（或延时）脱扣器和分励脱扣器。

智能型脱扣器按保护特性和辅助功能又可分以下三种型式：

L型。采用编码开关和拨动开关整定方式，具有过载长延时、短路短延时、瞬时、接地漏电等四段保护特性，可由用户自行设定、组成所需的保护特性。还具有负载电流光柱指示、故障状态指示、故障记录、试验功能（试验脱扣器的动作特性）、各种报警信号（过热保护、微机自诊断、过载预报警）输出，适用于一般工业应用场所。

M型。采用数码显示的按钮整定方式、具有基本功能外，还具有电流表显示（无光柱），各种整定、试验值显示，故障电流和动作时间值的检查显示（记忆值）。还有电压表显示、负载监控保护等选项功能，由于其保护特性域值范围较宽，辅助功能较全，属多功能型，适用大部分要求较高的工业应用场合。

H型。可具有M型的所有功能，同时该脱扣器可通过RS485串行接口实现遥测、遥调、遥控、遥信“四遥”功能，适用于网络系统，通过上位机可集中监察和控制。

欠电压脱扣器分助吸式和自吸式两类，每类又分为瞬时及延时两种。

5 智能型万能式断路器正常工作条件是什么？

答：(1) 周围空气温度。一般上限值不超过+40℃；下限值不低于−5℃。24h的平均值不超过+35℃。

(2) 安装地点的海拔。不超过2000m。

(3) 大气条件。大气相对湿度在周围空气温度+40℃时，不超过50%。在较低温度下可以有较高的相对湿度，最湿月的平均最大相对湿度为90%，同时该月的月平均最低温度为+25℃，并考虑到因温度变化发生在产品表面上的凝露。

(4) 污染等级。3级。

(5) 内安装类别。断路器主电路及欠电压脱扣器线圈，电源变压器初级线圈安装类别为Ⅳ类，其余辅助电路、控制电路的安装类别为Ⅰ类。

(6) 安装条件。断路器应按《安装使用说明书》的要求进行安装，断路器的垂直倾斜度不超过5°。

6 智能型万能式断路器的维护项目有哪些？

答：(1) 定期清刷灰尘，以保持断路器绝缘良好。

(2) 定期在各活动部分，注入润滑油（轴承部位）及润滑脂（齿轮及各滑动部分）。

(3) 定期检查触头系统及机构。

1) 检查灭弧罩及触头的烧损情况，必要时应进行开距、超程的测量。超程测量时，可检测动触头弧角相对于触头支持的位移尺寸，可在断路器闭合时，在触头支持上做一记号

（在动触头弧角处），然后断开断路器，在触头支持上测量动触头的位移值。把测得的位移值乘以 3/5，即为触头超程，其值应大于 4mm。

2）检查各紧固件是否松动，限位件是否掉落或失效。

3）检查欠电压脱扣器、分励脱扣器及闭合电磁铁的动作行程是否有余量，其中闭合电磁铁的超额行程应在 1mm 左右，其余只要大于 1mm 均可。

4）检查各附件的操作性能应符合其相应的特性要求。

5）动、静触头之间填 1mm 厚的纸片或其他相应材料，断路器应能可靠合闸，填纸片时请注意安全。

7 智能型万能式断路器短路分断后如何检查？

答：（1）检查内容与定期检查触头系统及机构方法相同，并增加软连接及焊接部位的检查，应无明显损坏，否则需要更换损坏的部件。

（2）当断路器达到电气寿命时，应及时更换灭弧罩及触头系统。

8 如何进行低压抽出式开关柜维护？

答：（1）检查柜面漆或其他覆盖材料（如喷塑）有否损坏，柜内是否干燥清洁。

（2）电器元件的操作机构是否灵活，不应有卡涩造成操作力过大现象。

（3）主要电器的主、辅触头的通断是否可靠、准确。

（4）抽屉或抽出式机构抽拉应灵活、轻便，无卡阻和碰撞现象。

（5）抽屉或抽出式结构的动、静触头的中心线应一致，触头接触应紧密。主、辅触头的插入深度应符合要求。机械联锁或电气联锁装置应动作正确，闭锁或解除均应可靠。

（6）相同尺寸的抽屉应能方便地互换，无卡阻和碰撞的现象。

（7）抽屉与柜体间的接地触头应接触紧密，当抽屉推入时，抽屉的接地触头比主触头先接触，拉出时接地触头比主触头后断开。

（8）仪表的刻度整定、互感器的变化及极性应正确无误。

（9）熔断器的熔芯规格应符合工程设计的要求。

（10）保护的额定值及整定应正确，动作可靠。

（11）用 1000 兆欧表测量绝缘电阻值不得低于 1MΩ。

（12）各母线的连接应良好，绝缘支撑件、安装件及其他附件安装应牢固、可靠。

（13）空气断路器、塑壳断路器经过多次分、合，特别是经过短路分、合后，会使触头局部烧伤和产生碳类物质，使接触电阻增大，应按断路器使用说明书进行维护和检修。

（14）经过安装和维修后，必须严格检查各隔室之间、功能单元之间的隔离状况，以确保本装置良好的功能分隔性，防止出现故障扩大。

第七节　常用仪表的使用

1 简述用兆欧表测量绝缘电阻的具体步骤。

答：兆欧表测量绝缘电阻的具体步骤为：

(1) 将被测设备脱离电源，并进行放电，再把设备清扫干净（双回线及双母线，当一路带电时，不得测量另一路的绝缘电阻）。

(2) 测量前应先对兆欧表做一次开路试验（测量线开路，摇动手柄，指针应指“0”）和一次短路试验（测量线直接短接一下，摇动手柄，指针应指“0”），两测量线不准相互缠交。

(3) 在测量时，兆欧表必须放平。以 120r/min 的恒定速度转动手柄，使表指针逐渐上升，直到出现稳定值后，再读取绝缘电阻值（严禁在有人工作的设备上进行测量）。

(4) 对于电容量大的设备，在测量完毕后，必须将被测设备进行对地放电（兆欧表没停止转动时及放电设备切勿用手触及）。

(5) 记录被测设备的温度和当时的天气情况。

2 在带电设备附近用兆欧表测量绝缘时应注意什么？

答：(1) 测量人员和兆欧表安放位置必须选择适当，保持安全距离，以免兆欧表引线或支持物触碰带电部分。

(2) 移动引线时，必须注意监护，防止工作人员触电。

3 简述数字万用表的主要构成及测量原理。

答：数字万用表的构成主要由表头、测量电路、转换开关三部分构成。其中表头一般由一只 AD（模拟数字）转换芯片、外围元件和液晶显示器组成。万用表的精度受表头的影响；测量线路是用来把各种被测量转换到适合表头测量的微小直流电流的电路，它由电阻、半导体元件及电池组成；转换开关是一个多挡位的旋转开关，用来选择各种不同的测量线路，以满足不同种类和不同量程的测量要求。

数字万用表的测量原理：由转换电路将被测量转换成直流电压信号，再由模/数（A/D）转换器将电压模拟量转换成数字量，然后通过电子计数器计数，最后把测量结果用数字直接显示在显示屏上。

第八节 安全与消防

1 高压验电有什么要求？

答：高压验电的要求是：

(1) 必须使用电压等级与之相同且合格的验电器，在检修设备进、出线两侧各极分别验电。

(2) 验电前，应先在有电设备上进行试验，保证验电器良好。

(3) 高压验电时必须戴绝缘手套。

(4) 330kV 及以上的电气设备，在没有相应电压等级的专用验电器的情况下，可使用绝缘棒代替验电器，根据绝缘棒端有无火花和放电噼啪声来判断有无电压。

2 全部停电的工作包括哪些？

答：全部停电的工作包括：

（1）室内高压设备全部停电（包括架空线路与电缆引入线在内）。

（2）通至邻接高压室的门全部闭锁，以及室外高压设备全部停电（包括架空线路与电缆引入线在内）。

3 在高压设备上工作必须遵守哪些规定？

答：在高压设备上工作，必须遵守下列规定：

（1）填用工作票并已办理了开工手续。

（2）至少应有两人在一起工作。

（3）实施保证工作人员安全的组织措施和技术措施。

4 GIS运行时的安全技术措施有哪些？

答：GIS运行时的安全技术措施如下：

（1）运行人员经常出入的GIS室，每班至少通风1次（15min）；对工作人员不经常出入的室内场所，应定期检查通风设施，进入前先通风15min。

（2）工作人员进入电缆沟或低凹处工作时，应测含氧量及SF_6气体浓度，确认安全后方可进入，空气中含氧量不得小于18%（体积比）；空气中SF_6气体浓度不得大于1000μL/L。

（3）气体采样操作及处理一般渗漏时，要在通风条件下戴防毒面具进行。当GIS发生故障造成大量SF_6外逸时，应立即撤离现场，并开启室内通风设备。事故发生后4h内，任何人进入室内必须穿防护服、戴手套，以及戴备有氧气呼吸器的防毒面具。事故后清扫GIS安装室或故障气室内固态分解物时，工作人员也应采取同样的防护措施。

（4）处理GIS内部故障时，应将SF_6气体回收加以净化处理，严禁排放到大气中。

（5）防止接触电势的危害。在GIS上正常操作时，任何人都应禁止触及外壳，并保持一定距离。手动操作隔离开关或接地开关时，操作人员应戴绝缘手套。

5 SF_6断路器进行分解检修时，检修人员应采取哪些安全措施（防护）？

答：（1）解体检修时，检修工作人员应穿戴专用工作衣帽、围巾。戴防毒面具或防尘口罩，使用薄乳胶手套或尼龙手套（不可用棉纱类）、风镜和专用工作鞋。

（2）进出SF_6检修室，应用风机或压缩空气对全身进行冲洗。

（3）工作间隙应勤洗手和人体外露部位，重视个人卫生。

（4）工作场所应保持干燥、清洁和通风良好。

（5）工作场所严格禁止吸烟和吃食品。

（6）断路器解体时，发现内部有白色粉末状的分解物，应使用真空吸尘器或用柔软卫生纸擦除，切不可用压缩空气或其他使之飞扬的方法清除。

（7）下列物品应作专门处理：真空吸尘器内的吸入物、防毒面具的过滤器、全部揩布及纸、断路器灭弧室内的吸附剂、气体回收装置过滤器内的吸附剂等。不可在现场加热或焚烧，可将上述物件装入钢制容器，集中处理。

（8）断路器灭弧室内的吸附剂，不可进行烘燥再生。

6 防止电气误操作的措施有哪些？

答：电气误操作容易造成设备和人身伤害事故，给安全带来威胁，必须采取有效措施防止误操作的发生。防止电气误操作的措施包括组织措施和技术措施两方面。

（1）防止误操作的组织措施。防止误操作的组织措施是建立一整套操作制度，并要求各级值班人员严格贯彻执行。组织措施有：操作命令和操作命令复诵制度；操作票制度；操作监护制度等。

（2）防止误操作的技术措施。单靠防误操作的组织措施不能最大限度地防止误操作事故的发生，还必须采取有效的防误操作技术措施。防误操作技术措施是多方面的，其中最重要的是采用防误操作闭锁装置。

配电装置装设的防误操作闭锁装置应具备以下“五防”功能：防止带负荷拉、合隔离开关；防止带地线合闸；防止带电挂接地线（或带电合接地隔离开关）；防止误拉、合断路器；防止误入带电间隔。

防误操作的技术措施主要有机械闭锁、电气闭锁、电磁闭锁和微机“五防”。

1）机械闭锁。机械闭锁是靠机械制约达到闭锁目的一种闭锁。如两台隔离开关之间装设机械闭锁，当一台隔离开关操作后，另一台隔离开关就不能操作，保证操作顺序按照停送电顺序执行。

2）电气闭锁。电气闭锁是靠接通或断开控制电源而达到闭锁目的的一种，普遍用于电动隔离开关和电动接地刀闸的控制回路上。

3）电磁闭锁。电磁闭锁是利用断路器、隔离开关、设备网门等设备的辅助触点，接通或断开隔离开关、网门电磁锁电源，从而达到闭锁的目的的，主要应用于手动操作的设备和回路设备的网门上。

4）微机“五防”。微机“五防”闭锁装置是一种采用计算机技术，对高压开关设备进行防止电气误操作的装置。主要由主机、模拟屏、电脑钥匙、机械编码锁和电气编码锁等功能组件组成。依靠闭锁逻辑和现场锁具实现对断路器、隔离开关、接地开关、地线、遮拦、网门或开关柜门的闭锁，以达到防误操作的目的。

现行微机五防系统一般通过对一次设备如开关、刀闸、地线（接地刀闸）和遮拦网门（开关柜门）等设备上加锁来实现。运行人员在操作前，在电脑钥匙中输入操作步骤，然后按步骤用电脑钥匙开锁操作。

上述几种技术措施都为了达到和实现“五防”的目的。在实际的变电“五防”措施的执行上，防误操作措施往往是配合使用，因为单某一种方式都无法合理地实现“五防”功能。

7　两票管理的内容有哪些？

答：“两票”是指工作票、操作票。“两票”是电力企业保障电气倒闸操作安全和检修维护工作的重要组织措施。工作人员要熟悉工作票、操作票的使用要求，正确填写工作票和操作票。出于对操作人和工作人员安全考虑，倒闸操作有严格的程序要求，为确保不出现误操作情况，电力企业应建立电气设备典型操作票，进行电气操作时根据典型操作票进行填写，操作票的格式各地方有所不同，但是一般至少包括操作任务、操作开始和结束时间、操作票编号、操作项目、开票人、监护人、值班负责人签字等内容。

工作票主要用于具体进行巡视检修维护工作前根据需要填写。工作票包括：变电第一种工作票，变电第二种工作票，线路第一种工作票，线路第二种工作票，继保工作票，动火工作票等。应按照工作内容的不同分别填写不同的工作票。工作应杜绝无票作业。电力企业每月应由安全员对工作票、操作票进行审核，对合格率进行统计。

8 安全工器具管理内容有哪些？

答：运行人员在对设备进行不同的工作和不同的操作时，必须携带和使用安全工器具，以确保工作人员的安全和健康，保证操作的安全。安全工器具包括以下三类：绝缘安全工器具，如高压绝缘棒、绝缘夹钳、验电器等；辅助安全工器具，如绝缘手套、绝缘靴、绝缘垫等；防护安全工器具，如安全帽、安全带、护目镜、携带型接地线、遮拦、标示牌（禁止类、允许类、警告类和安全牌）等，安全工器具的管理应重点做好以下事项：

（1）根据规程的规定定期做好检验和检查工作。

（2）安全工器具应按照规定要求使用，不得随意挪用，防止损坏。

（3）安全工器具应集中存放，存放室应通风良好，满足温度和湿度的要求。

（4）安全工器具应实行定置管理，对每件安全工具进行编号，定置摆放，做好与编号和名称相对。

9 防小动物管理内容有哪些？

答：防止小动物对变电设备设施造成绝缘破坏，或引发短路，造成设备异常。加强防小动物措施对减少设备异常事故是十分必要的。防小动物措施具体包括：各开关室、门窗应关闭严密；设置挡鼠板；排气孔、百叶窗等设置防护网；进入配电室内应随手关门；各控制室电缆竖井的进出孔和户外电缆沟进入室内的孔洞必须封堵严密；控制盘、保护屏及其他端子箱、机构箱、电源箱等电缆孔洞，必须严密封堵等。电力企业应定期对各项防小动物措施是否良好进行检查，及时进行处理，防止小动物进入电气设备。

10 事故调查内容有哪些？

答：按照事故的类型一般可分为人身事故、设备事故和火灾事故。按照事故的性质一般可分为特大事故、重大事故、一般事故。调查依据四不放过原则，即：事故原因不清楚不放过；事故责任者和应受到教育者未受到教育不放过；没有采取防范措施不放过；事故责任者未受到处罚不放过。调查报告中应包括事件发生经过，事件原因分析，防范措施，事故责任及处理意见。

11 哪些工作需要填写第一种工作票？哪些需要填写第二种工作票？

答：以下工作需要填写第一种工作票：

（1）高压设备上的工作，需要全部停电或部分停电。

（2）高压室内的工作接线和照明等回路上的工作，需要将高压设备停电或采取安全措施。

以下工作需要填写第二种工作票：

（1）带电作业和在带电设备外壳上的工作。

（2）控制盘和低压配电盘、配电箱、电源干线上的工作。

（3）二次接线回路上的工作，无需将高压设备停电者。

（4）转动中的发电机、同期调相机的励磁回路或高压电动机转子电阻回路上的工作。

（5）非当值值班人员，使用绝缘棒和电压互感器定相或使用钳形电流表测量高压回路的电流。

12 工作负责人应负哪些安全责任？

答：工作负责人应负的安全责任包括：

（1）正确安全地组织工作。

（2）结合实际进行安全思想教育。

（3）督促、监护工作人员遵守《电业安全工作规程》。

（4）负责检查工作票所列安全措施是否正确完备和值班员所做的安全措施是否符合现场实际条件。

（5）工作前对工作人员交代安全事项。

（6）工作班人员变动是否合适。

13 工作负责人完成工作许可手续后应做哪些工作？

答：工作负责人完成工作许可手续后应做的工作有：

（1）应向工作班组人员交代现场的安全措施。

（2）应向工作班组人员交代现场的带电部位。

（3）应向工作班组人员交代现场的其他注意事项。

（4）工作负责人（监护人）必须始终在工作现场，对班组员工的安全认真监护。

（5）及时纠正班组人员违反安全的动作行为。

14 设备检修验收时，工作负责人应向验收人报告哪些内容？

答：应报告的具体内容包括：

（1）检修工作计划的执行情况。

（2）组织措施、安全措施、技术措施的执行情况。

（3）设备原有缺陷消除情况以及检修中发现的新缺陷的消除情况。

（4）反事故措施、技术改进措施的完成情况。

（5）各分段验收情况。

（6）检修现场的整洁情况。

（7）尚存在的问题及投入运行操作的注意事项。

（8）有关技术资料的整理和填写的记录情况。

15 工作班成员应负什么安全责任？

答：工作班成员应负的安全责任为：

（1）认真执行《电业安全工作规程》和现场安全措施。

（2）工作中相互协作，互相关心，注意施工安全。

（3）监督“安全规程”和现场安全措施的实施。

16 杆上或高处有人触电，应如何抢救？

答：(1) 发现杆上或高处有人触电，应争取时间及早在杆上或高处开始进行抢救。

(2) 救护人员登高时应随身携带必要绝缘工具及牢固的绳索等，并紧急呼救。

(3) 救护人员应在确认触电者已与电源隔离，且救护人员本身所涉环境在安全距离内，无危险电源时，方能接触伤员进行抢救。并应注意防止发生高空坠落。

17 在什么情况下对触电伤员用心肺复苏法救治？其三项基本措施是什么？

答：触电伤员呼吸和心跳均停止时，应立即用心肺复苏法维持其生命，正确进行就地抢救。

心肺复苏法的三项基本措施是通畅气道、口对口（鼻）人工呼吸、胸外按压（人工循环）。

18 胸外按压时，怎样确定正确的按压位置？

答：正确的按压位置是保证胸外按压效果的重要前提，正确确定按压位置的步骤如下：

(1) 右手的食指和中指沿触电伤员的右侧肋弓下缘向上，找到肋骨和胸骨拉合处的中点。

(2) 两手指并齐，中指放在切迹中点（剑突底部），食指平放在胸骨下部。

(3) 另一只手的掌根紧挨食指上缘，置于胸骨上，即为正确按压位置。

19 触电伤员呼吸停止时，重要的做法是什么？如何取出伤员口中的异物？

答：触电伤员呼吸停止，重要的是要始终确保伤员的气道通畅。

如果发现伤员口内有异物，可将其身体及头部同时侧转，迅速用一个手指或用两手交叉从口角处插入取出异物。操作中要注意防止把异物推到伤员的咽喉深部。

20 口对口人工呼吸时，首先应做什么？如何判定心跳停止？

答：口对口人工呼吸时，首先应保持伤员气道通畅。

在伤员气道通畅的同时，救护人员用放在伤员额上的手的手指捏住伤员鼻翼，深吸气后，与伤员口对口紧合，在不漏气的情况下，先连续大口吹气两次，每次1～1.5s，如果两次吹气后试测颈动脉仍无搏动，可判断心跳已经停止。

21 触电伤员好转以后应如何处理？

答：如触电伤员的心跳和呼吸经抢救后均已恢复，可暂停心肺复苏法操作。但心跳恢复的早期有可能再次骤停，应严密监护，不得麻痹，要随时准备再次抢救。初次恢复后，神志不清或精神恍惚、躁动者应设法使伤员安静。

22 在屋外变电所和高压室内搬动梯子等长物时应注意什么？

答：搬动长的物体时应注意以下两点：

(1) 两人应把梯子放倒搬运。

（2）与带电部分保持足够的安全距离。

23 梯子的制作和在梯子上工作有什么要求？

答：（1）梯子的支柱需能承受工作人员携带工具攀登时的总质量。

（2）梯子的横木必须嵌在支柱上，不准使用钉子钉的梯子。

（3）梯阶的距离不应大于 40cm。

（4）在梯子上工作时，梯与地面的斜度在 60°左右。

（5）工作人员必须登在距梯顶不少于 1m 的梯登上工作。

24 在带电设备附近使用喷灯时应注意什么？

答：（1）使用喷灯时，火焰与带电部分的距离：

1）电压在 10kV 及以下者不得小于 1.5m。

2）电压在 10kV 以上者不得小于 3m。

（2）不得在下列设备附近对喷灯点火：带电导线、带电设备、变压器和油断路器。

25 在潮湿地方进行电焊工作时有什么要求？

答：在潮湿地方进行电焊工作时，焊工必须站在干燥的木板上或穿橡胶绝缘鞋。

26 安全带和脚扣的试验周期和检查周期各是多长？

答：安全带的试验周期是 6 个月；检查周期是 1 个月。

脚扣的试验周期是 6 个月；检查周期是 1 个月。

27 遇有电气设备着火时怎么办？

答：遇有电气设备着火时：

（1）应立即将有关设备电源切断，然后进行救火。

（2）对带电设备使用干式灭火器或二氧化碳灭火器等灭火，不得使用泡沫灭火器灭火。

（3）对注油的设备应使用泡沫灭火器或干沙等灭火。

（4）发电厂或变电所控制室内应备有防毒面具，防毒面具要按规定使用，并定期进行试验，使其经常处于良好状态。

28 电缆着火应如何处理？

答：电缆着火的处理方法如下：

（1）立即切断电缆电源，及时通知消防人员。

（2）有自动灭火装置的地方，自动灭火装置应动作，否则手动启动灭火装置。无自动灭火装置时可使用卤代烷灭火器、二氧化碳灭火器或沙子、石棉被进行灭火，禁止使用泡沫灭火器或水进行灭火。

（3）在电缆沟、隧道或夹层内的灭火人员，必须正确佩戴压缩空气防毒面罩、胶皮手套，穿绝缘鞋。

（4）设法隔离火源，防止火势蔓延至正常运行的设备，扩大事故。

（5）灭火人员禁止用手摸不接地的金属部件，禁止触动电缆托架和移动电缆。

第九节　钳　工　基　础

1 使用钻床时应注意哪些事项？

答：钻床使用时应注意的事项为：
（1）把钻眼的工件安设牢固后才能开始工作。
（2）清除钻孔内金属碎屑时，必须先停止钻头的转动，不准用手直接清除铁屑。
（3）使用钻床时不准戴手套。

2 使用电钻或冲击钻时应注意哪些事项？

答：电钻或冲击钻使用的注意事项是：
（1）外壳要接地，防止触电。
（2）经常检查橡胶软线绝缘是否良好。
（3）装拆钻头要用钻钥，不能用其他工具敲打。
（4）清除油污，检查弹簧压力，更换已磨损的电刷，当发生较大火花时要及时修理。
（5）定期更换轴承润滑油。
（6）不能戴手套使用电钻或冲击钻。

3 如何检查锉削平面的平直度？

答：（1）用直尺作透光检查。将直尺搁在平面上，如没有一透光的空隙，说明表面平整；如有均匀的空隙，说明表面锉得较平；如露出不均匀的透光空隙，说明表面锉削高低不平。

（2）用涂色法检查。将与工件平面配合的零件表面（或标准平面）涂一层很薄的涂料，然后将它们互相摩擦，工件上留下颜色的地方就是要锉去的地方，如颜色呈点状均匀分布，说明锉削很平。

4 用刮削加工有什么好处？

答：用刮削加工的好处是：
（1）改善配合表面的精度与粗糙度。
（2）配合精度得到提高。

5 为什么攻丝前的底孔直径必须大于标准螺纹小径？

答：攻丝前的底孔直径必须大于标准螺纹小径，原因有以下两方面：
（1）因为攻丝时，丝锥不仅起切削作用，而且对材料产生挤压，因此螺纹顶端将会突出一部分，材料塑性越大，挤压突出越多。
（2）如果螺纹牙顶与丝锥齿根没有足够的空隙，就会使丝锥轧住。
所以攻丝前的底孔直径应大于标准螺纹内径。这样，攻丝时螺孔内的金属变形就不会使丝锥轧住，而且可以获得完整的螺纹。

6 试述套丝的方法步骤。

答：套丝的方法步骤：

（1）将套丝坯杆端部倒成 30°，以使板牙找正。

（2）将坯杆夹在虎钳中间，工件不要露出，以免变形。

（3）攻丝时两手顺时针方向放置板牙架，用力要均匀，使板牙架保持水平。每旋转 1/2～1 周时，应倒转 1/4 周，以便切断铁屑。攻丝过程中要加注冷却润滑液。

（4）套 12mm 以上螺丝时，应用可调式板牙，并分 2～3 次套完。

7 简述圆锥销的装配工艺。

答：圆锥销的装配工艺是：

（1）圆锥销装配时，两连接销孔座一起钻铰。

（2）钻孔时按小直径的圆锥销选用钻头。

（3）铰孔时用试装法控制孔径，以圆锥自由地插入全长的 80%～85%为宜。然后用锤轻轻击入孔中。

（4）销子的大端略突出零件外表面，突出值约为倒棱值。

（5）为了保证圆锥销接触精度，圆锥表面与销孔接触面用涂色法进行检查，应大于 70%。

第二章

变配电检修中级工

第一节 电工基础

1 变压器突然短路有什么危害?

答：变压器短路的危害主要表现在两个方面：

(1) 变压器突然短路会产生很大的短路电流。持续时间虽短，但在断路器来不及切断前，变压器会受到短路电流的冲击，影响热稳定，可能使变压器受到损坏。

(2) 变压器突然短路时，过电流会产生很大的电磁力，影响动稳定，使绕组变形，破坏绕组绝缘，其他组件也会受到损坏。

2 变压器并联运行应满足哪些要求？若不满足会出现什么后果?

答：变压器并联运行应满足以下条件：

(1) 联接组标号（联接组别）相同。

(2) 一次、二次侧额定电压分别相等，即变比相等。

(3) 阻抗电压标幺值（或百分数）相等。

若不满足会出现的后果：

(1) 联接组标号（联接组别）不同，则二次电压之间的相位差会很大，在二次回路中产生很大的循环电流。相位差越大，循环电流越大，肯定会烧坏变压器。

(2) 一次、二次侧额定电压分别不相等，即变比不相等，在二次回路中也会产生循环电流，占据变压器容量，增加损耗。

(3) 阻抗电压标幺值（或百分数）不相等，负载分配不合理，会出现一台满载，另一台欠载或过载的现象。

3 变压器在空载合闸时会出现什么现象？对变压器的工作有什么影响?

答：变压器在空载合闸时会出现激磁涌流。其大小可达稳态激磁电流的 80～100 倍，或额定电流的 6～8 倍。

涌流对变压器本身不会造成大的危害，但在某些情况下能造成电流波动，如不采取相应措施，可能使变压器过电流或差动继电保护误动作。

第二节 35kV 变压器及互感器的维护检修

1 更换变压器密封胶垫应注意什么问题?

答：变压器密封胶垫更换时应注意：

（1）密封橡胶垫受压面积应与螺丝的力量相适应。胶垫、胶圈、胶条不可过宽，最好采用圆形断面胶圈和胶垫。密封处的压接面应处理干净。

（2）带油更换油塞的橡胶密封环时，应将进、出口各处的阀门和通道关闭，在负压保持不致大量漏出油的情况下，迅速更换。

（3）密封材料不能使用石棉盘根和软木垫等。

2 变压器油密封胶垫为什么必须用耐油胶垫?

答：变压器油能溶解普通橡胶胶脂及沥青脂等有机物质，使密封垫失去作用，因此必须使用耐油的丁腈橡胶垫。

3 变压器带油补焊应注意什么问题?

答：变压器带油补焊一般禁止使用气焊。电焊补焊应使用较细的焊条。要防止穿透着火，须焊接部位必须在油面 100mm 以下。

4 怎样更换气体继电器?

答：气体继电器的更换步骤如下：

（1）首先将气体继电器管道上的蝶阀关严。如蝶阀关不严或有其他情况，必要时可放掉油枕中的油，以防在工作中大量溢油。

（2）新气体继电器安装前，应检查有无检验合格证明，口径、流速是否正确，内、外各部件有无损坏，内部如有临时绑扎要拆开，最后检查浮筒、挡板、信号和跳阀接点的动作是否可靠。关好放气阀门。

（3）安装气体继电器时，应注意油流方向，箭头方向指向油枕。

（4）打开蝶阀向气体继电器充油，充满油后从放气小阀门放气。如油枕带胶囊，应注意充油放气的方法，尽量减少和避免气体进入油枕。

（5）进行保护接线时，应防止接错和短路，避免带电操作；同时要防止使导电杆转动和小瓷头漏油。

（6）投入运行前，应进行绝缘遥测及传动试验。

5 磁力指针式油表指示不正确的原因有哪些?

答：油表指示不正确的原因有：

（1）油表浮子或转轴卡住。

（2）指针松动或卡住。

（3）油枕隔膜漏油。

（4）油枕隔膜下积存大量气体。

（5）磁铁的磁力降低或位置调整不当。

（6）浮筒漏油。

6 变压器铁芯绝缘损坏会造成什么后果？

答：如因外部损伤或绝缘老化等原因，使硅钢片间绝缘损坏，会增大涡流，造成局部过热，严重时还会造成铁芯失火。另外，穿心螺杆绝缘损坏，会在螺杆和铁芯间形成短路回路，产生环流，使铁芯局部过热，可能导致严重事故。

7 互感器安装时应检查哪些内容？

答：主要有以下内容：

（1）安装前检查基础、几何尺寸是否符合设计要求，有无变动，误差是否在允许范围内。

（2）同一种类型、同一电压等级的互感器，在并列安装时要在同一平面上。

（3）中心线和极性方向也应一致。

（4）二次接线端及油位指示器的位置应位于便于检查的一侧。

8 对检修中互感器的引线有哪些要求？

答：对检修中互感器的引线大致有以下要求：

（1）外包绝缘和白布带应紧固、清洁。

（2）一次、二次多股软引线与导电杆的连接，必须采用有镀锡层的铜鼻子或镀锡铜片连接。

（3）串级式电压互感器的一次引线，应采用多股软绞铜线，外穿一层蜡布管即可。

（4）穿缆套管的引线，应用胶木圈或硬纸圈将引线固定在套管内部中间，并用布带绑扎固定。

（5）引线长短应适中，应有一定的余量，但不宜过长。

（6）如需重新配制引线，应按以下规定：

1）电压互感器的引线，一般采用多股软绞铜线，其截面不得小于原引线截面。二次引线原是独根铜线时，可配制独根铜线。一次独根引线其直径不得小于1.8mm。

2）引线采用搭接方法。搭接长度不得小于线径的5倍，个别情况允许等于3倍。

3）应用磨光的细铜线绑扎后焊接，焊接时应使焊锡均匀地渗透，焊点应整洁无毛刺。

4）焊接完毕应把烤焦的绝缘削成锥状，重新按要求包好绝缘。

5）如重新配制引线鼻子，其截面应比引线截面大20%，鼻子孔应比导杆直径大1.5～2mm。

9 电压互感器在接线时应注意什么？

答：电压互感器在接线时应注意：

（1）要求接线正确，连接可靠。

（2）电气距离符合要求。

（3）装好后的母线，不应使互感器的接线端承受机械力。

10 铁芯多点接地的原因有哪些？

答：铁芯多点接地的原因如下：

（1）铁芯夹件、夹板距心柱太近，硅钢片翘起触及夹件、夹板。

（2）穿心螺杆的钢套过长，与铁轭硅钢片相碰。

（3）铁芯与下垫脚间的纸板脱落。

（4）悬浮金属粉末或异物进入油箱，在电磁引力作用下形成桥路，使下铁轭与垫脚或箱底接通。

（5）温度计座套过长或运输时芯子窜动，使铁芯或夹件与油箱相碰。

（6）铁芯绝缘受潮或损坏，使绝缘电阻降为零。

（7）铁压板位移与铁芯柱相碰。

11 互感器哪些部位应妥善接地？

答：互感器应妥善接地的部位为：

（1）互感器外壳。

（2）分级绝缘的电压互感器的一次绕组的接地引出端子。

（3）电容型绝缘的电流互感器的一次绕组包绕的末屏引出端子及铁芯引出接地端子。

（4）暂不使用的二次绕组。

第三节　高压开关柜及高压断路器检修

1 断路器在运行时的巡视检查内容有哪些？

答：断路器的巡视检查内容有：

（1）监视六氟化硫气体压力变化。注意区分因温度变化而引起的压力异常，六氟化硫气体压力随温度变化的曲线牌装在控制柜门内。

（2）检查液压操动机构有无渗漏油，定期检查油箱油面位置。

（3）瓷套有无破损和严重脏污，定期清理瓷套表面脏污。

（4）断路器内部有无异常声响。

（5）导向黄铜缸内壁定期加润滑油。

（6）安装基础的地锚螺栓和运动杆件的紧固螺栓有无松动。

（7）断路器表面油漆有无锈蚀而产生剥落，如有锈蚀、剥落应去锈后先着底漆，再刷两遍面漆。

（8）电容器有无漏油现象，与灭弧室的连接螺栓有无松动现象。断路器长期不运行，也应定期检查和维护，避免发生严重锈蚀受潮等不良现象。

2 断路器运行中的特殊巡视有哪些规定？

答：断路器运行中的特殊巡视规定为：

（1）新设备投运的巡视检查，周期应相对缩短。投运 72h 后方可转入正常巡视。

(2) 夜间闭灯巡视，有人值班的变电站两个月一次。

(3) 气温突变，增加巡视。

(4) 雷雨季节，雷击后应进行巡视检查。

(5) 高温季节，高峰负荷期间应加强巡视。

3 高压断路器大修项目有哪些？

答：高压断路器大修项目有：

(1) 本体分解。

(2) 灭弧、导电、绝缘部分解体检修。

(3) 控制传动部分解体检修。

(4) 操动机构解体检修。

(5) 其他附件解体检修。

(6) 组装、调试。

(7) 绝缘油处理。

(8) 电气试验及机构特性试验。

(9) 整体清扫、除锈涂漆。

(10) 现场清理，验收移交。

4 高压断路器检修前的准备工作有哪些？

答：高压断路器检修前的准备工作有：

(1) 根据运行、试验发现的缺陷及上次检修后的情况，确定重点检修项目，编制检修计划。

(2) 讨论检修项目、进度、需消除缺陷的内容以及有关安全注意事项。

(3) 制订技术措施，准备有关检修资料及记录表格和检修报告等。

(4) 准备检修时必需的工具、材料、测试仪器和备品备件及施工电源。

(5) 按原部颁《电业安全工作规程》规定，办理工作票许可手续，做好现场检修安全措施，完成检修开工手续。

5 为什么要对断路器触头的运动速度进行测量？

答：断路器触头运动速度进行测量的原因如下：

(1) 断路器分、合闸时，触头运动速度是断路器的重要特性参数，断路器分、合闸速度不足将会引起触头合闸振颤，预击穿时间过长。

(2) 分闸时速度不足，将使电弧燃烧时间过长，致使断路器内存压力增大，轻者烧坏触头，使断路器不能继续工作；重者将会引起断路器爆炸。

(3) 如果已知断路器合、分闸时间及触头的行程，就可以算出触头运动的平均速度，但这个速度有很大波动，因为影响断路器工作性能最重要的是刚分、刚合速度及最大速度。

因此，必须对断路器触头运动速度进行实际测量。

6 断路器在大修时为什么要测量速度？

答：断路器大修时测量速度的原因有：

（1）速度是保证断路器正常工作和系统安全运行的主要参数。

（2）速度过慢，会加长灭弧时间，切除故障时，易导致加重设备损坏和影响电力系统稳定。

（3）速度过慢，易造成越级跳闸，扩大停电范围。

（4）速度过慢，易烧坏触头，增高内压，引起爆炸。

7 断路器低电压分、合闸试验标准是怎样规定的？为什么要有此项规定？

答：低电压分、合闸试验标准规定为：电磁机构分闸线圈和合闸接触器线圈最低动作电压不得低于额定电压的30%，不得高于额定电压的65%；合闸线圈最低动作电压不得低于额定电压的80%～85%。

断路器的分、合闸动作都需要有一定的能量，为了保证断路器的合闸速度，规定了断路器的合闸线圈最低动作电压，不得低于额定电压的80%～85%。对分闸线圈和接触器线圈的低电压规定是因这个线圈的动作电压不能过低，也不得过高。如果过低，在直流系统绝缘不良，两点高阻接地的情况下，在分闸线圈或接触器线圈两端可能引入一个数值不大的直流电压，当线圈动作电压过低时，会引起断路器误分闸和误合闸；如果过高，则会因系统故障时，直流母线电压降低而拒绝跳闸。

8 断路器为什么要进行三相同时接触差（同期）的确定？

答：要进行三相同期确定的原因有：

（1）如果断路器三相分、合闸不同期，会引起系统异常运行。

（2）中性点接地的系统中，如断路器分、合闸不同期，会产生零序电流，可能使线路的零序保护误动作。

（3）不接地系统中，两相运行会产生负序电流，使三相电流不平衡，个别相的电流超过额定电流值时，会引起电动机设备的绕组发热。

（4）消弧线圈接地的系统中，断路器分、合闸不同期时所产生的零序电压、电流和负荷电压、电流会引起中性点位移，使各相对地电压不平衡，个别相对地电压很高，易产生绝缘击穿事故。同时零序电流在系统中产生电磁干扰，威胁通信和系统的安全，所以断路器必须进行三相同期测定。

9 断路器跳跃时，对液压机构如何处理？

答：（1）检查分闸阀杆，如变形，应及时更换。

（2）检查管路连接、接头连接是否正确。

（3）检查保持阀进油孔是否堵塞，如堵塞及时清扫。

10 怎样检修电磁操作机构（不包括电气回路）？

答：电磁操作机构的检修为：

（1）检查托架顶面有无歪斜，托架与滚轮轴的接触面是否光滑。若硬度不够应做渗碳处理或更换。托架两侧的轴孔中心至顶面的距离应相等，托架的复位弹簧应不失效。

（2）检查滚轮有无开裂，两边不应起毛刺，应无变形刀击的痕迹；滚轮轴不应变形或磨出沟槽，轮和轴套在一起应动作灵活。

（3）检查各连板是否变形、弯曲和开裂。变形可予以校正（但要查找变形原因）；开裂的应视开裂程度，予以补焊。平连板架应平行对称，轴孔中心应同心。铆接部位应无松动。簧应无失效。

（4）脱扣制动板不应弯曲变形，其复位弹簧片应无变形裂纹，脱扣板与脱扣滚轮或卡板的接触不应有过大磨损。

11 一般影响断路器（电磁机构）分闸时间的因素有哪些？

答：影响断路器（电磁机构）分闸时间的因素有：

（1）分闸铁芯的行程。

（2）分闸机构的各部分连板情况。

（3）分闸锁扣扣入的深度。

（4）分闸弹簧的情况。

（5）传动机构、主轴、中间静触头机构等处情况。

12 更换合闸接触器线圈和跳闸线圈时，为什么要考虑保护和控制回路相配合的问题？

答：合闸接触器线圈电阻值，应与重合闸继电器电流线圈和重合闸信号继电器线圈的动作电流相配合。接入绿灯监视回路时，还应和绿灯及附加电阻相配合，使接触器线圈上的分压降小于15%，保证可靠返回。跳闸线圈动作电流应与保护出口信号继电器动作电流相配合，装有防跳跃闭锁继电器时，还应和该继电器电流线圈动作电流相配合。当跳闸线圈接入红灯监视回路时，其正常流过跳闸线圈的电流值，以及当红灯或其附加电阻或任一短路时的电流值均不应使跳闸线圈误动作造成事故。

13 液压操动机构巡视检查项目有哪些？

答：液压操动机构巡视检查项目如下：

（1）机构箱门平整，开启灵活，关闭紧密。

（2）检查油箱油位正常，无渗漏油。

（3）高压油的油压在允许的范围内。

（4）每天记录油泵电动机启动次数。

（5）机构箱内无异味。

（6）加热器正常完好。

14 液压机构的主要优缺点及适用场合是什么？

答：液压机构的主要优点：

（1）不需要直流电源。

（2）暂时失电时，仍然能操作几次。

（3）功率大，动作快。

（4）冲击小，操作平稳。

缺点：

（1）结构复杂，加工精度要求高。

（2）维护工作量大。

适用场合：适用于110kV以上的断路器，它是超高压断路器和SF_6断路器采用的主要机构。

15 液压机构中的压力表指示什么压力？根据压力如何判断机构故障？

答：液压机构中的压力表指示液体的压力，液体压力与氮气压力不相等，差值为贮压筒活塞与缸壁的摩擦力。

压力若少量高于标准值，可能是预充压力较高或活塞摩擦力较大；压力不断升高或者明显高于标准值，是由于活塞密封不良，高压油进入气体所造成；若压力低于标准，是气体外漏造成的，可以用肥皂水试漏气来判定。

16 为什么说液压机构保持清洁与密封是保证检修质量的关键？

答：因为液压机构是一种高压力的装置，工作时压力经常保持在98MPa以上。如果清洁不够，即使是微小颗粒的杂质侵入到高压油中，也会引起机构中的孔径仅有0.3mm的阀体通道（管道）堵塞或卡涩，使液压装置不能正常工作。如果破坏密封或密封损伤造成泄漏，也会失掉压力而不能正常工作。综上所述，液压机构检修必须保证各部分密封性能可靠，液压油必须经常保持清洁。清洁、密封两项内容应贯穿于检修的全过程。

17 如何调整液压机构分、合闸铁芯的动作电压？

答：液压机构分、合闸铁芯动作电压的调整为：

（1）动作电压的调整借改变分、合闸电磁铁与动铁芯间隙的大小来实现。

（2）缩短间隙，动作电压升高，反之降低。但过分地加大间隙反而会使动作电压又升高，甚至不能分闸。调整动作电压会影响分合闸时间及相间周期，故应综合考虑。

18 液压机构检查时如发现球阀与阀座密封不良时，应怎样处理？

答：液压机构球阀与阀座密封不良时的处理为：

（1）可用小锤轻击钢球，使阀口上压出一圈约0.1mm宽的圆线，以使接触良好。

（2）二级阀活塞与阀座接触不良时，可用研磨膏研磨（或更换新钢球）。

19 液压机构贮压器的预压力如何测量？

答：油压在零时启动油泵，压力表突然上升到p_1值，停泵打开放油阀，当压力表降到p_2值时，突然下降到零。则p_1和p_2的平均值即为当时温度下的预压力。

20 清洗检查油泵系统有哪些项目？

答：清洗检查油泵系统的项目有：

（1）检查铜滤网是否洁净。

（2）检查逆止阀处的密封圈有无受损。

（3）检查吸油阀阀片密封状况是否良好，并注意阀片不要装反。

21 简述CY－Ⅱ型液压机构充氮气的方法。

答：CY－Ⅱ型液压机构充氮气的方法为：

（1）将充气装置中的充气阀拧入，使气阀座端部封死连通器装置。

（2）开启氮气瓶，将氮气瓶中的氮气充入油筒和气筒中，待内外压力平衡后，关闭氮气瓶。

（3）启动油泵打压，将油筒中的氮气打入气瓶中。

（4）打开高压放油阀排掉高压油。

（5）再次启动氮气瓶，向油筒中充气，重复（3）项，待压力表指示值足够时，即完成充气。

（6）充完气后将充气阀拧出三圈，使油筒和气筒的气体互相连通。

（7）检查充气阀各密封处，无漏气后即可接入使用。

22 操作机构的保持合闸功能有何技术要求？

答：合闸功能消失后，触头能可靠地保持在合闸位置，任何短路电动力及振动等均不致引起触头分离。

23 操作机构的合闸功能有何技术要求？

答：操作机构合闸功能的技术要求是：

（1）满足断路器刚合速度要求。

（2）必须足以克服短路反力，有足够的合闸动力。

24 操作机构的分闸功能有何技术要求？

答：应满足断路器分闸速度要求，不仅能电动分闸，而且能手动分闸，并应尽可能省力。

25 什么原因造成液压机构合闸后又分闸？

答：造成液压机构合闸后又分闸的原因如下：

（1）分闸阀杆卡滞，动作后不能复位。

（2）保持油路漏油，使保持压力建立不起来。

（3）合闸阀自保持孔被堵，同时合闸的逆止钢球复位不好。

26 操作机构的自由脱扣功能有何技术要求？

答：操作机构自由脱扣功能的要求是：当断路器在合闸过程中，机构又接到分闸命令时，不管合闸过程是否终止，应立即分闸，保证及时切断故障。

27 在转轴上装配O型及V型密封圈时的注意事项有哪些？

答：装配O型及V型密封圈时的注意事项有：

（1）在组装时，不仅要注意按顺序依次装入各密封部件，而且要注意密封件的清洁和安装方向。

（2）为减小各摩擦表面上产生的摩擦力，组装时可在胶圈内外圆周上、转轴、转轴孔上薄薄涂抹一层中性凡士林。

28 隔离开关的小修项目有哪些要求？

答：检修前应先了解该设备运行中的缺陷，然后主要进行下列检查：

（1）清扫检查瓷质部分及绝缘子胶装接口处有无缺陷。

（2）试验各转动部位有无卡涩，并注润滑油。

（3）清洗动、静触头，检查其接触情况，触指弹簧片应不失效。

（4）检查各相引线卡子及导电回路连接点（GW5型绝缘子上端接线盒中软铜带的连接）。

（5）检查三相接触深度和同期情况。

（6）检查电气或机械闭锁情况，对于电动机构或液压机构，应转动检查各部分附件装置，最后填好检修记录。

29 隔离开关的大修项目主要有哪些？

答：大修项目中包括全部小修项目，主要有：

（1）列为大修的隔离开关应解体清扫检查。

（2）对各导电回路的连接点均应检修，必要时应做接触电阻测试，对轴承及转动的轴销应解体清洗处理，然后加润滑油。

（3）对电动机构各传动零部件、电气回路、辅助设备检查调试。

（4）液压机构要解体清洗、换油、试漏。按该型号隔离开关的技术要求进行全面调整试验，金属支架及易锈的金属部件要去锈、刷漆，适当部分刷相位标志。

（5）最后填写大修记录。

30 隔离开关吊装时有哪些要求？

答：隔离开关吊装的要求为：

（1）将组装好的单极隔离开关吊装在基础槽钢上。

（2）找平、找正后用螺栓固定。

（3）底座水平误差应小于1%。

（4）刀闸重心较高，起吊时应有防止倾倒措施。

31 隔离开关可能出现哪些故障？

答：隔离开关出现的故障主要有：

（1）触头过热。

（2）绝缘子表面闪络和松动。

（3）隔离开关拉不开。

（4）刀片自动断开。

（5）刀片弯曲。

32 隔离开关检修周期有什么规定？主要检修项目有哪些？

答：隔离开关检修周期的规定为：大修一般4～5年一次，根据运行和缺陷情况，大修间隔时间可适当缩短或延长；小修每年安排一次，污秽严重地区可增加次数。

主要检修项目有：

（1）绝缘子检查。

（2）接触面检修。

（3）操作机构及传动机构的检修。

（4）其他如均压闭锁、底座等的检修。

33 引起隔离开关刀片发生弯曲的原因是什么？

答：引起隔离开关刀片发生弯曲的原因是刀片间的电动力方向交替变化或调整部位发生松动，刀片偏离原来位置而强行合闸使刀片变形。处理时，检查接触面中心线应在同一直线上，调整刀片或瓷柱位置，并紧固松动的部件。

34 室外隔离开关水平拉杆怎样配置？

答：具体方法如下：

（1）根据相间距离，锯切两根瓦斯管，其长度为隔离开关相间距离减去连接螺丝及连接板的长度，并使配好的拉杆有伸长或缩短的调整余度。

（2）分别将连接螺丝插入瓦斯管两端，用电焊焊接牢，再装上锁紧螺母及连板，焊接时不要使连接头偏斜。

（3）将栏杆两头与拐臂上的销钉固定起来。

35 叙述隔离开关的检修项目及工艺要求。

答：（1）检查隔离开关绝缘子是否完整，有无电晕和放电现象。清扫绝缘子，检查水泥浇铸连接情况，有问题应及时处理或更换，用兆欧表检测绝缘子的绝缘电阻。

（2）检查传动杆件及机构各部分有无损伤、锈蚀、松动或脱落等不正常现象，定期检查润滑情况，必要时加以清理并加润滑油，对底座进行铲锈、涂漆并确保其接地良好。

（3）检查触头接触是否良好，压紧弹簧的压力是否足够，清洁触头接触表面的污垢和烧伤痕迹。触指烧伤严重的应更换，导流铜辫子应无断股、折断现象，触指弹簧弹力不足的应更换，接触表面涂中性凡士林或导电硅脂，减小触头的氧化。

（4）按制造厂的技术参数复测开关的有关技术参数，如触头插入深度、同期度、备用行程张开角度等，不符合要求应重新调整。

36 调整隔离开关的主要标准是什么？

答：调整隔离开关的主要标准如下：

（1）三相不同期差（即三极连动的隔离开关中，闸刀与静触头之间的最大距离）。不同期差值越小越好，在开、合小电流时有利于灭弧及减少机械损伤。差值较大时，可通过调整拉杆绝缘子上螺杆、拧入闸刀上螺母的深浅来解决（若安装时隔离开关已调整合格，只需松紧螺杆1～2扣即可），调整时需反复、仔细进行。

（2）合闸后剩余间隙（指合闸后，闸刀底面与静触头底部的最小距离），应保持适当的剩余间隙。

37 如何检修GW7型隔离开关？

答：隔离开关及其操动机构应定期检查，如遇短路故障，应在故障后进行检查。

（1）消除导电部分尘垢，触指与触头接触面清理干净后涂一薄层医用凡士林油。在检修时若发现接触面有电弧烧痕，应加以修整，严重时则要更换。检查触指弹簧，若弹力不足应更换（单个触指的接触压力应不小于50N）。

（2）清除支柱绝缘子表面尘垢，检查绝缘子是否破损，胶装是否松动。

（3）检查各轴销及转动部分是否灵活，并在转动部分涂适应当地气候条件的润滑油脂。

（4）检查各连接紧固螺栓，是否有松动。

（5）平衡弹簧及其他表面涂漆的零件，至少两年要刷一次新油漆。

（6）检查手动机构及电磁锁，分、合操作是否灵活，辅助开关能否动作，分、合操作是否良好。

38 GW7型隔离开关合闸后，对动、静触头有什么技术要求？达不到要求时应如何调整？

答：主刀闸合闸后，要求动触头与静触头之间间隙为30～50mm，动触头中心与静触头中心高度误差小于2mm。

如不满足以上要求，应改变动刀杆长度和在绝缘子柱上加垫调整。

39 如何对隔离开关接触面进行检修？

答：隔离开关的接触面在电流和电弧的热作用下，会产生氧化铜膜和烧伤痕迹。在检修时应用锉刀及砂布进行清除和加工，使接触面平整并具有金属光泽，然后再涂一层电力复合脂。

40 引起隔离开关触头发热的原因是什么？

答：隔离开关触头发热的原因是：

（1）隔离开关过载或者接触面不严密使电流通路的截面减小，接触电阻增加。

（2）运行中接触面产生氧化，使接触电阻增加。

因此，当电流通过时触头温度就会超过允许值，甚至有烧红熔化以至熔接的可能。在正常情况下触头的最高允许温度为75℃，因此应调整接触电阻使其值不大于200$\mu\Omega$。

41 电动操作机构主要适用于哪些隔离开关？

答：电动操作机构适用于需远距离操作的重型隔离开关及110kV以上的户外隔离开关。

第四节　避雷器和接地装置

1 防雷装置的作用是什么？

答：防雷装置主要有避雷针和避雷器。避雷针是防止变电所遭受直击雷击设置。避雷针经引下线连接到埋入地中的独立接地装置上。避雷器是为防止由于雷击变电所附近的电力线路时，使雷电波沿导线进入变电所产生的危害电气设备绝缘的高电压。当高电压超过一定值时，避雷器自动对地放电，降低电压，保护设备。放电后又自动熄弧，保证电力系统正常运行。

2 接地装置的作用是什么？

答：发电厂与变电所内装设的电气设备，如果发生绝缘损坏，带电部分就有可能接触设备外壳使外壳带电，人一旦碰到外壳就有触电的危险，而电气设备的外壳接地就能有效和可靠地避免这种触电事故的发生。

发电厂和变电所的接地有工作接地和保护接地之分。工作接地是为了保证电力系统在正常或故障情况下能够可靠运行，而将系统中某些设备的中性点接地。保护接地是用来防止人接触平时不带电的电气设备外壳和金属构架时，由于设备本身绝缘损坏而使设备外壳带电的触电。保护接地有两种；一种是中性点不接地系统的电气设备和金属构架直接接地。另一种是中性点接地并将电气设备的金属外壳与引出的中性线连接即保护接零。

3 什么是反击电压？

答：在变电站中，如果雷击到避雷针上，雷电流通过构架接地引下线流散到地上，由于构架电感和接地电阻的存在，在架构上产生很高的对地电位，高电位对附近的电气设备或带电导线会产生很大的电位差。如果两者之间的距离小，就会导致避雷针构架对其他设备或导线放电，引起反击闪络，造成事故。

4 为什么要在电力电容器与其断路器之间装设一组 ZnO 避雷器？

答：装设 ZnO 避雷器可以防止电力电容器在拉、合操作时，可能出现的操作过电压，保证电气设备的安全运行。

5 中性点经消弧线圈接地的系统中，消弧线圈有何作用？

答：中性点不接地系统发生单相接地短路故障时，接地点将通过接地线路对应电压等级电网的全部对地电容电流。如果此电容电流相当大，就会在接地点产生间歇性电弧，引起过电压，从而使非故障相对地电压增加。在电弧接地过电压的作用下，可能导致绝缘损坏，造成两点或多点的接地短路，使事故扩大。中性点装设消弧线圈的目的是利用消弧线圈的感性电流补偿接地故障时的容性电流，使接地故障电流减少，以至自动熄弧，保证继续供电。

6 外部过电压有何危害？运行中防止外部过电压应采取什么手段？

答：外部过电压包括两种：一种是对设备的直击雷过电压；另一种是雷击于设备附近时，在设备上产生的感应过电压。由于过电压数值较高，可能引起绝缘弱点的闪络，也可能引起电气设备绝缘损坏，甚至烧毁电气设备。

防止外部过电压的主要手段包括避雷器、避雷针、进出线架设架空地线及装设管型避雷器、放电间隙和接地装置等。其中：

（1）避雷器。防止雷电过电压，即雷电感应过电压和雷电波沿线侵入变电站的大气过电压，保护高压设备绝缘不受损。

（2）避雷针。防止直击雷。

（3）进出线架设架空地线及装设管型避雷器。防止雷电直击近区线路，避免雷电波直接入侵变电站，损坏设备。

（4）放电间隙。根据变压器的不同电压等级，选择适当距离的放电间隙与阀型避雷器并联（也有单独用放电间隙的），来保护中性点为半绝缘的变压器中性点。

（5）接地装置。它是防雷保护的重要组成部分，要求其不仅能够安全地引导雷电流入地，而且应使雷电流流入大地时能均匀地分布出去。

7 简述电力系统中间歇电弧接地产生过电压的原因及限制措施。

答：中性点不接地系统发生单相接地故障时，非故障相对地电压将升高到线电压。若单相接地为不稳定的电弧接地，即接地电弧会间歇性地灭弧和重燃，则在非故障相和故障相都会出现很高的过电压。

装设消弧线圈，通过其电感电流补偿线路容性电流，减小接地电流，使接地电弧很快熄灭，且不易重燃，从而限制间歇电弧接地产生过电压。

8 简述接地装置的电气完整性测试结果的判断和处理。

答：接地装置的电气完整性测试结果的判断和处理方法如下：

（1）状况良好的设备测试值应在 50mmΩ 以下。

（2）50～200mmΩ 的设备状况尚可，宜在以后例行测试时重点关注其变化，重要的设备宜在适当时候检查处理。

（3）200mmΩ～1Ω 的设备状况不佳，重要的设备应尽快检查处理，其他设备宜在适当时候检查处理。

（4）1Ω 以上的设备与主地网未连接，应尽快检查处理。

（5）独立避雷针的测试值应在 500mmΩ 以上。

（6）测试中相对值明显高于其他设备，而绝对值又不大的，按状况尚可对待。

9 简述无间隙避雷器的使用场合。

答：无间隙避雷器的使用场合如下：

（1）电站用避雷器。用以限制作用在发变电站 3～500kV 设备的雷电过电压和除谐振过电压及暂态过电压以外的相对地过电压。

（2）配电用避雷器。用以限制作用在 3～20kV 配电设施，主要是配电变压器、分段开关、刀闸及电缆头的雷电过电压和除谐振过电压及暂态过电压以外的相对地过电压。

（3）并联补偿电容器用避雷器。用以限制投切电容器组时可能产生的过电压，用于不同容量和电压等级电容器组的避雷器，其方波通流容量有不同的要求。

（4）发电机用避雷器。用以限制作用在发电机的雷电过电压和除谐振过电压以外的相对地过电压，并可限制升压变压器的传递过电压。

（5）电动机用避雷器。用以限制 3～10kV 投切电动机时的操作过电压。

（6）发电机中性点用避雷器。用以限制发电机中性点的雷电侵入波过电压，同时对发电机整个绝缘也有一定的保护作用。在正常运行工况下，作用在避雷器上的电压很低。

（7）变压器中性点用避雷器。主要用以限制中性点为分级绝缘的变压器（包括中性点接有低于其设备绝缘水平的设备，如消弧线圈等）雷电过电压。在正常运行工况下，作用在避雷器上的电压很低。

（8）其他特殊用途避雷器。避雷器还可用于下列设备的过电压保护，如输电线路、串联电抗器、串联电容器、电缆护层、电流互感器低压和高压侧匝间、发电机灭磁回路等。

10 有间隙避雷器的特点是什么？

答：有间隙避雷器的特点如下：

（1）有串联间隙的避雷器与无间隙避雷器相比，增加了串联间隙，使电阻片与带电导线隔离，可避免系统单相接地引起的暂时过电压和弧光接地或谐振过电压对电阻片的直接作用。但使用串联间隙后，也就不再具备无间隙避雷器的优点。

（2）有并联间隙的避雷器。在一部分电阻片上并联间隙，在雷电流达到一定幅值时，这部分电阻片上的残压使间隙放电而短路。在雷电流幅值等于标称放电电流时，避雷器的残压值可以低于无间隙避雷器的残压；在保护雷电冲击绝缘水平较低的设备时，如发电机等，有一定的优越性，但结构较复杂。

（3）与普通碳化硅阀式避雷器相比，具有相近保护特性时，避雷器可以没有续流或续流很小。如果保持续流相近，则残压值可比碳化硅阀式避雷器低，在中性点非直接接地系统中，残压值还可以比无间隙避雷器的残压低。

（4）有串联间隙避雷器。由于放电电压与电阻片的残压相近，给工频放电电压试验带来一定的困难，放电电压较难检测。

（5）有间隙避雷器一般用于线路或 3～66kV 中性点非直接接地系统中的保护。

11 接地装置按用途分可分为哪几类？

答：按接地装置的用途可分为四类：

（1）工作接地。在电力系统电气装置中，为运行需要所设的接地（如中性点直接接地）或经其他装置接地等。

（2）保护接地。电气装置的金属外壳、配电装置的构架和线路杆塔等，由于绝缘损坏有可能带电，为防止其危及人身和设备的安全而设的接地。

（3）雷电保护接地。为雷电保护装置（避雷针、避雷线和避雷器等）向大地泄放雷电流而设的接地。

（4）防静电接地。为防止静电对易燃油、天然气贮罐和管道等的危险作用而设的接地。

12 在高土壤电阻率地区，可采取哪些措施降低接地电阻？

答：在高土壤电阻率地区，可采取下列措施降低接地电阻：

（1）当在发电厂、变电站2000m以内有较低电阻率的土壤时，可设引外接地极。

（2）当地下较深处的土壤电阻率较低时，可采用井式或深钻式接地极。

（3）填充电阻率较低的物质或降阻剂。

（4）敷设水下接地网。

（5）在永冻土地区除可采用上述措施外，还可采取下列措施：

1）将接地装置敷设在融化地带或融化地带的水池或水坑中。

2）敷设深钻式接地极，或充分利用井管或其他深埋在地下的金属构件作接地极，还应敷设深度约0.5m的伸长接地极。

3）在房屋融化盘内敷设接地装置。

4）在接地极周围人工处理土壤，以降低冻结温度和土壤电阻率。

第五节　变压器的调压装置

1 如何检查变压器无励磁分接开关？

答：触头应无伤痕、接触严密；绝缘件无变形及损伤；各部零件紧固、清洁，操作灵活，指示位置正确；定位螺钉固定后，动触头应处于静触头的中间。

2 变压器调压装置的作用是什么？

答：变压器调压装置的作用是变换线圈的分接头，改变高、低线圈的匝数比，从而调整电压，使电压保持稳定。

3 无载分接开关的触头接触电阻的数值有什么要求？

答：无载分接开关触头接触电阻的数值应不大于500μΩ。

4 有载分接开关快速机构的作用是什么？

答：有载分接开关切换动作时，由于分头之间的电压作用，在触头接通或断开时会产生电弧，快速机构能提高触头的灭弧能力，减少触头烧损，还可缩短过渡电阻的通电时间。

5 有载分接开关的基本原理是什么？

答：有载分接开关是在不切断负载电流的条件下，切换分接头的调压装置。因此，在切换瞬间，需同时连接两分接头。分接头间一个级电压被短路后，将有一个很大的循环电流。为了限制循环电流，在切换时必须接入一个过渡电路，通常是接入电阻。其阻值应能把循环电流限制在允许的范围内。因此，有载分接开关的基本原理概括起来就是：采用过渡电路限制循环电流，达到切换分接头而不切断负载电流的目的。

6 有载调压操作机构必须具备哪些基本功能？

答：有载调压操作机构必须具备的基本功能为：

（1）能有 $1 \rightarrow n$ 和 $n \rightarrow 1$ 的往复操作功能。

（2）有终点限位功能。

（3）有一次调整一个挡位的功能。

（4）有手动和电动两种操作功能。

（5）有位置信号指示功能。

7 什么是有载分接开关的过渡电路？

答：有载分接开关在切换分接过程中，为了保证负载电流的连续，必须要在某一瞬间同时连接两个分接，为了限制桥接时的循环电流，必须串入阻抗，才能使分接切换得以顺利进行。在短路的分接电路中串接阻抗的电路称为过渡电路。串接的阻抗称为过渡阻抗，可以是电抗或电阻。

第六节　母线、电缆及其附属设备检修

1 简述单母线接线的类型及特点。

答：单母线接线具有简单清晰、设备少、投资小、运行操作方便且有利于扩建等特点，但可靠性和灵活性较差。当母线或母线隔离开关发生故障或检修时，必须全部断开电源，造成全厂停电。可采取以下措施补偿以上不足：

（1）母线分段。

（2）加旁路母线。

（3）单母分段带旁路母线接线。

2 简述双母线接线的类型及特点。

答：双母线具有两组母线：工作母线和备用母线。每回线都经一台断路器和两组隔离开关分别与母线连接，母线之间通过母线断路器连接，称双母线接线。

双母线的特点为：

（1）检修任一组母线时，不会对用户停电。

（2）运行灵活，通过倒换操作可以形成不同运行方式。

（3）线路断路器检修，可临时用母线断路器代替。

（4）在特殊需要时可以用母线与系统进行同期或解列操作。

3 单元接线的特点是什么？

答：发电机与变压器直接连接成一个单元，组成发电机变压器组，称为单元接线。特点如下：

（1）接线简单，设备少，减小故障，可靠性高。

（2）元件少，投资少，经济性高。
（3）操作简单方便。
（4）短路电流小。
（5）单元元件内任一元件故障或检修时，该单元全停。

4 简述一个半断路器接线的特点。

答：两个元件引线用三台断路器接往两组母线形成一个半断路器接线。运行时，两组母线和全部断路器都投入工作，形成多环路供电。其具有较高的供电可靠性和运行灵活性，任一母线故障或检修，均不致停电；除联络断路器故障时与其相连的两回线路短时停电外，其他任何断路器故障或检修都不会中断供电，甚至两母线同时故障（或一组检修时另一组故障）的极端情况下，功率仍能继续输送。适宜于220kV以上的超高压、大容量系统中。

5 桥形接线的特点是什么？

答：当只有两台变压器和输电线路时，采用桥型接线，所用断路器数目最少依照连接桥的位置可分为内桥和外桥。运行时桥臂上联络断路器处于闭合状态。内桥接线中，当变压器故障时，须停相应的线路；外桥接线中，当线路故障，须停相应的变压器，且隔离开关又作为操作电器，所以可靠性差，但布置简单，造价低。

6 角形接线的特点是什么？

答：当母线闭合成环形，并按回路数利用断路器分段，构成角形接线。特点如下：
（1）角形接线中回路数等于断路器数。
（2）每回路与两台断路器连接，检修时线路不停电。
（3）隔离开关不起操作作用。
（4）断路器检修或故障，会形成开环运行，注意电源和馈线按对角原则布置。
（5）开环与闭环运行电流差别大，设备选择困难，继电保护复杂。
（6）不便于扩建。

7 变压器母线组接线的特点是什么？

答：各出线回路由两台断路器分别接在两组母线上，变压器通过隔离开关接到母线上，形成变压器母线组接线。特点如下：
（1）接线调动灵活，电源负荷可自由调配，安全可靠且有利于扩建。
（2）比具有相同断路器的双母带旁母可靠性高，与角形接线相比它不存在开环问题。
（3）变压器故障相当于母线故障。

8 如何检修硬母线？

答：检修硬母线的方法如下：
（1）清扫母线，清除灰尘；检查相序颜色，要求颜色显明，必要时应重新刷漆或补刷脱漆部分。
（2）检查母线接头，应接触良好，无过热现象。其中，采用螺栓连接的接头，螺栓应拧紧，平垫圈和弹簧垫圈应齐全。用 0.05mm 塞尺检查，局部深度不得大于 5mm；采用焊接连接的接头，应无裂纹、变形和烧毛现象，焊缝凸出、成圆弧形。

（3）检修母线伸缩节，要求伸缩节两端接触良好，能自由伸缩，无断裂现象。

（4）检修绝缘子及套管，绝缘子及套管应清洁完好，无裂纹、放电现象。绝缘电阻应符合规定。

（5）检查母线的固定情况，母线固定应平整牢固，并检修其他部件，要求螺栓、螺母、垫圈齐全、无锈蚀，片间撑条均匀。

9 在绝缘子上固定矩形母线有哪些要求？

答：绝缘子上固定母线的夹板，通常都用钢材料制成，不应使其形成闭合磁路。若形成闭合磁路，在夹板和螺栓形成的环路中将产生很大的感应环流，使母线过热，在工作电流较大的母线上，这种情况更严重。为避免形成闭合磁路，两块夹板均为铁质时，两个紧固螺栓应一个用铁质的，另一个用铜质的。另外还可以采用开口卡板固定母线，也可以两块夹板一块为铁质，一块为铝质，两个紧固螺栓均为铁质。

10 矩形母线平弯、立弯、扭弯各 90°时，弯转部分长度有何规定？

答：（1）母线平弯 90°时：母线规格在 50mm×5mm 以下者，弯曲半径不得小于 2.5h（h 为母线厚度）；母线规格在 60mm×5mm 以上者，弯曲半径不得小于 1.5h。

（2）母线立弯 90°时：母线在 50mm×5mm 以下者，弯曲半径不得小于 1.5b（b 为母线宽度）；母线在 60mm×5mm 以上者，弯曲半径不得小于 2b。

（3）母线扭转（扭腰）90°时，扭转部分长度应大于母线宽度（b）的 2.5 倍。

11 硬母线怎样进行调直？

答：硬母线调直的具体方法如下：

（1）放在平台上调直，平台可用槽钢、钢轨等平整材料制成。

（2）应将母线的平面和侧面都校直，可用木锤敲击调直。

（3）不得使用铁锤等硬度大于铝带的工具。

12 硬母线手工氩弧焊电极与焊条怎样配合？

答：手工氩弧焊电极与焊条的配合方法如下：

（1）右手持电极，左手拿焊条，电极应保持垂直。

（2）电弧应沿焊缝直走，不得有横向摆动。

（3）焊条与焊缝之间角度保持 35°～40°。

（4）焊条在电极后应保持 5～10mm 的距离。

（5）做环形运动，逐渐将熔化的焊条填入焊缝。

13 硬母线引下线的尺寸有哪两种确定方法？

答：硬母线引下线尺寸的两种确定方法为：

（1）用吊中线，量尺寸，量实样的方法。

（2）制作样板的施工方法。

14 母线哪些地方不准刷漆？

答：母线的下列部位不准刷漆：

（1）母线各部连接处及距离连接处 10cm 以内的地方。

（2）间隔内硬母线要留 50～70mm 的地方，用于停电挂接临时地线用。

（3）涂有温度漆（测量母线发热程度）的地方。

15 在检查耐张线夹时，需检查哪些内容？

答：应检查线夹上的：

（1）V 型螺丝和船型压板。

（2）销钉和开口销。

（3）垫圈和弹簧垫及螺帽等。

（4）零件是否齐全，规格是否统一。

16 金属封闭母线的型式试验和现场试验的试验项目有哪些？

答：型式试验的试验项目有：绝缘电阻测量、额定 1min 工频干耐受电压试验、额定 1min 工频湿耐受电压试验、额定雷电冲击耐受电压试验、温升试验、动热稳定试验、淋水试验、气密封试验和外壳防护等级试验等。

现场试验的试验项目有：绝缘电阻测量、额定 1min 工频干耐受电压试验、自然冷却的离相封闭母线，其户外部分应进行淋水试验、微正压充气的离相封闭母线，应进行气密封试验。

17 软母线施工中如何配备设备线夹？

答：软母线施工中配备设备线夹的具体方法如下：

（1）首先了解各种设备的接线端子的大小、材质、形状和角度。

（2）根据断面图中各种设备的高度差，配合适当的设备线夹，要考虑美观。

18 软母线接头发热如何处理？

答：软母线接头发热的处理方法如下：

（1）清除导体表面的氧化膜，使导线线表面清洁，并在线夹内表面涂凡士林。

（2）更换线夹上失去弹性或损坏的各个垫圈，拧紧已松动的螺栓。

（3）对接头的接触面用 0.5mm 塞尺检查时，不应塞入 5mm 以上。

（4）更换已损坏的各种线夹和线夹上钢制镀锌零件。

19 电压互感器在接线时应注意什么？

答：电压互感器在接线时应注意：

（1）要求接线正确，连接可靠。

（2）电气距离符合要求。

（3）装好后的母线，不应使互感器的接线端承受机械力。

20 电缆发生故障的原因有哪些？

答：电缆发生故障的原因有：机械损伤、绝缘受潮、绝缘老化、运行中过电压、过负荷、电缆选型不当，或是电缆接头及终端头设计有缺陷、安装方式不当或施工质量不佳、电缆制造质量差，绝缘材料不合格、维护不良，地下有杂散电流流经电缆外皮等。

21 运行中对电缆温度的监视有哪些规定？

答：运行中对电缆温度的监视有规定为：

（1）测量直埋电缆温度时，应测量同地段的土壤温度。测量土壤温度的热偶温度装置点与电缆间的距离不小于3m；离土壤测量点3m半径范围内，应无其他热源。

（2）电缆同地下热力管交叉或接近敷设时，电缆周围的土壤温度，在任何时候不应超过本地段其他地方同样深度的土壤温度10℃。

（3）测量电缆的温度，应在夏季或电缆最大负荷时进行。

（4）检查电缆的温度应选择电缆排列最密处或情况最差处及有外界热源影响处。

22 简述冷缩式电缆终端头的制作步骤。

答：冷缩式电缆终端头制作步骤如下：

（1）剥切电缆。

（2）装接地线。

（3）装分支手套。

（4）装冷缩直管。

（5）剥切相线。

（6）压接线鼻子。

（7）装冷缩终端头。

23 交流系统中电力电缆导体与绝缘屏蔽或金属层之间对额定电压的选择有哪些规定？

答：交流系统中电力电缆导体与绝缘屏蔽或金属层之间对额定电压的选择的规定如下：

（1）中性点直接接地或经低电阻接地的系统，接地保护动作不超过1min切除故障时，不应低于100％的使用回路工作相电压。

（2）除上述供电系统外，其他系统不宜低于133％的使用回路工作相电压；在单相接地故障可能持续8h以上或发电机回路等安全要求较高时，宜采用173％的使用回路工作相电压。

24 电力电缆导体截面选择短路计算条件时，应符合哪些规定？

答：电力电缆导体截面选择短路计算条件时，应符合以下规定：

（1）计算用系统接线，应采用正常运行方式，且宜按工程建成后5～10年发展规划。

（2）短路点应选取在通过电缆回路最大短路电流可能发生处。

（3）宜按三相短路计算。

（4）短路电流的作用时间，应取保护动作时间与断路器开断时间之和。对电动机等直馈线，保护动作时间应取主保护时间；其他情况宜取后备保护时间。

25 电缆终端绝缘性能的选择，应符合哪些规定？

答：电缆终端绝缘性能的选择，应符合以下规定：

（1）终端的额定电压及其绝缘水平，不得低于所连接电缆额定电压及其要求的绝缘水平。

（2）终端的外绝缘，必须符合安置处海拔高程、污秽环境条件所需爬电比距的要求。

26 交流系统单芯电力电缆及其附件的外护层绝缘等部位应设置过电压保护，并应符合哪些规定？

答：交流系统单芯电力电缆及其附件的外护层绝缘等部位应设置过电压保护，并应符合以下条件：

（1）35kV以上单芯电力电缆的外护层、电缆直连式GIS终端的绝缘筒，以及绝缘接头的金属层绝缘分隔部位，当其耐压水平低于可能的暂态过电压时，应添加保护措施，且宜符合下列规定：

1）直接接地的电缆线路，在其金属层电气通路的末端，应设置护层电压限制器。

2）较差互联接地的电缆线路，每个绝缘接头应设置护层电压限制器。线路终端部位应设置护层电压限制器。

3）GIS终端的绝缘简上，宜跨接护层电压限制器或电容器。

（2）35kV单芯电力电缆金属层单点直接接地且有增护器绝缘保护需要时，可在线路未接地的终端设置护层电压限制器。

第七节　二次回路知识

1 气体继电器在安装使用前应做哪些试验？标准是什么？

答：气体继电器安装使用前应做的试验为：

（1）密封试验。整体加油压（压力为200kPa；持续时间1h）试漏，应无渗漏。

（2）端子绝缘强度试验。出线端子及出线端子间，应耐受工频电压2000V，持续1min，也可用2500V兆欧表测绝缘电阻，摇1min代替工频耐压，绝缘电阻应在300MΩ以上。

（3）轻瓦斯动作容积试验。当壳内聚积250～300cm^{3}空气时，轻瓦斯应可靠动作。

（4）重瓦斯动作流速试验。自然油冷却的变压器动作流速应为0.8～1.0m/s；强迫油循环的变压器动作流速应为1.0～1.2m/s；容量大于200MVA变压器动作流速应为1.2～1.3m/s。

2 气体继电器的检验项目有哪些？

答：检验项目有：

（1）一般性检验。玻璃窗、放气阀、控针处和引出线端子等完整、不渗油。
（2）浮筒、开口杯、玻璃窗等完整无裂纹。
（3）浮筒、水银接点、磁力干簧接点密封性试验。
（4）轻瓦斯动作容积整定试验。
（5）重瓦斯动作流速整定试验。

3 气体继电器的作用是什么？

答：气体继电器是变压器重要的保护组件。当变压器内部发生故障，油中产生气体或油气流动时，则气体继电器动作，发出信号或切断电源，以保护变压器。另外，发生故障后，可以通过气体继电器的视窗观察气体颜色，以及取气体进行分析，从而对故障的性质做出判断。

4 什么是同极性端？

答：在一个交变的主磁通作用下，感应电动势的两线圈，在某一瞬时，若一侧线圈中有某一端电位为正，另一侧线圈中也会有一端电位为正，这两个对应端称为同极性端（或同名端）。

5 电压互感器二次绕组一端为什么必须接地？

答：电压互感器一次绕组直接与电力系统高压连接，若在运行中电压互感器的绝缘被击穿，高电压即窜入二次回路，将危及设备和人身的安全。所以电压互感器二次绕组要有一端牢固接地。

6 电流互感器二次侧接地有什么规定？

答：电流互感器二次侧接地的规定是：
（1）高压电流互感器二次侧绕组应有一端接地，而且只允许有一个接地点。
（2）低压电流互感器，由于绝缘强度大，发生一、二次绕组击穿的可能性极小。因此，其二次绕组不接地。

7 二次回路有什么作用？

答：二次回路的作用为：
（1）二次回路的作用是通过对一次回路的监察测量，来反映一次回路的工作状态并控制一次系统。
（2）当一次回路发生故障时，继电保护装置能将故障部分迅速切除并发出信号，保证一次设备安全、可靠、经济合理地运行。

8 二次回路电缆的截面有何要求？

答：为确保继电保护装置能够准确动作，对二次回路电缆截面要求如下：铜芯电缆不得小于 $1.5mm^2$；铝芯电缆不小于 $2.5mm^2$；电压回路带有阻抗保护的采用 $4mm^2$ 以上铜芯电缆；电流回路一般要求 $2.5mm^2$ 以上的铜芯电缆，在条件允许的情况下，尽量使用铜芯电缆。

9 二次线整体绝缘的遥测项目有哪些？有哪些注意事项？

答：二次线整体绝缘遥测项目有：直流回路对地、电压回路对地、电流回路对地、信号回路对地、正极对跳闸回路、各回路之间等，如需测所有回路对地，应将它们用线连起来遥测。

注意事项如下：

（1）断开本路交、直流电源。

（2）断开与其他回路的连线。

（3）拆开电流回路及电压回路的接地点。

（4）遥测完毕应恢复原状。

10 测二次回路的绝缘应使用多大的兆欧表？其绝缘电阻的标准是多少？

答：测二次回路的绝缘电阻最好使用1kV兆欧表，如果没有1kV的也可以用500V兆欧表。

绝缘电阻的标准是：运行中的绝缘电阻不应低于1MΩ；新投入的室内绝缘电阻不低于20MΩ，室外绝缘电阻不低于10MΩ。

第三章

变配电检修高级工

第一节　电　工　材　料

1 绝缘油如何分类?

答：绝缘油按使用范围可分为：变压器油，它有 10、25、45 等三种牌号；超高压变压器油，它有 25、45 两种牌号，适用于 500kV 及以上输变电设备；断路器油，适用于各种油断路器。

2 变压器油的作用是什么?

答：变压器油（绝缘油）在变压器、电抗器、互感器中主要起绝缘和散热冷却作用，但若在上述设备中有电弧发生时，也起灭弧作用。在充油套管中主要起绝缘作用；在油开关中起灭弧和绝缘作用。

3 大修后变压器注油时需做哪些工作?

答：大修后注入变压器内的变压器油，其质量应符合国标要求。一般来说，击穿电压试验为：

（1）500kV 级变压器用油绝缘强度不低于 60kV。

（2）110～220kV 者不低于 40kV。

（3）20～35kV 者不低于 35kV。

（4）15kV 及以下者不低于 35kV。

注油后应从变压器底部放油阀采取油样，进行化验和色谱分析。若油质不合格，应进行处理，油处理的方法有压力滤油和真空滤油两种方式。

4 什么是 O 级绝缘材料?

答：O 级绝缘材料是指未用油或漆处理过的纤维材料及其制品，如棉纱、棉布、天然丝、纸及其他类似的材料制造的。它的极限容许温度为 90℃。

5 什么是 A 级绝缘材料?

答：经过油或树脂处理过的棉纱、棉布、天然丝、纸及其他类似的有机物质制造的绝缘材料。它的极限容许温度为105℃。

6 什么是B级绝缘材料？

答：包括无机物质如云母、石棉、玻璃丝和有机黏合物，以及以A级绝缘为衬底的云母纸、石棉板、玻璃漆布等制造的绝缘材料，它的极限容许温度为130℃。

7 什么是E级绝缘材料？

答：包括各种有机合成树脂所制成的绝缘膜，它的极限容许温度为120℃。

第二节 110kV及以上变压器与互感器的维护检修

1 为什么110kV及以上高压互感器真空干燥以后，或吊芯大修后，均须采用真空注油工艺？

答：110kV及以上高压互感器，由于电压高，内部绝缘很厚，例如JCC—220型电压互感器，层间电压在1800V左右，层间绝缘为0.05mm×13（层）电话纸，如不采取真空注油，则油不易浸透到绝缘中去，其中空气也不易排出。因此，110kV及更高电压的高压互感器，在真空干燥或吊芯大修后，必须采取真空注油工艺。

2 变压器吊芯在起吊过程中应注意哪些事项？

答：变压器吊芯的注意事项为：

（1）吊芯前应检查起重设备，保证其安全可靠。

（2）使用的钢丝绳经过计算应符合要求。

（3）钢丝绳起吊夹角应在30°左右，最大不超过60°。

（4）起吊时器身上升应平稳、正直，并有专人监护。

（5）吊起100mm左右后，检查各受力部分是否牢固，刹车是否灵活可靠，然后方可继续起吊。

3 220kV以上变压器在吊罩前，应准备好哪些主要设备和工器具？

答：应准备的设备和工器具主要有：

（1）30t及以上的吊车一台及合适的吊具、绳索。

（2）滤油机、真空泵、烤箱和一般常用工具。

（3）拆大盖螺丝用的扳手及临时固定胶垫用的夹子。

（4）足量合格的变压器油。

（5）温度计、湿度计、测量直流电阻及铁芯绝缘用的仪器、仪表。

（6）消防器材、白布、酒精、绝缘布带、绝缘漆等消耗材料。

4 真空干燥变压器为什么要充分预热后再抽真空？为什么升温速度不宜过快？

答：预热的目的是要提高器身的温度至100℃以上，使水分蒸发，如果没有预热或预热时间过短，抽真空后器身升温较慢，将影响干燥。

如升温过快，会使器身受热不均，器身上蒸发的水分，遇冷铁芯会凝结成水，附着在铁芯上。另外，升温过快，绝缘表面很快干燥收缩，而内层水分仍蒸发不出去，往往造成厚层绝缘件开裂。

5 在干燥变压器器身时，抽真空有什么作用？

答：在干燥器身时抽真空可加速干燥过程。绝缘材料中的水分在常压下蒸发速度很慢，且需要热量较多，而在负压时水分的汽化温度降低，真空度越高，汽化温度越低，绝缘物中的水分很容易蒸发而被真空泵抽走，从而缩短干燥时间，节省能源，干燥也比较彻底。

6 变压器无励磁分接开关常见的故障有哪些？

答：变压器无励磁分接开关常见的故障如下：

（1）触头接触不良。

（2）分接挡位调整不到位。

（3）分接挡位错位或乱挡。

（4）分接引线连接或焊接不良而导致的过热。

7 变压器在什么情况下应立即停运？

答：变压器有下列情况之一者应立即停运。

（1）变压器声响明显增大，很不正常，内部有爆裂声。

（2）严重漏油或喷油，使油面下降到低于油位计的指示限度。

（3）套管有严重的破损或放电现象。

（4）变压器冒烟、着火。

（5）干式变压器温度突升至120℃。

8 变压器铁芯局部短路的检查方法及判断方法有哪些？

答：变压器铁芯局部短路的检查及判断方法为：

（1）油中溶解气体分析。通常热点温度较高，H_2、C_2H_6、C_2H_4增长较快，严重时会出现C_2H_2。

（2）过励磁试验（1.1倍）。1.1倍过励磁会加剧过热，油色谱中特征气体组合会有明显增长，则表明铁芯内部存在多点接地或短路缺陷现象。

（3）低电压励磁试验。严重的局部短路可通过低于额定电压的励磁试验，以确定其危害性或位置。

（4）用绝缘电阻表及万用表检测短接性质及位置。目测铁芯表面有无过热变色、片间短路现象，或用万用表逐级检测，重点检查级间和片间有无短路现象。

9 变压器由哪些主要部件组成？各有何作用？

答：变压器的组成部件及作用如下：

（1）绕组。变压器输入和输出电能的电气回路。

（2）铁芯。变压器的磁路，是电磁能量转换的媒介。

（3）绝缘套管。引出绕组接线，固定引线，是引线对地的绝缘元件。

（4）油箱。作为保护变压器器身的外壳和盛油的容器，又是装配变压器外部结构件的骨架。

（5）冷却装置。散发变压器在运行中损耗所产生的热量。

（6）储油器。起着补油及储油的作用，以保证油箱内充满油。

（7）气体继电器。在变压器内部故障时起保护作用。

（8）分接开关。调节变压器的输出电压，维持在要求范围内。

第三节　主变有载分接开关检修

1　现场鉴别变压器有载分接开关的切换开关室是否渗漏油有哪些方法？

答：现场鉴别变压器有载分接开关的切换开关室是否渗漏油的方法如下：

（1）向切换开关室注入某一特定气体，如氦气或氩气，经一定时间，分析变压器本体油中溶解气体。

（2）变压器停电后，向本体油箱充入干燥的氮气或氩气，当其压力达到200～300Pa时，仔细观察开关室油位计的指示，若油位上升明显，则说明存在渗漏情况。

（3）排尽切换开关的绝缘油，吊出切换开关芯子，用干燥的海绵擦干切换开关室内标，从开关室内侧观察是否渗漏。

2　如何对有载分接开关进行安装检查与调整？

答：有载分接开关按以下步骤进行安装检查与调整：

（1）检查分接开关各部件，包括切换开关或选择开关、分接选择器、转换选择器等有无损坏与变形。

（2）检查分接开关各绝缘件，应无开裂、爬电及受潮现象。

（3）检查分接开关各部位紧固件应良好紧固。

（4）检查分接开关的触头及其连线应完整无损、接触良好、连接正确牢固，必要时测量接触电阻及触头的接触压力、行程。检查铜编织线应无断股现象。

（5）检查过渡电阻有无断裂、松脱现象，并测量过渡电阻值，其阻值应符合要求。

（6）检查分接引线各部位绝缘距离。

（7）分接引线长度应适宜，以使分接开关不受拉力。

（8）检查分接开关与其储油柜之间阀门应开启。

（9）分接开关密封检查。在变压器本体及其储油柜注油的情况下，将分接开关油室中的绝缘油抽尽，检查油室内是否有渗漏油现象，最后进行整体密封检查，包括附件和所有管道，均应无渗漏油现象。

（10）清洗分接开关油室与芯体，注入符合标准规定的绝缘油，储油柜油位应与环境温度相适应。

（11）在变压器抽真空时，应将分接开关油室与变压器本体连通，分接开关作真空注油时，必须将变压器本体与分接开关油室同时抽真空。有防爆膜的分接开关应拆除防爆膜，并换以封板。如果分接开关储油柜不能承受此真空值，应将通到储油柜的管道拆下，关闭所有影响真空的阀门及放气栓。分接开关作常压注油时，应留有出气口，防止将压力释放装置胀坏。

（12）检查电动机构，包括驱动机构、电动机传动齿轮、控制机构等应固定牢靠，操作灵活，连接位置正确，无卡滞现象。转动部分应注入符合制造厂规定的润滑脂。刹车皮上无油迹，刹车可靠。电动机构箱内清洁，无脏污，密封性能符合防潮、防尘、防小动物的要求。

（13）分接开关和电动机构的联结必须做联结校验。切换开关动作切换瞬间到电动机构动作结束之间的圈数，要求两个旋转方向的动作圈数符合产品说明书要求。联结校验合格后，必须先手摇操作一个循环，然后电动操作。

（14）检查分接开关本体工作位置和电动机构指示位置应一致。

（15）油流控制继电器或气体继电器动作的油流速度应符合制造厂要求，并应校验合格。其跳闸触点应接变压器跳闸回路，信号触点接信号回路。

（16）手摇操作检查。手摇操作一个循环，检查传动机构是否灵活，电动机构箱中的联锁开关、极限开关、顺序开关等动作是否正确；极限位置的机械制动及手摇与电动闭锁是否可靠；水平轴与垂直轴安装是否正确；检查分接开关和电动机构联结的正确性；正向操作和反向操作时，两者转动角度与手摇转动圈数是否符合产品说明书要求，电动机构和分接开关每个分接变换位置及分接变换指示灯的显示是否一致，计数器动作是否正确。

（17）电动操作检查。先将分接开关手摇操作置于中间分接位置，接入操作电源，然后进行电动操作，判别电源相序及电动机构转向。若电动机构转向与分接开关规定的转向不相符合，应及时纠正，然后逐级分接变换一个循环，检查启动按钮、紧急停车按钮、电气极限闭锁动作、手摇操作电动闭锁、远方控制操作均应准确可靠。每个分接变换的远方位置指示、电动机构分接位置显示与分接开关分接位置指示均应一致，动作计数器动作正确。

（18）分接开关安装后的各项试验，应符制造厂技术要求。

3　有载分接开关维修周期有何规定?

答：有载分接开关维修周期的规定是：

（1）有载调压变压器大、小修的同时，相应进行分接开关的大、小修。

（2）运行中分接开关油室内绝缘油，每6个月至1年或分接变换2000～4000次，至少采样1次。

（3）分接开关新投运1～2年或分接变换5000次，切换开关或选择开关应吊芯检查一次。

（4）运行中的分接开关，每1～2年或分接变换5000～10000次或油击穿电压低于25kV时，应开盖清洗换油或滤油1次。

（5）运行中分接开关累计分接变换次数达到所规定的检修周期和分接变换次数限额后，应进行大修。如无明确规定，一般每分接变换1～2万次，或3～5年也应吊芯检查。

（6）运行中分接开关，每年结合变压器小修，操作3个循环分接变换。

4 有载分接开关电动机构如何维护？

答：有载分接开关电动机构的维护为：

（1）每年清扫 1 次，清扫检查前先切断操作电源，然后清理箱内尘土。

（2）检查机构箱密封与防尘情况。

（3）检查电气控制回路各接点接触是否良好。

（4）检查电气控制回路各节点接触是否良好。

（5）检查机械传动部位连接是否良好，是否有适量的润滑油。

（6）使用 500～1000V 兆欧表测量电气回路绝缘电阻值。

（7）刹车电磁铁的刹车皮应保持干燥，不可涂油。

（8）检查加热器是否良好。

（9）值班员验收：手摇及远方电气控制正反两个方向至少操作各 1 个分接变换。

5 有载分接开关维修的注意事项有哪些？

答：维修的注意事项有：

（1）分接开关每次检查、检修、调试或故障处理均应填写报告或记录。

（2）从分接开关油室中取油样时，必须先放去排油管中的污油，然后再取油样。当其击穿电压不符合标准 DL/T 574 第 5.21 条要求时，应及时安排处理。

（3）换油时，先排尽油室及排油管中污油，然后再用合格绝缘油进行清洗。注油后应静置一段时间，直至油中气泡全部逸出为止。

如带电滤油，应中止分接变换，其油流控制继电器或气体继电器应暂停接跳闸，同时应遵守带电作业有关规定，采取措施确保油流闭路循环，控制适当的油流速度，防止空气进入或产生危及安全运行的静电。

（4）当怀疑分接开关的油室因密封缺陷而渗漏，致使分接开关油位异常升高、降低或变压器本体绝缘油色谱气体含量异常超标时，可停止分接开关的分接变换，调正油位，进行跟踪分析。

（5）用于绕组中性点调压的组合式分接开关，其切换开关中性线裸铜软线应加包绝缘。

（6）切换开关芯体吊出，一般宜在整定工作位置进行。复装后加油前，应手摇操作，观察其动作切换情况是否正确，并测量变压器绕组直流电阻。变压器绕组的直流电阻一般应在所有分接位置测量，但在转换选择器工作位置不变的情况下，至少测量 3 个连续分接位置。当发现相邻分接位置的直流电阻值相同或 2 个分接位置的直流电阻阻值相同时，应及时查明原因，消除故障。

（7）分接开关操作机构垂直转轴拆卸前，要求预先设置在整定工作位置，复装连接仍应在整定工作位置进行。凡是电动机构和分接开关分离复装后，均应做联结校验。联结校验前必须先切断电动机构操作电源，手摇操作做联结校验，正确后固定转轴，方可投入使用。同时应测量变压器各分接位置的变压比及连同绕组的直流电阻。

6 有载分接开关大修项目有哪些？

答：有载分接开关的大修项目为：

（1）分接开关芯体吊芯检查、维修、调试。
（2）分接开关油室的清洗、检漏与维修。
（3）驱动机构检查、清扫、加油与维修。
（4）储油柜及其附件的检查与维修。
（5）油流控制继电器（或气体继电器）、过压力继电器、压力释放装置的检查、维修与校验。
（6）自动控制装置的检查。
（7）储油柜及油室中绝缘油的处理。
（8）电动机构及其他器件的检查、维修与调试。
（9）各部位密封检查，渗漏油处理。
（10）电气控制回路的检查、维修与调试。
（11）分接开关与电动机构的联结校验与调试。

7 有载分接开关的小修项目有哪些？

答：有载分接开关的小修项目有：
（1）机械传动部位与传动齿轮盒的检查与加油。
（2）电动机构箱的检查与清扫。
（3）各部位的密封检查。
（4）油流控制继电器（或气体继电器）、过压力继电器、压力释放装置的检查。
（5）电气控制回路的检查。

第四节　SF_6断路器及 GIS 检修

1 SF_6开关设备的种类有哪些？

答：SF_6开关设备的种类有：
（1）瓷柱式 SF_6断路器。
（2）（落地）罐式 SF_6断路器。
（3）气体绝缘金属封闭开关设备，简称 GIS。

2 GIS 中断路器的灭弧室结构形式有哪几种？各有何优缺点？

答：灭弧室结构形式有定开距压气式灭弧室和变开距自能式灭弧室两种。

定开距压气式灭弧室的优点是：耐烧；满容量开断次数多；额定电流比较大。其缺点为：存在死区；金属短接时间长；石墨弧触头易损坏等。

变开距自能式它是利用电弧产生的能量熄弧的，其优点为：操作用功小。缺点是：结构复杂、静弧触头没有离开喷口，不利于散热。

3 何为气体绝缘金属封闭开关设备（GIS）？

答：将变电站的电气元件（变压器除外）如母线、断路器，隔离开关、电流互感器、电压互感器、母线接地开关、避雷器等全部（至少部分）封闭在充有压力高于大气压的绝练气体的接地金属压力密闭容器内的成套装置，简称 GIS。绝缘气体通常为六氯化硫（SF_6）气体。

4 GIS 巡视检查的周期及项目有哪些？

答：GIS 的巡视检查每天至少 1 次，无人值班的另定。对运行中的 GIS 设备进行外观检查，主要检查设备有无异常情况，并做好记录。

检查项目内容如下：

（1）断路器、隔离开关及接地开关的位置指示正确，并与当时实际运行工况相符。

（2）现场控制盘上各种信号指示、控制开关的位置及盘内加热器。

（3）通风系统。

（4）各种压力表、油位计的指示值。

（5）断路器、避雷器的动作计数器指示值。

（6）外部接线端子有无过热情况。

（7）有无异常声音或异味发生。

（8）各类箱、门的关闭情况。

（9）外壳、支架等有无锈蚀、损伤，瓷套有无开裂、破损或污秽情况。

（10）各类配管及阀门有无损伤、锈蚀，开闭位置是否正确，管道的绝缘法兰与绝缘支架是否良好。

（11）有无漏气（SF_6气体、压缩空气）、漏油（液压油、电缆油）。

（12）接地完好。

（13）压力释放装置防护罩有无异样，其释放出口有无障碍物。

5 SF_6气体绝缘组合电器（GIS）的小修项目有哪些？

答：GIS 小修项目有：

（1）密度计、压力表的校验。

（2）SF_6气体的补气、干燥、过滤，由 SF_6气体处理车进行。

（3）导电回路接触电阻的测量。

（4）吸附剂的更换。

（5）液压油的补充更换。

（6）不良紧固件或部分密封环的更换。

6 SF_6断路器及 GIS 组合电器检修时的注意事项有哪些？

答：修时的注意事项有：

（1）检修时首先回收 SF_6气体并抽真空，对断路器内部进行通风。

（2）工作人员应戴防毒面具和橡皮手套，将金属氟化物粉末集中起来，装入钢制容器，并深埋处理，以防金属氟化物与人体接触中毒。

（3）检修中严格注意断路器内部各带电导体表面不应有尖角毛刺，装配中力求电场均匀，符合厂家各项调整、装配尺寸的要求。

（4）检修时还应做好各部分的密封检查与处理，瓷套应做超声波探伤检查。

7 SF_6断路器现场水分处理的方法是什么？

答：SF_6断路器出厂时已进行过水分处理，并充以0.03MPa的SF_6气体，因此，新产品现场安装时可不进行水分处理而直接充引SF_6气体，充气后按下述规定程序进行水分测量，如果测得水分含量超标，必须进行水分处理：另外，产品经解体大修后充引SF_6气体前也须进行水分处理，待充入SF_6气体后再进行水分测量，以便使断路器内部SF_6气体中水分含量符合技术条件规定。断路器水分处理主要使用抽真空和充高纯氮清洗的方法。所需设备包括真空泵、麦氏真空计、专用充气装置和高纯氮等，所用高纯氮应符合规定，抽真空时间一般需2～3h，使真空度达133.3Pa，至少维持2h以上，抽真空时间越长，真空度越高，则对降低气体水分含量越有利。抽真空时，本体必须带上密度继电器一起进行。使用隔膜式真空泵时，在断路器本体处于负压的情况下，必须先关闭被抽管路阀门，后切断电源停泵，防止泵中真空油倒吸入本体中。在抽真空时，真空泵不得随意停电。在抽真空过程中，用麦氏真空计来检查本体的真空度，仅在测量时，按规定使用方法打开与真空计相连的管路的阀门，其余时间应关闭该阀门，以防止水银抽到本体中。在抽真空后充SF_6气体前先充0.5MPa的高纯氮进行干燥，停留12h以上放掉氮气（放掉氮气前应检查氮气的水分含量，其值应远小于150ppmv），然后再抽一次真空，充SF_6；气体至额定压力（由于测水分时要消耗掉一部分SF_6气体，因此充气时要略高于额定压力），测水分含量。若水分超标，可重复上述过程，直至合格为止。

8 GIS由哪些元件构成？

答：在电站里除主变压器、高压电抗器以外的高压一次元件都可含在GIS中，有断路器CB、隔离开关DS、接地开关（包括检修接地ES、故障关合接地开关FES）、电流互感器CT、电压互感器PT、避雷器LA、母线BUS（包括主母线和分支母线）和终端（包括空气/SF_6套管BSG、油/SF_6套管BSG和电缆终端CSE）。

9 GIS如何配用操动机构？

答：GIS的断路器一般配用气动弹簧、液压、液压弹簧、马达储能弹簧操动机构。
GIS的隔离开关一般配用气动、电动（马达）、电动弹簧操动机构。
故障接地开关一般选用气动、电动弹簧操动机构。
检修接地开关一般选用电动马达操动机构。

10 GIS泄漏监测的方法有哪些？

答：GIS泄漏监测的方法有：
（1）SF_6泄漏报警仪。
（2）氧量仪报警。
（3）生物监测。
（4）密度继电器。
（5）压力表。

(6) 年泄漏率法。

(7) 独立气室压力检测法(确定微泄漏部位)。

(8) SF_6检漏仪。

(9) 肥皂泡法。

11 SF_6 检漏方法有哪些?

答:SF_6 检漏方法有扣罩法、挂瓶法、包扎法和压力降法。

12 简述 SF_6 设备中水分的来源。

答:SF_6 设备中水分的来源主要是:组装过程中零部件带入的水分;充气过程中带入的水分;大气中的水通过 SF_6电气设备密封薄弱环节进入设备以及电极灭弧室等设备表面析出的水分等。

13 SF_6 设备中水分的危害有哪些?

答:SF_6 设备中水分的危害为:

(1) SF_6 和其中的水分在电弧的作用下产生氢氟酸和亚硫酸,对 SF_6设备引起腐蚀。

(2) 在设备内部结露,降低了电气设备的电气性能。

(3) SF_6被电弧分解产生的低氟化物对人体产生危害。

(4) 加剧低氟化物水解和金属氟化物水解。

14 试述 SF_6断路器内气体水分含量增大的原因,并说明严重超标的危害性。

答:SF_6气体中含水量增大的原因为:

(1) 气体或再生气体本身含有水分。

(2) 组装时进入水分。组装时由于环境、现场装配和维护检查的影响,高压电器内部的内壁附着水分。

(3) 管道的材质自身含有水分,或管道连接部分存在渗漏现象,造成外来水分进入内部。

(4) 密封件不严而渗入水分。

水分严重超标将危害绝缘,影响灭弧,并产生有毒物质,具体为:

(1) 含水量较高时,很容易在绝缘材料表面结露,造成绝缘下降;严重时发生闪络击穿。含水量较高的气体在电弧作用下被分解,SF_6气体与水分产生多种水解反应,产生 WO_3、CuF_2、WOF_4等粉末状绝缘物,其中 CuF_2有强烈的吸湿性,附在绝缘表面,使沿面闪络电压下降,HF、H_2SO_3等具有强腐蚀性,对固体有机材料和金属有腐蚀作用,缩短了设备寿命。

(2) 含水量较高的气体,在电弧作用下产生很多化合物,影响 SF_6气体的纯度,减少 SF_6气体介质复原数量;还有一些物质阻碍分解物还原,灭弧能力将会受影响。

(3) 含水量较高的气体在电弧作用下分解成化合物 WO_2、SOF_4、SO_2F_2、SOF_2、SO_2等,这些化合物均为有毒有害物质,而 SOF_2、SO_2的含量会随水分增加而增加,直接威胁人身健康,因此对 SF_6气体的含水量必须严格监督和控制。

第五节　绝缘与测试

1 电气设备预防性试验的基本要求是什么？

答：电气设备预防性试验的基本要求如下：

（1）按年度预防性试验计划进行试验。

（2）试验中使用的有准确度要求的仪器仪表，须定期送到有检验资质的单位溯源，保证测量结果的不确定度满足相应试验要求；新购置的仪器仪表溯源合格后方可使用。

（3）应重视现场试验数据的分析，排除其他因素造成数据的偏差。

（4）试验结果的判断不但与标准规定值比较，应与历史数据、同类设备数据相比较，进行综合分析。

（5）对于变压器等充油（或气体绝缘）电气设备，应将高压试验结果和变压器油（或气体绝缘）相关试验结果结合进行分析，综合评估设备的绝缘状况。

（6）当试验测量数据出现异常时，应进行分析，必要时要进行进一步检测。

（7）当试验表明设备可能存在缺陷时，应采取措施予以消除，缺陷应闭环处理。

（8）试验报告应严格按相关要求履行审批手续。

2 设备出厂验收试验应重点监督的项目是什么？

答：设备出厂验收试验应重点监督的项目如下：

（1）试验项目是否齐全。

（2）试验方法是否正确。

（3）试验环境是否满足相关标准要求。

（4）仪器仪表及试验设备是否满足试验要求并受控，计量仪器仪表是否溯源。

（5）试验人员是否具备相应资质。

（6）试验报告是否规范，试验结论是否正确。

3 为什么要进行高压电气设备绝缘状况分析评估？如何进行评估？

答：为准确掌握高压电气设备的健康状况，为运行、检修、改造等工作提供科学的依据，应适时开展高压电气设备绝缘状况的分析评估工作。

分析评估工作包括投产验收时的评估和运行阶段的评估两大类。分析评估结果应结合制造及投运日期；运输、安装、交接验收；运行方式、历次检修和试验情况、运行情况、缺陷、故障以及必要的评估性试验情况等信息综合得出。

4 SF_6 湿度的测量方法有哪些？

答：SF_6 湿度的测量方法有：

（1）重量法。湿气通过干燥剂后称干燥剂的增重，一般作为仲裁用。

（2）电解法。SF_6中水被电解成氢气和氧气，电解电流的大小反映了水含量的多少。

（3）阻容法。

（4）露点法。

5 测量 SF_6 气体湿度，在哪些情况下不宜进行？

答：在下列情况不宜进行气体湿度测量：
（1）不宜在充气后立即进行，应在 24h 后进行。
（2）不宜在温度低的情况下进行。
（3）不宜在雨天或雨后进行。
（4）不宜在早晨露水蒸发前进行。

6 SF_6 检漏仪的工作原理有哪几种？

答：检漏仪的工作原理有以下几种：紫外电离检测原理、电子捕获检测原理、负电源放电检测原理和高频电离检测原理。

7 SF_6 气体中微量水分定量测定的主要方法有哪些？其测试原理和主要特点是什么？

答：SF_6 气体中微量水分定量测定的主要方法、原理及主要特点为：

（1）重量法。检测原理：样品气体定量通过吸湿剂（P_2O_5、$MgClO_4$ 等）后精确称量。主要特点：为经典水分基准分析方法，作仲裁用，但实验条件及操作要求严格，测定时间长，耗气量大。

（2）电解法。检测原理：样品气体通过电解池，被 P_2O_5 膜层吸附，同时被电解，将此电解电流放大检出。主要特点：操作较简便稳定，适于连续在线分析，但测定灵敏度较低。间歇测定时，达到稳定操作需要时间长。

（3）露点法。检测原理：当测试系统温度略低于样品气体中的水蒸气饱和温度（露点）时，水蒸气结露，通过光电转换输出信号。主要特点：操作较为简单、可靠，适于间歇测定，测量范围较宽，但装置较复杂，需致冷，测量精度与仪器质量关系很大。

（4）吸附量热法。检测原理：利用吸附剂（Al_2O_3、硅胶等），吸附与脱附水分时产生的热反应，通过热敏电阻变化而检出。主要特点：测量范围较宽，灵敏度、准确度均较高，但对敏感元件要求高，不适于测定化学活泼气体。

（5）吸附电测法。检测原理：将 $\alpha-Al_2O_3$ 制成吸湿敏感元件。利用容抗变化测定水分含量。主要特点：装置简便，灵敏度高，用气量少，但敏感元件制作复杂。

（6）气相色谱法。检测原理：选择适当色谱柱进行水分分离测定。主要特点：通用性强，用气少，响应快，但操作条件苛刻，至今未能实用化。

（7）压电石英振荡法。检测原理：压电石英晶体因吸湿引起质量变化产生差频（ΔF），将其调制、放大检出。主要特点：灵敏度高，响应快，连续和间歇测定均可，但装置较复杂，价格昂贵。

8 SF_6 断路器及 GIS 为什么需要进行耐压试验？

答：因为罐式 SF_6 断路器及 GIS 组合电器的充气外壳是接地的金属壳体，内部导电体与壳体的间隙较小，一般运输到现场的组装充气，因内部有杂物或运输中内部零件移位，将改变电场分布。现场进行对地耐压试验和对断口间耐压试验，能及时发现内部隐患和缺陷。瓷

柱式 SF_6 断路器的外壳是瓷套，对地绝缘强度高，但断口间隙仅为 30mm 左右，如断口间有毛刺或杂质存在不易察觉，耐压试验能及时发现内部隐患缺陷。综上所述耐压试验非常必要而且必须做。

9 测量电容器时应注意哪些事项？

答：测量电容器时应注意的事项为：

（1）用万用表测量时，应根据电容器的额定电压选择挡位。例如，电子设备中常用的电容器电压较低，只有几伏到十几伏，若用万用表 R×10k 挡测量，由于表内电池电压为 12～22.5V，很可能使电容器击穿，故应选用 R×1k 挡测量。

（2）对于刚从线路中拆下来的电容器，一定要在测量前对电容器进行放电，以防电容器中的残存电荷向仪表放电，使仪表损坏。

（3）对于工作电压较高，容量较大的电容器，应对电容器进行足够的放电。放电时操作人员应有防护措施，以防发生触电事故。

10 试列举断路器型式试验中绝缘试验的项目。

答：断路器型式试验中绝缘试验的项目如下：

（1）工频耐压试验。

（2）雷电冲击耐压试验。

（3）操作冲击耐压试验。

（4）人工污秽试验。

（5）局部放电测试。

（6）辅助回路和控制回路的工频耐压试验。

11 电气设备检修质量监督的基本要求是什么？

答：电气设备检修质量监督的基本要求如下：

（1）重点监督检修项目是否完备，技术措施是否完善。

（2）设备检修关键工序必须指定人员签字验收。

（3）检修后应按照 DL/T 596 等相关规程和各项反事故措施的要求进行验收试验，重要试验项目应该由具备相当技术力量和资质的单位负责实施。

（4）试验项目应齐全，试验结果合格、设备达到检修预期目标后，方可投入运行。

（5）及时编写检修报告并履行审批手续，有关检修资料应归档。

12 高压电气设备出现什么情况宜考虑退出运行和报废？

答：当高压电气设备从技术、经济性角度分析，继续运行不再合理时，宜考虑退出运行和报废。

（1）设备绝缘严重老化、故障损坏严重无修复价值。

（2）超过预期运行寿命。

（3）设备参数或接线不再满足运行的要求。

（4）设备损耗过大、零部件缺陷较多。

（5）对环境造成严重影响。

第六节　起重、搬运与设备基础

1 使用千斤顶应注意哪些事项？

答：千斤顶的使用注意事项是：

（1）不要超负荷使用。顶升高度不要超过套筒或活塞上的标志线。

（2）千斤顶的基础必须稳定可靠，在松软地面上应铺设垫板以扩大承压面积，顶部和物体的接触处应垫木板，以避免物体损坏及防滑。

（3）操作时应先将物体稍微顶起，然后检查千斤顶底部的垫板是否平整，千斤顶是否垂直。顶升时应随物体的上升在物件的下面垫保险枕木。油压千斤顶放低时，只需微开回油门，使其缓慢下放，不能突然下降，以免损坏内部密封。

（4）如有几台千斤顶同时顶升一个物件时，要统一指挥，注意同时升降，速度要基本相同，以免造成事故。

2 用管子滚动搬运时应遵守哪些规定？

答：用管子滚动搬运时应遵守的规定是：

（1）应有专人负责指挥。

（2）所使用的管子能承受重压，直径相同。

（3）承受重物后，两端各露出约 30cm，以便调解转变。

（4）滚动搬运中，放置管子应在重物移动的方向前，并有一定的距离。禁止用手去拿受压的管子，以防压伤手指。

（5）上坡时，应用木楔垫牢管子，以防管子滚下；下坡时，必须用绳子拉住重物的重心，防止下滑过快。

3 重大物件的起重、搬运有什么要求？

答：一切重大物件的起重、搬运工作，需由有经验的专人负责进行，参加工作人员应熟悉起重搬运方案和安全措施，起重搬运时，只能由一人指挥。钢丝绳夹角一般不得超过 90°。

4 简述起重机械使用的安全事项。

答：起重机械使用的安全事项为：

（1）参加起重的工作人员应熟悉各种类型的起重设备的性能。

（2）起重时必须统一指挥，信号清楚，正确及时，操作人员按信号进行工作，不论何人发紧急停车信号都应立即执行。

（3）除操作人员外，其他无关人员不得进入操作室，以免影响操作或误操作。

（4）吊装时无关人员不准停留，吊车下面禁止行人或工作，必须在下面进行的工作应采取可靠安全措施，将吊物垫平放稳后才能工作。

（5）起重机一般禁止进入带电区域，征得有关单位同意并办理好安全作业手续，在电气专业人员现场监护下，起重机最高点与带电部分保持足够的安全距离时，才能进行工作，不同电压等级有不同的距离要求。

(6) 汽车起重机必须在水平位置上工作，允许倾斜度不得大于3。

(7) 各种运移式起重机必须查清工作范围、行走道路、地下设施和土质耐压情况，凡属于无加固保护的直埋电缆和管道，以及泥土松软地方，禁止起重机通过和进人工作，必要时应采取加固措施。

(8) 悬臂式起重机工作时，伸臂与地夹角应在起重机的技术技能所规定的角度范围内进行工作，一般仰角不准超过75°。

(9) 起重机在坑边工作时，应与坑沟保持必要的安全距离，一般为坑沟深度的1.1～1.2倍，以防塌方而造成起重机倾倒。

(10) 各种起重机严禁斜吊，以防止钢丝绳卷出滑轮槽外而发生事故。

(11) 在起吊物体上严禁载人上、下，或让人站在吊物上作业。

(12) 起重机起吊重物时，一定要进行试吊，试吊高度小于0.5m，试吊无危险时，方可进行起吊。

(13) 荷重在满负荷时，应尽量避免离地太高，提升速度要均匀、平稳，以免重物在空中摇晃，发生危险，放下时速度不宜太快，防止到地碰坏。

(14) 起吊重物不准长期停放在空中，如悬在空中，严禁驾驶人离开，而做其他工作。

(15) 起重机在起吊大的或不规则构件时，应在构件上系以牢固的拉绳，使其不摇摆、不旋转。

5 捆绑操作的要点是什么？

答：捆绑操作主要有以下几点：

(1) 捆绑物件或设备前，应根据物体或设备的形状及其重心的位置确定适当的绑扎点。一般情况下，构件或设备都设有专供起吊的吊环。未开箱的货件常标明吊点位置。搬运时，应该利用吊环和按照指定吊点起吊。起吊竖直线细长的物件时，应在重心两侧的对称位置捆绑牢固，起吊前应先试吊，如发现倾斜，应立即将物件落下，重新捆绑后再起吊。

(2) 捆绑整物还必须考虑起吊时吊索与水平面要有一定的角度，一般以60°为宜。角度过小，吊索所受的力过大；角度过大，则需很长的吊索，使用也不方便；同时，还要考虑吊索拆除是否方便，重物就位后，会不会把吊索压住或压坏。

(3) 捆绑有棱角的物体时，应垫木板、旧轮胎、麻袋等物，以免使物体棱角和钢丝绳受到损伤。

6 固定连接钢丝绳端部有什么要求？

答：固定钢丝绳端部应注意以下几点：

(1) 选用夹头时，应使U形环内侧净距比钢丝绳直径小1～3mm，若太大了卡不紧，易发生事故。

(2) 上夹头时，一定要将螺栓拧紧，直到绳被压扁1/4～1/3直径时为止；在绳受力后再紧一次螺栓。

(3) U形部分与绳头接触，夹头要一顺排列。如U形部分与主绳接触，则主绳被压扁受力后容易产生断丝。

(4) 在最后一个受力卡子后面大约500mm处，再安装一个卡头，并将绳头放出一个安全弯，这样当受力的卡头滑动时，安全弯首先被拉直，可立即采取措施处理。

7 怎样解起重绳索?

答：解起重绳索的具体方法如下：

(1) 吊钩放稳妥后再松钩、解索。

(2) 若吊物下面有垫木或有可抽绳间隙时，可用人工抽索和解索。也可采用备用索具抽头绳的方法。

(3) 一般说来，不允许用起吊钩的方法硬性拽拉绳索，这样很可能拉断绳索，乃至拖垮货物或损坏包装。也可能因绳索抽出时，绳索弹出造成机械或人身伤亡事故。

(4) 若吊运钢材、原木、电杆等不怕挤伤的货物时，可以摘下两根索头后，用吊钩提升的方法直接从货件下抽出绳索，但不能斜拉旁拽。

8 试述人工搅拌混凝土的方法。

答：人工搅拌的方法是：

(1) 先将砂子倒在搅板的一侧，再把水泥倒在砂子上翻拌2～3次。

(2) 使砂子和水泥搅拌均匀后再加水，继续搅拌2～3次。

(3) 拌均匀后即可投入石子，再均匀搅拌数次，直到石子与灰浆全部调匀且稠度适合。

9 混凝土的养护有哪些要求?

答：混凝土的养护要求是：

(1) 浇制好的混凝土要进行养护，防止其因干燥而龟裂，养护必须在浇后12h内开始，炎热或有风天气3h后就开始。

(2) 养护日期一般为7～14天，在特别炎热干燥地区，还应加长浇水养护日期。

(3) 养护方法可直接浇水或在混凝土基础上覆盖草袋稻草等，然后再浇水。

第七节 组织管理工作

1 电气设备大修前一般有哪些准备工作?

答：电气设备大修前一般的准备工作如下：

(1) 编制大修项目表。

(2) 拟定大修的控制进度，安排班组的施工进度。

(3) 制定必要的技术措施和安全措施。

(4) 做好物质准备，包括材料、备品、配件、工具、起重设备、试验设备、安全用具及其布置等。

(5) 准备好技术记录表格，确定应测绘和校验的备品配件图纸。

(6) 组织班组讨论大修计划的项目、进度、措施及质量要求，做好劳动力安排，进行特种工艺培训，协调班组和工种间的配合工作，确定检修项目施工和验收负责人。

2 检修或施工前应做哪些管理准备工作？

答：检修或施工前应做的工作有：

（1）成立检修或施工准备小组，并由专人负责。

（2）对工程进行全面调查研究。

（3）准备技术资料。

（4）进行施工检修组织设计，编制安全组织技术措施。

（5）准备临时建筑、水和电源。

（6）设备材料的运输准备。

（7）工器具的准备。

（8）组织施工与分工。

（9）编制施工预算。

（10）图纸审核，技术交底。

3 基层组织向班组下达检修或施工任务时应交代哪些内容？

答：向班组下达检修或施工任务时应交代的内容是：

（1）工程检修项目和施工范围。

（2）图纸、技术资料、检修、施工方案及其他技术问题。

（3）工期要求。

（4）质量要求。

（5）安全技术措施。

（6）施工条件，如人员、材料、设备、机具、内外协作等。

4 编制检修计划的一般程序是什么？

答：检修计划编制的一般程序是：

（1）确定计划目标，做好准备。

（2）分解工序，汇编工序明细表。

（3）初步确定各工序的周期或平均周期，以及由计划目标决定的其他数据。

（4）确定各工序的代号，分析工序之间的逻辑关系。

（5）开列工序清单。

（6）绘制初步计划图。

（7）绘制正式计划图。

第八节　机　械　制　图

1 三视图分别是指什么？

答：三视图指主视图（由前向后投影得到的图形）、俯视图（由上向下投影在水平平面上）和左视图（由左向右投影在水平面上）。

2 粗实线可表示什么？

答：粗实线可表示：可见轮廓线、可见过渡线。

3 细实线表示什么？

答：细实线可表示：
（1）尺寸线及尺寸界线。
（2）剖面线。
（3）重合剖面的轮廓线。
（4）螺纹的牙第线及齿轮的齿根线。
（5）引出线。
（6）分界线及范围线。
（7）弯折线。
（8）辅助线。
（9）不连续的同一表面的连线。
（10）成规律分布的相同要素的连线。

4 虚线表示什么？

答：虚线表示：不可见轮廓线；不可见过渡线。

5 标注尺寸应做到什么？

答：标注尺寸应做到：正确、完整、清晰、合理。

6 如何合理地在零件图上标注尺寸？

答：在零件图上标注尺寸的要求是：
（1）从设计和加工的要求出发，恰当地选择尺寸基准。
（2）功能尺寸在图上应当直接标注出来，予以保证。
（3）非功能尺寸对切削加工部分尺寸的标注，应尽量符合加工要求和测量方便。对于不经切削加工的尺寸，基本上按形体分析法来标注尺寸。
（4）标注尺寸的数值，要尽量选用标准数值。
（5）尺寸不应注成封闭式。
（6）为了使图形清晰，可采用尺寸简化注法。

7 螺纹的要素有哪些？

答：螺纹的要素有牙型、直径、线数、螺距（或导程）和旋向。

8 普通螺纹 M24×2 表示什么？

答：M24×2 表示大径为 24mm、螺距为 2mm 的细牙普通螺纹，单线，右旋。

9 如何画外螺纹？

答：螺纹大径用实线表示，小径用细实线表示，螺纹终止线用粗实线表示。

10 如何画内螺纹？

答：内螺纹一般用剖视来表示。螺纹的小径用粗实线来表示，大径用细实线来表示。

11 何谓表面粗糙度？

答：加工后的零件表面，由于切削过程中的刀痕、切屑分离时的塑型变形、机床振动等原因，使零件加工表面产生微小峰谷，这些微小峰谷的高低与间距状况称为表面粗糙度。

12 何谓配合？其可分哪几类？

答：配合是指基本尺寸相同的、相互结合的孔和轴公差之间的关系。
根据机器的功能要求，配合可分成三类，即：间隙配合、过盈配合以及过度配合。

13 什么是零件图？

答：指导制造、检验零件的图样称为零件加工图，简称零件图。

14 零件图包括哪些内容？

答：零件图包括如下内容：
(1) 视图。用一组试图完整、清晰地反映出零件各部分的结构形状。
(2) 尺寸。标注出制造和检验零件所必需的全部尺寸。
(3) 技术要求。标注出生产零件所必需的技术要求，如尺寸公差、形位公差、表面粗糙度、热处理等。
(4) 标题栏。写出零件的名称、数量、材料、图号及绘图比例等。

15 如何画零件图？

答：(1) 了解零件名称、性能作用和制造要求等，并进行结构分析，搞清形状特点。
(2) 选择视图、确定表达方案。
(3) 选择图形比例，确定图纸幅画。画零件视图底，具体为稿：
1) 视图布置要均匀。
2) 画主要形体。
3) 画形体的细节并检查投影和结构。
4) 画尺寸线和剖面线。
5) 标注尺寸数字和粗糙度代号，加深底稿线，填写标题栏和技术要求。
(4) 全图完成后，再认真检查一遍，最后在标题栏中填写各项内容。

16 如何识读零件图？

答：(1) 了解零件的名称、作用。首先根据标题栏有关说明资料，了解零件的名称、材料、比例等，同时大致了解该零件在机器或部件中的作用。

(2) 视图分析。即了解各视图之间的投影关系，明确各视图所表达的内容。

(3) 结构分析。即根据零件的作用要求，对零件的结构形状进行分析。

(4) 看尺寸和技术要求。搞清哪些是主要设计尺寸，那些是主要尺寸基准，精度要求如何，粗糙度要求如何，热处理要求如何，哪些部分要求比较高，在生产时需要采取什么措施，才能保证质量。

17 如何识读装配图?

答：(1) 概括了解，从标题栏和有关资料，了解部件的名称，大致用途以及零件性能要求等。

(2) 分析视图，了解装配图上各视图、剖视、剖面的投影关系及表达意图。

(3) 分析工作原理及传动方式。

(4) 分析装配关系和零件的结构形状。

第二篇

电机检修

第四章

电机检修初级工

第一节　电机检修常用绝缘材料

1　普通导电材料是指什么？其技术要求是什么？

答：普通导电材料是指专门用于传导电流的金属材料，铜与铝是合适的普通导电材料。

普通导电材料主要技术要求是：

(1) 电阻率越小越好，它可减少电能损耗。

(2) 抗拉强度适中，既满足一般强度要求，又便于施工作业。

(3) 导热性能良好，利于散热。

(4) 密度较小，以减轻材料质量。

(5) 线胀系数小，以适应不同季节和地区的温度变化。

(6) 耐腐蚀，难氧化，使用寿命长。

(7) 易加工、易焊接，便于施工。

铜的导电性能好，在常温时有足够的机械强度，具有良好的延展性，便于加工，化学性能稳定，不易氧化和腐蚀，容易焊接。这些优点使它广泛用于制造电机、变压器绕组。电机和变压器上使用的铜大部分是纯钢（俗称紫铜），含铜量为99.50%～99.95%。根据材料的软硬程度，分为硬铜和软铜两种。铜材料经过压延、拉制等工序加工后，硬度增加，故称硬铜，通常用作机械强度要求较高的导电零部件。硬铜经过退火处理后，硬度降低，即为软铜。软铜的电阻系数也比硬铜小，故宜做电机、变压器的绕组。

在产品型号中，铜线的标志是“T”。“TY”表示硬铜，“TR”表示软铜。

铝的导电率约为铜的62%，但它的比重只有铜的33%。铝的资源丰富，价格便宜，所以铝是铜的最好代用品。

电机和变压器上使用的铝是纯铝，含铝量为99.5%～99.7%。由于加工方法不同，也有硬铝和软铝之分。电机和变压器的绕组使用的是软铝。

在产品型号上，铝线的标志是“L”。“LY”表示硬铝，“LR”表示软铝。

铜和铝作为普通导电材料，主要用于制造常用电气装置电线、电缆以及电机制造和修理用的导电材料，即各种型号规格的电磁线，它们均为导电线材产品。此外，裸导线、电力电缆、通信电缆也属于此类导电材料。

2 什么叫电磁线？可分哪几类？各有什么特点和用途？

答：电磁线是一种具有绝缘层的导电金属线，用以绕制电工产品的线圈或电机、变压器的绕组。

常用电磁线的导线线心有圆形和扁形两种，按其绝缘分为漆包线、绕包线两类。

漆包线的绝缘层是漆膜、在导电线心上涂覆绝缘漆后烘干而成。其特点是漆膜均匀、光滑、绝缘层较薄，广泛用于制造中小型电机、变压器和一般电器产品。由于涂覆的绝缘品种不同，所以漆包线有很多类别，常用的有缩醛漆包线、聚酯漆包线、聚酯亚胺漆包线、聚酰胺酰亚胺漆包线和聚酰亚胺漆包线等5类。

常用漆包线的一般特点有：

（1）Q型（油性漆包线）属A组（105℃），其薄膜均匀，介质损耗小，价较低。但漆膜耐刮性较差，与多种溶剂的相容性也差，选用浸渍漆时应注意浸渍漆要求的溶剂型号，该型漆包线宜用制作中、低频条件下的电机与电器绕组。

（2）QQ型（缩醛漆包线）属E级（120℃），其漆膜的热冲击性、耐刮性和耐水解性优良，但制作线圈时产生的应力，易于使漆膜产生裂纹。因此，浸渍前须在120℃温度下加热1h以上，以消除应力、宜用于制作普通及高速中小型电动机、油浸式变压器的绕组和仪表的线圈。

（3）QZ型（聚酯漆包线）属B级（130℃），其在干燥和潮湿条件下，耐电压击穿性能和软化击穿性能优，但耐水解性差，热冲击性一般，与含氯高分子化合物不相容，广泛应用于中、小型电机绕组、干式变压器的绕组和电器、仪表的线圈。

（4）QA型（聚氨酯漆包线）属E级（120℃），高频条件下，其介质损耗角（$\tan\delta$）小，着色性好，可制成彩色漆包线，接头处便于识别，具有直焊性；但过载能力差，使用受到限制。易用于制作万用表等电工仪表的精致线圈及要求Q值稳定的电动机线圈等高频线圈。

（5）QZY型（聚酯亚胺漆包线）属F级（155℃），其击穿电压高，耐热等级较高，但易于水解与含氯高分子化合物不相容，宜用于制作高温电机、制冷设备电机、干式变压器绕组及电器、仪表线圈等。

（6）QF型（耐冷冻剂漆包线）属A级（105℃），主要用于制作氟里昂制冷剂中的工作线圈，如电冰箱、空调压缩机中的电动机绕组。

（7）QH型（环氧漆包线）属E级（120℃）其耐水、耐碱、耐油性优良，宜用于制作潜水泵、酸碱泵、油泵电机的绕组。

（8）QY型（聚酰亚胺漆包线）属C级（220℃），其耐高温性好，宜用于制作密封及通风冷却条件差，环境温度高的电机及电器绕组。

绕包线是指用绝缘物（如绝缘纸、玻璃丝或合成树脂等）紧密绕包在裸导线芯（或漆包线芯）上，形成绝缘层的电磁线。也有在漆包线上再绕包绝缘层的。除薄膜绝缘层外，其他的绝缘层均须胶粘绝缘漆浸渍处理，以提高其电性能、机械性能和防潮性能，所以它们实际上是组合绝缘。绕包线的特点是绝缘层比漆包线厚，能较好地承受过电压及过载电负荷，一般用于大、中型电机及其他电工产品。

根据绕包线的绝缘结构，可分成纸包线、薄膜绕包线、玻璃丝包线、玻璃丝包漆包线等。薄膜绕包线中，由于采用的薄膜制品的不同，又分为聚酯薄膜绕包线和聚酰亚胺薄膜绕包线两种。玻璃丝包线中，又有单玻璃丝包线及双玻璃丝包线之分。另外，由于浸渍处理时采用的胶粘绝缘漆品种不同，玻璃丝包线又分许多品种，常用的有醇酸胶粘漆浸渍的和硅有机胶粘漆浸渍的两种。常用绕包线型号中的拼音字母的含义为：Z—纸、S—丝、M—薄膜、B—扁玻璃丝、E—双层、K—空芯等。绕包线因其绝缘层较厚，电性能优良，过载能力较强，常用于大中型电工设备中，其中绕包扁线用量较大。

一般绕包线使用范围为：

（1）Z型纸包圆铜线，耐热等级A级；ZB型纸包扁铜线，耐热等级A级。其优点是浸在变压器油中使用时耐电压击穿性优。缺点是绝缘纸容易破裂，多用于制作油浸变压器绕组。

（2）玻璃丝包聚酯薄膜绕包扁铜线，耐热等级E级；其优点是耐电压击穿性好，绝缘层的机械强度高。缺点是绝缘层较厚，用于大型高压电机的绕组。

（3）SBEC型双玻璃丝包圆铜线，耐热等级B级；SBECB型双玻璃丝扁铜线，耐热等级B级。其优点是过载能力强，耐电晕性优。缺点是弯曲性、耐潮性差和绝缘层太厚，常用制作发电机、大中型电机牵引电机和干式变压器的绕组。

（4）QQSBC型单玻璃丝包缩醛漆包圆铜线，耐热等级E级。其优点是过载能力强，耐电晕性优，耐潮性优。缺点是弯曲性较差，用于制作高速中小型电机和油浸式变压器的绕组。

3 何谓专用导电材料？其可分为哪几类？

答：专用导电材料亦叫特殊导电材料，它是除具有普通导电材料传导电流的作用之外，还兼有一些特殊功能的导电材料，如熔体材料、电刷、电阻合金，电热合金、电触头材料、双金属片材料、热电偶材料等。

专用导电材料可分为熔体材料、电刷、电触头材料。

4 熔体材料有何特点和用途？

答：常用熔体材料的特点和用途为：

（1）纯金属熔体材料。

1）银：具有高导电、导热性，耐磨蚀，延展性好，可以加工成各种尺寸和形状的熔体及用作高质量要求的电力及通信设备的熔断器的熔体。

2）锡和铝：熔断时间长。只用作小型电动机保护用的慢速熔体。

3）铜：熔断时间短，金属蒸汽少，有利于灭弧，但熔断特性不够稳定。只用作要求较低的熔体。

4）钨：有检钨蒸汽的导电性。钨金可做自复式熔断器的熔体，故障时可熔断、切断电路，起保护作用，故障切除后自动恢复，可有5次以上的自恢复能力。

（2）合金熔体材料。

1）铝合金熔体是最常见的熔体材料。铝锑熔丝，含铝＞98％，含锑0.3％～1.3％；铝锡熔丝，含铝95％，含锡5％或含铝75％，锡25％，用于照明或其他一般场合。

2）低熔点合金熔体材料。由铋、铝、镉、汞等元素，按不同比例组合而成，其熔点一般在60～200℃，其间有各种熔体。此类熔体材料对温度反应特别敏感，用于保护电热设备。

对于各类熔体材料的选用应根据被保护设备的特点综合考虑。如电压高低、负载特性、负载电流大小以及熔体材料特性等。通常熔断电流与材料的材质、截面、长度及周围环境（振动、接头是否封闭、灰尘）等因素有关。例如交流电弧焊机电路中，熔体的选用需要考虑到焊接引弧时的短路冲击电流较大的情况，熔体的额定电流值应为电焊机功率（kW）的4～6倍。今选一台10kW交流弧焊机的熔体的额定电流 $I=(4\sim6)\times10=40\sim60(\text{A})$，一般取下限即可，即这台电焊机电路中熔断器熔体的额定电流选为40A。

5　电刷有何特点及用途？

答：常用电刷可分为石墨型电刷（S系列）、电化石墨型电刷（O系列）和金属石墨型电刷（J系列）三类。

（1）石墨电刷是用天然石墨制成，质地较软，润滑性较好，电阻率低，摩擦系数小，可承受较大的电流密度，适用于负载均匀的电机。

（2）电化石墨电刷是将天然石墨焦炭、炭墨等为原料，除去杂质后经2500℃以上高温处理制成。其特点是摩擦系数小、耐磨性好、换向性能好、有自润滑作用、易于加工。适用于负载变化大的电机。

（3）金屑石墨电刷是由铜及少量的银、锡、铝等金属粉末掺入石墨中均匀混合后，用粉末冶金方法制成。特点是导电性好，能承受较大的电流密度，硬度较小，电阻系数及接触压降很低。适用于低电压大电流，圆周速度不超过30m/s的直流电机和感应电机。

6　如何正确选用电刷？

答：对于电刷的选用与维护，必须十分重视电刷的安装质量与运行条件，一方面要选择具有较小电阻率和摩擦系数、适当的硬度和机械强度（不易碎裂）的电刷；另一方面又必须综合分析电机的圆周速度、电流密度、施于电刷的单位压力、周围介质情况及刷握位置、磁极气隙、电刷是否安装在中性线上等，再去选择最合适的电刷，才能有满意的运行效果，这两方面忽视任一方面，都将给运行工作带来危难。

7　如何维护电刷？

答：电刷是直流电动机的重要部件，它不仅要起到在电动机转动部分与固定部分之间传导电流的作用，还要限制在换向过程中被它所短路的电枢组件内的附加短路电流，以改善换向。因此，电刷对电动机能否正常稳定运行和换向都是至关重要的。

电刷与刷握配合不能过松和过紧，要保证在热态时，电刷在刷握中能自由滑动，过紧可适当用砂纸将电刷磨去一些，过松要调换新的电刷。当刷杆偏斜时，可利用换向云母槽作为标准，来调整刷杆与换向器的平行度。

电刷磨损或破裂时，需换以与原电刷相同牌号和尺寸的电刷，如没有原牌号的电刷，可以用性能相近且可以代用的其他牌号电刷代用，但要注意，一台电动机上应使用一种牌号的电刷，因为不同牌号的电刷混用，由于接触压降和电阻系数不等，会引起电刷间的电流分布不均，对电机运行不利。

在新电刷安装后，必须检查电刷在刷握内上下活动是否灵活，是否有晃动现象，电刷压力是否合适。新电刷装配好后，应将之研磨光滑，达到与换向器相吻合的接触面，以防止电刷间电流分布的不均匀现象。当电刷镜面出现灼痕时，必须重新研磨电刷。

8 电刷研磨方法有哪两种?

答：电刷研磨的方法有以下两种：

(1) 整体研磨。砂布的宽度为换向器的长度，砂布的长度为换向器的周长，将长条砂布放在电刷下，在换向器表面围成一圈，并将砂布的一端用胶布黏贴在换向器表面，砂布的尾部顺旋转方向压住头部，如图 4-1 所示。然后按电动机旋转方向转动转子，转动几圈后，检查电刷接触面，大于 75%时，电刷就研磨完毕。

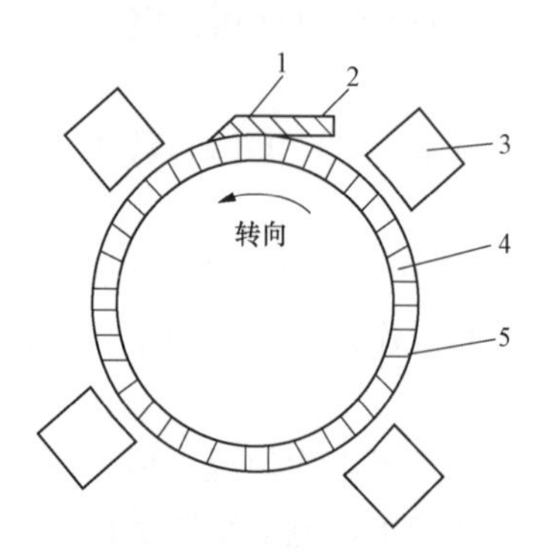

图 4-1　电刷整体研磨
1—砂布的自由端；2—橡皮胶布；3—电刷；4—换向器；5—砂布

(2) 单个研磨。将砂布条放在电刷下，使砂布紧贴着换向器表面，对于单向旋转的电动机顺电动机旋转方向拉动砂布，回拉时要提起电刷。对于可逆转电动机，则可往复拉动砂布，直至电刷接触面大于 75%，并具有和换向器表面相同的曲率时，研磨即完毕。须注意：拉动砂布时，一定要贴着换向器表面拉动，切忌在电刷边处翘起。

研磨电刷应采用粒度较细的（如 0 号砂布）玻璃砂布，不能用金刚砂布，以免金刚砂粒嵌入换向器槽中，在电动机旋转时划伤换向器和电刷表面。

电刷研磨后，换向器、刷握、绕组和风道必须进行认真的清理和清扫，以防止影响绝缘电阻和造成飞弧，然后在空载和小负载下运转数小时来研磨镜面。

9 电触头材料有何特点和用途?

答：电触头材料又叫电接触材料。电接触的连接方法有固定连接（如母线与导线的连接）、滑动触头连接（如滑线电阻、吊车、起重机滑线集电器等），还有一种就是开闭触头（即开关触头）。由于开闭触头工作时是对负载电流的接通、载流及分断的过程，这些工作过程对开闭触头材料会产生机械摩擦损耗和电磨损（电弧腐蚀、蒸发等），因此对开闭触头材质要求比较严格，一般要求具有足够的机械强度、熔点高、抗氧化性好、耐腐蚀性好、接触电阻小、高导热性和耐电弧性好。

常用的触头材料有纯金属（如银等）、合金（如银铜合金、银石墨合金，银铂合金等），还有烧结金属（如银—氧化镉、银—氧化铜等）。维修中遇到需要更换触头时，最好能用与原触头材料相同或相近的材料。

10 何谓绝缘材料? 其有什么特点?

答：自然界有些物质能让电流顺利通过，这种物质称为导体。而有些物质其电阻率大于 109Ω/cm，在直流电压作用下，只有极其微弱的电流通过，一般情况下可忽略而认为其不导电，工程上把这类物质称为绝缘材料。

绝缘材料应具有的特点为：

（1）良好的介电性能、较高的绝缘电阻和耐压强度。
（2）耐热性要好，不会因长期受热而引起性能变化。
（3）良好的导热、冷却、耐潮、防雷电、防霉和较高机械强度以及加工方便的特点。

11 何谓电介质?

答：研究绝缘材料在电场中的物理现象时，绝缘材料被称为电介质。

12 外施电压于电介质时，会产生哪些电流？这些电流的性质是什么？有何影响?

答：绝缘材料并非绝对不导电，在直流电压作用下，仍会有微弱的电流流过。在固体电介质中，这个电流分三个部分：
（1）瞬时充电电流。其值起始较大，随时间增加逐渐衰减为零。
（2）吸收电流。由电介质极化作用而产生，也随时间增加而衰减为零。
（3）泄漏电流。这是个稳定不变流过电介质的电流。此电流由沿电介质表面流过的电流和从电介质内部流过的电流两部分组成。与此相关的有表面电阻率和体积电阻率。表面电阻率反映电介质表面的导电能力，其值较小，易受环境影响。体积电阻率反映电介质内部的导电能力，其值较大，工程上使用的绝缘电阻是指体积电阻。用兆欧表测出的绝缘电阻即为体积电阻。

13 绝缘材料的极化与介电系数工程上有什么意义？如何正确利用介电系数这个参数来选择绝缘材料?

答：电介质在无外电场作用时，不呈现电阻性。在外电场作用下，电介质沿场强方向在两端出现不能自由移动的束缚电荷，这种现象称之为电介质的极化。不同的电介质，由于其分子结构不同，在相同的电场作用下，其极化程度也不相同，表征电介质极化程度的物理量就是介电系数，介电系数又称电容率。工程上常采用的是相对介电系数（ε），其值越大，表明电介质在同一交变电场作用下极化程度越高。

介电系数在工程上对选择绝缘材料有很重要的实际意义。例如，选择电容器极板间的介质时，要求其值越大越好，以缩小电容器体积和增大电容量；用于电气设备作一般绝缘材料时，则应尽量选用介电系数小的材料，以减小其电容量，降低充电电流和介质损耗；用作复合绝缘材料时，则要求各绝缘材料的介电系数尽可能接近，以使电场分布均匀，否则交流电压大部分集中在介电系数小的材料上，因而可能降低整个电气系统的绝缘能力。

14 常用的绝缘材料有哪些类型?

答：常用绝缘材料的类型有气体电介质、绝缘油、绝缘漆、绝缘胶、绝缘纸、漆布、电工纸板、绝缘带、绳、薄膜、黏带以及云母等。

15 何谓绝缘材料的老化？如何防止绝缘老化?

答：绝缘材料在运行过程中，由于各种因素的作用而发生一系列不可恢复的物理、化学变化，导致绝缘材料电气性能与机械性能的劣化，通称为绝缘老化。

当绝缘老化到一定程度后，就不能再继续使用。尤其当绝缘材料受潮，同时又经受过高温与过高的电压，就会失去绝缘能力而导电，这称为绝缘击穿。热、电、光照、氧化、机械作用、辐射、微生物等作用，均可导致绝缘材料老化。

主要的老化形式有环境老化、热老化与电老化三种。工程上常采用一些增加剂（如防老化剂、防霉剂、紫外光吸收剂）及防电晕措施，以防止绝缘材料的老化。

16 绝缘材料是如何分类的?

答：绝缘材料的分类如下：

（1）电工常用绝缘材料按其化学性质不同，可分为无机绝缘材料、有机绝缘材料和混合绝缘材料。

（2）按其应用或工艺特征，可划分为六大类，并以数字表示：

1—漆、树脂和胶类；2—浸渍纤维制品类；3—层压制品类；4—压塑料类；5—云母制品类；6—薄膜、黏带和复合制品类。

（3）在各大类中按使用范围及形态划分小类，并以数字表示：

1）漆、树脂及胶类：0—有溶剂浸渍漆类；1—有溶剂浸渍漆类；2—覆盖漆类；3—瓷漆类；4—胶粘漆、树脂类；5—熔敷粉末类；6—硅钢片漆类；7—漆包线漆类；8—胶类。

2）浸渍纤维制品类：0—棉纤维漆布类；1—漆绸类；4—玻璃纤维漆布类；6—防电晕漆布类；7—漆管类；8—绑扎带类。

3）层压制品类：0—有机底材层压板类；2—无机底材层压板类；3—防电晕及导磁层压板类；4—复铜箔层压板类；5—有机底材层压管类；6—无机底材层压管类；7—有机底材层压棒类；8—无机底材层压棒类。

4）塑料类：0—木粉填料塑料类；1—其他有机物填料塑料类；2—石棉填料塑料类；3—玻璃纤维填料；4—云母填料塑料类；5—其他矿物填料塑料类；6—无填料塑料类。

5）云母制品类：0—云母带类；1—柔软云母板类；2—塑料云母板类；3—玻璃塑型云母板类；4—云母带类；5—换向器云母板类；7—衬垫云母板类；8—云母箔；9—云母管。

6）薄膜、粘带和复合制品类：0—薄膜类；2—薄膜粘带类；3—橡胶及织物粘带类；5—薄膜绝缘纸及薄膜玻璃漆布复合箔；6—薄膜合成纤维纸复合箔；7—多种材质复合箔。

注：绝缘材料的分类号均以 0 至 9 取 10 个号，其中空缺号为新产品预备号。

17 简述电工绝缘材料型号的编制方法，并举例说明。

答：电工绝缘材料的型号，用四位数字表示：第一位数字是分类代号，1—漆、树脂和胶类；2—浸渍纤维制品类；3—层压制品类；4—压塑料类；5—云母制品类；6—薄膜、粘带和复合制品类。

第二位数是表示同一分类中的不同品种。常用的品种：第 1 类绝缘材料中的浸渍漆用 0 表示，瓷漆用 3 表示，硅钢片漆用 6 表示；第 2 类材料中的漆布（漆绸）用 2、4 表示；半导体漆布用 6 表示，漆管用 7 表示；第 3 类材料中的层压板用 0 表示，层压玻璃布板用 2 表示，纸管用 5 表示，玻璃布管用 6 表示，纸棒用 7 表示，玻璃布棒用 8 表示；第 4 类材料中的木粉填料压塑料用 0 表示，玻璃纤维填料压塑料用 3 表示；第 5 类材料中的柔软云母板用 1 表示，塑形云母板用 2 表示，云母带用 4 表示，换向云母板用 5 表示，衬垫云母板用 7 表示，云母箔用 8 表示；第 6 类材料中的薄膜用 0 表示，薄膜绝缘纸及薄膜玻璃漆布复合箔用

5 表示。

第三位数字即耐热等级代号，耐热等级 Y 级用 0 表示，A 级用 1 表示，E 级用 2 表示，B 级用 3 表示，F 级用 4 表示，H 级用 5 表示，C 级用 6 表示。

第四位数字为同类产品的顺序号，用以表示配方、成分或性能上的差别。

由于云母的种类较多，因此云母制品的型号，除白云母制品外，在第四位数字的后面附加一位数字，1 表示粉云母制品，2 表示金云母制品，3 为鳞片云母制品。

复铜箔板的产品顺序后，奇数为单面复铜箔，偶数为双面复铜箔。如含有杀菌剂或防霉剂的产品，在型号最后附加字母“T”。

举例：

1032—三聚氧氨醇酸浸渍漆；

2750—有机硅玻璃漆管；

5438 - 1—环氧玻璃粉云母带；

6530—聚酯薄膜醇酸玻璃布复合箔。

18 绝缘材料耐热等级分哪几级？其允许的最高温度是多少？

答：绝缘材料的耐热等级是指绝缘材料及其制品承受高温而不致损坏的能力。其耐热等级按其长期正常工作所允许的最高温度，可分为以下七个级别：

Y 级：最高允许温度为 90℃，如天然纤维材料及制品，如木、竹、棉花等。

A 级：最高允许温度为 105℃，工作于矿物油中和用油或油树脂复合胶浸过的 Y 级材料，有漆包线、漆布、漆丝的绝缘及油性漆、沥青漆等。

E 级：最高允许温度为 120℃，聚酯薄膜和 A 级材料复合、玻璃布、油性树脂漆、聚乙烯醇缩醛高强度漆包线、乙酸乙烯耐热漆包线。E 级绝缘材料应用最广。

B 级：最高允许温度为 130℃，聚酯薄膜经树脂黏合或浸渍涂覆的云母、玻璃纤维、石棉、聚酯漆、聚酯漆包线。

F 级：最高允许温度为 155℃，以有机纤维材料补强和石棉带补强的云母片制品，玻璃丝和石棉纤维为基础的层压制品，以无机材料作补强和石棉带补强的云母粉制品，化学热稳定性较好的聚酯和醇酸类材料，复合硅有机聚酯漆。

H 级：最高允许温度为 180℃，无补强或以无机材料为补强的云母制品，加厚的 F 级材料，复合云母、有机硅云母制品，硅有机漆、硅有机橡胶聚酰亚胺复合玻璃布、复合薄膜、聚酰亚胺漆等。

C 级：最高允许温度为 180℃以上，不要用任何有机黏合剂及浸渍剂的无机物，如石英、石棉、云母、玻璃和瓷材料等。

工作温度超过允许值，将大大降低绝缘材料的使用寿命。如 A 级绝缘材料每超过最高允许温度 8℃，使用寿命就降低一半。B 级绝缘，其超过最高允许温度 12℃，绝缘使用寿命就降低一半。因此，日常修理、维护电机与电气设备时，应密切关注设备的最高工作温度和平均温度的变化，采取有效措施避免绝缘物超过最高允许温度。

19 绝缘材料的性能指标包括哪些？

答：绝缘材料的性能指标包括绝缘耐压强度、抗张强度和比重。

（1）绝缘耐压强度。绝缘物质在电场中，当电场强度增大到某一极限值时，就会击穿。这个使绝缘击穿的电场强度称为绝缘耐压强度（又称介电强度或绝缘强度），通常以 1mm 厚的绝缘材料所能耐受的电压值（kV）表示。

（2）抗张强度。绝缘材料每单位截面积能承受的拉力。

（3）比重。绝缘材料 $1cm^2$ 体积的重量。

20 电动机用绝缘漆的性能要求有哪些？

答：电动机用绝缘漆属于浸渍漆的一种，主要用于浸渍电机、电器的线圈，以填充其间隙和微孔，且固化后能在被浸渍物的表面形成连续平整的漆膜，并使之黏结成一个坚硬的整体，能够有效隔绝线圈之间的导电问题，电机绝缘漆特殊的应用环境，对其性能要求也是非常高：

（1）黏结性能好，由于其要面对高速旋转带来的离心力，若黏结性不够，就会造成绝缘漆在运行中脱落，造成电气故障。

（2）热弹性，电机转动后会产生高温，所以电机绝缘漆还需要能满足从低温到高温的温度差的弹性。

（3）固化速度快，能够快速干燥固化。

（4）对导体和其他材料具有良好的相容性。

21 试述绝缘漆的种类及其用途。

答：绝缘漆是以高分子聚合物为基础，能在一定条件下固化成绝缘硬膜或绝缘整体的重要绝缘材料。绝缘漆主要以合成的树脂或天然树脂为漆基（即成膜物质）与溶剂、稀释剂、填料等组成。按用途绝缘漆可分为浸渍漆、漆包线漆、覆盖漆、硅钢片漆和防电晕漆等数种。

（1）浸渍漆。浸渍漆分有溶剂和无溶剂两类。主要用于浸渍电机、电器的线圈，以填充其间隙，且固化后能在被浸渍物的表面形成连续平整的漆膜，并使之黏结成一个坚硬的整体。有溶剂浸渍漆具有渗透性好、贮存期长、使用方便等特点，但浸渍和烘干时间长，溶剂需挥发，造成浪费和污染。

应当注意：使用有溶剂浸渍漆时，一般采用多次浸渍逐步升温烘焙的工艺，以避免溶剂过快挥发而造成漆膜针孔和气泡，影响使用寿命。不同漆基配用的溶剂各不相同，使用时还应注意其相容性。

无溶剂浸渍漆由合成树脂、固化剂和稀释剂等组成，具有固化时间短、黏度随温度变化快，流动性和渗透性好、绝缘整体性好、固化过程中挥发物少等特点，可提高绝缘结构的导热性和耐潮性，缩短制造周期（也包括检修时间）。

常用的无溶剂浸渍漆主要有环氧型、聚酯型和环氧聚酯型三类。环氧型与聚酯型相比，前者黏结力好，收缩性小，漆膜的电气、机械性能均较好，耐潮耐霉。但漆的贮存稳定性能和漆膜韧性不及后者。环氧聚酯型漆的性能介于两者之间。

（2）漆包线漆。因为导线在绕制线圈、嵌线等过程中，要经受热、化学和多种机械力的作用，所以要求漆包线具有良好的涂覆性（即能均匀涂覆），漆膜附着力强，表面光滑有韧性，有一定的耐磨性和弹性，电气性能好、耐热、耐溶剂，对导体无腐蚀等。

（3）覆盖漆。覆盖漆用于涂覆经浸渍处理后的线圈和绝缘零部件，在其表面形成厚度均匀的绝缘保护层，以防止设备绝缘受机械损伤和大气、化学药品的侵蚀，并提高表面绝缘强度。故要求覆盖漆具有干燥快、附着力强、漆膜坚硬、机械强度高、耐潮、耐油、耐腐蚀等特性。

覆盖漆分为醇酸漆、环氧漆和有机硅漆三类。环氧漆比醇酸漆具有更好的耐潮性、耐霉性、内干性，且附着力强、漆膜硬度高。有机硅漆耐热性高，可作为H级电机电器的覆盖漆。

覆盖漆按填料又可分为不含填料和颜料的清漆及含填料或颜料的瓷漆两种。同一树脂制成的瓷漆比清漆漆膜硬度大、耐热，且导热和耐电弧性能好，但其他的电气性能稍差。多用于线圈和金属表面涂覆，而清漆多用于绝缘零部件表面和电器内部的涂覆。覆盖漆按干燥方式有晾干和烘干两种，同一树脂酌晾干漆较烘干漆性能差，贮存不稳定。故仅适用于大型设备和不宜烘焙的部件的涂覆。

（4）硅钢片漆。硅钢片漆用于涂覆硅钢片表面，以降低铁芯的涡流损耗，增强耐腐蚀能力。硅钢片漆涂覆后需经高温短时烘干。其特点是涂层薄、附着力强、坚硬、光滑、厚度均匀、耐油、耐潮，且电气性能好。

（5）防电晕漆。电晕放电发生在极不均匀电场中，场强突强处（如电极尖锐处）局部空间的空气电离而产生蓝色晕光的一种放电现象。防电晕漆一般由绝缘清漆和非金属导体（碳黑、石墨等）粉末混合而成，主要用于大型高压电机中电压较高的线圈端部。它可单独涂在线圈表面，也可涂在玻璃布带上与主绝缘一次成型。使用中要求防电晕漆表面电阻率稳定，附着力强，耐腐性好，干燥速度快，耐贮存。

22 电机修理常用的辅助材料有哪些？

答：电机修理常用的辅助材料有焊接材料、胶黏材料、清洗材料。

23 何谓钎焊？何谓硬钎焊、软钎焊？

答：电气设备在应用时，必须连接成适当的电气回路。导线间、导线与电气设备间、电器内部的连接等方式，有固定螺栓连接、绞合连接、插头连接、触头连接和焊接等多种。焊接是固定连接方式中常用的方法，分熔焊和钎焊两类。电气工程中以钎焊为主。

所谓钎焊，就是利用熔点比母材（基体材料）低的钎料作中介质，将钎料加热到熔化，母材不熔化，熔化后的钎料能充分浸润母材，冷却后即形成牢固的接头，并且有良好的导电、导热性能。例如，母材是铜导线，熔点1083℃；钎料是锡，其熔点约200℃。铝的熔点低，对铜的浸润性好，形成的钎焊接头牢固、导电性好。

钎焊以450℃为分界线，高于450℃的称为硬钎焊，低于450℃的称为软钎焊。由于软钎焊的加热温度低，焊后变形小，表面光洁。因此，软钎焊是电气工程中常用的工艺方法。

24 钎料的基本技术要求有哪些？

答：欲获得优良钎焊接头，钎料是关键。钎料应具备的基本性能是：其熔点低于所焊接的母材熔点，故有良好的流动性，对母材有良好的浸润性，因而保证了焊接头的紧密、牢固。钎料还必须具有良好的导电性、导热性、抗氧化、耐腐蚀，同时经得起机械冲击与温度冲击。钎料的组织还应均匀，化学稳定性好，价格适宜。

25 电气工程中常用的钎料有哪些？其特点是什么？

答：电气工程中常用的钎料有锡基钎料、铜基钎料和银基钎料。

（1）锡基钎料。纯锡是较好的钎料。熔点为232℃，钎接强度高、耐腐蚀性好，但价格较高。若在锡中加不同比例的铅，则可制成各种不同熔点的锡铅钎料，俗称焊锡。它不仅价格较低而且具有良好的钎接性能。焊锡熔点低，浸润性好，导电、导热及耐腐蚀性均优，施焊方便，焊缝牢固。缺点是铅蒸气有毒，钎焊工作量大时，必须保持良好的通风换气条件。锡铅钎料可用于钎接铜、铜合金、钢铁、锌及镀锌铁皮等母材。

锡铅钎料的产品有：无钎剂芯的丝材、棒材、编带和三角条，有松香钎剂芯的焊管（俗称松香焊锡丝），活性焊锡丝（松香芯中加入活性剂）。

另外，锡铅钎料中若加入适量的其他金属，则对锡铅钎料的性能有不同的影响，如加5%的锑，可提高焊缝机械强度和光泽，但浸润性变差。加铜，焊料熔点增高，但变得脆硬，因此铜的限量在0.5%以下。加铋，降低钎料熔点，但也有使锡变脆的倾向，如含铋（Bi）量为5%的锡铅钎料为特低温（70℃）钎料。选用时需注意钎料的规格性能与用途。

（2）铜基钎料。铜基钎料是以铜为基材的钎料。常用的有铜锌和铜磷，熔点在800℃上下，不含银或含银较少，价格较低。特点是熔点高、导电、导热、流动性均优，耐腐蚀，焊缝机械强度高。常用于铜、铜合金、镍、钢与铸铁等材料的钎接。

（3）银基钎料。银基钎料是以银或银基固熔体为基材的硬钎料。特点是熔点高（600～850℃），导热、导电性优，耐腐蚀、浸润性好，操作方便。常用于焊铜、不锈钢、硬质合金等除去低熔点的多数黑色及有色含金的钎接。

26 何谓助钎剂？为什么要用助钎剂？

答：在钎接过程中，欲获得高品质的钎焊接点，仅有优质的钎料是不够的，还必须有适当的助钎剂。助钎剂的主要作用是除去被焊接金属表面的氧化物、硫化物、油污等，净化金属与熔融钎料的接触面；并具有覆盖保护作用，防止钎接加热过程中钎料的继续氧化，还可降低熔融焊料的表面张力，使其易于流展，浸润金属表面，以得到牢固的焊接接头。助钎剂的质量直接影响钎接质量。

27 助钎剂的基本技术条件是什么？

答：对助钎剂的基本要求是：不导电、无腐蚀，在钎接过程中流展性好，残留物无副作用并易于清除，不产生（或不严重产生）有害及有刺激性异味气体，成本低、配制简便。

常用助钎剂有无机助钎剂、有机助钎剂和松香助钎剂。无机助钎剂因有高导电性和腐蚀性残留物要慎用。松香助钎剂广泛使用。松香、松香酒精溶液无腐蚀，松香加活性剂助焊性能更好。松香应选用一级以上。活性剂的主要功能是除去氧化膜，提高钎接质量，但活性越强，腐蚀性也越强，选用时应注意。常用的活性剂有氯化锌、氯化氨、水杨酸、溴化水杨酸等。扩散剂也是助焊剂之一，其功能是在施焊温度下，能引导熔化的焊料向周围扩散渗入间隙，同时使松香形成薄膜，防止熔化的钎料表面氧化。常用的扩散剂有甘油、硬脂酸、松香油等。乙醇、丙酮是松香的常用溶剂。

28 试写出两个松香助钎剂的配方。

答：(1) 松香酒精助钎剂配方。30%松香和 70%酒精。优点是加热时除氧化物的能力强、无腐蚀，残留物绝缘电阻高。缺点是流展性较差，励焊性不强，焊后残留物清除较难。

(2) 活性松香酒精助钎剂配方。松香 10%～20%，酒精 70%；活性剂：溴化水杨酸 10%～15%。特点是助钎性优，但有腐蚀，有异味。

29 电气工程中使用的胶黏材料有哪些？其特点是什么？

答：胶黏又称黏结剂，功用是将同种或异种材料黏合在一起，现在大量使用的是合成胶黏剂。

使用胶黏剂的优点是重量轻，应力分布均匀，耐疲劳，适应各种复杂形状的构件和各种材质，比较容易做到防锈、绝缘、密封。缺点是质量检查难以保证，高温性能较差。胶黏剂的形状以液态和糊状为常用。

胶黏剂由基料、固化剂、增塑剂、稀释剂、填料所组成（但每个配方并非都需五个部分）。

(1) 基料。亦称黏料，是胶黏剂主要材料，如环氧树脂、酚醛树脂、合成有机硅树脂、橡胶等高分子化合物。

(2) 固化剂。亦叫硬化剂，其作用是使基料固化硬结，其品种繁多，因基料不同而异。

(3) 稀释剂。用于调节胶黏剂的黏度，提高浸润能力，利于胶黏工艺。

(4) 增塑剂。用于提高胶黏剂的柔韧性、耐寒性和冲击强度，但抗拉强度、刚性和软化点则有所下降。

(5) 填料。用于增加黏度，提高硬度、强度、耐热性、导电性、导热性、耐磨性等，还可释低热胀系数和收缩率。

30 使用胶黏剂应注意什么？

答：使用胶黏剂应注意的事项为：

(1) 室温快速硬化环氧胶黏剂。俗称万能胶、914 胶。将 914 胶均匀涂于被黏物的清洁表面（无油污、无锈），立即黏合，适度加压，1h 便可固化，3h 后完全固化。适合于金属、玻璃、陶瓷、木材、胶木等材料的小面积快速胶接。特点是硬化快、强度高、耐热、耐水、耐油性好。

(2) 环氧导磁胶。用于磁钢、铁氧体的胶接，室温下 48h（或 100℃下 2h）固化。

(3) JW—1 环氧修补胶。在 60～80℃时固化，主要用于铝合金的胶黏修补。

(4) XY401（又叫 88 号胶）。主要用于橡胶对橡胶、橡胶与金属、橡胶与玻璃及其他材料的黏接。

(5) 快干 502 胶黏剂。主要用于钢铁、铜、铝等各种金属、玻璃及其他材料的胶黏。特点是固化快，胶金属材料 15s 至 5min 可固化，胶非金属材料 3s 至 1min 可固化，2h 后便可使用，但使用胶黏前，必须将被黏结物表面除锈，清洗干净，再用 502 胶液滴湿表面，立即黏合，胶液不能过多，过多黏接强度反而下降。

由于胶黏剂的品种多，性能不一，只有选用得当，才能取得满意的黏接效果。

31　常用的清洗材料有哪些？

答：清洗材料是指用于清理焊接前除去被焊件上的油污等，以利于施焊或清除焊后残留物所常用的，一般电机修理中使用的清洗剂有：

（1）无水酒精（乙醇含量99.5%以上）。易挥发、易吸水，用于焊后清洗。

（2）汽油。易挥发、易燃，使用时应特别审慎。可用于焊前清洗油污。用松香酒精助钎剂的锡铅焊剂，焊接小工件先用酒精清洗，再用汽油清洗。一般用60～70号汽油。

（3）三氟三氯乙烷。它是一种高档清洗剂。不燃、不爆、无腐蚀、绝缘好、去油能力强。一般用于清洗高档仪器仪表，或修理水内冷电机导电接头时，清洗施焊部分表面。由于价格较贵，使用中必须注意避免浪费。

第二节　电机检修常用工具及仪器仪表

1　一般中小型电机检修工具有哪些？

答：一般中小型电机检修工具有验电笔、螺丝刀、钢丝钳、尖嘴钳、剥线钳、断线钳、扳手、铜棒、撬棍、拉马工具等。

2　怎样正确使用验电笔？

答：验电笔又称试电笔，是用来检查低压导体和电气设备外壳是否带电的辅助安全用具。此种低压验电笔种类繁多，质量相差也较大。通常验电笔检测电压的范围（指带电体与大地的电位差）为60～500V，使用验电笔进行验电操作时，手持验电笔尾部，手指触及尾部的金属部分，将验电笔金属探头触到被测试的导电体上，观察氖灯泡发光情况。

需注意：验电前要先在确认有电的电源上（低于250V）检查验电笔是否完好。验电时，身体任何部位均不可触及带电体，以保证安全。另须注意在明亮的光线下测试时，往往不易看清氖泡的辉光，故应当避光检测；又因验电笔的金属探头多制成螺丝刀形状，它只能承受很小的扭矩，使用时应防止损坏。

3　螺丝刀如何分类？每类螺丝刀有哪些规格？

答：螺丝刀又称起子、旋凿、改锥等；它的种类很多，按其头部形状不同，可分为一字形和十字形两种；按其柄部材料和结构不同，可分为木柄、塑料柄和夹柄三种，其中塑料柄具有较好的绝缘性能，适合电工使用。

常用的螺丝刀有以下四种：

（1）一字形螺丝刀。有木柄和塑料柄两种，它的规格一般用柄部以外的刀体长度表示，常用的有：2000mm、1500mm、1000mm、400mm和300mm五种。

（2）十字形螺丝刀。有木柄和塑料柄两种，它的规格用刀体长度和十字槽规格号表示，十字槽规格号有四个：1号适用的螺钉直径为2～2.5mm，2号为3～5mm，3号为6～8mm，4号为10～12mm。

（3）夹柄螺丝刀。夹柄螺丝刀的柄部用木柄装夹在螺丝刀扁平形尾部的两侧，是一种特殊结构的一字形螺丝刀。使用时允许在其尾部敲击，它比普通的一字形螺丝刀耐用，但禁止用于有电的场合，它的规格以螺丝刀的全长表示，常用的有2000mm、1500mm、300mm及250mm四种。

（4）多用螺丝刀。多用螺丝刀是一种组合工具，它的柄部和刀体是可以拆卸的。它附有三种不同尺寸的一字形刀体，两种规格号（1号和2号）的十字形刀体和一只钢钻。换上钢钻后，可用来预钻木螺钉的底孔，它采用塑料柄，柄部结构与验电笔相似，故又兼作验电笔，它的规格以全长表示。

4 钢丝钳、尖嘴钳、剥线钳、断线钳各有哪些规格？

答：（1）钢丝钳有铁柄和绝缘柄两种。绝缘柄的钢丝钳可供有电场合使用，其工作电压为500V。钢丝钳的规格以全长表示，有1500mm、200mm和175mm三种。

（2）尖嘴钳的头部尖细，适合于在狭小的工作场合或空间进行操作。带有刃口的尖嘴钳能剪断细小金属丝。尖嘴钳也有铁柄和绝缘柄两种，绝缘柄的工作电压为500V，其规格以全长表示，有1600mm、1300mm、200mm和180mm四种。

（3）剥线钳是用来剥除电线、电缆端部橡皮、塑料绝缘的专用工具，其手柄是绝缘的，可以带电操作，工作电压为500V，其规格以全长表示，有1400mm、180mm两种，近来也有200mm以上的问世。

（4）断线钳专供剪断较粗的金属丝、线材及电线电缆，其规格以全长表示。钳柄有铁柄、管柄和绝缘柄三种，其中绝缘柄的断线钳可用于带电场合，其工作电压为1000V。

5 电机检修常用的仪器仪表有哪些？

答：电气工程中常用的仪器仪表有万用表、钳型电流表、兆欧表（摇表）、直流电阻测试仪等。

6 使用万用表时应注意什么？

答：在万用表使用过程中，必须十分重视人身和仪表的安全。一般来说，要注意以下几点：

（1）决不允许用手接触测试棒的金属部分，否则会触电或影响测量准确度。

（2）不允许带电转动转换开关，尤其测量较高电压和大电流时，否则会因转换开关的触头分离的瞬间产生电弧，使触头（点）氧化，甚至烧毁。

（3）测量叠加有交流电压的直流电压时，要充分考虑转换开关的最高耐压值，否则会因为电压幅值过大而使转换开关中的绝缘材料被击穿。

（4）万用表使用完毕后，一般应该把转换开关旋至交流电压的最大量程挡，或旋至“OFF”挡。

（5）使用万用表测量电压、电流时，应注意对仪表内阻与被测量阻抗的大小尽量匹配合适，否则使测量结果产生很大误差，例如用三种不同内阻的万用表的10V挡去测量负载端电压时，其测量值及相对误差的差别很大。

7 使用和维护兆欧表时，应注意什么？

答：（1）兆欧表必须在被测电气设备不带电的情况下进行测量，即测量前必须将被测电气设备的电源切断，并对被测设备接地短路放电，以排除断电后其电感、电容带电的可能性。同时，测量前必须对被测设备进行清洁处理，以防止灰尘、油泥等因素影响测量结果。

（2）测试前，应将兆欧表放置在平稳的地方，如兆欧表有水平调节，则应调整好表身的水平位置，这样可以避免摇动发电机手柄时，因表身摆动而影响读数。测试前，应对兆欧表进行检查，先将“L”和“E”两个端钮开路，摇动手柄，使发电机转速达到额定值，此时指针应在“∞”处，然后把“L”和“E”两个端钮短接，缓慢摇动手柄，指针应指在“0”刻度处。若经上述检查，指针不能指“∞”或“0”刻度，则说明该表有故障，需进行检修后，才能使用。

（3）进行一般测量时，将被测绝缘电阻接到“L”和“E”两个接线端钮上，若被测对象为线路的绝缘电阻时，应将被测端按到“L”端钮，而“E”端钮接地，当被测物表面对测量结果影响很显著而不易排除（如潮湿）时，须接“保护”进行测量。

例如，测量电解电容的介质绝缘电阻时，应按电容器耐压的高低选用兆欧表，接线时使“L”端与电容器正极相连接，“E”端与负极连接，切不可接反。否则，会使电容器击穿。而测量其他无极性电容器的介质绝缘电阻时，可不考虑这一点。

（4）测量绝缘电阻时，发电机的手柄应由慢渐快地摇动，若发现指针指零，则说明被测绝缘物有短路现象，应停止摇动手柄，检查原因；若指示正常，应使发电机转速稳定在规定的范围内，切忌忽快忽慢，而使指针摆动，加大误差。一般转速规定在120±20％r/min范围。读数时，采用1min以后的读数为准，若遇电容较大的被测物时，可等指针稳定不变时再读数。

（5）测量完毕后，当兆欧表没有停止转动或被测物没有放电以前，不可用手触及被测物测量部分或进行拆线工作。特别是测试完电容较大的电气设备时，应先将探测棒从被测物上拿开，然后再停止摇动兆欧表手柄，以免设备对兆欧表放电，损坏兆欧表。测后还必须将被测物对地短路放电。

8 简述钳形电流表的测量原理。

答：测量电路中的电流时，通常需要先将电路断开，将电流表或电流互感器接入电路后，才能进行，有时这样做很不方便，而利用钳形电流表，则无需先断开被测电路，就可以直接测量电流。由于钳形电流表的这一独特优点，所以在实际工作中应用很广泛。

钳形电流表是由“穿心式”电流互感器和电流表组成的，被测电流通过的导线可直接穿过铁芯缺口，然后放开扳手，使钳形铁芯闭合，此时通过电流的导线相当于电流互感器的一次绕组，于是和二次绕组相连的电流表中就有电流通过。因此，就可直接从指针的偏转位置读出被测电流的数值。钳形电流表在不能切断电路而又必须检查测量电路中的电流时使用。

钳形电流表的测量机构，一般是采用磁电系表头，通过整流器件构成交流电流表，这种类型的钳形电流表，只能用于交流电路的测量，如国产MG4、MG24等型号的钳形电流表。另外，还有一些钳形电流表的测量机构是采用电磁系测量机构，如国产MG20、MG21型钳形电流表，它们的外形虽然与普通钳形电流表相同，但结构和工作原理却不一样。这种钳形电流表的电流互感器没有二次绕组，而是将测量机构的活动部分放在钳形铁芯的缺口中间，工作时由缺口中的磁场作用于可动部分产生转动力矩。由于电磁系仪表可动部分的偏转与电流方向无关。因此，这类钳形电流表可以交、直流两用。

9 简述直流双臂电桥及其使用方法。

答：直流双臂电桥是采用凯尔文线路宽量程的携带式精密型直流电桥。产品置有指零仪并能内附工作电源。

直流双臂电桥又称凯尔文电桥，是专门测量低电阻的电桥。双臂电桥有 P_1、P_2、C_1、C_2四个被测电阻接线端，其中，P_1、P_2称为电位端，C_1、C_2称为电流端，被测电阻 R_x应与电桥的电压端和电流端正确连接。被测电阻的电流端钮应接电桥的 C_1、C_2，电压端钮应接电桥的 P_1、P_2。若被测电阻没有专门接线，应设法使每端引出两根线，分别接电压端和电流端。而且引线应尽量短而粗，接触要良好。电压接头应比电流接头更靠近被测电阻 R_s，测量时操作要快。

通常使用 QJ44 直流双臂电桥，其是携带型测量 0.0001～11Ω 电阻的双臂电桥。全程有五个量限和步进读数盘及滑线盘读数盘组成；内附晶体管检流计和内附工作电源，故不需任何其他附件即可投入测量工作。

优点为：

（1）体积小、测量速度快、使用方便。

（2）可外接高灵敏度指示仪表及大容量电源。

（3）接线简单、方便、表头读数清晰。

直流放大器有一个调零电位器和一个调节灵敏度电位器以及一个中心零位的指示表头，指示表头上备有机械调零装置。在测量前，可预先调整零位，当放大器接通电源后，若表针不在中间零位，可用调零电位器，调整表针至中央零位。

直流双臂电桥使用方法为：

（1）将电桥放平，并进行机械调零。

（2）与被测电阻连好。

（3）“K_1”开关扳到通位置，晶体管放大器电源接通，等待 5min 后，调节指零仪指针指在零位上。

（4）估计被测量电阻值大小，选择适当量程因素位置。在测量未知电阻时，为保护指零仪指针不被打坏，指零仪的灵敏度调节旋钮应放在最低位置，使用电桥初步平衡后再增加指零仪灵敏度。

（5）在测量电感电路的直流电阻时，应先按下“B”按钮。再按下“G”按钮。断开时，应先断开“G”按钮，后断开“B”按钮。以免测量电感性绕组时产生较大的自感电势，会冲击检流计，使检流计指针打弯甚至烧坏测量线圈。

（6）在测量过程中连接导线要接牢（或线夹要夹稳），以免碰掉时，电桥严重不平衡，损坏检流计。若检流计指针按正的方向偏转，则应加大电阻，反之应减小电阻，如此将检流计指针调到指零为止并增大灵敏度反复调节滑线电阻使指针为零，直到灵敏度最高，指针指零稳定后，读取数值。

（7）被测量电阻数值的读取：被测电阻值＝倍率数（量程因素读数）×（步进读数＋滑线读数）。

（8）电桥使用完毕后，“B”与“G”按钮应该松开。“K”开关应该放在“断”位，避免浪费管检流计放大器的工作电源。

电动机直流电阻测量注意事项：

（1）电动机已停电，电机处于常温状态。

（2）测量过程中电机轴在静止状态，不允许转动。

（3）测量环境应避免磁场干扰，温度在5～35℃范围。

（4）保证电桥线夹于电机接线柱接触良好。

（5）电动机接线连片能拆开的拆开测量，测取相电阻。

电动机直流电阻值测判依据：

（1）3kV及以上或100kW及以上的电动机，各相绕组直流电阻值的相互差别不应超过最小值的2%；中性点未引出者，可测量线间电阻，其相互差别不应超过1%。

（2）其余电动机自行规定。

（3）应注意相互间差别的历年相对变化。

（4）直阻互差值$=(R_{max}-R_{min})/R_{min}\times100\%$。

第三节　轴承及润滑油常用知识

1 轴承一般分为哪两类？

答：电机的轴承一般分为滚动轴承和滑动轴承两类。滚动轴承装配结构简单，维修方便，主要用于1500r/min、功率1000kW以下，或转速在1500～3000r/min，功率在500kW以下的中、小型电机。滑动轴承多用于大型电机。

2 滚动轴承按滚动体的种类可分为哪两大类？

答：滚动轴承按滚动体的种类可分为两大类：球轴承（滚珠轴承）的滚动体为球；滚子轴承（滚柱轴承）的滚动体为圆柱。

3 滚动轴承按其所能承受的负载作用方向分为哪几类？

答：滚动轴承按其所能承受的负载作用方向分为：

（1）向心推力轴承。能承受径向和轴向联合负载，并以径向负载或轴向负载为主。

（2）向心轴承。只能承受径向负载，或能在承受径向负载的同时，承受不大的轴向负载。

（3）推力向心轴承。能承受轴向负载，但也能在承受轴向负载的同时，承受不大的径向负载。

（4）推力轴承。只能承受轴向负载。

4 滚动轴承的代号以几位数字组成？各数字表示的意义是什么？

答：滚动轴承的代号以7位数字组成，如图4-2所示。

各数字表示的意义如下：

说明：①内径为20～495mm的轴承，以内径被5除的商表示；内径为10～20mm的轴承代号如下：00—轴承内径10mm，01—轴承内径12mm，02—轴承内径15mm，03—轴承

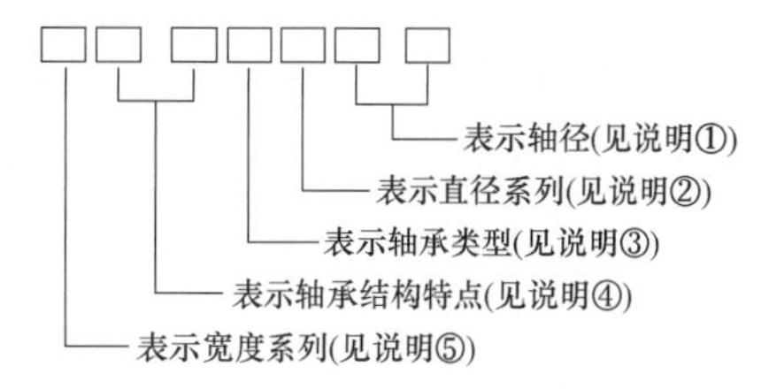

图 4-2 滚动轴承的代号

内径 17mm。②表示直径系列的代号如下：1—特轻系列，2—轻系列，3—中系列，4—重系列，5—轻宽系列，6—中宽系列，7、8—不定系列，9—内径非标准。③表示轴承类型的代号意义如下：0—向心球轴承，1—向心球面轴承，2—向心短圆柱滚子轴承，3—向心球面滚子轴承，4—长圆柱滚子轴承或滚针轴承，5—螺旋浪子轴承，6—向心推力轴承，7—圆锥滚子轴承，8—推力球轴承或推力向心轴承，9—推力滚子轴承或推力向心滚子轴承。④用一位或两位数字表示。例如：5—表示外围有制动槽的，15—表示带防尘盖的。⑤表示宽度系列的代号意义如下：1—正常系列，2—宽系列，3、4、5、6—特宽系列，7—窄系列，8、9—特殊系列。⑥轴承的精度等级，在轴承代号数字部分的左面用汉语拼音字母 C、D、E、(F)、G 表示。其中 C 级精度最高，按排列顺序依次至 G 级最低。

例如：轴承代号 60305 表示一面带防尘盖的单列向心球轴承，中系列，内径为 25mm。

5 怎样清洗电动机滚动轴承？

答：清洗电动机滚动轴承的具体方法如下：

(1) 用防锈油封存的轴承，使用前可用汽油或煤油清洗。

(2) 用高黏度油和防锈油脂进行防护的轴承，可先将轴承放入油温不超过 100℃轻质矿物油（L-AN15）型机油或变压器油中溶解，待防锈油脂完全溶化，再从油中取出，冷却后再用汽油或煤油清洗。

(3) 用气相剂、防锈水和其他水溶性防锈材料防锈的轴承（只限黑色金属产品），可用皂类或其他清洗剂水溶液清洗。用钠皂清洗时，要洗三次：第一次取油酸皂 2%～3%，配溶液，加热到 80～90℃，清洗 2～3min；第二次清洗，溶液成分和操作同前，温度为室温；第三次用水漂洗。用 664 清洗剂或其他清洗剂混合清洗时，第一次取 664，按 2%～3%配溶液，加热温度 75～80℃，清洗 2～3min；第二次同前；第三次用水漂洗。注意上述两种水溶液清洗的轴承，经漂洗后，均应立即进行防锈处理，如用防锈油脂防锈，应脱水后再涂油。两面带防尘盖或密封圈的轴承，出厂前已加入润滑剂，安装时不要进行清洗。另外，涂有防锈润滑两用油脂的轴承，也不需要清洗。

(4) 清洗干净的轴承，不要直接放在工作台上不干净的地方，要用干净的布或纸垫在轴承下面。不要用手直接去拿。以防手汗使轴承生锈，而且最好是戴上不易脱毛的帆布手套。

(5) 不能用清洗干净的轴承检查与轴承配合的轴或轴承室的尺寸，以防止轴承受到损伤和污染。

6 怎样监听运行中电动机滚动轴承的响声？应怎样处理？

答：监听运行中电动机滚动轴承的响声可用听音棒（听诊），尖端抵在轴承外盖上，耳朵贴近听音棒端部圆头，监听轴承的响声。如滚动体在内、外圈中有隐约的滚动声，而且声音单调而均匀，使人感到轻松，则说明轴承良好，电机运行正常。如果滚动体声音发哑，声调低沉，则可能是润滑油脂太脏，有杂质侵入，故应更换润滑油脂，清洗轴承。

7 怎样测量轴承温度？轴承的允许温度是多少？

答：轴承温度可用温度计法或埋置检温计法以及红外线测温仪（直接测量）等方法进行测量。测量时，应保证检温计与被测部位之间有良好的热传递，所有气隙应以导热涂料填充。

轴承的允许温度为：滑动轴承（出油温度不超过65℃时）为80℃；滚动轴承（环境温度不超过40℃时）为95℃。

8 电动机轴承在装配前，为什么必须对轴承进行仔细地清洗？

答：轴承在装配前清洗的目的是：

（1）洗去轴承上的防锈剂。

（2）洗去轴承中由于不慎而可能进入的脏物、杂物。因为杂物将明显地增大电机的振动和轴承噪声，加速轴承的磨损。

9 目前国产轴承使用的防锈剂有哪几种？清洗轴承与选用防锈剂是否有关？

答：目前国产轴承使用的防锈剂主要有三种：油剂防锈剂、水剂防锈剂和气象防锈剂。

清洗时首先应搞清该轴承所用的是何种防锈剂，然后有针对性地选择清洗液进行清洗。否则，很难清洗干净。

10 滚动轴承检查工艺标准有哪些？

答：滚动轴承检查工艺标准为：

（1）除去润滑油，用汽油将轴承洗净，仔细检查下列各部。

（2）用手转动轴承看其是否转动灵活，犯不犯卡、有无异音。

（3）检查滚珠及内、外滚道表面状况。

（4）检查保持器状况及各部间隙是否符合标准。

（5）用压铅丝方式或用塞尺测量轴承间隙应符合要求。若经检查轴承达不到质量标准时则应更换新轴承。在更换新轴承时，对新领用的轴承用汽油洗净后，按质量标准检查均应符合要求，否则不得使用。此外，还应仔细测量轴承内环内径、外环外径和轴径及轴承套的尺寸，以求得恰当的紧力配合。一般外环和轴承套零对零配合即可。内环和轴径均要求有一定的紧力，紧力大小以轴承装好后能自由灵活转动为原则，轴径大者，紧力大些，小者紧力小些，如内径120mm的轴承装配紧力0.01～0.02mm为佳。

11 滚动轴承检查质量标准有哪些？

答：滚动轴承检查质量标准为：

（1）洗净的轴承应转动灵活，转动时无异音、振动、摆和犯卡现象。

（2）滚珠、滚柱、滚道内外环表面应光滑、无裂纹、锈蚀、剥离、疤痕及机械变形现象。

（3）保持器无裂纹、变形、锈蚀，且铆钉紧固，晃动不大。

（4）对钢保持器轴承立放时测上部间隙要满足表4-1要求。

表 4-1　　滚动轴承上部最小间隙表

轴承内径（mm）	上部最小间隙（mm）
50 以下	0.09
50～120	0.15
120 以上	0.22

（5）铜保持允许与内环摩擦，立放时测量下部与内外环最小间隙不小于 0.2～0.4mm。

（6）塑料保持器允许与内外环摩擦，但在转动时不得使轴承犯卡。

12 滚动轴承拆卸工艺及质量标准有哪些？

答：滚动轴承拆卸工艺标准：

（1）取下轴承外侧的开口弹簧。

（2）用拿子扣住轴承内环（如扣不住时，可做一专用钢片扣住内环）装好后，略加压力，然后调整好后，缓缓加力，并用铜棒轻轻敲打丝杠后端，以震动轴承，紧力小者一般就可取下。

（3）如冷取不下，可将轴承适当加热，用上法继续拆卸，这样一般均可将轴承取下。加热用电磁感应法。

（4）必要时，可用火焊把将轴承内环割下，但必须保证轴完整无损。

滚动轴承拆卸质量标准：

（1）取轴承时，必须轴承内环吃力。

（2）装拿子时三个爪要受力均匀，丝杠要对准轴中心孔，且和轴要成一直线。

（3）热取轴承时，加热一般不超过 100℃。

13 滚动轴承安装工艺及质量标准是什么？

答：滚动轴承安装工艺标准是：

（1）检查轴须符合质量标准，测量轴承内径和轴颈紧力配合适当。

（2）将轴承放于装有油的盆中，缓慢加热到 100℃，再保持 15min，取出后即可套到轴上，如轴承没装正，可用铜棒轻轻敲打轴承内环（禁止打外环）即可顺利地装上。

（3）轴承加热应缓慢进行，不得将冷轴承直接放到热油中。

（4）加热轴承也可采用电磁感应法或其他方法，但应注意轴承受热要均匀，严禁使用明火直接加热轴承。

（5）轴承装好后应检查内套要与轴肩靠紧，其间隙不得大于 0.05mm，待其冷却后用手盘动轴承转动应灵活、无杂音。如电机暂时不回装，应用白布将轴承包好。

（6）轴承的加油量应适度，一般填满轴承室的 2/3 为宜。

滚动轴承安装质量标准为：

（1）轴颈表面应清洁，无伤痕、毛刺、裂纹和锈斑。

（2）加热轴承用的油应清洁，轴承不得直接放在油盒底部，油量以能淹没轴承为宜。

（3）轴承加热温度最高不得超过 120℃。

14 轴承的润滑油如何选择？

答：滚动轴承有两种基本润滑方式：脂润滑和油润滑。矿物脂的温度上限接近于130℃。润滑脂的寿命有限，在机械应力及化学老化的影响下会逐渐失去润滑功能。因此定期更换新鲜润滑脂，保持滚动轴承的运行温度低于95℃，以使润滑达到预期的正常寿命是很重要的。轴承结构的设计应能确保新脂贯穿轴承的内部并借以排出旧脂。更换润滑脂的周期不得超过12个月。

如果环境温度升高，则轴承温度也相应升高。轴承温度每升高15℃，重新加脂的周期应缩短一半；轴承温度每降低15℃，重新加脂的周期应加长一倍。严禁将不同品牌的润滑脂混合使用。除非可以确定其兼容性。

油润滑的滚动轴承，需密切关注油温的变化，油位需保持在油位线（观油孔的红圈中心位置）。按铭牌或外形图要求更换润滑油。不能堵塞呼吸器和端盖下端两侧的气压平衡孔，否则润滑油会被吸入电机内部。

15 简述脂润滑的特性。

答：脂润滑有很多优点。润滑脂很容易保持在轴承内而不至于泄漏；运行中维护方便；油膜强度较高，使用时间较长。但当转速较高时，由于油脂的摩擦损失增加，使轴承的温度增高，所以脂润滑只适于在一般转速和温度条件下使用。

按照转速选择润滑脂时，速度越高其润滑脂的针入度应越大。按照轴承负荷选择润滑脂时，负荷越高其润滑脂的针入度应越小。对于承受重负荷的轴承，应选择加入有增加油膜抗压能力的添加剂的润滑脂。

16 简述油润滑的特性。

答：在高速、高温条件下，当脂润滑不能满足要求时，可采用油润滑。从润滑作用讲，润滑油是很好的润滑剂，但须复杂的密封装置和供油设备。润滑黏度是润滑油的重要特性。随着轴承运行温度的增高，润滑油的黏度降低。为保持转动体与接触面间形成一定厚度的油膜，轴承在运行温度下，润滑油须保持一定黏度。轴承在其额定温度下，转速愈高，选用润滑油的黏度越低；负荷越重，选用润滑油的黏度越高。常用的润滑油有：机械油、高速机械油、汽轮机油、压缩机油、变压器油、汽缸油等。对于航空仪表和精密仪器，可用仪表油、高温仪表油等。

17 油润滑的方式有哪几种？分别简述各种润滑油的特性。

答：（1）油浴润滑。油浴润滑是最普遍使用的润滑方法，它适用于低、中速轴承的润滑。轴承的一部分是浸在油槽中，润滑油是由旋转的轴承零件带起，然后又流回油槽。在轴承静止时，油面不应超过最低转动体的中心。

（2）滴油润滑。滴油润滑适用于定量供应润滑油的轴承部件。滴油量应适当控制，过多油量将引起轴承温度增高。

（3）循环油润滑。用油泵将经过过滤的油打到轴承内，通过轴承的回油，再经过滤、冷却后重复使用。由于油的循环可带走一定的热量，从而可使轴承温度降低，故循环油润滑适用于转速较高的轴承润滑。

(4) 喷雾润滑。将干燥的压缩空气与润滑油经喷雾器混合形成油雾，通入轴承内进行润滑。气流既能有效地使轴承温度降低，又能防止杂质进入轴承内部。喷雾润滑适应于高速、高温轴承润滑。

(5) 喷射润滑。在高速轴承中，当轴承旋转时，滚动体和保持架也以相当高的速度旋转，使其周围空气形成气流，用一般的润滑方法很难将润滑油送至轴承内，这时可用油泵将高压润滑油经喷嘴喷射到轴承内部，射入轴承内的油经轴承的回油端再流入油槽。

18 固体润滑有何特性?

答：在一些特殊条件下，当油润滑和脂润滑受到限制时，可采用固体润滑。

将固体润滑剂加入润滑脂内，一般是在润滑脂内加入3%～5%的一号二硫化钼，用黏接剂将固体润滑剂黏接在滚动轴承的滚道、保持架和滚动体上，形成固体润滑膜。把固体润滑剂加入工程塑料和粉末冶金材料中，可制成有自润滑性能的轴承零件。

19 常用的固体润滑剂有哪几种？分别简述各种固体润滑剂的特性。

答：(1) 胶体二硫化钼润滑剂。胶体二硫化钼是一种银灰色或浅黑色粉末，有滑腻性。胶体二硫化钼密度分解点399℃，熔点1185℃，莫氏硬度1～1.5，它与金属有极强的亲和力。在60～400℃温度范围内有良好的润滑性能。适用于高温、高速、高负荷机械的润滑，目前生产的二硫化钼润滑剂有：粉剂、润滑脂、油剂、水剂、重型机床油膏等。

(2) 二硫化钼润滑剂。二硫化钼润滑剂莫氏硬度1，分解温度1482℃，摩擦系数0.025～0.06。能被氟气、热硫酸、硝酸和氢氟酸浸蚀，不溶于水、油、酸类和大部分气体。二硫化钼粉剂用作高温润滑脂添加剂，用以润滑承受极高负荷和长期处于高温运转的设备。

(3) 膨润土润滑脂。膨润土润滑脂的特点是耐高温（200℃以上）、耐潮湿，热稳定性好，用于温度及速度变化范围较大的大、中、小负荷及工作条件恶劣的机械设备的润滑。

(4) 有机固体润滑剂。有机固体润滑剂的化学成分为（异）氰脲酸三聚氰胺，简称MCA。呈针状晶体，肉眼观察为白色粉末。升华温度为440℃，经使用后证明，MCA优于二硫化钼。因MCA的色泽洁白，无臭无毒，且容易清除。MCA固体润滑剂的优点：可使机械部件减少磨损；降低噪声；节省动力；提高工作效率；延长机械的使用寿命。

20 3号锂基脂二硫化钼常用于哪些电机的滚动轴承?

答：3号锂基脂二硫化钼常用于40～140℃、1500r/min以下的各类滚动轴承的润滑，如大型电动机、发电机、大型卡车主轴、高压鼓风机、空压机、高速铣床磨床刨床等重型机电设备滚动轴承的润滑。

第四节 三相异步电动机的检修

1 简述三相异步电动机的分类。

答：三相异步电动机的结构简单牢固，工作可靠，维修方便，价格便宜。因此，广泛用于工业、农业、交通等行业。

异步电动机按转子结构可分为笼型和绕线型电动机。其中笼型异步电动机又可分为单笼型、双笼型和深槽式三种。

异步电动机按定额工作方式可分为连续定额工作、短时定额工作和断续定额工作的电动机；按防护类型分为开启式、防护式（防滴、网罩）、封闭式、密闭式和防爆式电动机；按尺寸范围可分为大型、中型、小型和微型电动机。

2 三相异步电动机的工作原理是什么？画出三相异步电动机原理示意图。

答：当三相异步电动机的定子绕组通入对称三相交流电，在定子和转子的气隙中建立了转速为 n_0 的旋转磁场，当转子的导条被旋转磁场切割时，根据电磁感应定律，转子导条内就会感应出电动势，由于转子的导条构成了闭合回路。因此，转子导条中就会感应出电流，导条处在旋转磁场中，又会产生电磁力，方向由左手定则判定，转子上所有导条受到的电磁力会形成电磁转矩，在该电磁转矩的作用下，转子就会旋转起来。根据楞次定律，转子的旋转方向应该与旋转磁场的转向相同。这样，转子就跟着旋转磁场旋转起来，当转子连接生产机械时，电动机的电磁转矩将克服负载转矩做功，从而实现了机电能量的转换，这就是三相异步电动机的工作原理。

如图 4-3 所示为三相异步电动机原理图。

3 简述三相异步电动机的构造及部件作用。

答：三相异步电动机的构造如图 4-4 所示。

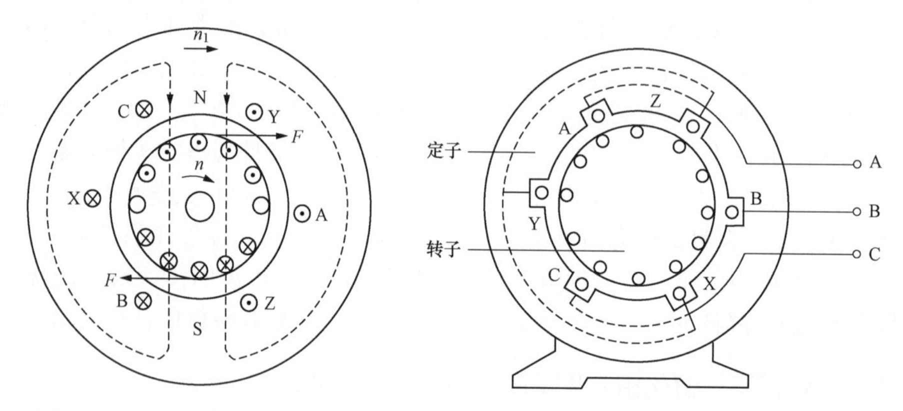

图 4-3 三相异步电动机原理图

图 4-4 三相异步电动机构造图

（1）定子部分。

1）机座。固定定子铁芯，同时还是散热部件，外表面有散热片。

2）定子铁芯。是电动机磁路的一部分，由硅钢片叠装而成。铁芯内圆表面有槽，用来放置三相绕组，位于机座内。

3）定子绕组。采用绝缘导线绕制而成，装于定子铁芯槽内。其作用是通过电流，产生旋转磁场，实现机电能量转换。

（2）转子部分。

1）转子铁芯。用圆形硅钢片叠装而成，为电动机磁路的一部分。圆上有槽，槽内嵌放转子绕组，铁芯装在转轴上或转子支架上。

2）转子绕组。①鼠笼式，转子铁芯的每个槽内放一根铜（铝）条，在铁芯两端槽口处，有两个导电的端环（短路环）分别把所有槽里的铜（铝）条全部连接起来，形成一个短接的回路，如果将转子铁芯拿去，转子绕组的形状很像一个鼠笼。②绕线式，在转子铁芯槽内的绝缘导线连接成对称的三相绕组（一般接成星形），星形绕线的三根端线接到转子轴上的三个滑环上，再通过一组碳刷引出与外电路的变阻器相连，用以改变转子回路的电阻，达到改善电动机启动性能或调节转速的作用，绕线式转子绕组结构如图 4-5 所示。

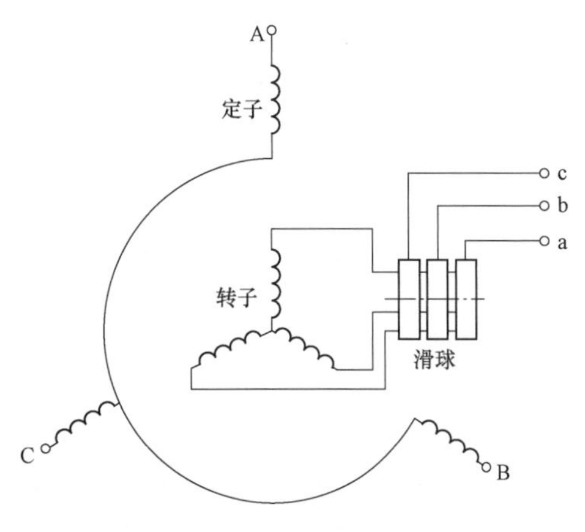

图 4-5　绕线式转子绕组结构图

此外，三相异步电动机上还有风扇、轴承、端盖和接线盒等设备。

4 三相异步电动机铭牌上包括哪些内容？

答：三相异步电动机铭牌数据包括以下内容：

（1）额定功率 P_N。在额定运行情况下，电动机转轴上输出的机械功率。

（2）额定电压 U_N。在额定运行情况下，定子绕组端部所加的线电压值。

（3）额定电流 I_N。在额定运行情况下，定子的线电流值。如果铭牌上有两个电流数据，则表示定子绕组在两种不同接法时的输入电流。

（4）额定转速 n_N。在额定运行情况下，电动机的转速。

（5）额定功率因数 $\cos\varphi$。在额定运行状态下，定子相电压与相电流之间相位角的余弦值。

（6）绝缘等级。定子绕组所用绝缘材料的等级。它决定了电动机的允许温升，一般多采用 B 级绝缘。

（7）定额。表示电动机运行的持续时间，分“连续”“短时”和“断续”三种。“连续”表示电动机可按铭牌上规定的数据长期连续运行；后两种只能短时、间歇使用，即运行一段时间后就停止运行一段时间。

此外，还有重量、运行方式、温升、效率、电动机型号、频率、安装方式、接线方式、轴承型号、生产厂家、出厂号、出厂日期等。

5 简述三相异步电动机型号的表示方法。

答：三相异步电动机的型号用汉语拼音大写字母、国际通用符号和阿拉伯数字来表示。以中小型电动机为例，产品全型号的组成和排列顺序，如图 4-6 所示。

6 什么是异步电动机的气隙？

答：定、转子之间的间隙称为异步电动机的气隙。气隙的大小对异步电动机的性能影响很大，由于异步电动机的励磁电流是取自电网的，增大气隙将使励磁电流增大，则由电网吸

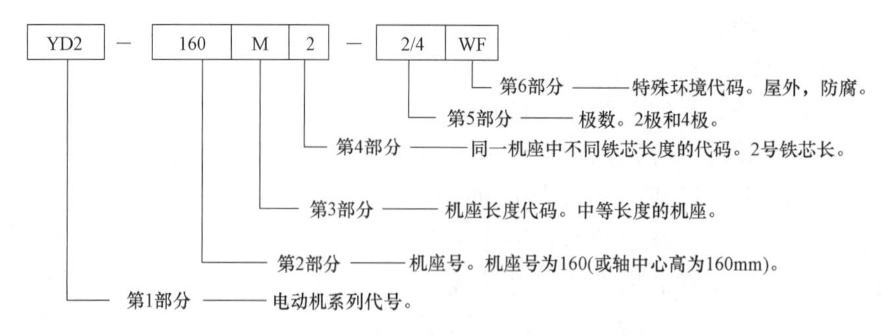

图 4-6 三相异步电动机型号组成图

收的无功功率就增多，导致电动机的功率因数降低。设计气隙的大小时，除了电气性能之外，还要考虑电动机尺寸的大小、转速的高低等机械方面的因素。同时为了既便于安装，在运行时又不致发生定、转子相擦的现象。通常，异步电动机的气隙很小（相对于其他旋转电动机而言），对于中小型异步电动机，一般为 0.1～1.0mm。

7 什么是单层绕组和双层绕组？

答：单层绕组是在每个槽中只放置一个线圈边，由于一个线圈有两个边，故电机的总线圈数即为总槽数的一半。

双层绕组是在每个槽中放置两个线圈边，中间隔有层间绝缘，每个线圈的两个边，一个在某槽上层，另一个则在其他槽的下层，故双层绕组的总线圈数等于总槽数。

8 什么叫同步转速？什么叫异步？什么叫异步电动机的转差率？同步转速怎样计算？

答：异步电动机定子三相对称电流产生的合成旋转磁场的转速，称为同步转速。

异步电动机转子的转速必须小于定子旋转磁场的转速，才能正常工作，故两个转速不能相等，称为异步。

异步电动机的同步转速与转子转速之差叫转差，转差与同步转速的比值的百分值叫异步电动机的转差率，用 $s=(n_1-n)/n_1\times100\%$表示。

在具有一对磁极的旋转磁场中，电流每变化一个周期，旋转磁场在空间就旋转一周。

由公式 $n_1=60f$ 可以看出，旋转磁场的转速（n_1）与电源频率（f）成正比。当旋转磁场具有两对磁极时，电流每变化一个周期，磁场在空间只旋转半周。因此，有 p 对磁极的旋转磁场的转速为：$n_1=60f/p$。即极对数越多，旋转磁场的转速越低。

9 星形连接的三相异步电动机其中一相断线有何现象？

答：启动前断线，电动机将不能启动。运行中断线，电动机虽然仍能转动，但其转速下降，其他两相定子电流增大，易烧损电动机绕组。

10 根据什么情况决定异步电动机选择直接启动还是降压启动？

答：异步电动机主要有鼠笼式和绕线式两大类，其中鼠笼式异步电动机常用启动方法有直接启动与降压启动，降压启动又分为自耦变压器降压启动、星—三角形换接启动以及延边三角形启动等。绕线式异步电动机主要采用转子回路串入适当电阻的启动方法。

直接启动设备与操作均简单，但启动电流大，对电动机本身以及同一电源提供的其他电气设备，将会因为大电流引起电压下降过多而影响正常工作。在启动电流以及电压下降许可的情况下，对于异步电动机尽可能采用直接启动方法。降压启动方式启动电流小，但启动转矩也大幅下降，故一般适用于轻、空载状态下启动。同时，降压启动还需增加设备设施的投入，也增加了操作的复杂程度。

一般对于经常启动的电动机来说，如果它的容量不大于供电变压器容量的20%都可以直接启动，否则应采取降压措施。

11 星—三角启动方式适用于重载启动吗?

答：星—三角启动方式只适用于无载或轻载启动，不适用于重载启动。因为电动机的启动转矩M与加在定子绕组相电压的平方成正比，而星形接法时定子绕组每相电压是三角形直接启动时每相电压的$1/\sqrt{3}$倍，故启动转矩已降低到直接启动时的1/3，当然不能胜任重载启动。

12 异步电动机启动时，为什么启动电流大而转矩不大?

答：当异步电动机启动时，由于转子绕组与电枢磁切的相对运动速度最大，所以转子绕组感应电动势与电流均最大，但此时转子回路的功率因数却很小，所以启动转矩不大。

13 电动机磁极对数有哪几种? 三相异步电动机磁极对数和槽数的关系是什么?

答：三相异步电动机的极数一般有2、4、6、8、10极几种。它们对应的同步转速为3000、1500、1000、750、600r/min。由于转子速度比同步转速约低2%～5%，因此上述各种极数的三相异步电动机的实际转速为2900、1450、960、740、580r/min，如表4-2所示。

表4-2　　极对数与旋转磁场转速的关系表

极对数与旋转磁场转速的关系（f=50Hz）					
P（极对数）	1	2	3	4	5
n(r/min)（同步转速）	3000	1500	1000	750	600

从上面标注的数值来看，三相异步电动机的转子旋转速度不会与旋转磁场同步或者超过旋转磁场的速度。如果转子旋转速度与旋转磁场同步，即转子速度等于旋转磁场速度，转子导体与旋转磁场相对静止，就不会切割磁力线，因此不能产生感应电动势，也就没有感应电流，转轴上就没有了电磁转矩，于是电动机就不会旋转了。

磁极对数用p表示，因为三相异步电机定子彼此在360°圆周中均匀分布三个线圈绕组，旋转磁场的磁极对数p与定子绕组的布置有关系。如果每相绕组只有一个线圈，而彼此在空间隔为120°，于是产生$p=1$的旋转磁场。如果将每相绕组由2个线圈串联在组成，则此时的$p=2$，以此类推5个线圈串联组成就为10极。因为磁极分为N、S，所以10极就是5对磁场极性。

旋转磁场的转速（用n_1表示），它与电源频率（f）成正比，与电动机的极对数p成反比，即 $n_1=60f/p$，式中的 n_1 为旋转磁场的转速，单位 r/min；f 为电源频率，国内频率为 50Hz；p 为电动机磁极对数。国家规定标准频率为 50Hz，所以旋转磁场的转速只与电动机极对数有关，极对数多则转速慢。

14 简述电动机的冷却方式。

答：电动机在进行能量转换时，总是有一小部分损耗转变成热量，它必须通过电动机外壳和周围介质不断将热量散发出去，这个散发热量的过程，我们就称为冷却。一般以气体或液体作为传递热量的冷却介质。

冷却方式代号的规定：

（1）电动机冷却方式代号主要由冷却方式标志（IC）、冷却介质的回路布置代号、冷却介质代号以及冷却介质运动的推动方式代号所组成。

（2）冷却方式标志代号是英文国际冷却（International Cooling）的字母缩写，用 IC 表示。

（3）冷却介质的回路布置代号用特征数字表示，主要采用的有 0、4、6、8 等，它们的含义见表 4-3。

表 4-3　冷却介质的回路布置代号表

特征数字	含义	简述
0	冷却介质从周围介质直接地自由吸入，然后直接返回到周围介质（开路）	自由循环
4	初级冷却介质在电动机内的闭合回路内循环，并通过机壳表面把热量传递到周围环境介质，机壳表面可以是光滑的或带肋的，也可以戴外罩以改善热传递效果	机壳表面冷却
6	初级冷却介质在闭合回路内循环，并通过装在电动机上面的外装式冷却器，把热量传递给周围环境介质	外装式冷却器（用周围环境介质）
8	初级冷却介质在闭合回路内循环，并通过装在电动机上面的外装式冷却器，把热量传递给远方介质	外装式冷却器（用远方介质）

（4）冷却介质代号的规定，见表 4-4。

表 4-4　冷却介质特征代号表

冷却介质	特征代号	冷却介质	特征代号
空气	A	二氧化碳	C
氢气	H	水	W
氮气	N	油	U

（5）冷却介质运动的推动方法，主要介绍四种，见表 4-5。

表 4-5　冷却介质运动的推动方法代号表

特征数字	含义	简述
0	依靠温度差促使冷却介质运动	自由对流
1	冷却介质运动与电动机转速有关，或因转子本身的作用，也可以是由转子拖运的整体风扇或泵的作用，促使介质运动	自循环

续表

特征数字	含义	简述
6	由安装在电动机上的独立部件驱动介质运动，该部件所需动力与主电机转速无关，例如背包风机或风机等	外装式独立部件驱动
7	与电动机分开安装的独立的电气或机械部件驱动冷却介质运动，或是依靠冷却介质循环系统中的压力驱动冷却介质运动	分装式独立部件驱动

(6) 冷却方法代号的标记有简化标记法和完整标记法两种，我们应优先使用简化标记法，简化标记法的特点有：如果冷却介质为空气，则表示冷却介质代号的A，在简化标记中可以省略；如果冷却介质为水，推动方式为7，则在简化标记中，数字7可以省略。

(7) 比较常用的冷却方式有IC01、IC06、IC411、IC416、IC611、IC81W等。

举例说明：IC411完整标记法为：IC4A1A1。“IC”为冷却方式标志代号；“4”为冷却介质回路布置代号（机壳表面冷却）；“A”为冷却介质代号（空气）；第一个“1”为初级冷却介质推动方法代号（自循环）；第二个“1”为次级冷却介质推动方法代号（自循环）。

15 电动机启动的基本要求是什么？

答：电动机启动的基本要求是：

(1) 有足够大的启动力矩，以克服电动机和所带机械的摩擦力矩、惯性力矩和负载力矩，使机械能转动并加速到稳定转矩。

(2) 启动电流不能太大，以免在供电给电动机的沿路产生过大的电压降，影响与电动机并接的其他电气设备的正常运行，也避免电动机受到过大的电磁力冲击和绕组过热。

(3) 启动时间短。

(4) 启动设备简单、可靠、经济。

16 电动机启动前应检查什么？

答：(1) 使用电源的种类和电压与电动机铭牌是否一致，电源容量与电动机容量及启动方式是否合适。

(2) 使用的电线规格是否合适，接线有无错误，有无松动，接触是否良好。

(3) 开关和接触器的容量是否合适，触头是否清洁，接触是否良好。

(4) 熔断器和热继电器的额定电流与电动机的容量是否匹配，热继电器是否已复位。

(5) 盘车是否灵活，串动不应超过规定。

(6) 检查电动机润滑系统：

1) 油质是否符合标准，有无缺油现象。

2) 对于油质不符合要求的电动机轴承，应用汽油或清洗剂清洗干净后，按规定量注入合适牌号的润滑油（脂）。

3) 对强迫润滑的电动机，检查其油路系统有无阻塞，油温是否合适，循环油量是否符合规定要求，并经润滑系统试运正常后方可启动电动机。

(7) 检查传动装置、皮带，不得过松或过紧，连接要可靠，无裂伤现象，联轴器螺丝及销子应完整、紧固。

（8）电动机外壳是否已可靠接地。

（9）启动器的开关或手柄是否已放在启动位置上。

（10）转子绕线电动机还要检查提刷装置：手柄是否放在启动位置上，电刷与集电环接触是否良好，电刷压力是否正常。

（11）电动机绕组的相间绝缘及对地绝缘是否良好，各相绕组有无断线。

（12）各紧固螺丝及地脚螺丝有无松动。

（13）通风系统、通风装置和空气滤清器等部件是否符合规定要求，通风是否良好无堵塞。

（14）旋转装置的防护罩等安全设施是否良好。

（15）如生产机械不准反转，则电动机应先确定转向，正确后才可启动。

（16）电动机周围是否清洁，有无堆放其他无关物品。

经过上述准备工作和检查后方可启动电动机。电动机启动后应空转一段时间。在这段时间内应注意轴承温升，不能超过有关的规定，而且应该注意是否有不正常噪声、振动、局部发热等现象，如有不正常现象需消除后才能投入正常运行。

17 电动机启动后应检查什么？

答：（1）检查启动电流是否正常，三相电流是否平衡。

（2）检查电动机旋转方向是否正确。

（3）认真检查有无异常振动和声音（应特别注意观察气隙和轴承）。

（4）使用滑动轴承时，检查其带油环转动是否灵活、正常。

（5）检查启动装置的动作是否正常；电动机加速过程是否正常、启动时间是否超过规定。

（6）检查电流大小与负载：大小是否相当，有无过载现象。

（7）检查有无异味和冒烟现象。

18 电动机在运行时应进行的维护检查项目有哪些？

答：（1）定时清理现场、擦拭设备，保持设备整洁。不允许有水滴、油污或灰尘落入电动机内。在清扫时应注意防止杂物被吸入电动机内。

（2）定时记录有关仪表读数，注意负载电流不能超过额定值。正常运行时，负载电流不应有急剧变化。

（3）定时检查轴承发热、漏油等情况。缺少润滑脂时，应及时补充。轴承应定期加油，通常每 6 个月左右，应更换润滑脂。

（4）经常监听轴承声音是否正常，如发现轴承声音不正常，应及时清洗轴承或更换已损坏的轴承。

（5）经常检查电动机有无异常振动，电动机振动不得超标。

（6）定时检查电动机通风冷却情况，如果通风道积尘过多，应用压缩空气或刷子予以清除。进风口和出风口必须保持畅通无阻。

（7）电动机在运转中不应有摩擦声、尖叫声或其他杂音，如发现有不正常声音应及时停机检查，清除故障后，才可继续运行。

（8）检查电动机各部温升，不应有局部过热现象。各部温升不应超过规定数值。

（9）转子绕线电动机应检查电刷与集电环间的接触情况与电刷磨损情况。如发现有火花，应清理滑环表面，清理方法是用0号砂布磨平集电环，然后校正电刷弹簧压力。

（10）加上负载后，检查电动机转速有无不正常下降现象。

（11）定时测量绕组绝缘电阻，如绝缘电阻过低，则应查明原因。如由电动机受潮引起，应进行干燥处理；如由绕组表面油污过多，应进行清洗处理。

（12）定时对电动机进行正常检修。

19 电动机可以连续启动吗？有什么规定？

答：电动机允许连续启动，但必须按照相关规定执行。

电动机的启动分为冷态启动和热态启动两种。电动机冷态启动：是指电动机停运2h以上的状态；热态启动是指电动机运行30s以上的状态。鼠笼式转子电动机在冷、热态下允许连续启动的次数，应按制造厂规定进行，如无制造厂规定则按以下要求执行：

电动机的启动要严格执行部颁《厂用电动机运行规程》中电动机启停次数的规定，正常情况下，允许冷态启动2次，每次间隔不小于5min；允许热态启动1次。只有在处理事故时，以及启动时间不超过2～3h的电动机可以多启动1次。

20 电动机的检修项目如何划分？

答：电动机的检修项目分为正常检修项目和故障检修项目，具体如下：

（1）正常检修项目。正常检修项目又分大修和小修。

1）大修。指需要将电动机解体或拆离基础才能进行的修理工作。大修的标准项目如下：

a）擦拭电动机外壳，清理积灰，积油。

b）电动机的解体及抽出转子。解体前测量电动机的重要数据如空气间隙等（无条件的可不测）。

c）定子修理，包括铁芯、线圈的检修。

d）转子修理，包括笼条或线圈、集电环等的检修。

e）机械部件的修理，包括转轴、端盖和机座的检修。

f）轴承的修理（轴瓦清洗和换油）。

g）启动装置的修理。

h）风道及冷却系统的检修。

i）电动机的组装，装配时测量电动机的重要装配数据，如空气间隙（无条件的可不测）、轴承的配合尺寸等。

j）为消除日常记载及拆修过程中发现的各种缺陷而必须做的工作。

k）大修中电动机的电气预防性试验。

l）大修后的试运和验收。

2）小修。一般指电动机不解体就地可以进行的检修工作。小修标准项目如下：

a）擦拭电动机外壳，局部补漆。

b）测量电动机的空气间隙（无条件的可不测）。

c）检查轴承（轴瓦、分解瓦、筒子瓦），拆下外轴承盖检查润滑脂，缺少时给予补充。
d）检查及拧紧松动的螺栓，有短缺要补全。
e）处理接线端子，修理出线盒及风扇。
f）检查研磨电刷、集电环或换向器，或更换电刷，修理短路装置。
g）小修中的电气预防性试验。
h）检修后的启动及验收。
（2）故障检修项目。
1）局部更换或重绕电动机的定子、转子绕组。
2）更换引线及引线的重新绝缘。
3）车旋滑环及滑环故障的处理。
4）更换对轮或键。
5）电镀、喷镀、涂镀电动机的轴、套。
6）处理重大缺陷及其他费时费工的工作。

21 电动机检修前应做哪些准备工作？

答：（1）查阅所要检修的电动机台账，订出检修计划，列出标准、特殊改进及消缺项目。

（2）参加检修人员，要在检修前对所有检修的设备安装地点、检修方法、专用工具、工艺标准及安全措施进行学习了解，做到心中有数。

（3）准备好检修用的工具、材料，清点数目，运至检修现场，并由专人保管。

（4）对专用工具及备品备件，需要检修前1周全部准备好。对检修用的起重设备，需经分管部门试验合格。

（5）不要在高温、多尘、多水、多油的环境中拆装，尽量选择通风良好并干燥清洁的地方进行检修。

22 拆卸电动机端盖时应注意什么？

答：（1）为检查电动机内部状况、更换内部零件或定期抽出转子检修电动机，都必须先拆下电动机端盖。

（2）拆卸端盖前，对封闭式电动机，应先拆下风扇罩及外风扇。拆除风扇时，要先拧松风扇轴键上的压紧螺丝或固定螺丝，即可用手取下风扇。如果风扇固定很紧，不得用撬棍硬撬，应先在风扇轴处点些煤油，稍等一会再用压板顶出风扇或用螺丝拉出。然后，拆下前后轴承盖螺丝，取下前后外轴承盖。

（3）在拆卸端盖前，先要在前后端盖与机座的接缝处打上不同的标记（以便回装时，准确复位），然后再拧出端盖螺丝，并用顶丝将端盖从机座止口中均匀顶出。对于小电动机端盖上不具备拆卸端盖用的顶丝孔，那就可将扁凿插入端盖“突耳”与机座接缝处，用手锤沿圆周轻轻均匀地敲打，取下端盖。

（4）拆下的小零件（如螺丝等），应存放在一个专用的零件箱内，并且将每组零件按原样装配在一起保存好，这样便于在装配时节省找零件的时间。

（5）在拆除绕线转子电动机的端盖前，应先将电刷提起、绑牢，并标记好刷架的位置，以防拆卸端盖时碰坏电刷和电刷装置。

(6) 拆卸较重的端盖时，在拆卸之前要用吊车或其他起重工具将端盖吊好，然后再进行拆卸。

23 抽转子时应注意什么？

答：抽转子应注意的事项为：

(1) 抽转子的过程中，一定要平稳、缓慢、均匀地进行，随时注意不要碰撞定、转子绕组、铁芯及集电环等。

(2) 对于30kg左右的转子，可直接用手将其抽出。较重转子，可采用专用工具拆卸，注意在起吊时，要求转子重心与专用工具悬点相重合。

(3) 为了抽转子一次顺利完成，往往在轴伸端套上一根轴（用钢管制成），将轴接长，如此便可一次抽出转子。

(4) 对于不加假轴或无法加假轴的转子，需用两次抽转子方法。首先用起重设备吊住转子并调整平稳，向轴头短的方向将转子抽出一定长度后（转子重心超出机座端面），将转子抽出的部分支在高度可调的支架上，定子内的部分暂时支撑在定子铁芯上，然后再将转子吊出。

(5) 抽转子前应把轴颈、集电环、绕组端部等保护好，同时钢丝绳不得直接捆绑在设备部位上。用钢丝绳捆绑转子时，在转子表面要垫上硬木，以防损坏转子。

(6) 抽出转子后，要及时检查线圈、铁芯、槽楔及端部等处是否被碰伤，如有碰伤部位要及时修理好。

24 滚动轴承如何检查？

答：用四氯化碳或清洗剂彻底清洗轴承，除去油泥和污垢，擦干后仔细检查各部，保持架应坚固有力铆钉完好、齐全且无损伤；每个珠粒或滚柱圆滑光亮、活动自如，内外滑套滑道清洁光亮；无损伤、斑痕及麻点和金属剥离等不良现象。用手扳转整个滚动轴承，应转动灵活，无咬住、制动、摇摆及转动不良和轴向窜动等缺陷。加填或更换润滑油脂时，油量应控制在轴承室容积的1/2～2/3之内。

用塞尺在珠粒及外环间的非负载区测量滚动轴承径向及轴向间隙，应符合表4-6、表4-7规定的数值。

表4-6 轴承径向允许间隙表 mm

轴承内径	新单列滚球	新滚柱	磨损最大允许值
20～30	0.01～0.02	0.03～0.05	0.10
30～50	0.10～0.02	0.05～0.07	0.20
50～80	0.01～0.02	0.06～0.08	0.20
80～120	0.02～0.03	0.08～0.10	0.30
120～150	0.03～0.04	0.10～0.20	0.40

表 4-7 单列向心滚动轴承轴向允许间隙表 mm

轴承内径	200 系列轴承	300 系列轴承
30～50	0.12～0.22	0.13～0.23
50～65	0.14～0.25	0.17～0.28
65～80	0.19～0.32	0.23～0.38
80～100	0.25～0.43	0.29～0.50
100～120	0.26～0.46	0.32～0.56

新滚动轴承间隙如果超出上述表中所规定者，经详细检查该轴承确无其他缺陷时，其允许间隙暂时可按最大磨损允许值的 50%作为取舍之标准。

25 电动机装配前应做哪些准备工作？

答：(1) 电动机装配前，要清扫定子、转子内外表面尘垢，用沾汽油的棉布擦拭干净。

(2) 清除电动机内部异物和浸漆留下的漆瘤，特别是座和端盖止口上的漆瘤和污垢，要用刮刀或铲刀轻轻铲除干净，铲除时不得损伤止口。

(3) 检查槽楔、齿压板、绕组端部的绑扎和绝缘垫块是否松动和脱落，槽楔和绑扎的无纬带或绑绳是否高出铁芯表面。有问题地方要及时修理。

(4) 铁芯通风沟要清理干净，不得堵塞。

(5) 绕组绝缘、引线绝缘和出线盒绝缘是否良好，有无损伤。

(6) 测量绕组绝缘电阻，阻值不应低于相关的规定。

(7) 检查装配的零部件是否齐全。

(8) 全部检查完毕并已具备装配条件时，再用 0.3MPa 左右的压缩空气吹净铁芯及绕组上的灰尘，即可进行电动机装配。

26 低压电动机定子绕组的焊接应注意哪些事项？

答：低压电动机定子绕组的焊接应注意：绕组的接头应焊接良好，不应因焊接不良而引起过热或产生脱焊、断裂等现象。为了防止绕组损伤，在焊接时一般用湿的石棉纸或石棉绳盖住绝缘，但浸水不宜过多，以免水滴滴落在绕组上，使绕组绝缘受潮。

27 电动机绝缘电阻低于最低允许值怎么办？

答：如果绝缘电阻低于最低允许值，最好按下列方法之一去除潮气：

(1) 给空间加热器通电直至电动机被烘干并且绝缘电阻稳定不变。

(2) 用接近于 80℃的热空气干燥电动机。将热空气吹过静止、不通电的电动机。

(3) 直流电烘干。接入一台接近于电动机额定电流 60%的直流电焊机。

(4) 转子堵转，并且接近于 10%的额定电压下使电流通过定子绕组。

允许逐渐增加电流直至定子绕组温度达到 90℃，不允许超过这一温度（不允许增加过多电压造成转子旋转）。在转子堵转下的加热过程中要极其小心，以免损伤转子！维持温度为 90℃，直到绝缘电阻稳定不变。

特别注意：开始时慢慢的加热是很重要的，这样使得水蒸气能自然地通过绝缘而逸出，快速加热很可能使局部的蒸气压力足以使水蒸气强行通过绝缘而逸出，这样使绝缘遭到永久性的损害。一般需要15～20h而使温度上升到所需的数值。再经过2～3h后，重新测量绝缘电阻，如果考虑了温度的影响而绝缘电阻已达到最低允许值，电动机的干燥过程可以结束并可投运。

28 小型电动机转轴常见故障的修理有哪些?

答：电动机轴常见的损坏情况有轴弯曲、轴颈磨损、轴裂纹、局部断裂等。造成电动机轴损坏的原因，除轴本身材质不好及强度不够外，轴与轴承、联轴器配合过松，有相对运动，频繁地正反转冲击；拆装时过大的机械碰撞，安装轴线不正也可引起轴的弯曲。下面分别介绍这些故障的修理方法。

(1) 轴弯曲。轴的弯曲可以在车床上用千分表测出。当弯曲不超过0.2mm时，一般不矫正，仅作适当磨光。如弯曲较大，则需用压力机矫正或将轴加热后用气锤矫正，再进行车光或磨光。

(2) 键槽损伤。可先进行电焊，然后车圆重铣键槽，也可以采用铣宽键槽的办法，或转过一个角度后另铣键槽。

(3) 裂纹或断裂。有裂纹或局部断裂的轴应更换。新轴的钢牌号应与旧轴相同。

压出旧轴有两种方法：

1) 转子质量在40kg以下且轴与铁芯配合不太紧的，可以在铁平台上垂直撞击将轴顶出。

2) 对较重或配合较紧的，用压力机压出。根据测绘旧轴的尺寸加工新轴。加工分两次进行，先车好中间部分，压入铁芯，再车轴承位置及轴伸端，要特别注意保证铁芯外圆与两个轴承位置的同心度。

当裂纹在轴伸处时，可打出坡口，用电焊补焊，后进行精车。补焊时注意不能变形且有足够的强度。

(4) 轴颈磨损。由于轴承内圈与轴颈的配合公盈过小，在运行中发生轴与内圈相对运动，使轴颈磨损而松动（即走内圆）。这时，必须将轴颈补大到原来尺寸。

常用的修补方法有：

1) 喷镀或刷镀。利用专门的设备将金属镀在磨损的轴颈上，恢复原来的直径。此法适用于磨损深度不超过0.2mm的场合。

2) 补焊。将转轴放在带滚轮的支架上，用中碳钢焊条（例如T506）进行手工弧焊，从一端开始，一圈一圈地补焊，边焊边转动转子，全部补焊完毕，冷却后放到车床上加工到所需尺寸。加工时，注意校正两轴颈与转子外圆的同心度。

3) 镶套。当轴颈磨损较大或局部烧损发蓝退火时，可将轴颈车圆后镶套。套的材料用30～45号钢，其厚度为2.54mm，轴与套之间采用U8（Jb3）过盈配合。将套热装至轴上后，放在车床上加工套的外圆。

4) 化学涂镀。此法适用于磨损量不大于0.05mm的轴颈，其工艺步骤如下：

第一步，配制溶液。一种是稀盐酸溶液，按30%盐酸加70%水配成；另一种是硫酸铜、锌粉溶液，质量比例为硫酸铜（固体）40%，锌粉（屑）4%，水56%。两种溶液分别装入两只玻璃容器中备用。

第二步，清洗轴颈。先用汽油清洗干净，然后用纱布蘸少许丙酮（或四氯化碳、无水酒精）将轴颈反复擦抹，待自行晾干。

第三步，将稀盐酸在轴颈上反复涂几次，再把硫酸铜锌粉溶液在其上涂几次，这时盐酸与硫酸铜、锌起化学反应，还原出铜来，轴颈处将牢牢地附着一层暗红色的镀层，厚度可自行掌握。

5）黏结法。分环氧树脂黏结和尼龙黏结两种。

第一种环氧树脂黏结。在6101环氧树脂中，加15%邻苯二甲酸二丁酯搅匀，再加入7%（冬季为8%）乙胺固化剂搅匀备用。用干净布蘸丙酮将轴颈抹净，待丙酮挥发后，在轴颈上匀涂一层环氧树脂黏合剂，接着把已加热的轴承（用丙酮擦净内圈）套入轴颈上，并将非配合面上的黏合剂擦抹干净。此法宜粘补磨损量不超过0.1mm的轴颈。

拆卸用环氧树脂黏结的轴承，可将旧轴承加热到300℃左右取下。

第二种尼龙黏结。分热涂及冷涂两种。热涂时，先用碳酸钠（Na_2CO_3）将轴颈洗净，然后用热水冲洗去碱，烘干，用布蘸汽油揩二三次，晾干，用煤油喷灯加热轴颈并不断盘动转子，然后用勺舀1010尼龙粉撒上去，如温度适合，尼龙粉会熔化并形成无色透明液膜包在轴颈上，继续撒涂到需要的厚度为止。

冷涂时，先用乙醇或汽油洗净轴颈，将三元尼龙乙醇溶液加热成透明液体，用小毛刷蘸尼龙溶液薄薄地刷涂在磨损处，一般要涂几次，达到要求的厚度为止。第一次涂后，放置3min左右，自行晾干，到不沾手时涂第二次，涂后在室温下（20℃）经36h可固化，或加热80℃经1h可固化。

无论热涂或冷涂，固化后均需打磨或车削，以达到要求的配合公差。

29 电动机端盖和机座的修理有哪些？

答：电动机端盖和机座一般是用生铁铸成的，常见的故障是产生裂纹，其原因多为铸造缺陷或过大的振动及敲击所致。

端盖的另一种故障是内圆磨损，这是由于内圆与轴承外圈配合较松，在运行中产生相对运动（即轴承走外圆），电动机频繁地正反转也会加速端盖内圆的磨损，下面分别介绍修理方法。

（1）修补裂缝：有焊接和黏结两种方法。

1）焊接。采用铸铁焊条或铜焊条补焊。补焊时，需将工件加热至700～800℃，然后用直流弧焊机进行焊接。焊好后，放到保温炉内逐渐冷却，以消除焊件的内应力，减少变形。补焊机座时，注意保护好精加工端面及绕组，不使其受高温与焊渣损伤。补焊后必须保持端盖与机座的同心度。

2）黏结。采用914室温快速固化环氧黏结剂。黏结剂分为A、B两组，它们与填料的配制比例为A∶B∶还原铁粉∶氧化铝粉=5∶1∶6∶6。黏补时先用压缩空气将裂缝处的铁末、尘土等脏物吹净，如有油污必须洗净，然后用刮板将配好的粘补剂压入裂缝中，在25℃下经3h（或20℃经5h）即可达到黏结强度。因黏结剂固化时间较短，每次不要配制过多，以免浪费。对于缺陷面积过大或机座底脚断裂以及螺孔等受力部位，不宜采用这种方法。

（2）端盖内圆磨损：端盖轴承室磨损的修补有如下5种：

1）打麻点，亦叫打“羊冲眼”。用高硬度的尖冲头，在内圆周面上打出均匀的凹凸点，起到缩小内圆直径的作用，使它与轴承外圈配合较紧。此法适用于轻微磨损的小型电动机端盖，是一种临时应急办法，一般不用。

2）喷镀或刷镀。与轴颈的修补相同。

3）镶套。将端盖轴承室内圆车大8～10mm，采用第一种过渡配合的公差内镶壁厚为6～7mm的铸铁套，并在结合面处用轴向骑缝螺钉固定，然后放到车床上精车套的内圆，使它与端盖止口同心，且与轴承外圈获得合适的公差配合。

4）黏结。一种是用优质胶黏结。黏结剂能解决间隙在0.2mm以内的走外圆问题，并且可再次拆卸及黏结。黏结时，先用柴油或煤油洗净端盖及轴承，并充填适当的润滑剂，然后用二氯甲烷或丙酮洗擦端盖轴承室及轴承外圈，彻底去污除尘，再将黏结剂均匀刷涂在端盖内圆及轴承外圈上（注意非配合面不能留有黏结剂），按常规程序装配电动机，让轴承进入端盖轴承室内。紧固各部分螺栓后，手盘转子应转动自如，在常温下经24h或120℃下经8h便可固化。如要加速固化，可在配合面先涂一层固化促进剂，再刷涂黏结剂，电动机装配后2～3h便可固化试机。另一种是尼龙黏结。用三元尼龙乙醇溶液刷涂，其工艺过程与轴颈的修补相同。

5）化学涂镀。与轴颈的化学涂镀相同。

30 电动机不能启动的原因及处理办法有哪些？

答：（1）电源未接通。检查开关、熔断器、接触器及电动机引出线头。查出问题后修复。

（2）控制回路接线错误。核对接线图，校正接线。

（3）电压过低。检查电网电压，调高电压；如太低，应与有关部门联系；如电源线过细造成压降太大，则应更换合适的电源线。

（4）定子绕组相间短路、接地或接线错误以及定、转子绕组断路。查处故障后处理。检查找出断路、短路部位进行修复；如果是接线错误，经过检查后，进行纠正。

（5）转子绕线电动机启动误操作。检查滑环短路装置及启动变阻器的位置，启动时应分开短路装置，串接变阻器。

（6）熔丝选小而烧断。按电动机容量配合适的熔丝。

（7）过电流继电器整定值太小。重新计算整定值，按新整定值整定。

（8）负荷过大。重新选择容量较大的电动机。

（9）传动机械有故障。修理传动机械，消除故障。

（10）单相启动。检查电源线、电动机引出线、开关、熔断器的各对触头，找出故障点后修复。

（11）转子绕线，电动机所接启动电阻太小，或被短路；按要求计算配置新启动电阻或修理消除启动电阻短路故障。

（12）电源到电动机之间的电源线有短路。查明短路点后，进行修复。

（13）改极重绕后，槽、线配合不当；适当车小转子直径，重新选择合理的绕组型式和节距，重新计算绕组参数。

（14）小型电动机润滑脂太硬或装配太紧；选择合适的润滑脂，提高装配质量。

（15）电动机轴承卡涩或损坏；更换电动机轴承。

31 电动机外壳带电的原因及处理办法有哪些？

答：（1）电动机引出线绝缘损坏或顶端盖而碰壳接地；拆下端盖，找出接地点，绕组接地点要包扎绝缘和涂绝缘漆，端盖内壁要垫绝缘纸。

（2）电动机绕组受潮或被水淋湿；进行烘干处理。

（3）绕组绝缘严重老化；重新浸绝缘漆或更换绕组绝缘。

（4）接地不良；找出原因，采取相应措施进行纠正。

（5）引出线绝缘破损；包扎或更新引出线。

（6）接线板有污垢；清理接线板。

（7）电源线和接地线接错；纠正接线。

32 绝缘电阻低的原因及处理办法有哪些？

答：（1）绕组受潮或被水淋湿；进行加热烘干处理。

（2）绕组绝缘沾满粉尘、污油；清洗绕组粉尘、油污，并经干燥、浸渍处理。

（3）电动机接线板损坏；修理或更换接线板及接线盒。

（4）引出线绝缘老化破损；重新包扎引出线或更换新引出线。

（5）绕组绝缘老化；经鉴定可以继续使用时，可经清洗、干燥，重新浸漆处理；如绝缘老化不能安全运行时，应更换绝缘。

33 电动机空载或负载时，电流表指针不稳且来回摆动的原因及处理办法有哪些？

答：（1）转子绕组电动机一相电刷接触不良；调整刷压和改善电刷与集电环的接触面。

（2）转子绕组电动机集电环短路装置接触不良；检修或更换短路装置。

（3）转子绕组一相断路；用校验灯、万用表等检查断路处，排除故障。

（4）笼型转子开焊或断条；采用开口变压器等检出断条并排除故障。

34 电动机启动困难，加额定负载后，电动机的转速比额定转速低的原因及处理办法有哪些？

答：（1）电源电压过低；测量机端电压，如过低进行相应处理。

（2）△形绕组误接成Y形；将Y形改接成△形。

（3）笼型转子开焊或断条；查明开焊或断条后，进行修理。

（4）绕线转子电刷接触不良；调整刷压，修理电刷与集电环的接触面。

（5）绕线转子电动机启动变阻器接触不良；修理启动变阻器接触部位。

（6）定、转子绕组局部线圈接错；查明接错处，改正。

（7）重绕时匝数过多；按正确绕组匝数重绕。

（8）绕线转子一相断路；查明断路处，然后排除故障。

35 电动机空载电流不平衡的原因及处理办法有哪些？

答：（1）重绕时，三相匝数不均；拆除重绕，重新核对匝数。

（2）绕组首尾端接错；查明首尾端重接改正。

（3）电源电压不平衡；测量电源电压，查明原因并排除。

（4）绕组有故障（如匝间有短路，某线圈极性接反）；拆开电动机查明错误或故障，改正或排除。

36 电动机空载电流三相平衡但增大的原因及处理办法有哪些？

答：（1）重绕时，绕组匝数不够。拆除重绕，重新计算，选用合理匝数。

（2）Y形接线误接成△形；将绕组接线改正为Y形。

（3）电源电压过高；测量电源电压，过高时查找原因并解决。

（4）电动机装配不当（如装反，定、转子铁芯未对齐，端盖螺钉固定不匀称使端盖偏斜或松动等）；检查装配质量，重新按要求装配。

（5）火烧法拆线，使铁芯过热；修铁芯或重新计算绕组匝数，进行补偿。

（6）气隙不均或增大；调整气隙，或更换新转子，或重新计算绕组匝数，重绕。

37 电动机振动的原因及处理办法有哪些？

答：（1）转子不平衡；检查原因，经过清扫，紧固各部螺钉后，校静、动平衡。

（2）风扇不平衡；检修风扇，校正其几何形状和校平衡。

（3）气隙不均；调整气隙，使之符合规定。

（4）轴承磨损，间隙不合格；检查轴承间隙，磨损严重时，更换新轴承。

（5）基础强度不够或地脚松动；加固基础，重新打平地脚并紧固地脚螺钉。

（6）转轴弯曲；校直转轴。

（7）铁芯变形或松动；校正铁芯，然后重新叠装并固紧铁芯。

（8）联轴器或皮带轮安装不合要求；重新找正，必要时检修联轴器或皮带轮。

（9）绕线转子的绕组短路；查出短路处，进行修理。

（10）笼型转子开焊或断路；查出开焊或断路处进行补焊或更换笼条。

（11）机壳强度不够；找出薄弱点，进行加固，增大其机械强度。

（12）定子绕组故障（短路、断路、接地、连接错误等）；拆开电动机，查出故障，进行修理。

38 电动机运行时，声音不正常的原因及处理办法有哪些？

答：（1）气隙不均匀；调整气隙。

（2）定、转子相蹭；定、转子硅钢片有突出的应挫去，如轴承损坏应重新装配，更换轴承。

（3）转子蹭绝缘纸或槽楔；修剪绝缘纸或检修槽楔。

（4）轴承磨损，有故障；检修或更换新轴承。

（5）改极重绕时与槽配合不当；校验定、转子槽配合。

（6）定、转子铁芯松动；检查松动原因，重新进行压装紧固处理。

（7）轴承缺少润滑脂；清洗轴承，重新按要求添加润滑脂。

（8）风扇碰风罩；修理风扇及风罩，使其尺寸正确，并重新安装。

（9）风道堵塞；清理通风道。

（10）电压太高或不平衡；测量电源电压，查明电压过高或不平衡的原因，然后进行处理。

（11）重绕时，每相匝数不等；重新绕制，使各相匝数相等。

（12）绕组有故障；查明故障，进行修理。

39 轴承过热的原因及处理办法有哪些？

答：（1）轴承损坏；更换轴承。

（2）润滑脂过多或过少；检查油量，润滑脂容量不宜超过轴承内容积的70%。

（3）油质不好，含有杂质；更换洁净润滑脂或润滑油。

（4）轴承与轴颈配合过松或过紧；过松时，采用固持剂或低温镀铁处理；过紧时，适当车轴颈，使之符合配合公差要求。

（5）轴承与轴承室配合过松或过紧；过松时，轴承室镶套；过紧时，重新加工轴承室，使之符合配合公差要求。

（6）油封过紧；修理或更换油封。

（7）轴承盖偏心与轴相擦；修理轴承盖，使之与轴的间隙合适且均匀。

（8）电动机两侧端盖或轴承盖未装平；按正确工艺装端盖或将轴承盖装入止口内，然后均匀紧固螺钉。

（9）电动机与传动机构连接偏心；重新找正，校准电动机与传动机构连接的中心线。

（10）皮带过紧；调整传动皮带张力，使之符合要求。

（11）轴承型号选小，轴承过载；重新选择合适的轴承型号。

（12）轴承间隙过大或过小；更换新轴承。

（13）滑动轴承油环转动不灵活；检修油环，使其尺寸正确，或更换油环。

（14）润滑油太稠或润滑脂针入度不够；更换黏度合适的润滑油或更换针入度较高的润滑脂。

40 电动机温升过高或冒烟的原因及处理办法有哪些？

答：（1）电动机过载。测量定子电流，如超过额定电流，需降低负载或更换较大容量的电动机。

（2）单相运行。检查熔断器、开关及电动机，排除故障。

（3）电源电压过高。如电网电压过高，应与有关部门联系解决。

（4）电源电压过低。如为电源线压降过大引起，应更换合适的电源线；如为电网电压过低，应与供电部门联系解决。

（5）定、转子相蹭。检查原因，如轴承间隙超限，更换轴承，如轴承与轴颈、轴承座松动，应修轴颈及轴承座；如轴弯，应校直轴；如铁芯松动或变形，应修理铁芯。

（6）通风不畅。如风扇损坏，应修理或更换风扇；如通风道堵塞，应清除风道污垢、灰尘及杂物，移开遮挡进、出风口的物件。

（7）绕组表面粘满尘垢或异物，影响散热。清扫或清洗电动机，消除尘垢或异物，并使电动机通风沟畅通。

(8) 电机频繁启动或正反转次数过多。根据生产需要选择合适型号的电动机。

(9) 拖动的生产机械阻力过大。检修生产机械，排除故障。

(10) 进风温度过高。检查冷却水装置是否有故障，然后检修，排除故障。

(11) 环境温度过高。改善环境温度，隔离电动机附近高温热源、给电动机遮阳，不许电动机在日光下暴晒。

(12) 火烧拆线，使铁芯过热，铁损增大。做铁芯检查试验，检修铁芯，重新涂漆叠装铁芯，如铁芯磁性变坏，应重新设计定子绕组，予以补偿。

(13) 绕线转子线圈接头松脱或笼型转子开焊或断条。查明原因，查出绕线转子松脱处加以修复，对笼型转子铜条补焊或更换钢条；对铸铝转子，则更换转子或改为铜条转子。

(14) 重绕后绕组浸渍不良。要采取两次浸漆工艺，最好采用真空浸漆措施。

(15) 绕组接线错误。Y形接线电动机误接线△形，或△形接线电动机误接成Y形，必须立即停电改接。

(16) 绕组匝间短路、相间短路或绕组接地。查找出短路或接地的部分，按绕组修理方法予以修复。

41 电动机内部脏污有什么危害？其清理过程应注意什么？

答：电动机的内部及外部都应保持无灰尘、油及脂。油雾、生成物、飞扬的灰末、化学品或纺织品灰尘能堆积起来堵塞通风，结果造成绕组的过热。导电的灰尘缩短绝缘的爬电距离。在转子的风扇或风道驱动下，尖利的粉末有可能擦伤定子绝缘并缩短其使用寿命，磁性粉末特别有害于绝缘。

由于具有磁性而受磁性的激励，可以用压力等于或低于0.2MPa（$2kg/cm^2$）的干燥空气吹去轻而且相对无害的灰尘，砂砾、金属的、磁性的灰尘或碳粉应该用吸引的方法清除，其装置应具有非金属的吸引嘴。

42 电动机的储存有何要求？

答：(1) 短期储存（不超过2个月）的要求：电机应存放在条件良好的仓库内。

条件良好的仓库或存放地方应具有：

1) 稳定的温度：最好在10℃～50℃之间。如果在储存过程中，接通防冷凝加热器电源，且周围环境温度高于50℃时，则必须确保电动机不会发热。

2) 较低的相对空气湿度，最好低于75%，电动机温度应保持在露点以上，可防止潮气在电动机内部凝结。接通防冷凝加热器电源，且必须定期检查加热器的运行情况。

3) 避免电动机直接受震，最好在电动机下面垫上适当的橡胶垫。

4) 通风良好，空气清洁且不含粉尘和腐蚀性气体。

5) 防止有害昆虫和寄生虫进入。

(2) 长期储存（2个月以上）时，除短期储存所述的措施之外，还要采取以下措施：

1) 每3个月测量一次绕组的绝缘电阻和温度。

2) 每3个月检查一次涂漆表面情况。如果发现腐蚀，请清除腐蚀并重新涂漆。

3) 每3个月检查一次裸露金属表面（如轴伸）上防蚀涂层的情况。如果发现任何腐蚀，则可用00号细砂布加油轻轻擦光，然后重新做防蚀处理。

4）如果电动机储存在木箱内，要做好小通风口，但要避免水、昆虫和寄生虫进入箱内。

5）电动机在储存期间，每 3 个月转动转子 10 圈。尤其对采用滑动轴承的电机，可防止因静压过久而造成巴氏合金变形，每 6 个月做一次防蚀处理，持续 2 年；如超过 2 年，则必须拆除轴承，单独处理。对绕线型电机，为了防止集电环的工作表面形成斑点，在集电环与电刷间应垫以绝缘板。

（3）使用过的电动机，如停止使用并打算储存起来的话，必须将电动机全部拆开清理干净，轴承清理后换上新的润滑脂。对于水—空冷却型电动机，还必须将冷却器里面的水和污物清理干净，并将轴伸、集电环、进出水法兰等表面清理干净，重新做防蚀处理。滑动轴承必须将轴承里的润滑油放干净，轴颈和轴瓦用油脂涂封，以免锈蚀。

（4）经过检查和清理的电动机，必须放入包装箱内进行储存。

（5）电动机不允许室外储存。户外型（包括露天）也不例外。

第五章

电机检修中级工

第一节　汽轮发电机及同步机检修知识

1 发电机转子护环的作用是什么？

答：发电机在高速旋转时，转子端部受到很大的离心力作用，护环就是用来固定绕组端部的位置，使转子运转时，绕组不致移位变形。

2 简述同步电机的“同步”是什么意思？

答：同步是指电枢绕组流过电枢电流后，将在气隙中形成一旋转磁场，而该磁场的旋转方向及旋转速度均与转子转向、转速相同，因两者同步而得名。

3 简述同步发电机的工作原理。

答：同步发电机是根据电磁感应原理设计的。它通过转子磁场和定子绕组间的相对运动，将机械能转变为电能。当转子绕组通入直流电后产生恒定不变的磁场，转子在原动机的带动下旋转时，转子磁场和定子导体就有了相对运动，即定子三相对称绕组切割磁力线，便在定子三相绕组中产生三相对称电动势。当发电机带上负载后，三相定子电流（电枢电流）通过定子绕组产生一个旋转磁场。该磁场和转子以同速度、同方向旋转，将机械能转换为电能。这就是同步发电机的工作原理。

4 励磁机的作用是什么？

答：当直流发电机作同步发电机励磁电源时，叫作励磁机。它的作用是向同步发电机的转子绕组提供直流励磁电流并调节转子电流，以实现发电机输出电压的调节。

励磁机的磁场绕组一般由励磁机本身供电。调节与励磁绕组串联的磁场变阻器，可以改变励磁机输出的直流电压，以此调节同步发电机的励磁电流，从而改变同步发电机的输出电压。

5 发电机定子线棒为什么必须很好地固定在槽内？

答：因为线棒槽内部分由于转子高速运动而受到机械力作用，并且当线棒中有交流电流通过时，将受到100Hz电磁力作用，产生振动使导线疲劳断裂，并使绝缘相互间或与槽壁间产生摩擦，造成绝缘磨损，导致绝缘击穿事故。该电磁力的大小与电流大小的平方成正比，尤其是短路时电磁力增长数十倍。故应将定子线棒很好地固定在槽内。大型发电机定子绕组槽部机械固定采用绝缘槽楔、弹性波纹板、浸渍绝缘带等方式。

6 引起发电机定子绕组绝缘过快老化或损坏的原因有哪些？

答：发电机定子绕组绝缘过快老化或损坏的主要原因有：

（1）发电机的散热条件脏污造成风道堵塞，导致发电机温升过高过快，使绕组绝缘迅速恶化。

（2）冷却器进水口堵塞，造成冷却水供应不足。

（3）发电机长期过负荷运行。

（4）在烘干驱潮时，温度过高。

（5）此前发电机使用的绝缘材料本身质量较差，老化过快，或制造过程中隐形缺陷长期运行后得以暴露。

7 为什么对于给定同步发电机而言，其转速是定值？

答：因为同步发电机频率、极对数与转速之间存在固定不变的关系，即 $n=60f/p$。所以对于给定发电机而言，极对数 p 一定，频率 f 也一定，故转速成为定值。

8 发电机并入大电网运行时，欲增大其感性无功功率的输出，应调节什么？怎么调？

答：并网发电机要增大其感性无功功率的输出，应调节励磁电流。

在过励磁状态下，增大励磁电流，输出的感性无功功率将增大。

9 发电机转子常用的通风系统有哪些形式？

答：常用的通风系统形式有：转子表面冷却、气隙取气氢内冷、槽底副槽的转子径向通风、转子轴向通风等。

10 发电机与系统解列停机后，能否马上进行解体工作？为什么？

答：发电机与系统解列停机后，不能马上进行解体工作。

一般需盘车 72h，以等待汽缸的胀差符合规程要求时，才能拆卸发电机。同时，对于氢冷发电机也需要置换完氢气，发电机内部是空气才可以进行解体工作，否则作业中不慎操作有火花出现易引起爆炸或火灾事故。

11 大容量的汽轮发电机定子铁芯压板，采取屏蔽结构的作用是什么？

答：为了减少铁芯端部漏磁通引起的损失和发热，结构上采取在铁芯压板表面设铜屏蔽板，可以抵消大部分端部轴向漏磁通。屏蔽板电阻约为铁芯压板的 1/5，热传导率为其 5 倍，其损失减少 1/2。

12 待并系统和运行系统准同期并列的条件是什么？

答：两系统电压大小相等，相位相同；两系统频率相同，两系统相序一致。

13 发电机非同期并列有何危害？

答：当并列条件不满足并列运行时，发电机将会出现一定的冲击电流。当电压相差大时，对大型发电机而言，除产生很大的冲击电流外，还会使系统电压严重下降，导致事故发生。当并列发电机与系统电压相位不同时，如相位相差超过±30°时，则冲击电流很大，将使定子绕组和转轴受到很大的冲击应力，使定子端部严重变形，甚至使联轴器螺栓有被剪断的可能性。

14 在现场对汽轮发电机进行干燥的一般方法有哪些？

答：一般方法有：

（1）定子铁损干燥法。

（2）热风法。

（3）直流电源加热法。

（4）短路电流加热法。

（5）定子通热水循环加热法，定子水温度不超发电机制造厂规定，或控制定子水出水稳定小于75℃。

15 何谓轴电压？何谓轴电流？有何危害？怎样防止？

答：由于定子磁场的不平衡或转轴本身带磁，所以在转轴上总会感应一定的电压，称为轴电压，其数值一般不大于5V。

在轴电压作用下，轴承、机座与基础形成的回路中将会出现一很大的电流，称为轴电流。

轴电流会使轴承和汽轮机蜗母轮等的接合面产生强烈的电弧灼伤。

为防止轴电流的产生，故在汽轮发电机励磁机侧轴承下加垫绝缘板。包括螺钉和油管法兰等处，均需要加装绝缘垫圈的套筒。

16 发电机转子接地有何危害？

答：（1）转子绕组的一部分被短路，另一部分的电流增加，这就破坏了发电机气隙磁场的对称性，引起发电机的剧烈振动，同时降低无功出力。

（2）转子电流通过转子本体，如果转子电流比较大就可能烧损转子，有时甚至造成转子和汽轮机叶片等部件被磁化。

（3）由于转子本体局部通过转子电流，引起局部发热，使转子缓慢变形而形成偏心，进一步加剧振动。

17 简述发电机的工作过程。

答：汽轮发电机的定子铁芯上开槽，槽内放置定子绕组，转子上装有磁极和激磁绕组。当激磁绕组通过直流电流后，电机内就会产生磁场。转子在汽轮机带动下转动，则磁场与定子绕组（导线）之间有相对运动。根据电磁感应原理，就会在定子绕组中感应出交流电动势。如果把这些绕组按一定规律联结起来（一般为三相绕组），则可从绕组（出线端）引出三相交流电动势。当发电机转子的极对数为二对极和转子转速为3000r/min的时候，这个交流电动势的频率就为50Hz。

18 集电环定期检查时应检查哪些项目？

答：(1) 集电环上电刷的冒火情况。

(2) 电刷在刷框内有无跳动、摇动或卡涩的情况，弹簧压力是否正常。

(3) 电刷刷辫是否完整，与电刷连接是否良好，有无发热及触碰机构件的情况。

(4) 电刷边缘是否有剥落的情况。

(5) 电刷是否过短（电刷磨损程度应符合《现场运行规程》要求）。

(6) 各电刷的电流分布是否均匀，有无过热。

(7) 集电环（滑环）表面的温度是否超过规定。

(8) 刷握和刷架上有无积垢。

19 发电机解体前需要测试的项目有哪些？

答：(1) 测量有励磁时和无励磁时汽轮发电机轴瓦振动值，并详细记录。

(2) 检查发电机集电环端轴瓦绝缘情况和测量额定电压情况下的轴电压。

(3) 测试发电机的空载特性、短路特性及励磁机的空载特性，并做记录。

(4) 测量工作温度时的定子绕组直流电阻。

(5) 额定转速时，测量转子绕组电阻。

(6) 其他制造厂要求测试和记录的试验检查项目，或根据技术改进项目设计要求需要进行的测试检查项目。

20 发电机拆卸前还应了解哪些工作是否已进行完毕？

答：(1) 排氢工作是否已全部做完；水内冷系统的冷却水是否已排尽。

(2) 试验班的拆前试验工作是否已完毕。

(3) 发电机冷却器进、出口水管阀门是否已关闭，冷却水源是否全部切断。

(4) 汽机专业的工作是否已具备发电机拆卸的条件等。

21 发电机解体的注意事项有哪些？

答：(1) 解体前必须做好详细的测量和准确的记录。

(2) 拆开各引线接头、各部件前，应做好记录，拆下后的螺丝、垫块、销钉、垫圈及其他较小零件，必须分类、记数，妥善保管。

(3) 管道拆开后，应用白布封闭严密牢靠。

(4) 解体后的发电机，为保证安全，现场无人工作时，必须用帆布盖严并用封条封记。

(5) 全部解体后，应由检修负责人和专责保管人清点全部零件，过数登记核对无误后，进行清理和保管。

22 发电机抽转子前应做哪些工作？

答：(1) 先将发电机与汽轮机、励磁机的联轴器拆开，再拆开油、水管路。

（2）拆开励磁机及滑环电缆头，拆开励磁机基础螺丝，将励磁机吊到专用的检修场所。

（3）取出滑环上的碳刷，拆开并吊走滑环上的刷架，用塑料垫或青壳纸包扎滑环，以防损坏。

（4）拆开发电机端盖和密封瓦。

（5）对于把推力盘式密封瓦外壳固定在端盖上的氢冷发电机，应首先拆开端盖上的人孔门，分解密封瓦，然后才能拆卸端盖和内护板。对于把推力盘式密封瓦外壳固定在主轴承上的氢冷发电机，可以先拆开端盖和内护板，然后再拆卸密封瓦，此时应测量风挡与转子间隙，并将之拆开吊走，还应测量定子、转子的空气间隙。

23 抽转子时应做好哪些工作？

答：（1）抽转子前，应在定子端部绕组上垫上塑料垫或红壳纸，以防擦伤定子绕组。

（2）为不伤害转子小齿和线圈，应检查并调整转子大齿，使之在上下位置上。

（3）抽装转子过程中，人员的分工要明确，发电机的汽、励两侧均应安排有经验的人员，监视定、转子间的气隙。转子在抽出过程中，定子膛内应配备专人扶持转轴端，以防止转子来回摆动，撞伤定子铁芯、线圈。扶持轴端进入定子膛内的人员身上绝对不可携带任何硬物、金属器件，以防其掉入定子铁芯膛内，造成事故隐患。拉吊链的人员应统一指挥，协调动作。

（4）转子拉出定子膛后起吊时，钢丝绳不得直接套在转子上，应围绕转子铁芯在钢丝绳下垫好木衬条，防止钢丝绳磨碰转子表面。

（5）放置转子时，不允许用护环、风扇、滑环等作为支撑或受力点，转子支架应垫在铁芯本体或轴颈处。转子轴颈、滑环工作面要用布、多孔塑料板、石棉布或在布上绕麻绳保护包扎，以防碰伤。

24 抽装大型发电机转子的方法一般有哪几种？

答：根据机组的不同，抽装大型发电机转子的方法也不相同。通常有三种：接轴法、滑板法和滑车法。

25 汽轮发电机的转子是由哪几部分组成的？其装配工艺有什么要求？

答：汽轮发电机的转子是由转子本体、线圈、护环、中心环、风扇等部件通过严格的工艺组装成的。

转子本体是整块合金钢锻制和精加工而成。由于运行时转子高速转动，使转子本体、护环等部件承受很大的机械应力，因此对转子的刚度和强度要求是很严格的。哪怕是在庞大转子上稍有变化，如稍微改变一下平衡重块的位置，都会引起机组的强烈振动，从这个角度上看，转子又是一个很精密的部件。

鉴于转子部件装配工艺的严格要求，以及结构又精密，因此正常情况下转子的检修是以检查和试验为主的，只当发现转子内部有故障时，才考虑是否需要解体检修。

26 转子的检修项目有哪些？

答：（1）测量和检查护环与转子本体的空气间隙，数据记录。

（2）检查槽楔是否有松动现象，对转子本体是否有位移。

（3）检查转子本体和护环表面是否有过热或放电痕迹。

（4）检查护环、中心环、风扇等部件是否有松动、位移、裂纹，甚至断裂现象。

（5）检查轴端密封盖板螺丝、引线固定螺丝、平衡重块、风扇座的固定螺丝等紧固件有无松动和断裂现象。

（6）检查滑环的磨损，根据磨损的情况，确定是否需要车光。

（7）进行转子各部分的清扫和擦拭。

27 转子的常规试验项目有哪些？

答：（1）用500V兆欧表测转子线圈的绝缘电阻，其值应不低0.5MΩ。

（2）测转子线圈的直流电阻，记入技术台账，以便于历年比较。

（3）做转子线圈的交流耐压试验，试验电压为1000V，时间为1min（也可以用2500V兆欧表代替）。

（4）做转子匝间短路试验，以检查转子线圈是否有匝间短路。

（5）做转子风压试验，用以检查转子中心孔是否有漏气现象。

除上述检查外，若发现转子有匝间短路的现象，应另外按规程做静态、动态的交流阻抗试验和转子匝间短路试验，通过示波器，可监视匝间短路的变化情况。

28 转子检修时应注意哪些事项？

答：转子检修的注意事项为：

（1）转子本体上不能随便钻孔、焊接，以免破坏转子的刚度和强度。

（2）工作中不能破坏转子的平衡，否则要重新找平衡，现场找平衡是件十分麻烦的工作，需要用电动盘车装置拖动进行。

（3）各部件拆卸应原拆原装，不可随意更替，若必须更换时，应使待换零件与原来的零件在材质、大小、质量等方面完全一致，否则将会破坏转子的平衡，使机组运行产生振动，甚至不能投入运行。

29 转子滑环应如何检修？

答：（1）检查滑环表面应光滑、无锈斑、无灼痕，凸凹不平不应超过0.5mm，超过时应车镟，并用金刚砂布打磨，光洁度应达到规程要求。

（2）滑环引线螺丝应紧固，锁垫应锁紧，通风孔、月牙槽和螺旋槽应无油垢。

（3）汽、励两端中心孔密封堵板螺丝应紧固，密封垫不应漏气。

（4）滑环周向分布的径向倾斜通风孔要清理干净，不得有积灰或其他杂物堵塞风道，影响散热。表面螺旋散热风沟干净无毛刺、杂物，保证散热良好。

30 滑环上的碳刷应如何检修？

答：（1）滑环上的碳刷应符合厂家规定的技术标准，碳刷的牌号应相同。

（2）碳刷被刷握弹簧压在滑环表面，每个碳刷的刷握弹簧压力应相同，若不相同应及时调整，并对磨短了的碳刷及时给予更换。为保证碳刷和滑环的接触面，每次更换的碳刷个数不应过多。

（3）碳刷在刷握中上、下应活动自如，但前、后、左、右不能有框动现象，同时也不得有毛刺、凸起造成碳刷卡涩，刷握导电部位光滑、不得有毛刺、斑驳脱落的氧化层、碳粉沉积层，保证接触导电良好。若碳刷尺寸略大于刷握时，可将碳刷在金相砂纸上仔细地磨小，但绝不能磨成上大下小，造成运行时的卡涩现象。

（4）经常保持滑环表面和碳刷的干净，定期吹扫磨下的炭粉。

（5）经常检查碳刷压簧在碳刷中间绝缘体凹进位置，保证压力均匀作用传递到碳刷与滑环面。

31 大修后转子为什么要做密封试验？

答：对于氢冷汽轮发电机转子，检修后应进行密封试验，主要是为了检查转子线圈与导电件、导电杆与滑环引线的连接螺丝、轴中心孔等部位有无泄漏现象。如有泄漏，会使氢气的补给量增加，同时在漏氢处可能着火，造成事故。

32 转子护环如何检修？

答：检修时需要对护环里面的绕组端部的积灰进行清理吹扫，进行位置检查及测量，再继续护环金相探伤检测。发电机运行时，由于机组的开停、负荷的变化、转子的挠度和振动，使转子线圈端部拐弯处的线圈受到很大的交变机械应力，这将使得嵌装面和中心环都处在不利的运行条件下，因此导致中心环瓢偏、护环位移以及弹性中心环弹性槽部分断裂等现象。遇以上情况时，应及时更换新中心环；护环裂纹严重，经鉴定不能使用时，也应更换新护环。

33 穿转子前汽侧风叶为什么要卸下？

答：从外形尺寸上讲护环和风叶外径相同，但为防止穿转子过程中由于意外情况刮伤风叶或风叶刮伤氟橡胶风道板，故要卸下汽侧风叶。穿入定子后汽侧风叶，按风叶座上钢印号对号入座拧紧，力矩 530N·m，安上止动垫片保险。

34 如何制定发电机转子护环的拆装工艺？

答：不同结构有不同的拆装工艺。一般来说，有转子护环和中心环一起拆装和分开拆装两种。首先确定用哪一种方法拆装，然后制定拆装工艺。由于拆装的方法不同，对其护环加热的方法、程序、部位就有所不同。制定的工艺方法内容包括加热的温度、拆前的记录、标记和防止护环加热不均等措施。安装护环时制定的工艺内容要包括对护环的检查、测量护环的紧力程度、回装的位置以及对护环的保温、冷却等措施。

35 拆装汽轮发电机转子护环，检修人员一般要掌握的三个要素是什么？

答：检修人员要掌握的三个要素是：

（1）掌握转子护环和中心环的结构特点和公盈值。

（2）掌握对转子护环的加热方法、程序和温度。

（3）掌握拆装转子护环的方法和工具的使用。

36 转子护环的装配方式有哪几种?

答：转子护环的装配方式有三种：

（1）在中心环与转子本体止口上均有配合的称为两端配合式。

（2）只在中心环上有配合的称为脱离式。

（3）仅在转子本体止口上有配合的称为悬挂式。

37 简述转子护环的拆装方式。

答：（1）护环拆装以前，必须了解它的配合方式和结构，熟悉制造厂的转子部件图纸和制造厂家及主管部门有关拆装护环的规程。

（2）拆卸护环前，要检查有无装配标记。当无标记时，要在护环与转子本体及护环之间的接合处做记号，汽、励两侧的记号应有区别。然后再拆去固定护环、中心环的零件，如环键、螺母等。

（3）一切拆卸护环的准备工作完成后，就可安装拆装护环的专用工具。并调整和拉紧专用工具，使护环稍稍吃上拉力。

（4）用火焊加热护环。一般用大号火焊把 8～12 个，为使加热均匀，沿护环圆周均匀沿之字形来回加热。

（5）当温度约为 200～250℃时或用纯锡条试验其能熔化时，可停止加热。

（6）此时便可迅速用专用工具拉出护环。护环拉出后，应立放并用石棉布包扎好，以使护环慢慢冷却。

（7）非磁性护环禁止用明火加热，应用 50～60Hz 电源进行感应加热，其专用工具为挠性感应加热器。

（8）护环的安装程序与拆卸时相反。

38 如发现护环有裂纹应如何处理?

答：（1）护环拆下后，先用丙酮擦净，然后检查其所有配合面及护环与中心环的内表面，对其进行磁力探伤，如存在局部裂纹，可用油石或装有细颗粒的砂轮机轻轻打磨，其深度一般不大于 0.2mm。

（2）然后再探伤，以证明裂纹是否消除，如发现仍有缺陷，先用 15％的硝酸酒精溶液对护环作预处理，然后再打磨检查。打磨要在裂纹最集中的地方进行。打磨必须在酸洗后立即进行。

（3）用局部磨去金属的方法，只能去掉护环表面个别的凹痕、单条裂纹以及较小的裂纹。在护环配合面的外表面上，允许局部磨去的深度不能大于 2mm；大面积磨去深度不大于 0.2mm，总面积不能超过 500mm^2。

（4）只有在必须消除网状的腐蚀裂纹时，护环表面才允许车削。

（5）为了防止产生腐蚀裂纹，护环的内、外表面在打磨检查后均应刷防腐瓷漆。

39 如何检修中心环?

答：中心环在检查时一般不拆下，只是对中心环的弹性部分、中心环配合面以及转子轴上的配合面进行金属探伤和测量。个别的缺陷可用局部磨去金属的方法来消除。当中心环上有裂纹时，中心环必须换掉。当中心环在轴上或护环在中心环的公盈减小时，也必须换掉。

40 如何检修风扇?

答：对于风扇叶片的检查，应注意风扇叶片是否完整无变形，并用小锤轻轻敲打，听其声音有无破裂，还应检查叶片安装是否牢固。当敲打时声音清脆，说明风扇叶片牢固；如声音嘶哑，则可能该叶片已松动，对松动的叶片，应从转子上取下，进行详细的检查；若是叶片断裂，则应更换新叶片。因为风扇的结构特殊，拆卸与装配时要对号入座。每次检修时都要对每片叶片进行金属探伤。此外，还需对叶片进行外观检查。由于风叶外径大于定子膛内径，因此发电机抽转子时，汽侧叶片必须先拆除。在发电机转子检修时，装在中心环与轴柄之间的导风叶也应该检查。

41 发电机转子绝缘故障一般有哪些?

答：转子绝缘故障一般包括转子接地、匝向短路、线圈槽和槽口绝缘损坏、护环绝缘和引线绝缘受损等。

42 简述转子绕组接地故障的分类。

答：按其接地的稳定性，转子绕组的接地故障可分为稳定接地和不稳定接地。按其接地的电阻值，可分为低阻接地（金属性接地）和高阻接地（非金属性接地）。稳定接地是指转子绕组的接地与转速、温度等因素均无关，这种接地容易测试和修理。不稳定接地可分为下列几种情况：

（1）高转速接地。当发电机的转子静止或低速旋转时，转子绕组的绝缘电阻值正常。但是，随着转速升高，其绝缘电阻值降低，当达到一定转速时，绝缘电阻值下降至零（或接近于零）。这种情况，大多数是由于在离心力的作用下，线圈被压向槽楔底面和护环内侧，致使有绝缘缺陷的线圈接地所造成的。一般这类接地点多数发生在槽楔和两侧护环下的上层线匝上。

（2）低转速接地。当发电机的转子静止或低速旋转时，转子绕组的绝电阻值为零（或接近于零）。但是，随着转速的上升，其绝缘电阻值有所升高，当达到一定的转速时，绝缘电阻上升到正常数值。这种情况，大多数是由于在离心力的作用下，线圈离开槽底向槽面压缩，致使接地点消失。一般这类接地点多数发生在槽部的下层或槽底的线匝上。

（3）高温接地。当发电机转子的温度较低时，其绝缘电阻值正常。但是，随着温度升高，其绝缘电阻值降低，当达到一定的温度时，绝缘电阻值下降至零（或接近于零）。这种情况，大多数是由于转子绕组随着温度上升而伸长（膨胀），当伸长到一定的数值时，便发生了接地。一般这类接地点多数发生在转子线匝的端部。

43 转子线圈接地后如何检修?

答：转子线圈接地点位置确定后，视接地点在端部引线部位还是在槽部或护环底部而决定修理方法。一般接地位置在端部引线部位时，应尽量在不拆护环的情况下，进行故障部位的清理和绝缘的包扎修补。若故障点在护环底部，则拆下护环进行绝缘修复。若故障在槽部，还需打出槽楔进行修理。找出故障点后，首先要清理故障点（接地点）周围的线圈和绝缘，然后修补包扎好绝缘。一般修理转子绝缘用云母板、塑料云母板、无碱玻璃丝带、硅有机漆等。如线圈铜线烧损严重，还应用银焊条补焊或补接新铜线。

44 转子绕组匝间短路如何修理？

答：如匝间短路点在端部，可用特制专用工具将短路线匝略微撬开一点检查，短路消失后，用刷有有机硅漆做粘合云母板垫入匝间，压平撬开的线匝即可。若短路点在槽线部位且短路点在槽中部，就要根据短路的严重程度，打出槽楔修理匝间绝缘。若短路点在靠近槽楔的孔匝处，可打出槽楔取出楔下垫条，从端部在短路线匝之间沿槽插进一根适当厚度的压板或扁条。注意，通条头部要锉成斜面，两边为圆角，宽度比导线窄 2～3mm。将通条插入短路点处检查，短路消失后，将抬起，再沿通条塞入 0.5～1mm 的绝缘垫条，抽出通条端部线圈和垫条间涂绝缘漆；测试短路确已消失，将铜线压平压紧，打入槽楔，再进一步测试短路点是否消失。

发电机转子绕组的直线部分匝间绝缘，采用经过长期运行考验的 3240 环氧玻璃布板，经打毛处理，其厚度为 0.8mm。匝间绝缘按设计尺寸加工通风孔后，用环氧胶粘剂与导体热压粘结为一体。

端部匝间绝缘采用聚酰亚胺薄膜聚酰胺纤维纸复合箔，它除具有机械、耐热、电气强度高等特点外，还具有一定的柔韧性。端部匝间绝缘胶黏剂选用 204 缩醛—有机高分子黏合剂，上述匝间绝缘的组合修复发电机转子匝间绝缘是相当可靠的。

45 简述转子槽口绝缘的修理方法。

答：一般情况下槽口绝缘非常可靠，不易损坏，但是机组运行日久后，也有损坏的可能。如果槽口绝缘套以及附加绝缘普遍损坏，则应在恢复性大修时更换槽套和附加绝缘；个别损坏时，一般可进行局部修理。具体方法是：拆去端部和槽口处的绝缘垫块，吹净积灰，擦去污渍。若缝隙和转角处积灰吹不掉，可用很薄的竹片、环氧树脂板或小毛刷刷去（特别注意不要损坏槽绝缘），再用压缩空气吹掉。测量绝缘电阻值应稳定，且应大于 1MΩ，然后进行槽口绝缘修补。

用醇酸漆和云母粉调合的填充泥，涂塞在槽口绝缘损坏处的缝隙内以及线圈与本体之间的转角处，使之形成一个圆角，以增加线圈与转子本体间的爬电距离。然后包 2～4 层厚 0.1mm 的玻璃丝带，将填充泥形成的圆角全部包进，且第一、二层不要包得太紧，以免将填充泥挤出，玻璃丝带不要包得过长，以免影响散热。新包玻璃丝带上应涂绝缘漆。所有槽口绝缘损坏处经处理后，给端部线圈喷一层 H30—2 环氧漆。干燥后，垫好端部与槽口垫块，再测量一次绝缘电阻，合格后即可包护环绝缘，准备装复护环。

46 简述定子线圈的检修内容。

答：（1）检查定子线圈绑绳和槽楔是否因干缩而发生松弛。对于槽楔松动应加衬垫或给予更换。更换时，使用专用工具将槽楔打出，以免损坏线圈和铁芯。

（2）检查端部线圈的固定情况。端部线圈绑线不太松弛时，可在绑线下部塞入绝缘纸板垫紧；若松弛严重，则应重新用新绑线绑扎牢；端部线圈间的木质隔离垫块干缩破裂时，应更换新垫块，重新绑扎牢固；如端部线圈变形部分下垂，下垂线圈与非磁性环间发现有间隙时，应用木垫块垫紧，再用绑线绑牢。新换绑线和垫块后，应涂刷一层防潮漆和防油绝缘漆。

（3）检查端部线圈绝缘是否有膨胀现象。端部线圈的绝缘膨胀不太严重时，可用加强绝缘的方法处理：去掉膨胀处表面一二层绝缘，加热排除里面的潮气，然后涂刷绝缘漆，再在表面缠二三层胶合云母带，最后半叠绕地缠一层绸蜡带，用白布带扎紧，涂刷绝缘漆后即可。

（4）检查端部线圈表面防护漆层是否有脱落现象。定子端部线圈表面防护漆层脱落的情况是常见的，若端部线圈绝缘并无破坏，仅仅是漆层脱落，则可重喷绝缘漆层；若原有漆层脱落严重，则应将原有剩余漆层除去后，重喷二、三次，里层喷防潮漆，外层喷防油漆。

（5）检查端部有无从轴承向线圈溅油的情况。检查定子线圈若有从轴承向线圈溅油的情况，切不可麻痹，应查明进油的原因，一般应注意密封瓦的装配和密封系统是否严密。

47 简述定子线棒接头焊接的方法。

答：（1）将发电机底部的排气、排油管口堵住，以免落进脏物。

（2）拆下端部紧固零件和垫块，并做好标记，以便做到原拆原装。

（3）剥开接头的并头套绝缘物，并记录所拆下绝缘材料的规格、包扎层数及包扎方法，采取绝热措施（可用石棉布、石棉绳、石棉泥等包住端部及相邻的端部接头，以防烧坏周围绝缘），因为银焊时加热温度较高，应做好防火和隔热的工作。

（4）用锉或砂纸清除每根股线上的氧化物，清除长度约为20mm，若股线已烧断，应用银焊接长。

（5）注意焊接后接头的长度不能比原来的长度增加过多，以免装复时距风挡板或端盖过近。清理接头上的毛刺及残余溶剂等杂物。

（6）测量直流电阻，合格后在接头上涂填充泥。填充泥可用绝缘漆加云母粉或云母材、石英粉各50%调制，也可用环氧树脂与适量的云母粉及石英粉调制而成。涂好填充泥后用半叠包方法包一层玻璃丝带，再包扎绝缘带（层数根据额定电压而定），最外层再包一层玻璃丝带，并涂上绝缘漆。

（7）装垫块，更换已损坏的绝缘垫块。

（8）进行有关电气试验，合格后，焊接工作结束。

48 简述更换部分静子线棒的工艺。

答：发电机不论在运行中或在预防性试验中，发生线棒绝缘击穿时，就需要更换备用线棒（备用线棒要用专用的托架存放，并且要一年做一次绝缘试验）。如果是下层线棒被击穿，则必须取出一个节距的上层线棒后，才能将被击穿的下层线棒取出更换，为了保证检修工作的顺利进行，更换线棒前必须进行详细的部署和充分的准备。

对于沥青浸胶云母带绝缘的线棒，其绝缘在冷状态下是脆性的，取出和嵌放时容易受损，因此在取出和嵌放线棒前可用直流电焊机给线棒通电，将线棒加热到80℃左右。加热后的线棒弹性增加，可减轻其受损的程度，但对环氧粉云母热弹性胶绝缘的线棒，则不必加热。旧线棒取出后（不论是取出的线棒或备用线棒，搬运时需用托板托住直线部分，以防止直线部分绝缘损坏或变形)，应放在专用的平台上。为了取出被击穿的下层线棒（简称底线)，必须先取出压住它端线的全部上层线棒（简称面线)。这些取出的面线还要利用，故在取出面线时就应非常小心，尽量使其不受损伤。线棒取出后，仔细进行检查，修补破损线棒。不论对留用的线棒还是备用线棒均需做耐压试验。

具体方法如下：

(1) 从槽中取出线棒拆除待取线棒的垫块、绑带、夹紧板等，打出槽楔，并按顺序编号、记录，妥善保管以利装复。剥去接头处绝缘，烫开接头，用压缩空气吹扫槽内、槽口，清理铁芯、槽口的漆膜、毛刺等。对于300MW机组还要取掉槽口处的橡胶挡风块。

取线棒时先从线棒两端直线部分的空隙入手，将两端慢慢稍微抬起，如线棒较紧，用手抬不起来，可以用软质绳索或带子从槽口处上、下层线棒间穿过，绑在木棒上向上抬起1～2mm，然后将绳索从线棒两端向膛中心移动200～300mm，在相应的通风槽内的上下层线棒之间穿过。再穿第3、4根绳索，直到整根线棒穿好等间距的绳套。在穿钢丝和绳索时，如因间隙太小而感到阻滞时，不得硬拉，以免将线棒表面保护带和半导体漆损坏。绳套穿好后，分别套在0.6m左右长的木棒上，木棒的一端支承在附近的铁芯上，另一端用手提着，在统一指挥下，同时均匀用力使线棒上抬直至取出。此时处于线棒两端的人，除了随着提取外，还要掌握线棒的直线部分和槽口绝缘。由于300MW机组定于线棒对地绝缘与防晕层采用一次成型结构，即线棒直线部位在主绝缘外包一层低电阻石棉带，以保持线棒与铁芯槽壁的低电位，槽外线棒至端部，半叠包一层非线性碳化硅高阻玻璃丝带和两层附加绝缘。为此，在提取线棒时要格外小心仔细。

100MW以上电压高、容量大的机组，在更换部分线棒时，为了保证线棒绝缘免受损伤，应使用专用取线棒工具，这样可使线棒直线部分受力均匀，易从槽中提出，穿过线棒的绳索按同样松紧绑在一根与线棒等长的钢管上，利用横担上的螺杆将线棒拉出，各螺杆的上提速度应相等，以保证线棒受力均匀。横担与拉紧杆的数量应按机组铁芯长短与线棒在槽内松紧来决定。一般两根拉杆的间隔为500～600mm。

(2) 往槽中嵌放线棒。损坏线棒从槽中取出后，对铁芯进行详细的检查和清理，必要时对铁芯进行修理。嵌线前应再一次检查槽内是否清洁，对待下线的线棒（备用线棒）应进行试验并合格，分清上层线棒还是下层线棒，是汽侧还是励侧均核查无误后，量好两端伸出槽口的长度，做好记号，然后开始下线。对沥青浸胶绝缘的线棒仍需要加热软化，对存放多年的沥青浸胶绝缘的线棒，还要进行几何尺寸核对，必要时要对线棒加热模压整形。嵌放时，将线棒端部渐伸线放平，将线棒从励侧慢慢穿入，线棒进入膛内应立即转到嵌线方向，使线棒的两个侧面与铁芯槽口的两个侧面平行，以防绝缘被铁芯槽口擦伤。入槽时，先将线棒一端入槽，再向直线部分加压，使整个线棒入槽。待整个线棒入槽后，检查并调整两端伸出槽口部分的长度，至符合原始记录后，再向线棒的直线部分均匀加压，将线棒压紧。检查槽内无异物，垫好槽条打进槽楔，进行耐压试验并合格，然后进行线棒接头焊接、测试、包扎绝缘及涂漆。注意50MW以上机组在绝缘包扎完后要进行电位移试验。全部嵌线工作结束后，再进行整体交、直流耐压试验及其他规程规定的有关试验。检修工作结束后，应对发电机的冷热风道、汇流管的水接头部位、挡风块以及工作现场进行一次全面检查和清理，检查有无异物（特别是小金属件）遗留在定子风道内。

49 简述局部修理发电机静子线棒绝缘损坏的工艺过程。

答：当发电机在运行或预防性试验中发生定于线棒绝缘击穿，并因故不能更换备用线棒，或不需更换线棒时，可以采用一些简易可行的局部修理方法。

（1）用电工刀清理掉老的主绝缘，但要防止股线绝缘受到损伤。

（2）主绝缘的清除从端部开始，剥掉主绝缘的同时，从线棒鼻部起每隔 300～400mm 用斜纹布带将股线扎紧。

（3）对剥除主绝缘后的线棒进行检查试验，清除裂纹、撞伤、压痕，断线以及股线短路。

（4）用四氯化碳、工业酒精等擦洗整个线棒，保证线棒清洁干净。

（5）沿整个线棒长度用斜纹布带半叠包扎紧线棒，在 105℃时加压 3h，并在压模中冷却到环境温度。

（6）线棒加压后核对尺寸，满足槽部要求。

（7）拆去斜纹布带，进行主绝缘包扎。主绝缘的第一层粉云母带是将线棒全长按包 400～500mm 的长度，间隔 200mm，分段进行半叠包扎，从线棒的励端开始直到汽端，以保证线棒绝缘的连续性。注意，在包主绝缘的每一层粉云母带时都要尽力拉紧。

（8）主绝缘包完后，放入“V”型压模中加压，此时将压模温度升高到 110～115℃，同时将线棒压到给定尺寸，在 110℃温度下保持 3h，直至绝缘固化。

（9）检查线棒成型质量，合格后，在线棒端部的粉云母带上再半叠包一层玻璃丝带。

（10）对线棒进行有关试验并进行半导体漆涂刷，线棒直线部分（槽部）刷半导体漆，且要盖住槽刷的漆表面。

50 简述静子线棒端部防护绝缘的修复方法。

答：当发电机上层线棒端部防护绝缘损坏后，不必取出线棒就能修复。修复的办法是在端部的损坏处拆掉绑线及垫块，去掉损坏的玻璃丝带，并清理干净后重包绝缘，再刷漆即可。线棒端部出槽口防护绝缘的修复与上述方法类同。

51 简述静子线棒端部主绝缘的修复方法。

答：由于种种原因，线棒端部主绝缘也常有损坏现象。损坏严重的必须更换备用线棒，损坏深度不超过绝缘厚度的，可以局部修复。具体方法是在绝缘损坏处削成长度不小于 50mm 的锥形坡口（线棒的各个面均做成锥形坡口），用工业酒精或四氯化碳将坡口擦净，并用云母粉和环氧树脂混合后填平坡口，待其固化后包上粉云母带。注意新包绝缘与旧绝缘要妥善搭接。

52 为什么要重视发电机定子绕组过热保护的监测技术？

答：发电机定子绕组无论采取哪种冷却方式，它在运行中，由于各种损耗的产生而发热，温度有所上升这是正常现象。但关键是温度超过允许值，就会影响其绝缘寿命，甚至使定子绕组彻底损坏。为了使发电机定子绕组能在给定的温度范围内安全运行，除了运行中给予多方面的调整之外，还要对发电机定子绕组温度给予连续监测，并安装过热保护装置。通常发电机定子绕组都装有测温装置，而且均可在运行中进行连续监测。

53 简述定子铁芯的检修及基本要求。

答：（1）检查定子铁芯是否松弛，表面有无锈斑。

在铁芯表面、通风沟内和硅钢片组的通风孔内发生锈点是铁芯松弛的主要征状。若发现有这种锈斑，应清理干净，涂上绝缘漆。有条件时，铁芯硅钢片之间可灌漆或垫塞云母片，然后将其加紧；锈斑严重时，应考虑进行铁芯的发热试验。

（2）检查铁芯表面绝缘及槽楔碳化焦脆现象。

铁芯表面绝缘有过热变色现象及槽楔有碳化焦脆现象，主要是由于组成铁芯的硅钢片间的绝缘破坏，运行中损耗增加而导致剧烈发热造成的。如果发热现象不明显，但又怀疑铁芯内部存在问题时，则应考虑进行铁芯的发热试验。如确有短路，则应重新修理铁芯发热处。

（3）检查通风沟的通风情况。

通风沟应无异物堵塞，通风良好。槽楔的通风沟和风道的方向应一致，槽楔应无断裂、凸出及松动，用小锤敲打应无空声，再用小锤敲打每个通风沟内的小工字铁隔片，检查其是否紧固。

（4）检查机壳的焊缝。

机壳的焊缝应良好无损，机壳应无裂痕，机壳内应无异物，地脚螺丝应无松动，固定部件应完好，温度计、热电偶等连线应正确和完好。检查内护板应无变形、无裂缝。

（5）检查引线连接板。

引线连接板应无变形，出线套管应完整无损。

54 简述定子铁芯松动的修理方法。

答：发电机大修抽出转子后，定子铁芯松动是很容易发现的。在铁芯表面，通风槽内发生锈点是铁芯松动的重要标志。修理时，首先用硬质绝缘材料，如竹或胶木等做成的铲子，将锈点小心刮掉，用压缩空气吹掉锈沫。如果铁芯轭部或齿部松动，可用专用小刀或小螺丝刀将松动的硅钢片拨开，然后用0.05～0.5mm厚的云母片插入塞紧（视松动程度来确定云母片厚度）。当硅钢片松动严重时，在松动的硅钢片间用1～3mm厚的绝缘纸板或胶木板插入塞紧，但插入时一定要将绝缘纸板或胶木板修得和插入处的齿形轮廓一致，还要防止相邻的硅钢片受到损伤。把所有松弛的铁芯处理完后，用喷枪在铁芯表面喷一层防潮绝缘漆。为了防止云母片或楔子在发电机运行时脱落，可在云母片和楔子插入前涂上环氧漆。

铁芯轭部松动的修理还可以采用在铁芯的背部插入楔块的方法，即用厚度为2～3mm，宽度略宽于风道片的两根小“工”字钢，前端锉成斜面，长度不超过铁芯轭部高度的模块插入轭部，楔块应从硅钢片与风道片的小“工”字钢之间插入，使其撑紧小“工”字钢。若铁芯松动严重，不要用很厚的楔块，而应在轴向不同位置插入多个模块。铁芯齿部松动可从齿部插入，但要注意楔块的厚度为1～3mm，长度要比齿部铁芯短2～3mm，宽度比齿部稍窄，最好与齿形轮廓一致，若铁芯齿部松动严重，应查明原因并处理。处理的方法是在轴向不同位置插入多个楔块，并注意插入楔块前最好在楔块上涂环氧漆，而且插入时不要碰伤线棒绝缘和邻近铁芯。

如果铁芯边端叠片松动，则可在边端叠片和齿压条（压指）之间的间隙内打入无磁性钢楔条，并用3AT电焊条将钢楔条焊接到齿压条上。如果边端铁芯叠片的齿是由两根齿压条压紧的，则每个齿压条的楔条应单独打入，齿与风道条之间只允许打入无磁性铜楔条，同时要用电焊条把楔条焊到风道条上，但要避免铁芯熔化。

55 简述定子铁芯硅钢片皱折和短路的修理方法。

答：定子铁芯硅钢片背部靠发电机外壳上的鸽尾键固定。因此，只要铁芯外部或内部有一处短路，就会形成涡流环路。发电机大修抽出转子后，若有机械碰伤现象并形成表面短路，则可用刮刀将硅钢片边缘形成短路的铁刺去掉，使硅钢片片与片分开，再把修理处清理干净，然后涂刷一层防潮绝缘漆。若硅钢片某段沿通风道侧皱折时，首先要把皱折处清理干净，涂刷一层硅钢片漆，然后将皱折的硅钢片一一恢复过来，在恢复过程中要逐片清理边缘毛刺，皱折硅钢片全部恢复后，再把突出的部分用锉刀修平，然后用压缩空气吹净，最后涂刷一层防潮绝缘漆。

引起定子铁芯局部短路的原因也有可能是定子铁芯或定子绕组测温元件的引线在铁芯部分绝缘破坏所造成。因此，铁芯局部短路处理后，还要认真检查测温元件引线的绝缘电阻。若铁芯短路点多或面积偏大时，处理后必须做铁芯发热试验。

56 简述定子铁芯齿部损坏的修理方法。

答：发电机铁芯齿部的松动以及机械损伤没有得到及时修理，就会加剧松动，甚至产生裂纹或折断。铁芯齿部松动多发生在铁芯两端，故障的齿数多少不等。修理有裂纹的齿部硅钢片时，应先用凿子清除掉断裂部分，再用砂轮磨平刃边和尖角，然后进行涂漆处理。修理折断的齿时，先取出有关槽的线棒（如折断的数量少，可不取出线棒），清理修平，然后插入云母片和涂刷适当厚度的环氧漆，并经铁芯试验合格即可。硅钢片折断造成的空隙应用环氧树脂和石英粉（一般石英粉为70%）调制物填满，也可在空隙处配上垫块。

57 简述定子铁芯局部烧损面积较大时，采用镶补铁芯的修理方法。

答：(1) 进行铁芯发热试验，确定修理范围，清除熔焊铁芯并处理干净。

(2) 对故障影响区域中绝缘已损坏的硅钢片进行分层喷漆、垫云母片处理。处理时一定要将绝缘损坏的铁芯松开，用专用工具将硅钢片一一撑开（撑开点的位置根据垫塞云母片需要而定），撑开后垫云母片和向硅钢片间隙喷1611硅钢片漆。喷漆时可用医用针头和针管进行，也可用较低的压缩空气吹送的办法进行。

(3) 将松开铁芯时打出的风道条及压指打进铁芯，以挤紧硅钢片。由于硅钢片垫有云母，其厚度有所增加，使压指可能打不进原有的风道条。此时，可将风道条做成两半楔形，上下两半刨有止口，可防止打进压指时上下两半错位。风道条和压指都应固定牢靠。

(4) 进行铁芯发热试验，检查铁芯修理质量，对发现的问题再次处理。

(5) 制作假铁芯，用0.3～0.5mm厚黄铜叠片，中间用0.1～0.2mm厚的无碱玻璃丝布加衬，再用环氧树脂黏合在一起。采用黄铜叠片是因为黄铜不导磁且散热性好。要求黄铜板用三氯化铁加浓硝酸配制的溶液清洗。用环氧树脂采用高温黏合配方黏合，先按比例将6101环氧树脂及邻甲苯二丁酯混合均匀，搅拌后加热至120～130℃，再加入苯二甲酸酐均匀搅拌，待温度降至80～90℃时，再次加热到115℃以上，在此同时将酸洗后的黄铜板、无碱玻璃丝布及压模（两块平铁板和夹紧螺丝）也预热至120℃左右，用配好的环氧树脂涂刷在黄铜板和玻璃丝布上，每刷一层，叠一层铜板，一直叠够所需厚度，用压模压紧后进行高温固定，保持120℃经过6h后，再升至160℃保持4h，让叠块自然冷却，此时黄铜板和玻璃丝布已黏合为一整体。

（6）切削成型处拓模。为使假铁芯与铁芯相配合，可用牙科打样膏进行拓模。对于形状比较复杂的铁芯坑，为了安装方便，假铁芯可以做成几个部分，拓模也相应分成几部分，按拓模加工假铁芯，修理并打磨假铁芯铜片毛刺。

（7）镶嵌假铁芯。将假铁芯镶进铁芯坑内，为防止通过假铁芯造成原铁芯短路，假铁芯与原铁芯坑硅钢片之间垫云母，并用环氧树脂将假铁芯与原铁芯硅钢片黏结。为防止假铁芯松动，可在假铁芯上钻几个小孔，用黄铜螺丝销于将假铁芯与风道条、压指等连在一起，铜销子打入时要加绝缘。

（8）进行全部铁芯清理并做铁芯发热试验。

58 为什么要重视发电机定子铁芯的振动监督？

答：发电机定子铁芯振动主要是指发电机在运行中定子铁芯垂直方向自重的振动、双倍频率拉力的振动、突然短路时交变力矩扭转振动以及由机械力、外力引起的振动等。这些振动对发电机的安全运行危害极大，特别是发电机绕组端部的振动更是不能忽视。多年的实践经验可知，发电机定子绕组槽口部分，特别是下层绕组槽口部分，发生绝缘磨损甚至发生绕组对铁芯短路，其中铁芯振动就是重要原因之一。随着单机容量的不断增大，铁芯固定方式多采用隔振结构，为此铁芯振动也较一般机组大。为了保证发电机运行安全，目前我国生产大型机组的厂家，在机组出厂时都要对铁芯的振动进行严格的测量。根据DL/T 596规定，必要时对汽轮发电机定子绕组及引线进行自振频率试验。

59 水内冷发电机定子冷却水反冲洗应注意什么事项？

答：（1）静子线棒和引线水路的反冲洗，应在发电机停机后不带负荷和水路系统未动时立即进行，否则将会使线棒和引线水路中的污垢干固，影响反冲洗的效果。

（2）反冲洗前后要做好流量记录，反冲洗时每两小时倒换一次，反冲洗时间不得少于48h，不应间断。反冲洗后的流量应大于或等于反冲洗前的流量，否则要提高压力再进行冲洗，直到流量合格为止。

（3）发电机长期停运，应在反冲洗结束后将定子冷却水泵停止，用干燥的压缩空气将线棒和引线内的积水吹干。

（4）以上工作结束后，应将各阀门恢复到正常运行状态。

60 怎样对水冷发电机定子进行正冲洗和反冲洗？冲洗的最后标准是什么？

答：（1）正冲洗是从定子的总进水管法兰通入凝结水和压缩空气冲洗。反冲洗是用压缩空气从定子的总出水管法兰吹入，吹净剩水，再通入清洁水冲洗、吹净。

（2）正、反冲洗应反复进行，每两小时倒换一次，并清洗滤网。

（3）工作结束后，应将各阀门恢复正常运行状态。

（4）直到排出的水清洁无杂质为止，这就是冲洗的最后标准。

(5) 记录反冲洗前后的流量，进行比较分析。

61 双水内冷发电机转子冷却水正、反冲洗应注意什么事项?

答：(1) 转子线棒和各支路的正、反冲洗，通常在发电机转子抽出定子膛后立即进行，否则将会使线棒和引线水路中的污垢干固，影响反冲洗的效果。

(2) 须用除盐水进行正、反冲洗，反冲洗前后要做好流量记录，反冲洗时每两小时倒换一次，不应间断，反冲洗后的流量应大于或等于反冲洗前的流量，否则要提高压力再进行冲洗，直到流量合格为止，除流量满足外最重要的是流出的水清洁透明无杂质为止。

(3) 反冲洗要在每一个出水口逐一通水进行，进水压力控制一致，在 1.3～0.5MPa 间。有条件或为了冲洗更加干净可适当提高压力。测量要考虑转子位置的运行，一般以均匀流出为宜，与上一次记录比较，偏差不宜太大，有异常做好分析。

(4) 发电机转子每一个出水口都需要交替进行正反冲洗，反冲洗时堵住其他出水口，让进水口出水，正冲洗相反，也就是进水口进水，对应的出水口出水，其他出水口堵死。

(5) 发电机长期停运，应将转子冷却水泵停止，用干燥的压缩空气将线棒和引线内的积水吹干。

62 双水内冷发电机为什么要进行水压试验？其质量标准是什么?

答：双水内冷发电机的定子线圈和转子线圈及其水电联结管路，如果机械强度不够和密封不严，发电机在运行当中，就会发生渗漏水现象，使线圈的绝缘降低，发生匝间短路，甚至接地、相间短路，导致定子绕组着火放炮，转子接地烧坏轴瓦。因此，必须对水内冷发电机就进行水压试验。由于转子运行中离心力极大，所以转子水压试验比定子水压试验要求高。

水压试验的质量标准是：

定子水压 0.5～0.7MPa 下，8h 无渗漏现象或参照制造厂标准。

转子水压 3.7MPa 下，12h 无渗漏现象或参照制造厂标准。

63 如发现发电机有漏氢现象，应检查哪些部分?

答：发生泄漏现象时，应检查下列各部分：

(1) 各法兰及发电机本体的各接合面包括端盖、人孔盖等的密封橡胶皮绳或密封胶是否良好，各螺丝是否拧紧。

(2) 引出线套管、检温计、引线端子板是否密封良好。

(3) 冷却器密封垫各螺丝是否已拧紧。

(4) 所有关闭的阀门是否关严。

(5) 发电机本体和各管道的焊缝是否良好。

64 检查发电机漏氢有什么办法?

答：发电机氢系统的检漏，可先根据经验初步判断其泄漏量，然后用仪器（卤族检漏仪）或肥皂水涂抹法查找泄漏处。当肥皂水涂到各接合面和焊口上，有肥皂泡的地方，即有泄漏现象，找出泄漏处，即可加以消除。

65 简述发电机气密性实验的步骤。

答：(1) 大修结束之后，应进行发电机整体密封试验。试验时密封油系统应先经试验正常并投入运行，所使用的压缩空气应先通过空气干燥器，必须保证通入发电机的气体是干燥清洁的。

(2) 发电机的查漏，可用卤素检漏仪也可用肥皂液涂刷。采用卤素仪时，发电机内充入氟利昂气体量一般控制4～6kg为宜，一般是先充空气压力升到0.05MPa时，停止充空气，改充氟利昂4～6kg氟利昂时，停止充氟利昂，再充空气压力至0.3MPa后用卤素检漏仪进行细检找漏。

用肥皂液时通过涂刷观察气泡来进行。所用的肥皂液稀稠度应适当。重点应检查在运行中不能检查到的或不能处理的部位，如发电机套管、发电机母线处的法兰等部位。

(3) 所有漏点处理之后，需对发电机进行静态下的气密性试验：在额定压力下，以24h的全部漏气量不超过发电机气体总容积的5%为合格，可参照JB/T 6227—2018氢冷电机气密封性检验方法及评定方法来判断。此项试验不要与冷风器通水试验同时进行，以免由于温度的不正常变化造成误判断。

66 氢冷发电机密封系统的检修方法与要求是什么？

答：对氢冷发电机密封系统的检修主要是机座与端盖之间密封和氢冷发电机的油密封。对机座与端盖密封的检修方法是在这部分的密封结构中即机座与端盖、上下盖的合缝面上的鸠尾槽中放入中等硬度的丁腈橡胶条或是在室温下填入液体的密封胶。使用此胶要注意端盖无变形，拧紧螺丝时机座与端盖间的间歇一般不能大于0.05mm。使用前要用丙酮清洗结合面的油垢，擦干后再在槽内填入730密封胶，沟槽两侧及结合面上涂609密封胶，涂后立即装配。发电机的油密封必须保证密封瓦乌金面与大轴之间的间隙符合制造厂的要求，装配密封瓦座时保证与端盖结合面平整，密封瓦支座汽、励侧不能混装，密封瓦装前应在铁平台上检测，内径与制造尺寸一致，一般测6点最大偏差不小于0.05mm，平面0.05塞尺塞不进。(可考虑测量时的温度系数)，对发电机其他部件的密封，如冷却器端盖、人孔门等的结合面涂以609密封胶再垫以橡胶垫进行装配。在使用橡胶条时，注意转角及分岔处的平覆。

67 双水内冷发电机的高阻检漏仪的作用是什么？如何使用？

答：双水内冷发电机的检漏仪的作用是用来监视发电机定子、转子绕组有无漏水及结露情况。双水内冷发电机均选用GJ—4型高内阻检漏仪，正常运行时按下“测量”“并联”两键，检漏仪测量并联阻值，并能自动在不大于150MΩ时报警。在对发电机巡检过程中，应分别按下“1”“2”点按钮检查两点的阻值。在装置报警时热控盘发“发电机漏水”光字牌，此时，应按下“测量”键后，再分别按下“1”“2”键，判断是汽轮机侧还是励磁机侧漏水(或结露)。

检查装置是否正常应按“自检”按钮，装置“报警”灯及“发电机漏水”光字牌应亮。自检完毕后应按下“测量”键。

68 发电机氢气干燥器的检查及操作规定有哪些?

答：发电机氢气干燥器的检查及操作规定有：

（1）正常时每天至少应对氢气干燥器检查两次，检查装置完好，各闭锁开关均在正常位置，蒸发器在“间断”位置，干燥器进出口门，冷凝器进出口门已打开。

（2）开机后，干燥器应投入运行，停机后应停运干燥器。

（3）发电机运行中，氢气露点TD值大于5℃时应开启氢气干燥器运行，低于－10℃时应停止氢气干燥器运行。

（4）每天白班应排水一次，并做好记录。

（5）各项操作应严格按照相关规程进行。

69 什么是发电机绝缘的在线监测？在线监测有哪些方法?

答：在线监测是区别于我们所熟悉的常规离线绝缘测试方法如介损、泄漏电流测试等，而在发电机运行工作电压下对发电机绝缘进行的连续测量。目前发电机的绝缘在线监测主要是局部放电的在线监测。在发电机内（或出线回路上）永久性地安装传感器，这些传感器可以连接到便携式的局放测试仪，对局部放电进行定期监测，或连接到某种固定式的局部放电监测系统进行持续监测。目前在线监测主要指后者。局部放电与发电机定子绕组的绝缘状况密切相关。应用在线监测系统，可以对运行中的发电机持续地进行局部放电监测。连续测取比离线监测能测取到更真实地反映发电机绝缘状况的数据。

绝缘在线监测方法按所取信号的种类可分为非电测法和电测法。

非电测法是通过声学、特征气体等非电参量进行监测的方法。这些方法的优点是无需测取电量，测量中不受电气干扰。缺点是判断依据存在准确性方面的问题，也不能定量。主要有：

（1）超声波检测。局部放电同时产生声脉冲，其声信号非常微弱。超声波检测即将其声音信号转换为电信号后放大输出。

（2）特征气体检测。如臭氧浓度检测法，由于臭氧是发电机电晕的特征气体，通过对臭氧浓度的测试来判断发电机电晕的状况。在发电机风洞里就设置了臭氧检测装置，以确定发电机在运行中的局部放电强度。

（3）离子式过热诊断法。这种方法是将发电机冷却用的循环介质气体（氢气或空气）采样引入到测定器内，利用发电机绝缘因局部放电后产生的热解离子，通过检测离子浓度的方法来检测发电机的绝缘状态。这种方式应用很少。

（4）气相色谱法。这种方法是从发电机中采集气体，利用气相色谱分析法来推定采得的气体中的有机物成分，这种方式也只能由于氢气冷却的发电机，根据循环氢气中的所含混合其他的成分和数量，来推断绝缘的状态。后两种化学方法不适合水轮发电机使用。

电测法即在线监测发电机运行过程中局部放电的电量参数，如绝缘局部放电时产生的脉冲电流（脉冲电流法，即ERA法）或局部放电时产生的电磁辐射波（无线电干扰电压法，即RIV法）等。脉冲电流法可以根据局部放电的等效电路来校定视在放电电荷，相对检测灵敏度也较高。目前脉冲电流法是发电机局部放电在线监测应用最主要的方法。

70 简述发电机局部放电在线监测电测法的主要方法。

答：发电机局部放电在线监测，目前以电测法的脉冲电流法（ERA）为主流方法。根据检测装置响应带宽，发电机绝缘的局部放电装置可分为窄带检测装置和宽带检测装置，目前的检测设备普遍都采用宽带装置。

发电机在线局部放电监测的首要关键技术之一是如何取得故障信号，也即根据传感器而对应的检测技术。根据发电机的局部放电在线检测传感器的型式和布置，主要有以下几种监测方法：

（1）发电机中性点耦合射频监测法。

其理论原理是：当发电机内任何部位产生局部放电时，都会产生频率很宽的电磁波，而发电机内任何地方产生的相应的射频（radio frequency）电流会流过中性点接地线，因而局部放电的传感器可以选择在中性点接地线上，从而提取局部放电的电磁信号。发电机主绝缘上的局部放电，可以看作是一个点信号源，由局部放电所引起的电磁扰动在空间内产生的电磁波，由于发电机不同槽间电磁耦合比较弱，所以可以用传输线理论来分析脉冲在绕组中的传播，即绕组中的放电脉冲以一定的速度沿绕组传播。根据这种理论，在发电机中性点处安装宽频电流互感器，就可以监测到局部放电高频放电波形，以监测发电机内部放电量及放电量变化。

射频监测法利用宽频带的高频电流传感器从发电机定子绕组中性线上拾取高频放电信号，以反映定子线圈内部放电现象。这种监测法的优点是中性线对地电位低，高频 CT 传感器制作与安装相对容易；缺点是由于信号衰减厉害，对信号处理技术要求较高。另外，不同大小的发电机，其槽间的电磁耦合差异较大，并不都是可以忽略的，故传输线理论分析有很大的误差，尤其对槽数多的大型水轮发电机。

（2）便携式电容耦合监测法。

20 世纪 70 年代加拿大研制的一种局部放电在线监测装置。监测放电信号时，将 3 个电容（如每个 375pF，25kV）搭接在发电机三相出线上，信号通过带通滤波器（如 30kHz～1MHz）引入示波器，并显示出放电信号的时域波形。这种方法在加拿大的一些电厂目前仍在应用。它的缺点是要依靠有经验的操作人员来区分外部干扰信号和内部放电信号。

（3）发电机出口母线上耦合电容器法。

传感器采用固定安装形式，在发电机出口母线上的每相安装一个电容耦合器和在发电机中性点安装一个电容耦合器或高频电流传感器。其原理是安装于母线出口的电容耦合器用于测取来自发电机定子绕组内部的局部放电脉冲信号；安装在中性点上的电容耦合器用于监测现场的空间噪声，相应测试仪器为 4 通道的监测仪器。这种方法对应的测试仪，采用硬件和软件等方法对现场主要影响局部放电测量的噪讯进行消除。如来自励磁的电刷产生的噪声是通过系统分析软件进行消除；来自空间的噪讯通过天线接收，采用对比的方法进行消除。也有的未采用中性点部位的传感器，而采用软件法消除噪声。其中一个缺点是耦合电容位于发电机高压侧，其本身的可靠性影响到机组的可靠性。这是目前应用比较多的一种方法，水轮发电机和汽轮发电机均能使用，在欧洲应用较多。

（4）发电机出口母线上成对耦合电容器法。

这种方法的局部放电信号是通过安装在发电机定子绕组上各相汇流环或发电机出口母线上的高压耦合电容器获取的，每相各有一对耦合电容器，每对耦合器的安装位置有一定的空间距离，以便消除来自电机外部的干扰。

由于每相安装有一定空间距离的双传感器，利用放电脉冲信号和外界干扰信号到达两个传感器的时延的不同，来消除随机脉冲型干扰信号，利用绕组内放电信号和外部噪声信号在绕组中传播时具有不同特点来抑制噪声，提取放电信号。同时，利用数字滤波、幅值鉴别、动态阈值等软件处理方法滤除其他干扰。传感器耦合到的 6 路信号进入信号调理单元后，经由多路开关选通其中一相对应的两路信号进行放大处理，然后进入采集卡，再由采集卡转化为数字信号实施监控和数据处理。

这种监测法适用于水轮发电机，因水轮发电机相对体积大，便于耦合器安装。此法是以成对耦合器上的两并联支路完全对称来消除干扰的，实际上使两支路参数完全对称是很难的，因此应尽可能减少这种不对称或采用延时线进行补偿，以提高抑制干扰的能力。另一缺点同上，即耦合电容的可靠性影响到机组的可靠性。北美的公司较多的采用了这种监测法。

（5）发电机定子槽耦合器法。

这种方法是直接在定子槽内安装耦合传感器 SSC，这种定子槽耦合器是一种用于检测局放信号的“天线”，它装在靠近出口端的定子槽的槽楔下面。每个 SSC 约 50cm 长、1.7mm 厚，与定子槽等宽。定子槽耦合器在频率从 10～1000MHz 范围内有相当好的频率响应，因此它能检测到沿定子槽的高频信号比较真实的脉冲波形。

定子槽耦合器最先是为了能在大型汽轮发电机有效地检测到局部放电脉冲而提出的，它的重要特点是对局部放电和电噪声能产生不同的脉冲响应。理论研究与实际测量表明，定子绕组产生的局部放电脉冲约以 1～5ns 宽的脉冲能被 SSC 检测出来，而所有的各种内部与外部噪声则以大于 20ns 宽的脉冲形式被检测出来，这是因为噪声经绕组传播时，定子绕组起了自然滤波的作用。脉冲宽度的这种明显差别使得它能很容易把定子局部放电和其他干扰噪声区别开来。

这种方法适用于大型汽轮发电机使用，其优点是局部放电信号和噪声信号的区别能力强，灵敏度在这几种方法中也最高；但此法要求在发电机绕组的槽楔下面埋设特制的 SCC，故在耦合器的制作与埋置方面成本很高，在多支路多槽数的水轮发电机的应用中受到限制。

（6）以埋置在定子槽里的电阻式测温元件导线作传感器的监测法。

这种方法是把埋置在定子槽里的某些电阻式测温元件（RTD）导线作为局部放电传感器，而不需另装其他传感器。这种方法理论上与 SSC 法有相似之处，且利用预先埋置在定子某些槽里的电阻式测温元件（RTD）导线作为放电传感器测量局部放电脉冲，对发电机回路不会带来任何影响，附加成本低。这种局放传感器频率特性也较宽（3～30MHz），便于将局放脉冲与噪声脉冲区别开来。这种方法目前还处在探索实验阶段，应该说这是一个很有发展前景的监测方式。

我国目前还没有颁布发电机局放在线检测的相关标准，IEEE 在其 2000 年颁布的关于电机局部放电监测的试用标准中，主要推荐了采用电容耦合法与定子槽耦合法进行发电机局部放电在线监测。

第二节 三相高压电动机的检修

1 铸铝转子故障对电动机正常运行有何影响?

答：铸铝转子的缺陷不仅会使电动机的效率降低、温升增高，噪声加大，振动增加甚至使电动机无法启动和运行。

对铸铝转子故障的检查主要是看其有无断条、裂纹、气孔、缩松和缩孔等。由铸铝工艺不良引起的故障，如裂纹、气孔、缩松和缩孔在制造厂即已预处理，在运行中多数发生均是断条故障。

2 铸铝转子产生断条的主要原因有哪些?

答：产生断条的主要原因是制造质量差。铸铝所用原料铝不纯、熔铝槽内杂质较多，杂质混入铝液，注入转子，在有夹渣的地方就容易形成断条；铸铝工艺不当也是转子断条隐患，如铸铝时铁芯预热温度不够，手工铸铝又不是一次浇注完毕而中间出现停顿，使先后注入的铝液结合不好，铸铝前铁芯压装过紧，铸铝后转子铁芯胀开，使铝条承受不了过大的拉力而拉断等。

3 鼠笼转子部分断条对电动机正常运行有何影响?

答：鼠笼转子部分断条后，电动机虽然能空载启动，但一加负载转速就会下降，定子电流就会增大，这时如用电流表测量三相电流，就会发现电流表指针不稳，来回摆动。

4 鼠笼转子断条故障的查找方法有哪些?

答：(1) 电动机尚未拆开前的检查。将定子绕组接成星形，每相接一只电流表，加上三相低电压（10%～15%额定电压），同时用手慢慢盘动转子，如果转子笼条是完好的，则电流表只有均匀的微弱摆动；如果转子笼条有断条故障，则电流表指针便摆动较大。这种检查只能说明转子有断条，但不能查出具体断条处。

(2) 对于双鼠笼转子，可在电动机带负载的情况下观察，如果电流表指针随着二倍转差频率的节拍而摆动，且有周期变化的嗡嗡声，则说明转子绕组的笼条中可能存在断条。

(3) 用断条侦察器检查，如毫伏表读数较大，则无断条；如毫伏表读数较小，则可准确判定鼠笼转子断条的槽位。

(4) 电磁感应法。如果笼条完好，则电流表读数变大；若笼条有断裂等缺陷，则电流表读数变小。此方法与断条侦察器只能找出有断条的槽，但断口的位置不能确定。

(5) 大电流铁粉法。在转子上撒上铁粉，轴向通 300～500A 的电流，在磁场作用下，铁粉自动沿槽面排列成行，如有断条或缺陷，则铁粉出现断口或稀疏现象。用此法可准确找到断口的具体位置。使用此法时应注意在试验后需彻底清除所撒铁粉，切勿使铁粉残留在转子通风沟里。

5 简述焊接鼠笼转子的结构。

答：焊接鼠笼转子是采用成型裸铜（或铝）导体作为笼条，两端与铜或铝质端环焊接起来制成。笼条截面有圆形、矩形、楔形等多种形状，端环通常在铣、刨或钻孔后与笼条相焊接。在某些小型异步电动机中也可不用端环而直接将铜条敲弯焊接起来；在双鼠笼转子中，一般内外端环是分开的，但也可以设计为共用端环。

6 焊接鼠笼转子断条故障的原因有哪些?

答：大型异步电动机在启动、运行时，离心力、电磁力、热应力较大，长期使用后，可能出现因上述离心力、电磁力、热应力而引起笼条断裂的发生。尤其是启动时间较长的2、4极电动机，更容易发生此类故障。

另外，由于端环不是由整块铜料锻成，其接缝焊接不良，在运行中受热胀开，也是引起笼条断裂发生的又一原因。

7 简述铸铝转子端环开裂补焊的修理方法。

答：修理开裂的铝制端环时，常沿裂纹两边用尖凿剔出坡口，然后用氩弧焊接设备进行补焊。如无氩弧焊接设备，也可用下述方法进行补焊。先将锡（63%）、锌（33%）、铝（4%）混合后加热熔化，铸成直径为6～8mm、长约300mm的焊条，补焊时将转子水平放置，补焊处朝上，清理转子表面油垢，在裂纹两边剔出坡口，用喷灯加热端环至400～500℃，开始补焊；让熔化的焊剂注入裂缝，并填满裂缝。

8 简述铜笼转子笼条与端环焊接处局部开焊故障的修理办法。

答：（1）首先应清理故障处旧焊瘤和氧化皮，然后用酸洗法去除旧焊缝的袖污，用30%硫酸溶液清洗，并在焊缝周围用尖凿剔出坡口，并彻底清理干净后才能施焊。

（2）最好选用45%银钎焊料（钎303），它的熔点低，可避免在焊接时因高热产生内应力和降低焊缝和母材的机械强度。

（3）开始加热端环，采用数把焊炬同时加热端环（视电动机容量大小而定，2000kW电机采用4把即可），要求加热均匀。当温度达400℃左右时，再改用一把焊炬集中加热施焊处，要求中性火焰，在焊缝处涂上熔剂，当焊缝温度达到800℃左右时，将银钎料触及焊缝处，润湿并填满焊缝，形成钎缝，使钎料与端环相互扩散，并牢固地结合在一起。

9 简述转轴磨损的四种修理方法。

答：（1）细焊丝二氧化碳保护焊接法。采用二氧化碳保护焊接设备，在转轴磨损的表面上堆焊金属效果较好。因为细焊丝二氧化碳保护焊热影响区小，所以轴变形小，同时堆焊多层时，不必清理焊渣；效率较高。施焊时，控制焊接电流为90～120A，焊接电压23～26V，焊丝直径选0.5～0.8mm，达到堆焊尺寸后，将转轴放在车床上加工到所需配合尺寸。

（2）在没有特殊专用设备情况下，也可以利用普通直流电焊机进行堆焊。选用焊条直径2mm，焊接电流100A左右，焊后采用氧—乙炔火焰局部退火。实践证明，这种方法设备简单，操作方便，不会引起很大变形。

（3）低温镀铁修复法。磨损量大于0.2mm的磨损件，如转轴、铸铁端盖和基座等，均可采用此法，其优点是：成本费低，货源充足；设备简单，节约电能，沉积速度快，达0.4～0.6mm/h，无毒害，生产效率高；镀层厚，耐磨。因此很适合现场修复磨损件。

（4）氧乙炔喷涂法。采用氧乙炔喷涂法修复磨损的转轴，是利用普通氧乙炔火焰的热能，将合金粉末加热至一定温度，使金属粉末以150～200m/s的飞行速度喷射并沉积在转轴待涂表面上，使粉末在高温高速和自熔状态下撞击转轴表面，形成机械结合，使转轴磨损部位恢复正常尺寸，达到修复的目的。由于喷涂温度较低，适合于要求精度较高和不允许变形的转轴修复（此法也可用于修复磨损的铸铁端盖止口）。

10 简述转轴弯曲的两种热态直轴法。

答：（1）先加压后加热直轴法。将转轴凸起部位朝上放置，并使转轴两端在支架上放稳，然后在弯曲点附近施加压力，压力要逐渐加大，使转轴朝向凸起相反方向变形，并用千分表随时检查变形程度，然后用石棉布把不需加热的部位包盖好，露出需加热的部位，在压力下开始加热，加热的时间和加热的焊枪的选择，是根据转轴直径大小和弯曲程度而定，通常第一次加热时间需3～20min；焊枪采用3号、4号、5号不等。加热时需逐渐扩大加热范围，使加热区温度达到600～700℃，呈现出暗樱桃红色。要均匀地移动焊枪，并随时用千分表检查转轴变形程度。根据矫直程度也可在加热过程中补加一些压力。当加热直轴符合要求后，立即将加热部位用干石棉布盖上保温，使转轴自然冷却到室温，这时取消压力，用千分表测量。如果转轴尚未矫正到理想程度，可按上述方法重复矫正一次。根据修理经验，在矫轴时，可以矫过头达0.05～0.075mm，这样，当直轴修理终了后，要进行局部或全部退火处理，当轴进行退火后，这个矫过头的数值会自动消失，使直轴恰到好处。

（2）先加热后加压直轴法。当转轴变曲严重时，可采取先加热后加压的直轴方法，先在转轴弯处的整个圆周上均匀加热至600～650℃，然后紧接着用压力机加压，使转轴矫直过来。在直轴过程中，用千分表检查，当检查合格后，在压力保持不变的条件下，用于石棉布包好加热处，一直保持冷却到室温。这种直轴方法对于转轴弯曲度大的矫直效果显著，并且直轴后，运行稳定性高。

11 简述粉尘和油泥对电动机绝缘的危害。

答：（1）绝缘表面上的粉尘与油蒸气和水分长期结合，形成硬壳，在热应力作用下逐渐裂开，使绝缘漆膜和漆层也跟着产生裂缝，易造成匝间、相间以及对地绝缘击穿故障。

（2）由于粉尘的机械和化学作用，侵蚀绕组绝缘，是破坏绝缘层的主要因素。

（3）侵入绝缘缝隙中的粉尘对电磁振动导体绝缘起研磨剂作用，易造成匝间短路故障。

（4）由于粉尘作用，会使电动机介质损失增大，泄漏电流增大，缩短绝缘表面爬电距离。

（5）落在绕组和铁芯以及机壳表面的粉尘，使电动机散热条件变坏，降低通风冷却的效果。

12 简述绕组绝缘吹风清扫工艺。

答：（1）首先用毛刷将绕组间孔隙中灰尘刷掉，或用布带穿入线圈间的缝隙内往复拉动布带，将灰尘擦掉，然后将零部件和绕组表面灰尘擦拭干净。

（2）擦拭次序是先金属件，后是绕组本身，从上向下拭。

（3）对于油污和灰尘所形成的硬壳，需用木刮板铲除。

(4) 最后用干燥、无油、清洁的压缩空气吹拂电动机内部灰尘，压缩空气压力为0.2MPa左右。无论如何，不要先吹拂，后清扫。因为先吹拂，会把电动机内部大量的灰尘吹入绕组绝缘缝隙内，清除这些灰尘是非常困难的。

(5) 吹拂的顺序也要讲究，应由铁芯中心径向方向向外吹，然后再由中心顺槽楔的轴向方向吹拂，目的是使被吹拂的灰尘在绕组范围内的行程最短，避免灰尘重复落入绕组内。

(6) 处理因粉尘影响电动机绝缘电阻低时，应随着擦拭清扫的过程，随时测量绝缘电阻值，要一个区域或一个段地进行测试，逐步淘汰，把合格部分去掉，把影响绝缘电阻低的热条件变坏，降低通风冷却的效果。

13 如果静子油腻严重，可用什么办法清洗？

答：可利用DX-25洗涤剂或其他合格的带电清洗剂对电动机绕组绝缘进行清洗。清洗前先对电动机进行吹风清扫，然后用喷枪吸进DX-25洗涤剂或带电清洗剂对电动机进行喷洗。清洗后用不含水分的压缩空气吹干，也可自然风干。使用时要注意通风，远离火种。

14 定子绕组若出现端部匝间短路或引出线击穿时，可采用现场修复法，该方法需用“H-4”胶，请写出“H-4”胶的配方。

答：“H-4”胶的配方为：

6106环氧树脂　　50%；

650号固化剂　　50%；

填充剂（云母粉或玻璃丝绒）适量；

稀释剂丙酮与酒精，其重量各为树脂重量的1/50，比例为1∶1。按此比例在室温下搅拌均匀，调成糊状。

15 简述采用“H-4”胶修理定子绕组端部匝间短路的工艺。

答：(1) 用电工刀清理匝间短路的绝缘，使导体短路点露出，并将损伤的绝缘与完好的绝缘层交接处削成坡口，以增加爬电距离。

(2) 检查铜线和匝间绝缘损坏程度，切除烧损的导线段，用同样规格的导线补焊连接，然后将焊口锉平，修理平整，重包匝间绝缘。

(3) 仔细清理残留在线圈上的绝缘碎片和毛刺，然后测试线圈直流电阻值。

(4) 测试合格后，涂敷“H-4”胶达到原来线圈绝缘层的厚度作为对地绝缘。涂敷过程中，应特别注意操作地点要干净，防止杂质和导电粉尘粘在绝缘上。

(5) 绝缘修补后，在室温自然固化8～12h，然后可通电运行。

16 简述采用“H-4”胶修理电动机引出线处击穿的工艺。

答：(1) 彻底清洗电动机端部油泥，尤其引线处的绝缘缝隙内，必须用棕刷刷洗干净。清洗后烘干。

(2) 用电工刀清理烧焦部分的绝缘，使其露出新的绝缘表面，并削出坡口，用沾有酒精的白布擦拭干净。

(3) 将烧断的引线头补焊好，按绝缘规范包扎绝缘。

（4）最后将所有引线头部位均匀涂敷一层“H-4”胶。

（5）在室温下固化8～12h，绝缘表面喷两遍干灰瓷漆。

（6）如果线圈绝缘表面覆盖漆已老化剥落，建议将线圈采用中性洗涤剂整体清洗干净，经烘干后，再在绝缘表面涂刷或浸1038号漆两遍。

17 简述用自黏性硅橡胶三角带抢修高压电动机绕组的工艺。

答：（1）查出故障线圈后，用电工刀切断故障线圈及其附近线圈的端部绑线，取下燕尾垫及绑绳。

（2）加热线圈使绝缘软化，打下槽楔，将故障线圈从槽内轻轻起出。

（3）查明线圈的故障点，用电工刀削除故障点区域的旧绝缘层，并削出坡口，以增加爬电距离。

（4）再进一步详细检查线圈的匝间绝缘和裸铜线是否有损伤。如有烧损的铜线段，需用相同规格的钢线补焊，焊料采用“钎303”银钎料为宜。补焊后将焊接处锉平，打磨光滑，再用0.05×25mm聚酯薄膜带半叠包一层作为匝间绝缘。对于6kV级电动机线圈的加强匝间绝缘，可采用“三合一”粉云母带半叠包一层。如果附近匝间绝缘也烧焦，也要清理干净，用上述绝缘材料包扎，包扎时要注意环境卫生，防止粉尘落入绝缘内部。

（5）包好匝间绝缘后，还要清理附近残余绝缘和毛刺。由于自黏性硅橡胶三角带与环氧粉云母带黏结性能不太好，所以还要涂刷一层黏合剂，然后才能包扎对地绝缘。黏合剂是采用浓度为10%的A151乙烯三乙氧基硅烷，溶剂为甲苯。

（6）用自黏性硅橡胶三角带包扎线圈，包至原始厚度，最外面再包扎一层自黏性硅橡胶玻璃带作为保护带。包扎时特别注意操作地点要干净，以防止杂质和导电性尘埃黏在硅橡胶三角带上，影响绝缘的电气强度。

（7）清理槽内旧绝缘和杂物，检查铁芯线槽，然后垫好绝缘，将包扎好的线圈嵌入槽内，由于硅橡胶带机械强度较差，嵌线时要注意不能用手锤硬砸线圈，不能让有锋利刃口的东西刮、撞和刮伤线圈绝缘。

（8）线圈嵌完后，绑好垫块和线圈与端箍的绑线；打上槽楔。最好采用玻璃丝心绝缘绳和涤纶毡代替原来的冲制燕尾垫片。绑扎好后，涂上环氧胶。电动机不必干燥即可通电，通电后，使硅橡胶三角带自然硫化。

18 简述采用“三合一”粉云母带修理高压电动机绕组绝缘的优点。

答：（1）工艺性好，能保证线圈匝间绝缘与导线之间有整体性，在拉形过程中，它又能允许线圈鼻端匝间有一定相对移动，保护匝间绝缘不被拉破。

（2）机械强度较高，由于这种云母带中有一层机械强度较高的聚酯薄膜，使云母带整体抗拉强度不低于1MPa。

（3）绝缘等级高，可达B级，因此可把A级、E级绝缘的电动机通过修理提升至B级绝缘，仍按原绝缘等级使用时，可以提高电动机过载能力和运行可靠性。

19 举例说明检查绕组断路的方法和修理工艺。

答：（1）铭牌数据。TZK1420/18型，2500kW三相同步电动机，额定电压3kV/6kV，额定电流 60A/30A，50Hz，转子电压 61V，转子电流 126A，转速 333.3r/min，效率 90.2%，功率因数 0.8。

（2）故障检查。定子三相直流电阻相差 8%，分相检查后发现 C 相直流电阻偏大，其余相正常。将故障相（C 相）中 18 个线圈组连接头拆开，分别测试其直流电阻，正常线圈组的直流电阻值为 0.2Ω，而 C 相第 18 个线圈组的直流电阻值为 0.281Ω，说明这个线圈组是故障线圈组。再将此线圈组（由两个线圈串联组成的）中的线圈分开测量直流电阻，查出故障线圈。

外观检查线圈没有烧痕，判断是端部焊接点脱焊造成。又由引线看出，线圈是两根并绕，用校验灯检查两根导线，判断是一根导线断开。于是将线圈端部绝缘剥开，很快查到线圈断开处。

（3）修理工艺。

1）将故障线圈加热至 80～90℃，将故障线圈由槽内起出。

2）将导线断开处两端绝缘剥去。

3）将断开处清理干净，重新焊接导线，焊好后打磨平坦。

4）用“三合一”粉云母带包扎匝间绝缘。

5）新绝缘与旧绝缘接触部分应有 30～50mm 坡口，以增加爬电距离。

6）包扎对地绝缘，可用多胶粉云母带包扎，厚度与原始相同，最外层用玻璃丝带半叠包一层。

7）线圈通电加热，将槽外线圈边嵌入槽内。

8）测直流电阻和做电气试验。

20 简述线圈直线部分在槽内松动的处理方法。

答：对于线圈与铁槽的间隙较大者，可不必起出线圈，直接用绝缘板（如天然云母片等）塞入间隙内固定线圈，然后再浸漆，效果更好些。

为保证槽楔在槽内固定良好，应采用短槽楔。如果原有槽楔较长，可锯短使用。对于松动的槽楔，需在楔下加垫条，使高度适宜，然后再打入槽楔。

21 简述定子铁芯的扇张修理方法。

答：定子铁芯的扇张修理方法为：

（1）增加辅助压圈。

（2）采用环氧胶黏结冲片。用汽油将扇张的冲片内油污和锈迹冲洗干净，然后将配制好的环氧胶注入扇张冲片缝内，再用夹具将扇张冲片压紧到正常位置，在压力下室温固化 8～12h 后，卸下压紧装置。

（3）如果是个别齿压板被碰而翘起，可用铜棒将个别朝外张开的齿敲平即可。

22 简述铁芯两端冲片松动的修理方法。

答：铁芯两端冲片松动时，可用铁板做成槽形楔条插入齿压板和铁芯缝内，打牢后再用电焊焊牢。也可以采用中性洗涤剂清除油垢和锈迹，然后涂上环氧胶，在压力下室温固化 8～12h。

23 简述铁芯中间部分松动的修理方法。

答：铁芯中间部分松动的修理方法为：

（1）铁芯中间部分出现松动时，先拆除线圈。

（2）对于螺栓拉紧的铁芯结构，需将拉紧螺栓对称均匀地拧紧螺母，压紧铁芯。

（3）内压装结构的铁芯松动，根据松动程度采取下述修理方法：

1）轻微的局部铁芯松动，采用汽油将松动部分的油污和锈迹清除，再用干净布擦拭，然后用尖刀片胀开冲片，再用云母片插入塞牢，最后用环氧树脂胶固化。

2）铁芯松动严重时，先用槽样棒4～6条在圆周对称处插入铁芯槽内，然后将齿压板焊接点切开，重新压紧铁芯，在1.5～2.0MPa压力下，将齿压板焊牢。

24 简述铁芯局部烧坏的处理方法。

答：铁芯局部烧坏的处理方法为：

（1）绕组发生短路或接地故障时产生的电弧有时会把铁芯局部烧坏，如果烧坏的面积不大，则可以不必拆散铁芯进行修理。

（2）先用扁凿铲除烧熔硅钢片的枯结块，再用小直径的砂轮打磨铁芯伤疤和凸凹不平的表面。

（3）清理铁芯，刮除毛刺，然后涂入硅钢片绝缘漆。

（4）如果铁芯局部烧损面积较大，在修理完铁芯后须做铁损耗试验。

（5）如有局部过热现象，总损耗比原始记录增大15%以上，则应将铁芯拆散，重新补配冲片，重新叠装铁芯。

25 电动机水冷却器的检修项目有哪些？

答：水冷却器的检修项目有：

（1）查看冷却器的铜管腐蚀情况，是否结垢严重，铜管的钢架是否牢固，铜管外面的钢丝罗网是否有开焊和机械损伤现象。

（2）用长柄刷子刷洗污垢，再用高压水冲洗，反复交替进行清理。也可用化学方法，采用酸洗，这样对清洗铜管上的硬垢效果较好。

（3）进行水压试验。冷却器的水压试验应按厂家的技术资料和检修规程进行。一般按试验压力5×10^5Pa，试验时间15min或冷却器运行水压力1.5倍30min，压力没有变化为合格，若发现泄漏，应焊补或用铜楔将泄漏管子堵死。

（4）检修时对冷却系统全部的密封垫进行更换。因为冷却系统的密封缺陷运行中难以处理，即使是比较短的时间处理，也要考虑电动机的负荷是否允许。因此一般情况下，冷却器大修都要更换全部密封垫，包括进出水阀门上的垫。

（5）检修中的冷却器，若腐蚀严重，漏点很多，采用堵管和补焊已很困难或堵死的管子根数已超过冷却器铜管总数的5%，则应考虑更换新的冷却器。

26 如何防止冷却器铜管内壁的结垢和腐蚀？

答：为了防止和减轻结垢，通过冷却器的冷却水应进行化学监督，按时化验，投放药剂，使水质符合规定，同时减少悬浮物。有条件时增加滤网的定期清理或采用闭式水运行为好。

27 简述交流励磁机的解体过程。

答：（1）由汽轮机拆开交流励磁机和永励磁机之间的联轴器，将永励磁机吊至指定地点。

（2）拆除汽、励两侧的端盖，并标位置记号。

（3）测量汽、励两侧风扇和挡风环之间的间隙，上下左右各测一点，并做好记录。

（4）测量汽、励两侧的定子和转子的间隙，上下左右各测一点，并做好记录，在定转子之间的下侧垫上 2mm 厚的护钢纸板。

（5）配合汽机取出两端上下轴瓦，将转子落在静子铁芯上，汽机吊去两端瓦座。取出滑环刷架。

（6）在励端轴径上套上假轴，用横杆法向汽端移动转子，直至将转子中部移出机壳，转子两端用方木垫牢固，吊住转子中心将转子移出机壳，水平放在方木上。在起吊过程中护环不得受力。转子抽出后放在方木上，其两端护环不得当支撑点。

（7）静子机座在底板上，无特殊要求时保持不动。需将交流励磁机吊离机座时，要垫上适当的方木，以防碰伤连接引线。

28 简述交流励磁机静子的检修内容。

答：（1）检查铁芯硅钢片接合是否严密和有无松动现象，表面有无锈斑、铁粉，这种现象是由于片间振动摩擦造成，可用毛刷清理干净后涂上硅钢片绝缘漆。

（2）检查铁芯端部压圈内有无变形和裂纹，铁芯表面有无摩擦、碰伤和局部过热现象。

（3）检查各通风孔应畅通干净。

（4）检查槽楔是否松动，用小锤敲试应无空声。如松动时应重新取出打紧。槽楔应完整无断裂现象。

（5）检查端部线圈有无损伤，绝缘裂纹和过热现象，引线夹和端部绝缘垫块及引线有无松动现象，如有重新绑扎处理，并涂上绝缘漆。

（6）如线圈脏污应用白布浸四氯化碳擦净，清理不到之处用竹签清除。

（7）空气过滤器拆除后用热水清洗，烘干并涂油。

（8）静子检修工作结束后，用清洁干燥的压缩空气全面吹扫干净，工作间断或结束时要用专用塑料布盖严。

（9）空气冷却器检修工艺和质量标准与发电机冷却器相同。

29 简述交流励磁机转子的检修内容。

答：（1）检查转子风扇有无变形、裂纹，铆钉是否有松动现象。

（2）检查护环、中心环应无变形、裂纹和过热现象，如有应查明原因消除。平衡块有无松动，如有应固定锁紧。

（3）用外径千分尺按护环的原始标记，测量上下左右二段二点护环直径，并做好记录。

（4）用游标卡尺按护环的原始标记，测量上下左右四点，护环与转子铁芯的间隙，并做好记录。

(5) 检查转子槽楔有无松动和位移情况，如有应设法消除。

(6) 检查滑环表面应光滑、无锈斑、烧痕、凸凹不平不应超过0.5mm，超过时应进行车铣，并用砂纸打光，光洁度应达到▽7以上。测量滑环偏心度不超过0.05mm。

(7) 测量滑环直径的最大和最小处，并做好记录。

(8) 滑环进线的螺丝楔销应紧固，接触良好。

(9) 转子检修工作结束，用干燥清洁的压缩空气吹扫干净，工作间断或结束时需用专用篷布盖严。

30 电动机组装时各部间隙的调整标准是什么?

答：电动机组装时各部间隙的调整标准是：

(1) 电动机空气间隙的最大与最小值之差不得大于平均值的10%。

(2) 轴承油盖与轴的间隙之差，不得大于10%。

(3) 风挡间隙最小值不得小于0.2mm，最大值不得大于1mm。

(4) 转子轴向窜动值应为2～4mm（轴瓦电机）。

31 检修后电动机试运行的检查内容有哪些?

答：(1) 电动机的旋转方向符合要求，无异声。

(2) 换向器、集电环及电刷的工作情况正常。

(3) 检查电动机各部温度，不应超过产品技术条件的规定。

(4) 滑动轴承温度不应超过80℃，滚动轴承温度不应超过95℃。

(5) 电动机振动的双倍振幅值不应大于表5-1的规定。

表5-1 电动机振动的双倍振幅值

同步转速（r/min）	3000	1500	1000	750及以下
双倍振幅值（mm）	0.05	0.085	0.10	0.12

第三节 直流电动机的检修

1 电刷下的换向火花等级是如何规定的?

答：1级和$1\frac{1}{4}$级火花是无害火花；$1\frac{3}{4}$级火花虽然在换向器和电刷表面产生轻微的灼痕，但允许长期运行，不致造成对电动机的威胁；2级火花的电弧能量较大，会造成对换向器和电刷的灼伤，是有害火花，只允许在过载时短时出现；3级火花是危险火花，它能导致环火事故，不允许经常出现。

关于换向火花允许等级，通常规定如下：从空载到额定负载，换向火花不应大于1级，在最大工作过载时，换向火花不应大于2级。

2 简述直流电动机的基本结构。

答：直流电动机包括定子和转子两大部分。
定子包括主磁极、换向极、机座与端盖以及电刷装置等四大部分组成。
转子由电枢铁芯、电枢绕组、换向器（整流子）等三大部分组成。

3 直流电动机的调速方法有哪些?

答：直流电动机的调速方法有三种：改变电枢电压调速、改变电枢回路电阻调速和改变励磁电流调速等。

4 为什么直流电动机换向片之间的绝缘采用云母材料?

答：因为直流电动机换向片之间的绝缘要求高，云母材料具备如下性能：
（1）能耐热、耐火花。
（2）能耐潮、吸湿性小。
（3）能耐磨，有柔韧性和足够的机械强度。
（4）热膨胀系数小。
（5）绝缘性能良好。

5 简述直流电动机主极励磁绕组的作用及工作原理。

答：电动机是能量转换的机械，而能量的转换又是通过磁场进行的，因而任何电动机都必须具有产生工作主磁通的绕组，直流电动机中产生工作主磁通的绕组即为主极励磁绕组，它安装在主磁极的铁芯上，并按照依次产生N、S不同极性的要求连接。

6 简述直流电动机换向极的作用及工作原理。

答：换向极的作用是改善直流电动机的换向性能，消除或削弱电刷下的火花。
换向极安装在主磁极的几何中性线上，换向绕组与电枢绕组串联，即流过电枢电流，并使换向极在主磁极几何中性线附近建立与电枢磁场相反方向的磁场，以抵消或削弱几何中性线附近电枢磁场的影响，维持几何中性线附近磁场强度为零，并在换向元件中感应产生与自感电动势相反方向的电势，以削弱或消除换向元件中的自感电动势，从根本上消除电刷下产生火花的电磁原因。

7 直流电动机补偿绕组的作用是什么?

答：补偿绕组安装在直流电动机主磁极极靴槽内，并与电枢绕组串联。正确地与电枢绕组连接，以保证补偿绕组所建立的磁场与主磁极下电枢磁场的方向相反，从而起到削弱或抵消极面下由于电枢反应所引起主磁场畸变而出现的电位差火花，以起到改善电动机换向性能的作用。

8 为什么串励式直流电动机不能在空载下运行?

答：串励直流电动机的特性是气隙主磁通随着电枢电流的变化而变化，转速随着负载的轻重变化而变化。串励电动机在空载运行时，电枢电流等于励磁电流，而且很小，因此主磁通也很小，电枢电流很小，电枢反电动势近似于端电压。另一方面，因主磁通很小，转子转速将非常快，以致造成“飞车”现象，它会使换向条件严重恶化，甚至损坏转子，所以串励直流电动机规定绝不能在空载下运行。

9 直流电动机电枢绕组的作用是什么？

答：电枢绕组是由许多形状完全相同的线圈（又叫绕组元件）按照一定规律连接而成。绕组元件一般安放在电枢铁芯槽内，并以一定规律与换向片连接形成闭合回路。对直流电动机来说，电枢绕组在磁场中因通过电流而产生电磁转矩，把电能转换成机械能。所以电枢绕组起到能量转换的枢纽作用，是直流电机的核心部分。

10 均压线分为哪几种？每种均压线的作用是什么？

答：均压线按所起的作用不同一般分为甲、乙两种。

（1）甲种均压线。用以改善电动机因磁场不对称而造成各支路电流不相等的均压线称为甲种均压线。此种均压线可以削弱多极电动机各极下磁通的不平衡，起均磁作用。一般用于多极（4 极及以上）单叠或双叠绕组中。

（2）乙种均压线。为了消除换向器上电刷接触电阻不相等而引起各支路电流的不平衡，用导线把绕组中各独立闭合电路之间的等电位点连接起来，这种连接线称为乙种均压线。这种均压线可以消除换向器上电压分布的不均匀，减少电位差引起的火花。一般用于多闭路绕组各闭路之间。

11 直流电动机日常运行维护内容有哪些？

答：电动机应经常保持清洁，并防止油、水进入内部。在每次启动前，应仔细地清除在换向器、绕组、电刷装置、铁芯、连接线等零部件表面的灰尘、油污等，轴承应定期加油或更换润滑脂。

12 直流电动机使用前的准备与检查工作有哪些？

答：（1）用压缩空气或“皮老虎”吹净电动机内部的灰尘、电刷粉末等，消除污垢杂物。

（2）拆除与电动机连接的一切接线，包括变阻器、仪表等，用兆欧表测量绕组对机壳的绝缘电阻，若小于 0.5MΩ，则需进行干燥处理。

（3）检查换向器表面是否光洁，如发现有机械损伤或火花灼痕，应进行处理。

（4）检查电刷是否磨损得太短，刷握的压力是否适当，刷架的位置是否符合规定的标记。

（5）检查通风冷却系统，看风路是否畅通，冷却系统工作是否正常。

（6）第一次投入使用的电动机，在正式投运前，应进行一次空载启动，电动机逐步地被升速到额定值，并空转 1～2h，以检查电动机有无振动、发热、漏油和异常声响等问题。同时，在电动机的额定电压下，观察电刷下的火花情况。停运后，全面检查定子、电枢机械部分有无缺陷和电枢绕组有无发热等情况。经空载试运行无问题后，方可投入正常运行。

13 换向器工作表面的要求有哪些？

答：(1) 表面要光洁平滑，工作时电刷能平稳地接触，无跳动。

(2) 片间云母要干净，不能有残余云母黏留在换向片侧边，更不允许有云母片突出云母沟，换向片的倒棱必须平直、均匀。

(3) 建立均匀的有光泽的氧化膜，不仅能降低摩擦系数，而且也增加了换向器的表面硬度，提高了换向器的耐磨性。同时，由于氧化膜具有较高的电阻率，限制了附加换向电流。

14 如何用砂纸打磨换向器？对砂纸有什么要求？

答：当换向器表面烧伤造成灼痕、氧化膜破坏、斑痕和轻轻的条痕时，可用砂纸打磨。

在采用砂纸打磨换向器时，必须选用粒度较细的水磨砂纸。操作时先将砂纸包在一长方木块上，然后用木块轻压在换向器表面，在电动机旋转时，将木块沿换向器长度方向缓缓移动，即可对换向器表面起到砂光作用。砂光后必须用压缩空气将铜粉和砂粒吹净，并检查换向器表面粗糙度和云母沟中是否沾有铜粉及残留物。砂纸打磨的缺点是破坏了氧化膜，因此，进行操作后必须重新建立氧化膜。

15 打磨换向器用柔性磨石的优点是什么？

答：使用柔性磨石进行维修作业，操作简单，既不会破坏换向器氧化膜，又不产生粉尘，并能有效地除去厚的氧化膜以及氧化膜污垢。打磨后换向器表面呈现薄而均匀，又有光泽的氧化膜。这是一种值得推广的换向器维修新材料。

16 什么情况下要用换向器磨石处理换向器表面？操作时应注意什么？

答：当换向器表面出现条痕、有规律烧伤、麻点以及不均匀磨损形成轴向波浪度时，通常需采用换向器磨石打磨换向器表面的方法来处理。

在使用柔性磨石清理换向器表面时，电动机以正常速度旋转，操作者可手持柔性磨石以适当的力压在换向器上，并将磨石沿换向器长度方向缓缓地来回移动，直到获得满意的效果为止。

17 什么情况下应车削换向器表面？

答：(1) 当换向器表面烧伤严重，沟道较深以及轴向波浪度超过 0.5mm 时，打磨换向器将不能达到改善换向器表面状态的作用，此时应采用车削换向器表面的方法。

(2) 当换向器出现变形、突片；摆度超过允许值以及出现较深沟道、严重烧伤现象和发生环火事故后，应车削换向器表面。

18 为什么要进行换向器云母沟下刻和换向片倒角？

答：在打磨和切削换向器后，必须进行云母沟下刻和换向片倒角工序，以改善换向器表面的状态，保持良好的滑动接触，并可减少磨损和防止片间闪络。

19 换向器云母沟下刻和换向片倒角时应注意什么？

答：(1) 云母沟下刻。下刻深度一般为1.5～2mm，下刻深度太小，易出现云母片突出；下刻深度过大，则易积存炭粉。下刻要求沟底平整光滑，沟边没有残存的云母碎片。因云母的硬度比铜高，铜磨损后降低高度而云母突出。

(2) 换向片倒角。换向片倒角通常要求是0.5×45°，且均匀平直。倒角操作时，用力要均匀，操作要细心，特别要防止划伤换向器表面。

20 什么情况下要进行换向器摆度检查？

答：换向器在长期运行后，由于云母材料中有机物的挥发产生收缩，紧固件的松动等使整体结构松弛，而片间压力降低，使换向器产生变形和突片。当换向器产生变形或偏心时，在运行中将会使电刷跳动，滑动接触稳定性受到干扰，将产生机械性火花。严重时，火花加大，换向极表面出现烧伤和氧化膜破坏，导致换向恶化。当直流电动机换向火花较大，而且发现电刷跳动现象时，必须检查换向器摆度。

21 换向器氧化膜对换向有什么影响？

答：换向器表面氧化膜是换向器和电刷间滑动接触产生电化学过程的结果，大量运行实践证明，氧化膜对滑动接触是十分重要和有益的，因它可减少电刷与换向器之间的摩擦，增强润滑作用，减少电刷磨损。其次还可增大接触电阻，限制换向元件中的短路电流，改善换向性能。另外，由于氧化膜具有较高的硬度，能延长换向器的磨损寿命。可见，正常的氧化膜是直流电动机正常运行所不可缺少的。

22 对电刷的日常维护应进行哪些工作？

答：(1) 电刷弹簧压力的检查与调整，必要时更换。

(2) 刷握间隙检查。

(3) 电刷与换向器表面距离检查。

(4) 电刷镜面检查。

(5) 电刷中性线位置的检查。

(6) 电刷的更换与研磨。

23 在直流电动机检修时，对定子应做哪些检查？

答：(1) 检查定子绕组各线包之间的接头，有无松动、断裂现象。

(2) 定子的主磁极及换向磁极绕组有无油浸、过热和漆皮变色与脱落现象；绕组紧固在铁芯上无磨损现象。

(3) 定子磁极铁芯无变色、生锈，螺丝不松动。

(4) 外壳、端盖、刷架无裂纹。

24 直流电动机检修重绕记录卡上，应记录哪些数据？

答：(1) 铭牌数据。

（2）主磁极、换向极铁芯尺寸。
（3）电枢铁芯尺寸与槽数、槽形尺寸。
（4）主磁极、换向极、补偿绕组数据，包括规格匝数与绕组型式。
（5）电枢绕组数据包括绕组型式、换向片数、导线规格与节距等。
（6）各部位的绝缘材料。
（7）槽形和线圈尺寸（绘图标明尺寸）。

25 直流电动机的间隙标准为多少？

答：测量主极与转子的间隙，其最大或最小间隙与平均之差不大于平均间隙的10%。

26 简述并励绕组的绕制方法。

答：根据原来的绕组尺寸制作或者测量磁极铁芯，并考虑套装间隙、极身对地绝缘、绕组浸漆处理后的变形等因素，按线模尺寸进行绕制。

绕制时，导线排列要整齐、平整、牢固。绕完后刮去线端绝缘漆，测量直流电阻值与原绕组电阻值对照，一般误差在±10%以内即可。绕好后，包以布带。绕线时，要用胶木板随时整形。

27 如何拆除电枢旧绕组？

答：（1）将电枢平放在滚架上，使电枢能转动，以便操作。然后将换向器表面用绝缘纸包好，轴颈用毛毡或布包好。

（2）把钢丝扎线固定扣片烫开摊平，并将扎线之间焊接锡料烫开，待钢丝松散后拆除。如端部是用无纬带绑扎，则应用锯条顺轴向锯开，撬开并拉脱。

（3）采用手锤和平板将槽楔缓慢敲出，如是竹制或胶纸板制的槽楔，一般需重新配制。如是用玻璃丝层压板制的槽楔，则没有损坏和起层的，仍可继续使用。

（4）用烙铁或喷灯烫开升高片或并头套。

（5）起出旧线圈。为拆除方便，通常先加热电枢，然后进行操作。拆第一个节距时比较困难，得先将每个上层线圈起出来翻边，直至起出到一个节距时，方可将上、下元件边一同起出拆下。对于绝缘处理后可复用的线圈，拆除时必须尽量仔细，使线圈变形尽量小，以便整形和复形。

（6）拆除支架绝缘并用锯片、锉刀和刮刀清除电枢槽内黏结的绝缘漆和绝缘物。

（7）换向器清理后进行交流耐压试验，并检查换向片间是否有短路，为下线做好准备。

28 简述电枢嵌线的过程。

答：（1）检查清理电枢铁芯，去掉槽口和槽内尖棱和毛刺，用压缩空气吹净电枢通风孔和槽。

（2）检查清理换向器、线槽和升高片是否已搪好锡，用试灯检验片间短路。

（3）按原始记录和有关绝缘规范规定包扎好支架绝缘，并放置好槽绝缘，使槽绝缘伸出铁芯两端的总长度为15～20mm。

（4）嵌线时，应从做好标记的电枢槽开始嵌线。依次将绕组的下层边嵌入槽内，当嵌线至一个节距时，即可以开始同时嵌放线圈的上层边，并开始垫放线圈端部的层间绝缘，用划线板理直槽内导线，剪去槽绝缘在铁芯表面多余的部分，用划线板折叠槽口绝缘，并用压线板压住折叠的槽口绝缘，轻敲压线板，把导线压紧，然后打入槽楔。对于矩形槽成型线圈，待嵌线结束后，再集中打槽楔。

全部线圈嵌完后，可用试灯或校线器找出与线圈下层边对应的上层边引线头，然后按换向器节距将上层边引线头放进相应的换向器接线槽内。

29 简述直流电动机不能启动的原因及处理方法。

答：(1) 无电源。检查线路是否完好，启动器连接是否正确，接触器接触是否良好，熔断器是否熔断。

(2) 负载过重。减少电动机负载或换大电动机。

(3) 电刷接触不良。检查刷握、弹簧或改善接触面。

(4) 启动电流太小或太大。检查启动器是否合适、启动电阻是否过大或过小。

30 简述直流电动机转速太快的原因及处理办法。

答：(1) 电源电压过高。降低电源电压或在电枢回路串接电阻。

(2) 磁场回路中电阻过大。减小磁场电阻。

(3) 电刷不在正常位置。按所刻标记调整刷杆位置。

(4) 励磁绕组有断路或短路。查出故障点进行修理。

(5) 积复励接成差复励。调换串励绕组两头。

31 简述直流电动机转速太慢的原因及处理办法。

答：(1) 电源电压太低。设法恢复电源电压，使电源电压适当提高。

(2) 负载过重。减轻电动机负载或换大电动机。

(3) 电刷不在正常位置。调整电刷位置。

(4) 电枢或换向片有故障。查出故障点进行处理。

32 简述发电机不能建立电压的原因及处理办法。

答：(1) 发电机中剩磁消失。将 6～12V 低压直流电源加在并励绕组上约数秒钟，使其产生磁场。

(2) 转向不对。改变发电机转向，使电机按箭头所示方向旋转。

(3) 并励绕组接反。改变并励绕组接线。

(4) 磁场回路电阻过大。检查磁场变阻器和励磁绕组电阻大小，并检查接触是否良好，减小磁场电阻。

(5) 电刷接触不良。检查刷握、弹簧、改善电刷接触面。

(6) 励磁回路断路。检查励磁绕组和磁场变阻器是否断路，连接是否松脱。

33 简述发电机空载电压过低的原因及处理方法。

答：(1) 转速低。提高原动机转速，使其达到额定转速。

（2）励磁回路电阻过大。检查磁场变阻器和励磁绕组电阻大小，并检查接触是否良好，减小磁场电阻。

（3）并励绕组部分短路。查出故障线圈进行修理。

（4）电刷不在正常位置。按标记调整电刷位置。

（5）电枢绕组有短路、接线错误等故障。查出故障点进行修理。

34 简述发电机加负载后电压显著下降的原因及处理方法。

答：（1）电刷不在中性线上。调整电刷位置。

（2）串励绕组接反。改正接线。

（3）过载。减少负载。

（4）电枢绕组短路。查出故障点进行修理。

（5）电刷接触电阻过大。检查刷握、弹簧及换向器表面，改善电刷接触面。

35 简述电刷下火花过大的原因及处理方法。

答：（1）电刷与换向器接触不良。研磨电刷接触面。

（2）刷握松动或装置不正。紧固或纠正刷握装置。

（3）电刷与刷握配合过紧。适当磨小电刷、使间隙合适。

（4）电刷压力大小不当或各电刷压力不均。调整刷握弹簧压力或调换、更换新刷握。

（5）换向器表面不光洁、不圆或有油污。清洁或研磨换向器表面。

（6）换向极片间云母凸出。换向器刻槽、倒角再研磨。

（7）电刷不在中性线上。调整电刷位置。

（8）电刷牌号不符或磨损过度。按原牌号电刷更新使用。

（9）电刷分布不均匀。校正电刷等分。

（10）换向极绕组接反。用指南针检查换向极极性并纠正。

（11）换向极线圈有短路。查出故障点进行修理。

（12）电枢绕组与换向器脱焊。查出脱焊处进行补焊。

（13）电机过载。恢复正常负载。

（14）电机底脚松动，电机振动大。紧固底脚螺丝加强基础或重新找中心。

（15）转子动平衡未找好。重找转子动平衡。

36 简述换向片上有烧灼黑点或痕迹的原因及处理方法。

答：（1）换向片与绕组元件焊接不良。检查找出脱焊处，进行补焊。

（2）绕组元件有短路、断路故障。找出故障点，进行修理更换新绕组。

（3）均压线焊接不良或有断路。找出故障点，进行修理。

37 简述直流电动机过热或冒烟的原因及处理方法。

答：（1）负载过大。减小或限制负载。

（2）电枢线圈短路。查出故障点进行修理，更换电枢绕组。

（3）换向器有短路。查出故障点进行修理研磨或车削。

（4）电枢铁芯绝缘损坏。局部或全部进行绝缘处理。

（5）电动机端电压过低。恢复电压至额定值。

（6）冷却空气量不足，环境温度高，电动机内部不洁净。清理电动机内部，增大风量，改善周围冷却条件。

（7）电动机频繁启动和反转。使用适当启动器，避免频繁反复运转。

38 简述绝缘电阻低的原因及处理方法。

答：（1）电动机绕组和导电部分有灰尘、金属屑、油污等。用压缩空气吹净或用中性洗涤剂清洗后进行干燥处理。

（2）绝缘受潮。烘干处理。

（3）绝缘老化。浸漆处理或更换新绝缘。

39 简述直流电动机外壳带电的原因及处理方法。

答：（1）绝缘电阻低。烘干并用压缩空气吹净或用中性洗涤剂清洗后进行干燥处理，浸漆处理或更换新绝缘。

（2）出线头碰电动机外壳。查出碰壳处进行处理。

（3）出线板或绕组某处绝缘损坏。查出损坏处进行修理。

（4）金属异物使线圈与地接通。查出异物并清除。

（5）接地装置不良。检查接地线，查出故障并处理。

第六章

电机检修高级工

第一节　汽轮发电机的主要故障及预防措施

1 发电机转子滑环损坏的主要原因是什么？

答：(1) 滑环表面粗糙。

(2) 碳粉堆积，通风不良。

(3) 电刷更换不及时。

(4) 刷握与滑环或刷握与电刷之间的间隙太大，电刷容易卡涩。

(5) 由于振动，电刷被振坏。

(6) 电刷质量不良或混用不同牌号的电刷。

(7) 运行中碳粉和转子轴瓦漏出的油混合在一起，不仅影响滑环的绝缘还会过热起火，最终损坏滑环。

(8) 高速旋转的转子引线的绑绳松脱，与静止的电刷搅在一起，影响了电刷和滑环的接触，形成环火。

除上面分析的原因外，另一重要原因是随着转子冷却技术的不断提高，转子的实际电流密度也有所增加，而相应的监测手段却未跟上，所以造成滑环烧损的事例越来越多。

2 为防止滑环损坏，在运行维护方面应做哪些预防措施？

答：新碳刷在使用时，必须按照滑环外圆尺寸认真进行适形磨弧，运行中应对滑环碳刷装置定期进行巡视检查。当一次更换碳刷的数量较多而且励磁电流较大时，在更换后的3～5天内应增加巡视检查的次数，以便在出现轻微的火花时能够迅速消除。当发现较大的火花故障时，应迅速减小励磁电流。如果不见好转，应立即灭磁和解列，以免酿成恶性事故。一旦发现环火已经形成，甚至发生起火故障时，必须及时灭磁解列，以便将故障造成的损失减小到最低程度。

目前发电机组所采用的转子回路一点接地保护装置，分为速跳式和报警式两种。而同类机组所采用的转子回路两点接地保护装置存在较大的“盲区”(或称“死区”)，而在此“死区”内发生一点接地的可能性较大。因此，对大容量机组采用速跳式一点接地保护较为安全。

3 为防止滑环损坏，在设计制造方面应做哪些改进措施？

答：加强检修维护，每次停机维修时重点检查转子引线绑绳。采用专用弯头，吹尽滑环里圈的积灰。

在滑环—碳刷装置的进出口处，应装设测量进、出风温的电阻温度计，并将信号引入控制室的巡回检测报警装置，以便于运行人员对进、出风温及进、出风温差进行监测。并注意进风与出风口不应相距太近，以防止进风、出风短路，造成冷风温度过高。

应对碳刷与风扇罩之间的间隔环组装结构及组装程序进行改进。具体做法是：先将固定间隔环的钢环用平头螺钉固定在风扇罩的端板上，在刷架定位后最终组装间隔环。改进后的优点是，解决了原结构间隔环与固定钢环相互固定而不能随时拆装的缺点。当需要对靠风扇侧碳刷盒进行调整时，只需拆下间隔环即可。而且为便于间隔环的安装，固定螺孔应改为周向长条孔。

为便于刷架位置的调整，应将其底脚的把合螺孔改成轴向长条孔，以利于调整刷架的轴向位置。同时，应将绝缘夹板与刷架固定螺孔改成横向长条孔，以利于调整刷架的横向位置。

4 为防止滑环损坏，在管理方面应做哪些工作？

答：（1）加强碳刷管理，建立发电机、励磁机碳刷维护、检查和碳刷更换记录本，责任明确落实到人。

（2）电气专业管理人员也需设置检查记录本，对运行维护和更换情况进行抽查并做好检查记录。

（3）电机专业检修人员应结合机组大小修，对碳刷进行检查和更换，并及时更换滑环上已经磨短的碳刷，做好更换记录。

（4）发电机组运行时应不定期地对碳刷之间负载电流分配情况和碳刷的弹簧压力进行测量和检查，并及时做好记录。

（5）对需要更换的碳刷备品进行仔细检查，保证每块碳刷质量良好，换上去后使用时正常可靠。同时对刷握的内壁检查和清理，对不光和有毛刺处应锉平。

（6）加强对运行维护人员的培训管理。

5 简述发电机转子护环损坏的原因。

答：护环发生应力腐蚀的原因大致依赖于材质对应力腐蚀的敏感性。一般认为18Mn18Cr护环钢抗应力腐蚀能力较强，而18Mn5Cr护环耐应力腐蚀开裂和氢脆裂纹的能力差。

产生应力腐蚀的因素是拉应力和腐蚀介质，两者同时存在就会产生应力腐蚀。制造加工、装配及正常运转中产生的应力，护环上有应力集中的部位；转子旋转弯曲在护环纵向产生的拉应力等属于前者。

腐蚀介质产生于三个方面：

（1）机组运转产生电晕，使周围空气电离形成臭氧，再与空气中的氮结合形成硝酸根离子和氯离子。

（2）氢气引起氢脆问题。

（3）氢气湿度问题。新设备装运存放过程中受潮、淋雨；运行中密封瓦漏入含水的透平油（空气侧密封油来自汽轮机润滑油，油中溶解有饱和的水和空气，其含水量多达500mg/

L。如汽封不良的话，情况会更严重，油中含水量可达1000～2000mg/L），定、转子空心导线漏水，氢冷器漏水以及新补入湿度较大的氢气等，使氢气湿度增大，这些都提供了存在腐蚀介质的条件。

6 为防止护环应力腐蚀，在材质及制造工艺方面应做哪些预防措施？

答：研制抗应力腐蚀的护环钢或代用材料。同时护环制造工艺也有很大影响，如半热锻制造的护环，晶界碳化物析出较多，易形成应力腐蚀；爆炸成型护环，残余应力较高，易形成腐蚀裂纹。

7 为防止护环应力腐蚀应做哪些预防措施？

答：(1) 为减轻和防止护环应力腐蚀，电厂应制定措施，消除向发电机内漏水缺陷；发电机氢气湿度应经常保持在合格范围内；杜绝在各种工况下线棒结露；加强对护环的金相检查。

(2) 采用表面涂层的办法。一般可涂油漆或环氧树脂等，但在装配面处无法保护。上海材料研究所研制了一种C型复合涂层效果很好。此外，还可改进设计避免易引起应力集中的尖角、孔洞等。

(3) 对发电机护环进行无损检测。目前有多种不同的检测方法和技术用于护环。有些方法可以在不抽转子的情况下使用；另一些方法只有将转子从定子中抽出才能使用，但不需要从转子上取下护环，这样可以避免在护环拆卸和装复过程中损伤护环、绕组及其他转子部件；还有一些方法需要从转子上取下护环。由于不拆卸护环，检测方法只限于渗透、涡流和外表面的宏观检查，包括热装区在内的内表面超声检查。通过这些检查以寻找护环的缺陷，以便尽早进行维修处理，避免事故发生。如通用电气—阿尔斯通公司研制的自动超声波检查装置就是该类装置的一种。这种装置在某些场合可以进行护环的状态检测，无需抽出转子。使用时将仪表头部插入护环与定子之间的间隙中，而传感器的输出端接入电子计算机。按装置的辨别能力，可以鉴别2.5mm当量的任何裂纹。

8 简述产生发电机轴电压的原因。

答：(1) 磁不对称将引起轴电压。由于定子叠片接缝、转子偏心、转子或定子下垂会产生不平衡磁通。交变的磁通会在转轴—座板—轴承构成的回路中感应出电压，感应电压将在任何低阻回路产生大电流，引起相应的损坏。

(2) 由于剩磁、转子偏心、饱和、转子绕组不对称产生旋转磁通，在轴承和转子部件中感应单极电压，该电压将在轴承和轴密封中引起大电流和相应的破坏。

(3) 静电荷引起的轴电压。在汽轮机低压缸内，蒸汽和汽轮机叶片摩擦，从而产生的静电电荷形成静电场，导致轴电压的产生。轴电压值有时高达500～700V。

(4) 作用于转子绕组上的外部电压使发电机轴产生电动势。由于静止励磁装置电压源或转子绕组不对称，轴与轴承（地）间的电压被加到油膜上。如果击穿，将发生电荷放电，产生斑点，损坏轴瓦和密封瓦的表面。

9 轴电压引起的危害主要有哪些？

答：轴电压与轴电流的存在，会使润滑油油质劣化，严重时会使转子轴和轴瓦产生烧伤而损坏，损坏汽轮机及油泵的传动蜗轮和蜗杆，还会使汽轮机的有关部件、发电机的外壳、轴承和其他与转轴相连的零件发生磁化现象。因此，实际运行中，励磁侧以后的所有轴承、机座都与地绝缘，在轴承座、机座下垫绝缘板，包括螺钉和油管路的法兰处加装绝缘垫圈的套筒，以防止轴电流形成通路。

10 预防产生轴电压的措施有哪些？

答：（1）保证滑环侧轴承、密封瓦装置及励磁机对地绝缘良好。

（2）对于静态励磁，应从结构上及回路上增加电容元件等抑制措施。

（3）大轴可靠接地。运行经验表明，常规的接地系统不能有效地消除静止励磁引起的高频轴电压。因此发展新型的接地装置是解决静止励磁系统产生轴电压的有效措施。

（4）改进设计并在运行中加强转子电流、振动的监视。对于300MW以上机组应采取动态匝间短路监视方法，防止运行中转子严重匝间短路。

（5）对于300MW以上机组应装设在线监视轴电压装置。

11 简述发电机转子匝间短路的危害。

答：发电机转子匝间短路故障是汽轮发电机常见故障，会造成磁路不平衡，较轻微的故障可能仅是导致局部过热和引起机组振动增大。严重时短路电弧会烧伤转子绝缘，并进一步发展为转子多处匝间短路和接地，将烧坏转子铜线，烧伤转子护环，造成大轴磁化，威胁发电机的安全运行。

12 发电机转子匝间短路和接地的原因是什么？

答：（1）转子端部绕组匝间绝缘薄弱，运行中热应力和机械离心力的综合作用，使绝缘损坏造成匝间短路。当两个线圈之间绝缘损坏时，则整个线圈短路。进而扩大到烧坏护环下的扇形绝缘瓦接地。

（2）氢（空）内冷转子如通风冷却不良，匝间绝缘过热损坏，造成匝间短路，严重时烧坏槽绝缘或护环下绝缘接地。

（3）由于制造时加工工艺不良，转子绕组铜线有毛刺，运行时在各种力的作用下刺伤绝缘，引起匝间短路。

（4）转子护环下线圈间绝缘垫块松动，在运行中受热应力和离心力的综合作用，垫块在转子绕组边缘产生往复运动，由于线棒侧面裸露，垫块与铜线摩擦下来的铜末，导致匝间引弧发热，使匝间复合纸绝缘被烧伤、炭化，最后形成永久性匝间短路。

（5）发电机内氢气湿度严重超标或密封油大量漏入机内，使转子绝缘恶化。

（6）制造过程遗留的金属物在运行中受热应力和机械应力的作用，损坏转子绝缘造成匝间短路。

（7）由于发电机频繁启停调峰，使转子绕组在热循环应力作用下产生绕组变形，由此可能引起匝间短路故障。频繁启停的发电机更容易发生发电机内进油故障。两班制运行的发电机长期低速盘车还存在着转子匝线微小相对运动而产生的“铜粉尘”问题，也是产生转子绕组间短路故障的原因之一。

13 发电机转子匝间短路的预防措施有哪些？

答：(1) 应改善转子匝间绝缘的制造工艺，提高转子匝间绝缘的质量水平。

(2) 应加强转子在制造、运输、安装及检修过程中的管理，防止异物进入发电机。由于转子匝间绝缘比较薄弱，即使在制造、运输、安装及检修过程中，有焊渣或金属屑等微小异物进入转子通风道内，也足以造成转子匝间短路。

(3) 改进密封油系统，确保密封油系统平衡阀、压差阀动作灵活、可靠，尽可能减少向发电机内进油。发电机内油污染是转子发生匝间短路的原因之一。

发电机进油是国产机组的常见缺陷，主要原因是设备的制造质量不良，差压阀、平衡阀灵敏度和可靠性难以满足要求。氢气压力波动时，油压跟踪不好，不能维持氢油压差，导致氢气泄漏或向发电机内进油。故机组运行中的对策是尽量保持氢气压力的稳定，避免发电机在低氢压下运行。

(4) 调峰运行的发电机应对调峰能力和运行要求有相应的规定，以防止转子匝间短路故障的发生。

(5) 加强对转子匝间绝缘的检查试验。在运行中加强对转子电流和转子轴振动的监视。对氢内冷转子，由于其结构特点比较容易产生匝间短路，应在机内装设匝间短路动态探测线圈，进行在线监测，及时发现问题，防止转子匝间短路发展为两点接地，减小故障的危害。

(6) 大容量发电机运行中应投入转子接地保护并动作于跳闸。

14 发电机大轴磁化的原因是什么？

答：发电机由于转子匝间短路会产生不平衡轴向磁通，匝间短路越严重（短路的匝数越多），不平衡轴向磁通越大，凡不平衡磁通通过的地方均会发生磁化。由于发电机转子、汽轮机转子、汽轮机缸体等，其材料成分含有镍铬等元素，属硬磁材料，所以一旦被磁化后均保持很大剩磁。

15 发电机组磁化的危害有哪些？

答：发电机、汽轮机一旦被磁化，其轴向剩磁将产生单极电势，在单极电势的作用下，若轴承油膜破坏或汽机动、静部分发生接触摩擦时，就可能产生较大的轴向电流，从而烧伤轴瓦。

16 预防发电机组磁化的措施有哪些？

答：(1) 当转子绕组发生一点接地时，应立即查明故障地点、性质，如系稳定金属短路，应尽快停机处理。

(2) 发电机与汽轮机之间的接地碳刷，运行中一定要投入运行。

(3) 经常检查励磁侧轴承绝缘和油管绝缘，使之保持良好的绝缘状态。

17 发电机退磁的方法有哪些？

答：经确认存在较严重转子绕组匝间短路的发电机应尽快消缺，防止转子、轴瓦等部件磁化。发电机转子、轴承、轴瓦发生磁化（参考值：轴瓦、轴颈大于 10×10^{-4}T，其他部件

大于 50×10^{-4}T）应进行退磁处理。简单的测定可以用大头针进行试验，如吸不住就没有问题，若吸得住就要进一步退磁。磁性强度的测量可采用 CT—3 型交直流高斯计，该仪表的测量误差为±2.5%。

目前较为常用的退磁方法有交流退磁和直流退磁。这两种方法所依据的基本原理是一致的，就是周期性地改变缠绕在被磁化部件上的退磁线圈中的电流方向，并逐渐减小电流数值，亦即周期交变地减小磁场强度，使被磁化部件沿磁化曲线回到坐标原点。退磁后要求剩磁参考值：轴瓦、轴颈不大于 2×10^{-4}T，其他部件小于 10×10^{-4}T。

18 运行中发电机定子绕组损坏都有哪些原因？

答：发电机定子绕组损坏的原因是：

（1）定子绕组绝缘老化、表面脏污、受潮及局部缺陷等，使绝缘在运行电压或过电压作用下被击穿。

（2）定子接头过热开焊、铁芯局部过热，造成定子绝缘被烧毁、击穿。

（3）短路电流的电动力冲击造成绝缘损坏。

（4）在运行中因转子零件飞出，端部固定零件脱落等原因，引起定子绝缘被损坏。

（5）定子线棒导线断股和机械损伤绝缘等。

19 发电机定子端部绕组短路故障的原因是什么？

答：发电机定子端部绕组短路故障分为两种情况：

（1）发生在引出线和水电接头绝缘处的短路故障原因：端部绝缘薄弱的部位经不起长期的油污与水分的侵蚀。故障部位的引线与过渡引线都是手包绝缘；水电接头绝缘是下线后包扎的，绝缘的整体性与槽部对地绝缘相比，有很大差距。制造工艺不稳定也比较容易使该部分绝缘质量下降。在运行中当油污与湿度严重时，整体性较差的绝缘被侵蚀，绝缘水平逐渐下降，使绝缘外的电位接近或等于导线电位，这时处于高电位的不同相引线间就开始放电，当氢气湿度偏高时，放电强度不断增强，直至相间短路造成严重故障。对于水电接头绝缘来说，还可能通过涤玻绳爬电，由沾满油污及水分的涤玻绳搭桥，使两相短路。高质量的绝缘可较好地抵御油污、水汽侵蚀，但当油污十分严重，氢气湿度高度饱和时，发电机绝缘也会因受侵蚀而发生相间短路。

（2）发生在定子绕组渐开线部位短路故障原因：故障部位留存有异物（如检修工具、金属屑等）所致，当异物留存在渐开线部位时，绕组受到电动力作用而产生振动，磨损绝缘，造成发电机定子绕组短路、接地或绕组端部固定不紧，整体性差。垫块、绑线受电磁振动，磨损绝缘，造成接地、短路，引线水路被堵造成引线过热，也可导致短路或相邻的水电接头绝缘薄弱，绝缘引水管磨损破裂也会引起定子绕组短路或槽楔松动、槽楔下垫条窜出，刺伤端部绕组的绝缘，也会引起短路。

20 提高定子绕组端部绝缘水平的措施有哪些？

答：（1）引线手包绝缘的绝缘材料应有较高的介电强度和防油、水侵蚀的性能。

（2）引线手包绝缘要有合适的层数和过渡，每层半叠绕包；扎完后须刷绝缘漆，保证绝缘的连续性，包扎后要严格按烘焙工艺烘焙使其固化良好。

(3) 引线之间应有足够放电距离。

(4) 水电接头处导线绝缘要伸入绝缘盒内处理好搭接处，严格防止漏包或出现薄弱点。

(5) 绝缘盒必须填充严实、密封良好。绝缘盒应采用带两道凸缘的绝缘盒，以防止油水进入绝缘盒。

(6) 涤玻绳要用绝缘漆浸透，并防止滑入接口。施工中防止污染涤玻绳，使涤玻绳有较高的表面和体积电阻，防止爬电。

(7) 引线手包绝缘处要消除金属尖角，防止尖端放电。

(8) 励端引线与汇流管，绝缘引水管与内端盖，绝缘引水管与引线间都应有足够的间距。

(9) 对励端引线及励、汽端水电接头要进行绝缘表面电位或泄漏电流试验，以保证包扎绝缘质量。

21 定子端部绕组和引线固定不良有哪些危害？应采取的措施是什么？

答：定子绕组端部与引线固定不良，在运行中会磨损绝缘，使绝缘水平下降，在机内或机外突然短路时也会产生有害变形，使机组无法继续运行，所以必须要有良好的固定。

应采取的措施有：

(1) 增加端部压板，使每一线棒都有较好的固定。

(2) 在鼻端增加切向支撑板，以加强端部的固定。

(3) 改进槽口垫块结构，保证与线棒的接触面，以改进槽口处的固定。

(4) 增加引线间的垫块与包扎，改进引线固定，防止出现100Hz的固有频率。对支撑单薄的引线增设支撑梁，以加强固定。

(5) 用环氧层压板时要注意防止其变形和撕裂。

(6) 水电接头处的绝缘盒内必须填充满，以防止导线磨断。

(7) 当绝缘引水管与引线距离过近时，要设法将其固定。

(8) 定子绕组（包括槽内部分）松动一般均伴随有“黄粉”出现，此时可用红外线灯对出现“黄粉”的部位和附近的绑线松动处进行烘烤加温，使端部绑线变软并用加工好的环氧斜楔将松动的绑线打紧，用1∶1的环氧树脂浸渍，再进行烘烤，使环氧树脂固化，当然最根本的是在制造厂把好质量关。

制造厂在设计、材料使用及工艺上采取措施提高发电机绕组端部的固定强度，防止绕组松动并注意绕组固有频率应避开电磁共振；应安排测定端部绕组固定频率。

22 为防止定子端部绕组短路故障，在提高运行质量方面应做哪些措施？

答：(1) 防止油污染定子绕组端部。定子端部绕组引线或水接头的绝缘，一般情况下有足够的绝缘强度。但在油污侵蚀，特别是在含水及脏物的油污侵蚀下，使绝缘水平不断下降，这是造成事故的主要原因。所以，加强发电机密封瓦及氢、油、水系统管理，根除油污污染定子端部绕组是在运行中必须采取的主要措施之一。

(2) 控制制氢装置及发电机中的氢气湿度。发电机氢气湿度大、含水量高是造成事故的另一原因，同时也导致护环产生应力腐蚀。随着发电机容量增大，氢压增高，容易使相对湿度变大，为防止护环开裂和定子发生相间短路事故，应严格控制氢气湿度。

（3）控制机内冷却介质的温度。真正危害发电机绝缘与护环的是氢气相对湿度，为使相对湿度维持在较低的水平，还必须设法控制机内的冷却介质温度。

（4）注意防止发电机出口短路。近年来发电机出口短路时有发生，主要原因是周围环境的水蒸气（高压加热器、扩容器等热力设备泄漏）窜入发电机封闭母线，或高压变压器电缆头爆炸等造成发电机出口短路，因此应引起注意并采取相应的防范措施。

23 为防止定子绕组端部故障应对运行工况的监测方面做哪些措施？

答：（1）安装绝缘局部放电监测仪。

（2）监测氢气湿度。

（3）监测水系统中含氢量。

（4）安装绝缘过热监测仪。

24 定子绕组电晕放电会产生什么影响？

答：发电机定子线圈运行中发生电晕放电会影响安全运行，而且电晕会增加线圈有功损耗，加速绝缘老化损坏，因此为保证发电机可靠运行，延长其使用寿命，应注意定子绕组防晕。

25 产生电晕的原因主要是什么？

答：产生电晕的原因主要是原防晕结构的参数选择不当；防晕结构成型的工艺参数（固化时间及温度）不合理。

26 简述定子绕组槽部防晕处理工艺。

答：（1）将破损部位的边缘剪成规整的缝合边。

（2）在破损部位涂刷半导体漆。

（3）用石棉线将预先裁好的石棉带与原防晕层缝合。

（4）将破损部位表面涂刷半导体漆，并在室温下固化24h。

27 简述定子绕组端部防晕处理工艺。

答：（1）将原防晕层清理掉并保证表面平整。

（2）在低阻层部位涂刷线性半导体漆，并在室温下固化24h。

（3）在高阻及高低阻搭接层（重叠搭接）部位涂刷非线性半导体漆，再半叠绕玻璃纤维带，在玻璃纤维带外涂刷非线性半导体漆，并在室温下固化24h。

（4）在附加绝缘部位涂刷无溶剂胶，然后半叠绕玻璃纤维带，最后在玻璃纤维带外涂刷无溶剂胶，并在室温下固化24h。

（5）在附加绝缘外涂刷耐弧红瓷漆，并在室温下固化24h。

在现场对处理后的线圈进行试验。对槽部修补处进行表面电阻测量，其结果均在103～105Ω范围内，符合要求。并且表面平整，与原结构黏接良好。当$1.5U_N$时进行电晕试验，无电晕产生；当$1.7U_N$时进行60s耐压试验，没有过热及闪络放电现象。

28 何为电腐蚀？防止电腐蚀的措施有哪些？

答：电腐蚀是指发电机槽内，定子线棒表面和槽壁之间，由于失去电接触而产生高能电容性放电。这种高能量的电容性放电所产生的加速电子，对定子线棒表面产生热和机械的作用。同时，放电使空气电离而产生臭氧（O_3）及氮的化合物（NO_2、NO、N_2O_4），这些化合物与气隙内的水分发生化学作用，因而引起线棒的表面防晕层、主绝缘、槽楔和垫条出现烧损和腐蚀的现象，轻则变色，重则防晕层变酥，主绝缘出现麻坑，这种现象统称为“电腐蚀”。

防电腐蚀的措施有：

（1）保证线棒尺寸和定子槽尺寸紧密配合，可在线棒入槽后在侧面塞半导体垫条，使线棒表面防晕层和槽壁保持良好的接触。

（2）槽内采用半导体垫条，提高防晕性能。

（3）选用适当电阻系数的半导体漆喷于定子槽内，并保证定子铁芯的其他性能符合技术要求。

（4）定子槽楔要压紧，可将长槽楔改为短槽楔。

（5）提高半导体漆的性能，选用附着能力强的半导体漆。

29 定子铁芯损坏的形式一般有哪几种？

答：定子铁芯损坏的形式有：

（1）铁芯压装松弛。

（2）定子铁芯齿部局部过热。

（3）扇形齿部折断。

（4）定子膛内硬物打伤铁芯。

（5）硅钢片材质差。

（6）定子绕组两点接地造成铁芯损坏。

30 发电机定子铁芯损坏故障的危害有哪些？

答：发电机定子铁芯损坏故障，除非落入异物，通常呈渐进性的逐渐劣化趋势，但一旦发展到严重的铁芯故障，将可能直接导致发电机定子绕组短路的恶性事故，发电机的修复工作将非常困难，可能还需返厂大修，即使不包括减少发电量的经济损失，直接设备修理造成的经济损失就非常重大，所以应该对于防止发生定子铁芯故障的措施给予足够的重视。

31 预防发电机定子铁芯故障的措施有哪些？

答：防止发电机定子铁芯损坏的措施，主要是要注重定子铁芯故障的早期诊断及预防，应以检查为主，辅以测试手段相结合的综合方法进行监控，及时发现铁芯存在的片间短路或松动故障，及时进行消缺处理。

（1）发电机抽转子检修后回装时，应进行认真的检查，防止杂物遗留在定子膛内。

（2）检修时对发电机定、转子的结构部件，应重点检查有无松动和裂纹等缺陷。端部各紧固件必须用绝缘材料或无磁性材料制成，紧固后应做好锁紧措施。

（3）检修时对定子铁芯进行仔细检查，发现异常现象，如局部松齿、铁芯片短缺、外表面附着黑色油污等，应结合实际异常情况进行发电机定子铁芯故障诊断试验，或温升及铁损试验，检查铁芯间绝缘有无短路以及铁芯发热情况，分析缺陷原因，并及时进行处理。

（4）当发生定子一点接地时，必须按规定及时停机处理。200MW 发电机的定子接地保护应动作于跳闸。

（5）做好发电机继电保护和检测装置的可靠维修工作。当运行中继电保护或检测装置报警时，应遵照事故处理的有关规定果断而迅速地正确处理，以免事故扩大，造成对设备的重大损坏。

（6）小修时若不抽转子，可以用内窥镜绕过端部挡风环观察铁芯表面。

32 简述定子铁芯齿部局部过热的原因。

答：毛刺、连片、撞痕、凹坑、压装松弛造成绝缘破坏都是产生过热的原因。用肉眼观察时，根据定子内膛表面和定子背部以及压圈和齿压条与有效铁芯的接触部位的热变色和漆膜炭化现象，就可断定是铁芯的局部过热。

33 简述铁芯压装松弛的主要原因。

答：铁芯压装松弛的原因主要是由于硅钢片上的漆膜干缩，在振动的影响下硅钢片互相摩擦，致使漆膜破坏。氢冷发电机密封瓦长期漏油也会造成硅钢片绝缘损坏，硅钢片涡流增大，发热严重。此外，设计制造时铁芯压紧力不够，定子压圈固定螺母松脱也是原因之一。

34 汽轮发电机的定子铁芯局部高热的原因是什么？

答：定子铁芯局部高热是因为：

（1）当硅钢片的片间绝缘有损坏时，将使铁芯的涡流损耗增加，会引起局部高热。造成这种片间绝缘损坏的原因可能是制造时留下的隐患，也可能是铁芯温度长期过高，绝缘老化或铁芯振动造成的。故运行人员平常监视铁芯的温度很重要，当发电机的电压高于额定值以及入口风温提高时，都有可能使铁芯温度超过额定值。

（2）由于铁芯饱和，环绕定子机座的金属环路有泄漏磁通存在，尤其当发电机的电压高于额定值运行时，泄漏磁通会增加很多，这些泄漏磁通是交变的，会在定子背部的支持筋中感应出交变电动势，支持筋的两端电位差最大，在这个电位差的作用下，凡是和支持筋相接触的各个金属部件就构成了各种电流回路，这些电流称为杂散电流，沿支持筋流过的杂散电流的数值有的很大，有可能使支持筋发生高热。

35 发电机定子漏水故障的主要部位有哪些？其故障原因是什么？

答：（1）定子空心导线的接头封焊处漏水。其原因是焊接工艺不良，有虚焊、砂眼。

（2）空心导线断裂漏水，断裂部位有的在绕组端部，有的在槽内直线换位处。其原因主要是空心铜线材质差；绕组端部处固定不牢，产生 100Hz 的振动，使导线换位加工时产生的裂纹进一步扩大和发展。

（3）聚四氟乙烯引水管漏水。绝缘引水管本身磨破漏水的一个原因是引水管材质不良，有砂眼（从外表看无异常，且水压试验合格，但内壁有砂眼）。另一个原因是绝缘引水管过长，运行中引水管与发电机内端盖等金属物件摩擦而导致水管磨破漏水。

（4）压紧螺母稍有松动就会导致定子漏水。

36 预防水冷发电机定子漏水应采取哪些措施？

答：（1）改进水电接头结构，改进焊接工艺，增加焊缝检验工序，确保焊接质量。

（2）定子绕组的端部和鼻部应固定牢靠，并使其避开100Hz共振频率。

（3）定期测量内部水箱顶部的含氢量，以便及早发现定子绕组内漏，最好装设漏氢在线监测装置，当内冷水系统含氢量超过3%（体积含量）应加强监视，若超过20%，应立即停机检查。

（4）定子绝缘引水管应采用质量可靠的绝缘引水管，机内引水管应避免交叉相碰或与其他部件相碰。若交叉相碰，应该用无碱玻璃丝带拉开距离，或用浸漆的涤纶毡适形材料隔开，或用硅橡胶带在中间隔开，固定牢靠。

（5）绝缘引水管的长度要合适，对地距离（内端盖）的距离不得小于20mm。

（6）改进漏水监测装置，采用可靠灵活的漏水报警装置，如湿度差动检漏仪或补偿式发电机检漏仪。发电机运行时严禁检漏装置退出运行。

（7）认真仔细做好发电机定子漏水部位的查找检验。

37 发电机定子水路堵塞的原因和危害各是什么？

答：发电机定子水路堵塞的原因：

（1）多年来的运行和检修实践经验证明：杂质、异物进入定子冷却水中是造成定子水内冷系统水路堵塞的主要原因之一。

（2）制造上留下的缺陷也是堵塞产生的一个重要因素，有的故障阻塞部位是在线棒弯形处，空心导线已被挤扁，如果此处的空心导线正好又是一个接头，造成通流截面减小，情况更为严重。

发电机定子水路堵塞的危害：当发生定子线棒局部过热时，如不及时采取相应措施，线棒温度将继续升高，当阻塞段的温度升高到130～140℃时（此时检温计往往还来不及指示），空心导线中的冷却水将迅速汽化，形成汽阻，造成冷却水中断，致使整个线棒的温升急剧升高。由于高温下铜的机械强度的降低和水蒸气的不断膨胀，造成绕组绝缘局部过热损坏，最终可能使空心导线鼓泡胀裂，造成漏水、绝缘损坏和定子一点接地。

38 防止发电机发生定、转子水路堵塞的防范措施有哪些？

答：（1）水内冷系统中的管道、阀门的橡胶密封圈宜全部更换成聚四乙烯垫圈，并应定期（1～2个大修期）更换。

（2）安装定子内冷水反冲洗系统，定期对定子线棒进行反冲洗，定期检查和清洗滤网。滤网宜使用激光打孔的不锈钢板新型滤网，反冲洗回路不锈钢滤网应达到200目/英寸。

（3）大修时对发电机定子、转子线棒应分路做流量试验，必要时应做热水流试验。实践表明，热水流试验对查找个别支路堵塞故障非常有效。试验方法见《汽轮发电机绕组内部水系统密封性检验方法及评定》（JB/T 6228）。

（4）扩大发电机两侧汇水母管排污口，并安装高强度耐腐蚀的不锈钢阀门、法兰，以利于清除母管中的杂物。

（5）水内冷发电机的内冷水质应按照《大型发电机内冷却水质及系统技术要求》（DL/T

801）进行优化控制，长期不能达标的发电机，宜对水内冷系统进行设备改造。

目前，国家标准《隐极同步发电机技术要求》（GB/T 7064）和电力行业标准《大型发电机内冷却水质及系统技术要求》（DL/T 801）都把最佳的 pH 值合格范围规定为 8～9，电导率为 0.4～2.0μS/cm，含铜量低于 20μg/L。

研究显示水对铜导线的腐蚀速率与溶氧量密切相关，若不对溶氧量加以专门控制，普通密闭或开启式中冷水系统中的水中溶氧量通常是在 200～300ppb[1] 之间，既非富氧也非贫氧。内冷水处于 7～8 范围的 pH 值情况下，对铜就存在较高的腐蚀速率。只有当水质处于贫氧（＜30ppb）或富氧（＞1000ppb）范围下，pH 值对腐蚀速率的影响才明显降低，但对溶氧量的控制可能不容易实现，还需要增加一些辅助设备（如密闭式水箱加装充氮装置）。若想避开对溶氧量的监测和控制问题，只能升级水控制系统，使 pH 值的控制能力增强。从简化控制参数角度考虑，目前有技术成熟的内冷水系统控制设备，可以保证水质 pH 值控制范围在 8～9 之间，这就不用再考虑测量溶氧量。

此外，还需要注意含铜量化验取样点的位置，在发电机内冷水系统净化装置入口之前、发电机本体出水之后取样才能真实反映发电机内冷水系统水质的实际情况。

（6）严格保持发电机转子进水支座石棉盘根冷却水压低于转子内冷水进水压力，以防石棉材料破损物进入转子分水盒内。

（7）按照《汽轮发电机运行导则》（DL/T 1164）要求，加强监视发电机各部位温度，当发电机（绕组、铁芯、冷却介质）的温度、温升、温差与正常值有较大的偏差时，应立即分析、查找原因。温度测点的安装必须严格执行规范，要有防止感应电影响温度测量的措施，防止温度跳变、显示误差。

对于水氢冷定子线棒层间测温元件的温差达 8℃或定子线棒引水管同层出水温差达 8℃报警时，应检查定子三相电流是否平衡，定子绕组水路流量与压力是否正常。如果发电机的过热是由于内冷水中断或内冷水量减少引起，则应立即恢复供水。当定子线棒温差达 14℃或定子引水管出水温差达 12℃，或任一定子槽内层间测温元件温度超过 90℃或出水温度超过 85℃时，应立即降低负荷，在确认测温元件无误后，为避免发生重大事故，应立即停机，进行反冲洗及有关检查处理。

39 防止发电机发生定子绕组和转子绕组漏水的防范措施有哪些？

答：（1）绝缘引水管不得交叉接触，引水管之间、引水管与端罩之间应保持足够的绝缘距离。检修中应加强绝缘引水管检查，引水管外表应无伤痕。

（2）认真做好漏水报警装置调试、维护和定期检验工作，确保装置反应灵敏、动作可靠，同时对管路进行疏通检查，确保管路畅通。

（3）水内冷转子绕组复合引水管应更换为具有钢丝编织护套的复合绝缘引水管。

（4）为防止转子绕组拐角断裂漏水，100MW 及以上机组的出水铜拐角，应全部更换为不锈钢材质。

（5）机组大修期间，按照《汽轮发电机漏水、漏氢的检验》（DL/T 607—2017）对水内冷系统密封性进行检验。当对水压试验结果不确定时，宜用气密试验查漏。

---

[1] 1ppb＝1μg/L。

(6) 对于不需拔护环即可更换转子绕组导水管密封件的特殊发电机组，大修期需更换密封体，以保证转子冷却的可靠性。

(7) 水内冷发电机发出漏水报警信号，经判断确认是发电机漏水时，应立即停机处理。

40 发电机转子漏水故障的主要部位有哪些?

答：(1) 转子线圈引水拐角断裂漏水。

(2) 转子线圈绝缘引水管破裂漏水。

(3) 转子空心导线对接处焊口漏水。

(4) 小护环下的空心导线断裂漏水。

(5) 转子进水箱环上轴向密封盖漏水。

(6) 转子端部线圈与其上过渡线匝交错处匝间短路，起弧烧融铜导线而漏水。

41 为防止发电机转子漏水，日常运行维护应做哪些工作?

答：(1) 安装可靠灵敏的漏水报警装置，如 SCJ—2 型湿度差动检漏仪或补偿式发电机检漏仪。发电机运行时严禁退出漏水检测装置。

(2) 认真仔细做好发电机转子漏水部位的查找检验。

(3) 一旦确认发电机已经漏水，如检漏仪和转子一点接地同时发信号，应立即停机，进行检查。

42 发电机漏氢的标准是如何规定的?

答：发电机氢气密封系统故障主要特征是发电机漏氢量大，日补氢量超标。国家标准 GB/T 7064—2017 规定，应持续监测发电机气密性并纪录氢气消耗量，如果氢气消耗量超过正常水平，应毫不迟疑地查找原因。如果不能很快发现漏点和加以纠正，对有可能聚氢的危险区域要检测，若漏氢在扩展，为驱散氢气应采取措施。如果漏氢处一时难以处理且用降氢压和降负荷方法也不见效时，应停机全面检查。如漏氢出现在像瓷瓶这种在运行时很难接近的地方，应置换发电机内氢气以便修理。

在标准温度和压力下，每 24h 的绝对漏氢量不准许超过 18m。漏氧量是可测的，在达到这个限值之前应从测得的总的气体损耗中扣除从油管道中排走的氢量。

高氢压运行的大发电机，漏氢量可能超过上述数值，此时可参考制造厂给出的氢气消耗量作为推荐值，气体消耗量（供给发电机）和漏气量（气体泄漏离开发电机）没有较大的区别，氢气消耗量由于密封油损耗要大于漏氢量。

43 简述发电机漏氢大的原因。

答：(1) 密封瓦油路堵塞（如油滤网堵，平衡阀差压阀卡涩）等使密封油压降低。

(2) 密封瓦与轴之间及密封瓦与瓦座之间的间隙过大。

(3) 氢气冷却器、人孔盖板、热工出线端子板等的密封胶条老化呲裂。

(4) 密封瓦与端盖的结合面（立面）不严密（如螺丝没有拧紧，密封胶垫质量不良）。

(5) 出线套管有砂眼、出线套管法兰浇注黏接材料质量差、密封垫未垫好或呲裂。

(6) 转子导电螺钉处漏氢；密封垫质量不好或未垫好。

（7）氢气冷却器铜管破裂。

（8）定子空心导线或冷却水管（主要是聚四氟乙烯管）破裂，由于氢压比水压高，氢气串入水回路中，从水箱漏出机外。

44 试述发电机的漏氢部位及消除措施。

答：（1）机壳各结合面。

1）三段式发电机机壳，在U形密封罩的两端焊接处漏氢；该端罩为现场安装时焊接，上下各留一个打压接头，可进行气密性试验，查验焊缝焊接质量。

2）端盖与机座的结合面和上、下半端盖的结合面也是重要的密封面。密封面的粗糙度需达到▽5～6，平面度需在0.03～0.05mm以内。

3）出线罩与机座之间的结合面不论用密封胶或橡胶板、橡胶条，均因该处温度较高，易老化而失败。彻底的解决办法是将该结合面直接焊死，保证焊接质量，消除漏氢通道。

4）出线罩法兰与出线套管台板的结合面。因二者的材质不同，该处又受定子端部漏磁影响，温度较高，故受热后膨胀变形。再加上密封材料受热易老化，此结合面原密封结构不能保证封氢效果。原铝合金台板需要换为1Cr18Ni9Ti不锈钢板，并和出线罩在里侧用奥237不锈钢焊条焊死，效果更佳。

5）用塑料密封胶封氢，优点是工艺简便，运行中可以随时补注；缺点是密封胶从注胶槽口挤出后会进入机内回油通道，时间一久密封胶易老化干硬，即使补注也无效。加上端盖水平结合面靠近轴承里角处结合强度差，致使此处漏氢漏油。因此从制造厂的角度应对端盖水平面结合上存在的缺点加以改进，同时提供耐用、时间持久的优质密封胶。

6）用橡胶条改善端盖密封也可取得一定的效果。采用橡胶条的做法是：先把端盖上注胶槽的槽棱倒角，再放入直径等于槽宽的橡胶圆条，胶条突出槽外部分需加切削，使胶条的截面积在不受力的情况下，略大于槽本身的截面积。端盖均匀紧固后用5丝（0.05mm）塞尺塞不进为好。胶条接头用平头对接，靠挤压封死。

7）机座端部上固定端盖的螺孔，有的可能在制造过程中穿透，而后经补焊处理。如补焊不严或运行中受振而脱开，则成为漏氢点。为查找这些漏泄的螺孔，可用一中心开孔试验螺栓逐次拧入固定螺孔，并向螺栓的中心孔通入压缩空气。

（2）密封瓦及密封瓦座。

1）密封瓦座与端盖的垂直结合面是最易漏氢的结合面之一。改进的办法是增加该结合面橡胶密封垫的强度，如定制中硬丁腈橡胶密封垫，内加一层帆布，整圈厚度8mm均匀一致，并且开孔规矩，或将该密封垫改为两橡皮板中间夹一层环氧玻璃布板（厚5mm），总厚度9mm均匀一致，且将紧固螺钉改用25Cr2MOV合金钢。使结合面紧固性增强而又不致使密封垫鼓起而漏氢。

2）密封瓦与轴和瓦座的间隙必须调整合格。

3）组装上下半端盖时，要保证水平法兰接缝对齐，防止因错口不平使密封垫受力不均。上下半端盖结合面采用橡胶条密封时，要把两半盖结合后受挤压突出的橡胶条顺端盖垂直面留出约1～2mm长度后割齐，使装配密封瓦座后此处结合严密不漏。

（3）出线套管。

1）出线套管的瓷件与法兰之间用水泥作黏结剂，极易松脱漏氢，严重的甚至瓷件下移，大量跑氢。解决的办法是将瓷件的结合面由柱面状改为上大下小的锥面状，并且将其与法兰的黏结剂改用环氧树脂，许多电厂改用这种套管后效果很好。

2）出线套管穿过出线台板处的密封是防止漏氢的关键部位之一。由于漏入机内的密封油多积存于此处，上述橡胶圈、垫极易受油浸泡而变质失效。此处需用耐油的橡胶圈和橡胶垫加以双重密封。

3）出线套管上端出线铜杆与过渡引线的连接在装配时应避免别劲受力而使套管密封遭到破坏。出线套管瓷件的上下端与出线铜杆之间均用橡胶垫密封，并借助下端出线杆上螺母的紧力，使两端橡胶垫受压而封氢。

4）出线套管内的导电杆与上下端出线杆之间焊接不良时，也会出现漏氢。查漏发现后如现场无法补焊解决，即需要换新套管。

（4）氢气冷却器及氢系统。

1）每次大修，氢气冷却器应单独进行水压试验。试验压力为0.49MPa（5kgf/cm^2）表压，以半小时无渗漏为合格；氢气冷却器上下法兰与机壳结合处需结合紧密。此处出现间隙不等、结合面不平时，可换用厚垫或配用不同厚度的偏垫来解决。

2）运行中发现冷却器个别铜管漏氢时，可在不停机情况下堵管处理。先将直径比铜管内径大1～2mm的软胶球2～3个送到铜管最下端的管板口，堵住下口，再将环氧树脂倒入该管，直至灌满。待树脂固化后，在上管板口打入铜楔即可。如铜管裂口较大，下部仍用软胶球堵死；往管内灌注树脂时，为克服氢气流上吹作用，使用由普通打气筒改制成的压注工具，将树脂浇注剂压入铜管最底部。当灌注到裂口外时，可听到“扑扑”声，此时停止压注，待树脂固化后，上管口用铜楔子封住。

3）氢管路上联接法兰的密封垫要使用丁腈橡胶或其他耐油橡胶制作的整体件，避免使用拼接而成的密封垫。氢管路上使用的衬胶阀，长期在点接触挤压下衬胶易老化破裂而漏泄。可考虑改用弧形面接触的隔膜阀，不仅耐用、关闭严密，而且橡胶隔膜易于更换。

（5）转子。

1）每次大修，转子抽出后都应进行查漏试验。一般从励端中心孔通入干燥清洁的压缩空气，试验压力为0.49MPa（5kgf/cm^2）表压，6h允许压力下降不大于起始压力的20%为合格。

2）转子进行风压查漏试验时，重点应检查滑环下导电螺钉的密封情况。判断该处是否漏气的方法是使螺钉位置垂直向上，将无水酒精倒在上面，观察有无小气泡出现。同时还要检查中心孔固定螺钉及汽端中心孔堵板的密封状况，只有漏气处全部处理好后，才能恢复风压试验。试验合格后回装励侧中心孔堵板时，应保证此处严密不漏气。

45 防止发电机漏氢应采取哪些预防措施?

答：(1) 发电机出线箱与封闭母线连接处应装设隔氢装置，并在出线箱顶部适当位置设排气孔。同时应加装漏氢监测报警装置，当氢气含量达到或超过1%时，应停机查漏消缺。

(2) 严密监测氢冷发电机油系统、主油箱内的氢气体积含量，确保避开含量在4%～75%的可能爆炸范围。内冷水箱中含氢（体积含量）超过2%应加强对发电机的监视，超过10%应立即停机消缺。内冷水系统中漏氢量达到0.3m^3/d时应在计划停机时安排消缺，漏

氢量大于 $5m^3/d$ 时，应立即停机处理。

(3) 密封油系统平衡阀、压差阀必须保证动作灵活、可靠，密封瓦间隙必须调整合格。发现发电机大轴密封瓦处轴颈存在磨损沟槽，应及时处理。

(4) 对发电机端盖密封面、密封瓦法兰面以及氢系统管道法兰面等所使用的密封材料（包含橡胶垫、圈等），必须进行检验合格后方可使用。严禁使用合成橡胶、再生橡胶制品。

(5) 必须保证氢冷系统严密，氢冷发电机检修后必须进行气密试验，试验不合格不允许投入运行。

46 当发电机定子水箱中含氢量超过2%时，应做哪些工作？

答：(1) 每小时测量、记录内冷水箱（水内冷系统）中的含氢量。

(2) 应加强监视发电机定子线棒的温度（防止气塞、线棒过热）。

(3) 监视发电机内部是否进水。

47 简述发电机漏油的危害性。

答：(1) 油雾弥漫于机内，使氢气纯度降低，严重影响发电机的绝缘强度。

(2) 油雾进入定子及转子通风道（或通风孔）中沉积为油垢，影响发电机的散热和通风。

(3) 油雾附着在定子端部绕组上，对绝缘特别是对绕组沥青云母绝缘起溶解腐蚀作用，而使绝缘强度和防晕性能大大降低，会造成绝缘故障。

(4) 将主油箱中含水的油带入发电机内，使氢冷发电机内氢气湿度增高。对于大型发电机，还会导致转子护环出现应力腐蚀裂纹和降低定子端部绕组绝缘表面电气强度。

(5) 由于油的浸泡，定子槽楔下的垫条也会因电磁振动而窜出刺伤定子线圈端部绝缘，造成接地故障。此外，漏油污染了发电机内各部件，增加了定期检修的清理工作。

48 发电机漏油的原因和处理办法有哪些？

答：(1) 平衡阀、压差阀工作性能不佳，机组运行中不经常监视和控制密封油箱的油位。如果平衡阀的灵敏度降低，动压差在1500Pa以上，则空、氢气两侧的窜油量将会增大，若氢气侧油压过高，则将增加向空气侧的窜油量，使耗氢量增大；若空气侧油压过高，将增大向氢气侧的窜油量，这时密封油箱油位升高，当自动排油电磁阀失灵时，密封油箱漏油，如果漏入发电机内，则导致机内氢气纯度下降，并使端部绕组绝缘污染和护环应力腐蚀，双流环式密封瓦也就失去了应有的功能。因此，机组正常运行时，密封油箱油位应控制在较低（约2/3）的水平。手动补油时，阀门不宜开得过大，以防漏油后来不及关阀。在实践中，由于平衡阀结构不良，工艺不佳，调整不当，检修时又不遵照要求，运行中油质不洁（含水）等，都影响平衡阀的灵敏度。压差阀与平衡阀一样，要求其跟踪性能灵敏可靠，以保证油氢压差始终处在0.05～0.08MPa范围内。

如果对氢压的变化反应迟缓，甚至拒动，在油氢压差过小时，就会减少进入密封瓦的油流，使瓦温升高；当油氢压差过大时，就会增加进入密封瓦的油流，导致回油量增大，使密封油漏入机内，造成污染。可见，为防止机组运行中漏油，首先应保证平衡阀和压差阀的制造工艺良好，其次是检修（安装）质量和运行维护，以及经常监视和控制密封油箱的油位。

（2）内挡油盖油封梳齿、挡油板安装不良，起不到油封作用。从密封瓦喷出来的氢气侧回油，虽经转轴甩油沟多次甩油到油腔壁，但部分油顺着转子轴仍往机内流，由轴向进入发电机内的途中，受到挡油板和内挡油盖的油封梳齿迷宫的阻力，但由于油压高于氢压，风扇前为负压区，仍有密封油通过梳齿间隙抽入机壳内。为了使各合口和圆周间隙均达到有关规程的要求，所有密封部件和密封座均应认真安装，并调整好间隙。

（3）密封瓦与大轴的间隙超过标准（过大）时，若氢压调整不当，油会窜入发电机内，造成污染。为了密封油系统正常，在发电机检修时要采取以下技术措施：

1）选用优质的平衡阀和压差阀，并按工艺安装和调整，使双流环式密封瓦通过增、减空气侧回路上的压差阀配重片调整氢压达到0.05～0.08MPa。严格监视调整氢气侧回油路上的平衡阀压差值，应小于1500Pa。

2）检修后的油箱油位应在2/3处。

3）检修好交、直流密封油泵，油冷却器以及各油管路、阀门、滤网等。

4）密封油品质必须合格。

5）对于新更换的油管路或焊接后的油管应进行油冲洗。

49 简述氢气湿度大的危害。

答：一是可能造成发电机定子绕组相间短路事故，即湿度过高的环境下，发电机定子绕组线棒绝缘性能下降，易于发生表面爬电、闪络，以至拉弧放电，造成短路事故。二是发电机转子护环应力腐蚀。理论和实践表明，发电机内部氢气湿度过高是采用50Mn18Cr4WN材料的发电机转子护环发生应力腐蚀裂纹的主要诱因。

50 发电机内氢气湿度超标的原因有哪些？

答：（1）发电机内的氢气来自制氢站，国产制氢装置大多是仿苏的DQ型电解槽，制氢系统也大都相似，用水冷却器除湿，去湿效果很差，一般产出的氢气湿度较大，这样的湿度对发电机的绝缘将造成极大的威胁。

（2）发电机空侧密封油系统不完善，空侧密封油取自主油箱。由于汽轮机透平油系统受到汽封间隙大、汽封调节器的调节灵敏度及跟踪性能的影响以及其他辅机泄漏，造成透平油带水、油质乳化。使用这样的油源做发电机密封油是造成氢气湿度大的另一个主要原因。

（3）“两阀”（平衡阀与差压阀的简称）跟踪调节性能差，密封瓦空、氢两侧相互窜油，以致将含有大量水分的密封油流入氢气侧，由于氢侧密封油在机内氢侧回油膛内飞溅，油中的水分亦将挥发到发电机内，造成氢气湿度增大。

（4）氢气冷却器漏水。

（5）发电机定子绕组漏水。

（6）配套氢气干燥器除湿能力差，无法实现干燥除湿的作用。

51 降低发电机氢气湿度的主要措施有哪些？

答：（1）严格执行有关标准。《氢冷发电机氢气湿度技术要求》（DL/T 651—2017）规定了发电机内的氢气湿度在－25～0℃露点温度；当发电机停机备用时，若发电机内温度低于10℃，则氢气湿度不得高于露点温度－5℃。氢气湿度不高于露点温度－5℃（0℃），可有效防止绝缘性能下降和护环应力腐蚀，不低于－25℃的规定是为了防止因过于干燥，使某些有机材料部件开裂。如果制造厂规定的湿度高于本标准，则应按厂家标准执行。

（2）防止向发电机内漏油，是保障发电机内部氢气湿度不超标的必要措施。

（3）保持发电机氢气干燥器运行良好。经验证明，不论何种型式的干燥器，只要运行状态良好，一般总是可以保持发电机内的氢气湿度低于露点温度0℃。考虑到停机时干燥器一般不工作，可能造成发电机湿度超标，特别是频繁启停的调峰发电机，存在停机备用时湿度升高问题，应选购带有自循环风机的氢气干燥器。吸附式干燥器具有故障率低、除湿效果好的优点，宜优先选用。

（4）为避免发电机护环应力腐蚀，推荐发电机转子护环采用抗应力腐蚀的18Mn18Cr材料。

52 为防止氢气湿度超标，应对氢油密封系统进行哪些改进？

答：（1）更换不合格的“两阀”。

（2）氢侧回路控制箱的补、排油的电磁阀更换为氢气系统专用的浮筒阀。

（3）将密封油系统的冷油器更新为可靠合格的冷油器。

（4）将空侧密封油源由原来的汽轮机主油箱供油改为由发电机密封瓦空侧回油U型管回油装置供油，该回油装置如能增加一台小型滤油机则可进一步改善油质。

（5）在氢密封油系统中增设真空脱气除湿装置。

（6）补氢系统管道最低处应加排污门，定期排放。

（7）检查发电机内部各挡板间的互通性，各死角处均应能可靠地排放油污或水。

（8）目前也有些研究单位在研制一些新型的油挡，以解决发电机大量进油的问题。如氢侧微正压油挡、接触式悬浮油挡等都有一些产品在现场试用，这些都是十分有益的尝试。

53 发电机局部过热故障的预防措施有哪些？

答：（1）安装发电机绝缘过热装置。

（2）大修时对氢内冷转子进行通风试验，发现风路堵塞及时处理。

（3）全氢冷发电机定子线棒出口风温达到8℃或定子线棒间温差超过时，应立即停机处理。

54 发电机绝缘过热装置的工作原理是什么？

答：发电机绝缘过热报警装置是可以发现绝缘过热早期故障隐患的专用仪器，简称GCM，属于解读型在线监测仪。它的工作原理是捕捉和分析发电机内氢气中的烟气颗粒，实现发电机绝缘过热故障的早期报警。

该仪器有两根管道与发电机大轴上的风扇两侧相连，利用风扇前后的正负气压差，在发电机运行时，源源不断地取出少量冷却气体流过该仪器检测后送回发电机。当发电机由于某种原因发生绝缘局部过热时，绝缘体将分解散发出特有的烟气物质，该报警装置捕捉到烟气微粒就会立即报警，然后通过自动或人工取样对机内冷却气体进行色谱分析，就可以判断过热部位的材质和过热程度，随即对发电机采取相应措施，就可以达到防止重大绝缘事故的目的。

第二节　电机故障的诊断技术

1 简述电机故障诊断的常用技术。

答：(1) 电流分析法。通过对负载电流幅值、波形的检测和频谱分析，诊断电机故障的原因和程度。例如通过检测交流电动机的电流，进行频谱分析来诊断电机是否存在转子绕组断条、气隙偏心、定子绕组故障、转子不平衡等缺陷。

(2) 振动诊断。通过对电动机的振动检测，对信号进行各种处理和分析，诊断电机产生故障的原因和部位，并制定处理办法。

(3) 绝缘诊断。利用各种电气试验和特殊诊断技术，对电机的绝缘结构、工作性能和是否存在缺陷做出结论，并对绝缘剩余寿命作出预测。

(4) 温度诊断。用各种温度检测方法和红外测温技术，对电机各部分温度进行监测和故障诊断。

(5) 换向诊断。对直流电机的换向进行监测和诊断，通过机械和电气监测方法，诊断出影响换向的因素和改善换向的方法。

(6) 振声诊断。对诊断的对象同时采集振动信号和噪声信号，分别进行信号处理，然后综合诊断，因而可以大大提高诊断的准确率。

2 电机故障诊断过程分哪几个部分?

答：电机故障诊断过程应包括异常检查、故障状态和部位的诊断、故障类型和起因分析三个部分。

3 简述电机故障诊断流程。

答：运行设备—传感器—数据采集—数据处理—诊断决策—技术措施。

4 诊断软件具有哪些功能?

答：(1) 用户接口或通信接口。把诊断的硬件设备和操作者或计算机联结起来，有的实现了交互式测量和分析。

(2) 分析功能。对采集信号进行分析、处理，如数字滤波、频谱分析、相关分析、时域波形分析等，并作出诊断结论，这是由很多程序模块实现的，每个分析程序模块都是相对独立的，只是完成一种类型的功能分析。

(3) 建立数据库。数据库中将贮存每次检测所得的大量测量数据，其目的主要是实现趋势管理，以便对故障预报和实现预知维修。

(4) 管理功能。包括画面显示，打印测量和分析报告，输出时域波形、频谱图、轴心轨迹图等。

5 什么是EXPLORE—EX诊断专家系统？

答：EXPLORE—EX旋转机械故障诊断专家系统，这是由美国恩公司与斯韦公司联合开发的一套专门用于对多种旋转机械一些常见的振动问题进行诊断咨询的专家系统，它通过对大量振动自动进行分析和诊断，提高了预知维修的效率和效果。

6 EXPLORE—EX诊断专家系统可诊断故障的类型有哪些？

答：(1) 常见机械故障。不平衡、不对中、转动部件松动、轴弯曲、轴热弯曲、轴裂纹、地脚螺栓松动。

(2) 轴承。滚动轴承故障（轴承内环磨损、轴承外环磨损、轴承滚动体、轴承保持架磨损、严重的轴承损坏），滑动轴承损坏，油膜涡动，油膜振荡，止推轴承损坏，轴或轴承座振动，轴承架振动。

(3) 共振。系统共振、横向共振、扭振共振、泵和电机等支撑系统共振。

(4) 电动机。电气故障、笼条松动、磁不对中、定子绕组故障、轴承不对中、掉相、电路高阻、动态气隙偏心、静态气隙偏心。

7 简述机械振动的基本概念。

答：机械振动是物体围绕其平衡位置作往复运动的方式，常有钟摆运动和弹簧的伸缩运动等。振动系统的弹性（使物体到原有位置的属性）和惯性（物体惯性是以质量为度量的）是产生振动的内部原因，而激发振动的外力，是产生振动的外部原因。

8 简述振动的危害。

答：在大多数情况下，机械振动是有害的，它产生噪声，损害设备的工作性能，缩短机器寿命，损坏建筑物。每个机械系统都有一个固有振动频率，当外部激振力频率接近系统固有频率时，系统的振动将急剧增加并产生共振，具有极大危害，必须注意防止。

9 描述振动的参量有哪些？

答：描述振动的量有位移、速度、加速度、相位角、频率和振动力等。

10 振动可分为哪几类？

答：按振动规律可分为随机振动和确定性振动。

其中确定性振动又可分为简谐振动、复杂周期性振动和准周期性振动。

11 简述随机振动的概念。

答：随机振动是非确定性振动，任何一给定时刻的振动瞬时值都无法预先确定，无法用一个确定的时间函数来描述，但可以采用数理统计方法来进行研究。随机振动产生的信号，表面上看是一个没有规律的波形，不能用数学表达式来表达，因而不能用波形分析方法直观地确定其振幅、频率。但随机振动的信号却有一定的统计规律性，即当实验次数很多，信号记录时间很长时，其幅值的平均值可能趋向某一确定的极限值。因此，随机振动的信号必须用统计方法来处理。

12 振动有哪几个特征量？

答：振动有三个特征量，即位移、速度和加速度。

13 测量振动时如何选择特征量？

答：测量特征量不同，选用传感器、测振设备和测量方式有所不同。因此，测量时首先应考虑哪个特征量作为振动强度的评估比较合适。一般认为：

（1）低频时，振动体的振动强度与位移成正比。

（2）中频时，振动体的振动强度与速度成正比。

（3）高频时，振动体的振动强度与加速度成正比。

对电机来说，振动适用的主要频率范围是中频。因此，通常把振动速度作为电机振动是否正常的评估量。

14 引起电机异常振动的原因有哪些？

答：（1）定子异常产生的电磁振动。

（2）气隙不均匀引起的电磁振动。

（3）转子导体异常引起的电磁振动。

（4）转子不平衡引起的机械振动。

（5）滚动轴承异常产生的机械振动。

（6）滑动轴承的振动。

15 定子电磁振动的特征有哪些？

答：（1）振动频率为电源频率的二倍。

（2）切断电源，电磁振动立即消失。

（3）振动可以在定子机座和轴承上测得。

（4）振动与机座刚度和电机的负载有关。

16 气隙不均匀引起的电磁振动分哪两类？

答：气隙不均匀（或称气隙偏心）有两种情况，一种静态不均匀；另一种是动态不均匀。它们都会引起电磁振动，但是振动的特征不一样。

17 简述气隙静态不均匀引起电磁振动的特征。

答：（1）电磁振动频率是电源频率的二倍。

（2）振动随偏心值的增大而增加，与电动机负荷关系也是如此。

（3）气隙偏心产生的电磁振动与定子异常产生的电磁振动相似。

18 简述气隙动态不均匀引起电磁振动的特征。

答：（1）转子旋转频率和旋转磁场同步转速频率的电磁振动都可能出现。

（2）电磁振动以 $1/2sf$ 周期在脉动。因此，电动机负载增加，s 加大时，其脉动节拍增快。

（3）电动机往往发生与脉动节拍一致的电磁噪声。

19 简述转子绕组异常引起电磁振动的特征。

答：（1）转子绕组异常引起电磁振动的特征与转子动态偏心所产生的电磁振动的电磁力和振动波形相似，现象相似，难以判别。

（2）电动机负载增加时，这种振动随之增加，当负载超过 50%时较为显著。

（3）若对电动机定子电流波形或振动波形作频谱分析，在频谱图中，基频两边出现 $\pm 2sf$ 的边频，根据边频与基频幅值之间的关系，可判断故障的程度。

20 简述转子不平衡产生机械振动的特征。

答：（1）振动频率与转速频率相等。

（2）振动值随转速增高而增大，但与电机负载无关。

（3）振动值以径向为最大，轴向很小。

21 简述轴心线不一致产生振动的特征。

答：（1）轴心线偏差越大，振动也越大。

（2）振动中二倍旋转频率的成分增加。

（3）电动机单独运行时，这些振动就会立即消失。

22 简述联轴器配合不良产生振动的特征。

答：（1）振动频率与电动机旋转频率相同。

（2）连接机械和电动机端振动相位相反，相位差 180°。

（3）电动机单独运行时，这些振动就会立即消失。

23 简述轴承装配不良产生振动的特征。

答：（1）振动幅值以轴向为最大。

（2）振动频率与电动机旋转频率相同。

24 简述轴承非线性特性引起振动的特征。

答：（1）振动频率是旋转频率的整数倍。

（2）振动是轴向的。

（3）振动与转速密切相关。

25 滑动轴承油膜振荡引起振动的特征是什么？

答：（1）振动频率等于转子的一阶临界转速，工作转速接近一阶临界转速二倍的大型高速柔性转子电动机极易发生油膜振荡。

（2）油膜振荡是一种径向振动。

(3) 减少转子不平衡、降低润滑油黏度和提高油温，能使油膜振荡消失。

26 测试振动的设备有哪些?

答：测试振动的设备有：振动传感器、测振仪、前置放大器、数字信号分析仪和磁带记录仪。

27 前置放大器的作用是什么?

答：前置放大器是振动冲击测量系统的主要组成部分，它的作用是放大和变换测振传感器输出的微弱的测量信号，使信号有足够的电平和功率，以适应后续测量、分析和记录的需要。其主要功能有：

(1) 放大从传感器输出的微弱信号。

(2) 对测量信号进行微、积分变化。

(3) 变高输出阻抗为低输出阻抗。

(4) 使不同灵敏度的传感器输出电压归一化。

(5) 将电荷信号变成电压信号。

(6) 起到滤波的功能。

28 什么是数字信号分析仪?

答：数字信号分析仪是振动信号和其他动态信号处理不可缺少的设备。它是以 A/D 转换、快速傅立叶变换（FFT）和数字滤波器为基础，以微处理器为核心，有的还配置了各种分析软件、支持软件，因而其分析功能强，速度快，精度高，抗干扰性强，是先进的动态信号分析设备。

29 数字信号分析仪的功能是什么?

答：(1) 进行数据采集，实现模—数转换。

(2) 对采集的信号数据进行窗函数处理。

(3) 对信号进行数字滤波处理，进行功率谱分析。

(4) 对信号进行傅立叶变换（FFT）分析，给出实数和虚部结果。

(5) 对信号进行时域分析。

(6) 在数字输出方面，有数字打印、图像显示等。

30 电机测振时，电机应处于什么状态?

答：(1) 电机的测振应在电动机空载状态下进行。

(2) 直流电动机的转速和电压应保持额定值。

(3) 交流电动机应在电源频率和电压额定时测定。

(4) 多速电机和调速电机应在最大转速下测定。

31 采用键连接的电机，在测电机振动时有什么要求?

答：采用键连接的电机，测量电机振动时轴伸上应带半键，并采取不破坏平衡为前提的安全措施。

32 如何选择电机上的测振点？

答：(1) 轴中心高 45～400mm 的电机，测点数为 6 点，在电机两端的轴向、垂直径向、水平径向各一点。径向测点测量方向延长线应尽可能通过轴承支撑点中心。

(2) 轴中心高大于 400mm 的整台电机，测点数为 6 点。

(3) 对座式轴承的电机，测点数为 6 点。

33 测振时有什么要求？

答：(1) 测量时，测振传感器与测点接触应良好，具有可靠联结而不影响被测部件的振动状态。

(2) 当测振仪读数出现周期性稳态摆动时，取其读数最大值。

34 电机在工作过程产生的损耗一般有哪几种？并分别给予说明。

答：电机在工作过程产生的损耗有下面几种：

(1) 电机工作绕组中产生基本铜耗。这是由于负载电流流过工作绕组，因绕组存在电阻而产生的，是一种负载损耗。

(2) 铁损。是由于交变磁通在磁路中的涡流和磁滞现象产生的损耗，它与负载电流无关。

(3) 机械摩擦损耗，包括风摩擦损耗、轴承摩擦损耗和电刷摩擦损耗，它与负载电流无关。

(4) 励磁损耗，包括励磁绕组铜耗和集电环电损耗。

(5) 杂散损耗。包括由负载引起的绕组导体、磁路、金属结构件的杂散损耗，以及因换向引起的电刷附加损耗。

35 电机的散热方式有哪几种？

答：除了大容量的汽轮发电机和核能发电机外，其余电机绝大部分都用空气作为冷却介质。在空气冷却情况下，电机散热是通过传导、辐射、对流三种方式传递到电机周围空气来进行的。

电机内热源通过传导方式把热量传递到物体表面，再从表面通过对流换热方式把热量传入冷却介质。辐射散热在整个电机散热中所占比例较小，计算时往往忽略不计。

36 什么是温升极限？

答：空气冷却电机在海拔不超过 1000m、环境温度不超过 40℃的条件下，以额定功率运行时，从运行地点环境空气温度算起的电机的稳定温度，称为温升极限。当电机使用地点在海拔 1000m 以上时，允许温升要适当降低。

37 对于异步电动机测温点一般应如何选择？

答：对于异步电动机测温点一般选测：轴承、润滑油、冷却器进风及出风温度、冷却器进水温度、定子端部、定子绕组槽部、定子铁芯、转子笼条及端环温度等。

38 简述红外线测温的特点。

答：红外测温是非接触式测量技术，具有简单、方便，反应速度快，不接触带电体等特点，因此能快捷、准确，连续地测出电机不同部位的温度和温度场的分布，而且还能测量旋转体表面的温度，可见它能有效地解决某些用常规测温技术无法解决的测温难题。

39 简述光纤测温传感器测温的特点。

答：光纤温度传感器的共同特点是体积小，灵敏度高，绝缘性能好，抗干扰能力强，传感器几何形状具有多方面的适应性。光纤温度传感器是接触式传感器，它可以放置于电机、变压器内部，可与高压带电体直接接触，因而可以将它埋设于高压绕组内部，而测量到带电高压绕组工作时的温度。

40 简述红外热像仪的测温特点。

答：红外热像仪能显示物体的形状以及整个测量对象表面温度分布，以便迅速探测到过热故障的所在。红外成像技术能将物体的温度分布转换成图像，以直观、形象的热图显示出来。因此，红外热像仪是一种较先进的红外探测设备，它主要用于面积较大对象表面温度场的测量，并记录成红外热图。

41 GB 755《旋转电机基本技术要求》对于检温计的埋置有哪些具体规定？

答：(1) 对每槽具有两个或两个以上线圈边的绕组检温计的布置，检温计应埋设于槽内线圈层间预计最热点位置，并以 U、V、W 三相和不同空间位置分布。

(2) 对每槽只有一个线圈边的绕组检温计的布置，检温计应埋设于槽楔与绕组绝缘外层之间预计最热点位置。

(3) 线圈端部检温计布置，是应埋置于线圈端部两个线圈边之间预计最热处。检温计的热敏部分应与线圈边表面紧密接触，并与冷却空气隔离。

(4) 检温仪应适当地分布在电机的绕组中，其数量通常不少于 6 个。

42 造成电机绝缘老化的因素有哪些？

答：(1) 热老化。因长期受热会产生各种物理和化学变化（如挥发、裂解、起层、龟裂等），导致材料变质而劣化。

(2) 电老化。主要表现在绝缘结构局部放电、漏电和电腐蚀。

(3) 机械老化。主要表现在绝缘结构疲劳、裂纹、松弛、磨损等方面。

(4) 环境老化。主要表现为灰尘、油污和其他一些腐蚀性物质对绝缘结构的污染和侵蚀。

43 对绝缘结构进行诊断的目的是什么？

答：做各项检测和试验的目的都是为了检验绝缘的可靠性，考验绝缘系统是否具有足够的电气和机械强度，能胜任各种工况和环境条件下的可靠运行，并推断绝缘老化程度，以及进一步推算出剩余破坏强度和剩余寿命。因此，绝缘诊断将能改进电动机的维护方法，延长电动机的寿命，以实现预知维修。

44 电动机绝缘诊断的方法有哪些?

答：(1) 绝缘击穿试验（电机上取出线圈、测定击穿电压、推断剩余寿命)。

(2) 耐电压试验。

(3) 非破坏性试验。

(4) 物理、化学试验。

(5) 外观检查。

(6) 运行履历检查。

(7) 机械试验。

45 耐电压试验包括哪些内容?

答：耐电压试验包括：交流耐电压试验、直流耐电压试验、冲击耐电压试验和极低频率耐电压试验。

46 非破坏性试验包括哪些内容?

答：非破坏性试验包括：介质损耗试验、直流电流试验、交流电流试验和局部放电试验。

47 电机绝缘诊断的顺序是什么?

答：电机绝缘诊断的顺序是：外观检查—直流电试验—交流电试验—综合评价。

48 绝缘结构直流电试验包括哪些内容?

答：绝缘结构直流电试验项目包括：绝缘电阻测定、极化指数测定和直流泄漏试验。直流电试验的目的是检验绝缘是否存在吸潮和局部缺陷。直流电试验通常不会对绝缘造成危害，在发现绝缘有吸潮或局部损坏时，应进行干燥和处理后再重新试验，直至符合要求。

49 交流电试验包括哪些内容?

答：交流电试验包括：交流电流试验、介质损耗角正切及其增量的测定、局部放电检测。这些试验的目的是从不同角度和用不同方法来评价绝缘结构老化程度。

50 简述直流泄漏试验的方法。

答：直流泄漏试验一般由高压整流设备作为电源，用一只微安表指示泄漏电流。加在被试件上的试验电压应逐步提高，一般按 0.5、1、1.5、2.0、2.5 倍额定电压进行。每一电压下应保持 1min，待电流稳定时，记录泄漏电流。如在某一试验电压下，电流增加很快，并随时间继续上升，则绝缘有可能被击穿。直流泄漏试验后，被试件必须接地放电。

51 简述直流耐压试验的目的和方法。

答：直流耐压试验是将外施直流电压逐步升高到规定的数值，一般为工频耐压试验时的

1.6～1.8 倍，看绝缘结构的电气强度是否能承受高电场强度的考验，时间是 1min。

52 匝间绝缘试验的方法有哪几种？

答：匝间绝缘试验的方法有短时升高电压试验、冲击电压试验、振荡回路法和交流压降法四种。

53 简述用短时升高电压试验检查匝间绝缘的方法。

答：试验时，在电机上外施一个电压，一般为额定电压的 1.3 倍，试验时间通常为 3min，如未发现匝间绝缘闪络和击穿现象，为试验合格。

54 对地绝缘耐压试验（及交流耐压试验）的一般要求有哪些？

答：试验前，应先测定子绕组的绝缘电阻。电机的冷态绝缘电阻按额定电压计算，应不低于 1MΩ/kV。

试验电压应加在绕组与机壳之间，其他绕组和铁芯均应与机壳相连。

55 简述用冲击耐压试验法检查匝间绝缘的方法。

答：冲击耐压试验是将由电容器放电产生的冲击电压直接施加于线圈或线圈组两端。

冲击耐压试验通常是采用开口变压器法，其试验方法如下：

其试验设备是由一开口变压器和高压脉冲电压发生器组成，试验时将被试线圈套入开口变压器作为变压器二次，变压器一次绕组与脉冲电压发生器的放电球隙相串联，开口变压器的铁芯上另绕有一个探测线圈，用微安表来监视感应电流，如图 6-1 所示。

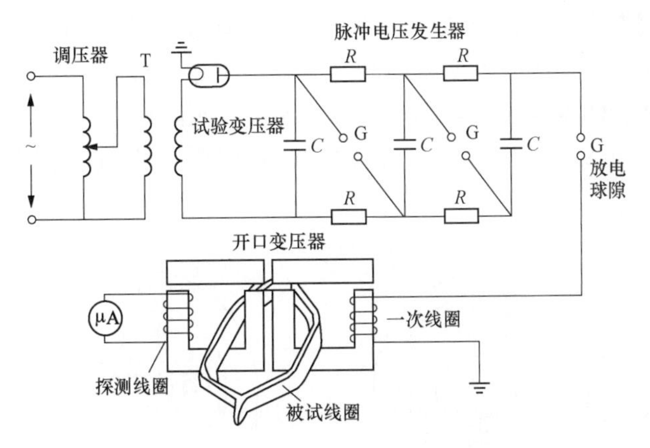

图 6-1　开口变压器法试验匝间短路

当脉冲电压发生器在接通电源后，输出端电压逐渐升高，当电压升高至球隙击穿电压时，球隙被击穿放电，变压器一次即流过一个脉冲放电电流，变压器二次的被试线圈就感应一个脉冲电压，从微安表的读数即可知道线圈匝间绝缘是否良好。

56 简述用振荡回路法检查匝间绝缘的方法。

答：这是用高频振荡电压来测试匝间绝缘，试验设备由调压器、试验变压器、放电球隙和桥式电路组成，如图 6-2 所示。试验时，将两个相同的被试线圈和两个相同的电容器组成一个桥路，桥路和放电球隙构成一个振荡回路。试验时逐步升高电压，试验变压器向桥路充电，当电压升高到球隙放电电压时，球隙放电，桥路上电压降为零，接着继续重复充电和放电，由此产生的高频电压施加于被试线圈上。当两个线圈匝间都正常时，由于阻抗相等，桥路平衡，桥路中间指示氖灯中无电流流过，氖灯不亮；若其中一个线圈匝间存在缺陷或短路，由于桥路不平衡，则有不平衡电流流过，氖灯就亮了，指示线圈存在缺陷或有匝间短路。

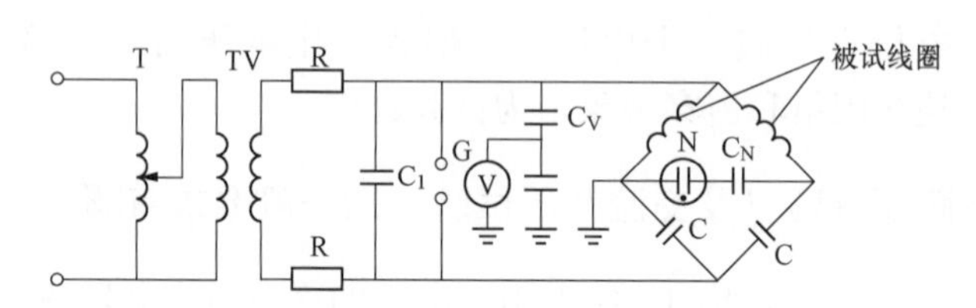

图 6-2　振荡回路法试验匝间绝缘图

T—调压器；TV—试验变压器；R—限流电阻；G—放电球隙；V—静电电压表；C_V、C_N—分压电容器；C_1—镇定电容器；N—指示氖灯；C—脉冲电容器

57 简述用交流压降法检查匝间短路的方法。

答：同步电动机转子磁极线圈和直流电动机定子磁极线圈匝间短路的检查，可用中频或工频电源交流压降法进行检查。

（1）用工频交流压降法检查磁极线圈匝间短路。已经装配完成的直流电动机定子的磁极线圈或同步电动机转子的磁极线圈，在两引出端上，可外施与额定励磁电压相等的交流工频电压，然后用电压表逐个测量每个磁极线圈上的交流阻抗压降，如图 6-3 所示。当每个磁极线圈上的电压都相等时，则表示所有线圈交流阻抗相等，属于正常，无匝间短路；如有某一个线圈压降比其他线圈偏低很多，则表示该线圈存在匝间短路。继续用数字电压表逐匝测量电阻值，就能发现短路匝和短路点。正常时，各线圈上交流工频电压降之差，不应超过 10%。

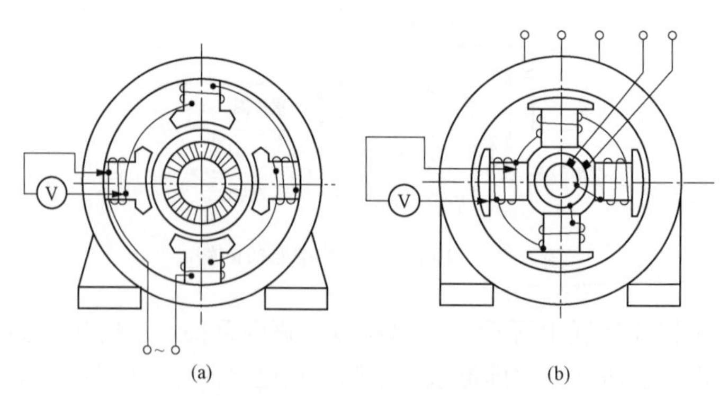

图 6-3　用交流压降法检查磁极线圈匝间短路图

（a）直流电动机；（b）同步电动机

（2）用中频电源检查单个线圈的匝间短路。使用中频电源，频率为 1000～2500Hz，每

个线圈上外施电压用式（6-1）表示，即

$$U_1 = 10U_s/2p \tag{6-1}$$

式中　U_s——额定励磁电压，V；

　　$2p$——电动机的极数。

将每一线圈逐一通电，施加相同电压，并测量线圈中的电流。如线圈测得电流相等，则表示线圈正常；如某一线圈的电流偏大，并超过 50%及其以上，则表示该线圈存在匝间故障。用数字式电压表逐匝测量电阻值，可以发现短路匝之所在。

58 简述介质损耗角正切 tanδ 的性质。

答：在外施电场作用下，绝缘介质中将产生位移电流、吸收电流和传导电流，它们合成为全电流，它们的相位关系如图 6-4 所示。

（1）位移电流 i_1，实际是充电电流，其相位超前于外施电压 U 的相位 90°它不产生损耗。

（2）吸收电流 i_2，它产生充电和能量损耗两种作用，其相位和外施电压 U 的相位成一定角度，也就是超前相位角。

（3）传导电流 i_3，与外施电压同相位，代表了介质中的能量损耗。

介质中的电流为三者之和，全电流 i 与外施电压 U 成一定角度 φ，其余角 δ 即为位移电流 i_1 与合成电流 i 的相位差，称介质损耗角，通常把 tanδ 称为介质损耗角正切，它的量值与变化代表了绝缘结构性能。

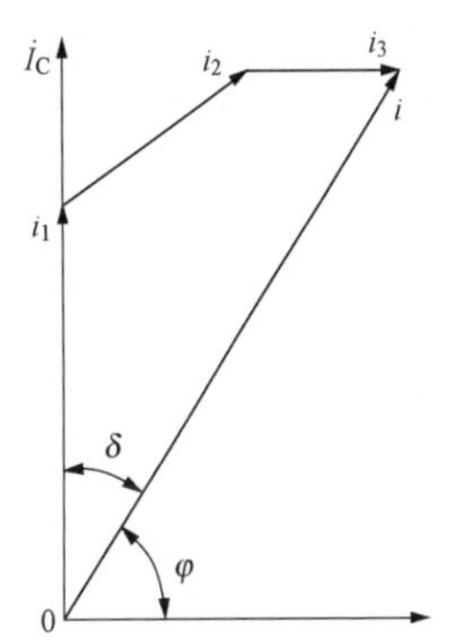

图 6-4　介质内外施加电压与电流的关系图

59 简述绝缘结构缺陷与 tanδ、Δtanδ 的关系。

答：绝缘材料中介质损耗角正切 tanδ 与绝缘材料中的空气含量、温度、试验频率和外施电压有关。如 tanδ 在电压升高时急增，这是绝缘结构夹杂气孔的主要特征，由于空气电离使介质损耗增加。

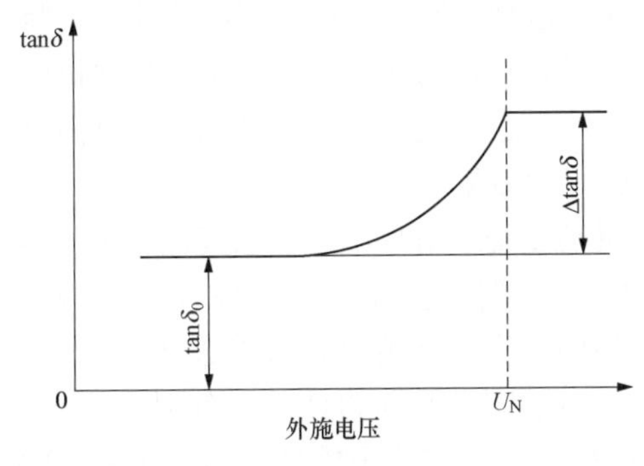

图 6-5　tanδ 与外施电压的关系图

$\Delta\tan\delta = \tan\delta(U) - \Delta\tan\delta(0.5U)$

当电场强度较低时，外施电压对绝缘 tanδ 无影响，在这一区域内的 tanδ 和初值 tanδ 相当，随电场加强到某一临界值，绝缘层内夹杂的气体开始电离，tanδ 开始急增。通常将 U 和 $0.5U$ 外施电压测得 tanδ 的增量 Δtanδ，作为评价绝缘内存在气孔和其他缺陷程度的一个指标，如图 6-5 所示。

新的绝缘结构，特别是经真空压力浸胶工艺处理的整浸电动机，tanδ 的数值都较低，一般 tanδ=0.01～0.08。

当绝缘受潮时，漏导电流将增加；绝缘老化时，极化现象将加重，这些都将使 tanδ 和 Δtanδ 增加。因此，定期在同一条件下测定 tanδ 和 Δtanδ 就可以掌握绝缘老化和受潮程度，并可作绝缘的趋势分析。

60 电机绝缘状态监测有哪几种方法?

答：电机绝缘状态监测的方法有：绝缘分解物的监测、局部放电的监测、无源转子温度传感器监测、定子绕组端部振动监测器、射频监测器RFM、耐热寿命指示器FLI、绝缘嗅探器IS、放电位置探针DLP以及电动机的综合监测仪GMM等。

61 简述无源转子温度传感器PRTS的监测原理及方法。

答：无源转子温度传感器（passive rotor temperature sensor，PRTS）采用光学温度测量技术，通过监测汽轮发电机转子表面温度分布，以实现监视转子绕组位移的目的。其测量的基本原理是在转子表面用荧光涂料喷涂成一个环状，这种涂料在紫外线照射时，将随温度而发出荧光，并随时间而衰减，温度越高，衰减时间越快。光导纤维束通过定子将紫外线激光发生器产生的紫外线聚焦在转子表面荧光涂料环上，使涂料发射荧光，同时接收光纤则将这些带有温度信息的荧光传输到监测装置，监测和指示转子表面的温度分布。

62 简述转子温度电子传感器ERTS的监测原理。

答：转子温度电子传感器（electronic rotor ture sensor，ERTS）是测量转子绕组特定部位温度监测装置，可用于发电机和电动机上。装置由发送和接收装置两部分组成，发送部分由电子温度传感器、超低功率射频发射器和电池盒组成。发送部分的设计和制造都考虑了能承受很高的重力加速度和高温的严酷运行条件，可安装于汽轮发电机转子平衡槽内。发送部分的形状经过有限之设计，能承受25000g和在转子表面出现的1000g法向力。接收部分包括接收天线，解码电路和显示器。接收天线通常安装在定子内膛或绕组端部支撑构件下，接收由ERTS传送的信号，并由接收器译出发射信号和显示测量点的温度值。

因为每个ERTS是以调频方式发送信号，所以一个转子上有时需安装几个ERTS。

63 简述射频监测器RFM的绝缘监测原理及方法。

答：大型汽轮发电机和电动机定子绕组中，铜导线中股线往往会出现匝间短路或断裂，这些短路或裂缝时断时续，并伴随出现绕组内部电弧。这种时断时续的内部电弧放电，将产生局部过热和损坏绕组对地绝缘。射频监测器（radio frequecy monitor，RFM）是通过电流互感器来监测发电机中性点上的电弧的高频信号，以发现定子线圈内部放电现象。目前已在很多发电机和大型高速交流电动机上采用，取得了较好的效果。

但是RFM往往会发生假报警，这是由于这些电机励磁绕组滑环上、轴承接地电刷或电机高压母线上产生的电弧引起的，这些假信号减少了RFM的置信度，甚至真的信号也被忽略。

假信号是通过电磁干扰产生的。为了解决这一问题，有关研究部门又开发了一种RFM的噪声消除器。其原理是探测这些噪声源（滑环、接地电刷和高压母线等）何时发生电弧，当探测到噪声源发生电弧时，就遮断RFM的输入信号，使这些假报警信号不能进入RFM，这样就能防止假报警的发生。

64 简述耐热寿命指示器TLI的绝缘监测原理及方法。

答：耐热寿命指示器（thermal lifelnd icater，TLI）是一种与温度传感器并用的装置，它可以精确地推算出温度对绝缘的时间效应，即温度及绝缘在该温度作用下的时间，而这两者决定了绕组热老化中 TLI 中设置了一套由微处理器进行运算的温度与时间函数的程序，程序是借助于修正后的热老化计算公式—阿累尼乌斯（Arrhenius）公式，以求出电机在额定温度级运行时间相等同的暴露时间。在理论上，如果绝缘在其额定温度下能工作 2000h，减去电机在额定温度级的等效暴露时间，就能预测耐热寿命量。

用 TLI 可以同时监测几台电机。

因为大多数绕组绝缘结构运行时，实际温度低于额定温度，所以耐热寿命指示器显示的等效耐热时间，比电机实际运行时间要少。

TLI 通常装设在绝缘可能过热的电机上，而测温元件应埋设于电机估计的最热部位。在热老化为主要老化因子的电机中，预测的剩余寿命具有较高的准确性。

65 简述放电位置探针 DLP 的绝缘监测原理。

答：放电位置探针（discharge locating probe，DLP）是电机停机时使用的局部放电诊断设备，其功能是测定定子绕组中绝缘老化的部位。当对地绝缘劣化时，绕组通电绝缘老化部位局部放电的频度增加，DLP 对放电检测十分灵敏，其检测的原理如下：DLP 实际上是一个容性耦合器，利用此耦合器在定子槽中缓慢移动，不断地激励定子绕组，以检测局部放电。耦合器检测的放电信号，使用高分辨率的脉冲幅值分析仪来进行处理，只要探针放在放电部位几个厘米以内的位置，分析仪即可显示集中放电的电荷量，这种探针已在美国和加拿大的电机局部放电诊断中得到了应用。

第三篇

电气试验

第七章

电气试验初级工

第一节 电气试验安全因素及现场工作

1 高压试验的目的是什么?

答：由于设备的电气性能影响因素很多，不能单纯使用理论计算的方法得到，更不能单靠经验来判断，因此要进行高压试验，根据试验结果来对各种性能进行分析判断，消除潜伏性缺陷，及时发现并处理设备老化和劣化问题，从而确保设备运行的可靠性。

2 高压试验在哪种情况下方可加压?

答：加压前，高压试验工作人员应认真检查试验接线，使用规范的短路线，表计倍率、量程、调压器零位及仪表的开始状态均正确无误，经确认后，通知所有人员离开被试设备，并取得试验负责人许可，方可加压。高压试验工作人员在全部加压过程中，应精力集中，随时警戒可能发生的异常现象，操作人应站在绝缘垫上。

3 高压试验工作对人员组织有哪些要求?

答：(1) 高压试验工作不得少于两人。

(2) 试验负责人应由有经验的人员担任，开始试验前，试验负责人应向全体试验人员详细布置试验中的安全注意事项，交代邻近间隔的带电部位以及其他安全注意事项。

4 高压试验中对试验装置的要求有哪些?

答：(1) 试验装置的金属外壳应可靠接地；高压引线应尽量缩短，并采用专用的高压试验线。必要时用绝缘物支持牢固，与相邻设备保持安全距离。

(2) 试验装置的电源开关，应使用明显断开的双极刀开关。为了防止误合刀开关，可在刀刃上加绝缘罩。

(3) 试验装置的低压回路中应有两个串联电源开关，并加装过载自动跳闸装置。

5 试验结果的判断结论如何确定?

答：对设备的试验工作进行完毕后，试验人员应当根据试验结果下判断结论，一般有三种：合格、不合格、有怀疑。而在正式生成的试验报告中只有合格与不合格，其中有怀疑的中间结论必须给予排除。分析中应充分考虑温度、湿度的影响程度，以及试验接线和方法的差异与仪器的准确性。有的试验结果因环境或其他因素而超出相关试验要求，但充分考虑这些因素以后，仍然可以给出试验合格的结论，但必须缩短试验周期或择日进行重新试验；有的试验结果虽然在相关试验要求范围之内，充分综合其他因素后仍然可以给出不合格的试验结论，但必须将这些原因明确地填写在试验报告中，必要时按照状态检修试验规程中所提供的显著性差异和纵横比分析法，并综合分析其他各项目的试验数据，如色谱分析、油质试验，得出准确的判断结论。

6　显著性差异分析法和纵横比分析法在实际应用中有何异同？

答：显著性差异分析法和纵横比分析法是国家电网公司《设备状态检修规章制度和技术标准汇编》中所提出的进行试验数据定量分析的方法，其适用对象略有不同，显著性差异分析法更适用于上次缺少试验数据或试验方法与本次不相同而无法进行比较的情况，但由于样本数量要大于6（包含被诊断设备），若在正常停电例行试验的一个间隔内则无法使用。纵横比分析法适用于同组A、B、C三相设备两次试验值之间的比较分析，若缺少上次试验数据则无法使用。在应用时应根据现场实际进行选择。

7　为什么规定绝缘类试验应在天气晴好且最低温度不得低于5℃的情况下进行？

答：如果天气不好，湿度过大，被试物表面出现水膜或结露，对测量绝缘电阻、泄漏电流和介质损耗将产生严重的影响，将对试验结果产生偏差；在低温下试验时由于诸多因素的影响，对试验结果的分散性很大，过低的温度甚至会出现设备内部的水结冰从而隐藏缺陷，难以根据低温下的试验数据作出正确判断。另外，部分精密试验仪器无法在过低温度和湿度过大的情况下工作。因此为提高试验的准确性，便于分析设备的真实绝缘水平，规定绝缘类试验在空气相对湿度不大于80%，气温不低于5℃的条件下进行。

第二节　电气绝缘理论基础

1　什么是直流电阻？

答：直流电阻就是元件通上直流电，所呈现出的电阻，即元件固有的静态的电阻。

2　什么是绝缘材料的绝缘电阻？

答：绝缘物在规定条件下的直流电阻，即加直流电压于电介质，经过一定时间极化过程结束后，流过电介质的泄漏电流对应的电阻称绝缘电阻。它是电气设备和电气线路最基本的绝缘指标。

3　什么是绝缘的吸收现象？

答：在电介质上加直流电压时，初始瞬间电流很大，以后在一定时间内逐渐衰减，最后稳定下来。电流变化的这三个阶段表现了不同的物理现象。初始瞬间电流是由电介质的弹性极化所决定，弹性极化建立的时间很快，电荷移动迅速，所以电流就很大，持续的时间也很短，这一电流称为电容电流。

接着随时间缓慢衰减的电流，是由电介质的夹层极化和松弛极化所引起的，它们建立的时间越长，则这一电流衰减也越慢，直至松弛极化完成，这一过程称为吸收现象，这个电流称为吸收电流。

最后不随时间变化的稳定电流，是由电介质的电导所决定的，称为电导电流，它就是电介质直流试验时的泄漏电流。

吸收现象在夹层极化中表现得特别明显。由于夹层绝缘的吸收电流随时间变化比较显著，故在实际试验中可以利用这一特点来判断绝缘的状态。由于吸收电流随时间变化，所以在测试绝缘电阻和泄漏电流时都要规定时间。

4 绝缘缺陷分为哪几类？它们的特点是什么？

答：通常将绝缘缺陷分为集中性缺陷和分布性缺陷两类。

（1）集中性缺陷。指缺陷集中于绝缘的某个或某几个部分。例如局部受潮、局部机械损伤、绝缘内部气泡、瓷介质裂纹等，它又分为贯穿性缺陷和非贯穿性缺陷，这类缺陷的发展速度较快，因而具有较大的危险性。

（2）分布性缺陷。指由于受潮、过热、动力负荷及长时间过电压的作用导致的电力设备整体绝缘性能下降，例如绝缘整体受潮、充油设备的油变质等，它是一种普遍性的劣化，是缓慢演变而发展的。

5 什么叫极性效应？

答：当电极的正负电性不同时，气体间隙的火花放电电压不同，这种现象叫极性效应。例如，在棒—板构成的不均匀不对称电场中，正棒的电晕起始电压大于负棒的电晕起始电压；正棒—负板的火花放电电压小于负棒—正板的火花放电电压等。这是由于空间电荷影响的结果。

6 劣化与老化的含义是什么？

答：劣化是指绝缘在电场、热、化学、机械力、大气条件等因素作用下，其性能变劣的现象。劣化的绝缘有的是可逆的，有的是不可逆的。例如绝缘受潮后，其性能下降，但进行干燥后，又恢复其原有的绝缘性能，显然它是可逆的。

老化是绝缘在各种因素长期作用下发生一系列的化学物理变化，导致绝缘电气性能和机械性能等不断下降。绝缘老化原因很多，但一般电气设备绝缘中常见的老化是电老化和热老化。例如，局部放电时会产生臭氧，很容易使绝缘材料发生臭氧裂变，导致材料性能老化；油在电弧的高温作用下，能分解出碳粒，油被氧化而生成水和酸，都会使油逐渐老化。

7 什么是介质损耗？

答：绝缘材料在电场作用下，由于介质电导和介质极化的滞后效应，在其内部引起的能量损耗，叫介质损耗。

8 什么是介质损耗角？

答：在交变电场作用下，电介质内流过的电流相量与电压相量之间的夹角（功率因数角

φ）的余角（δ）。

9 什么是局部放电？

答：所谓局部放电，是指在高压电器内部绝缘的局部位置发生的放电。这种放电只存在于绝缘的局部位置，而不会立即形成整个绝缘贯通性的击穿或闪络，故称之为局部放电。

10 什么是断路器的分闸时间？

答：断路器的分闸时间是指处于合闸位置的断路器，从分闸回路带电（即接到分闸指令）瞬间到所有相的弧触头均分离瞬间为止的时间间隔。

11 什么是断路器的合闸时间？

答：断路器的合闸时间是指处于分闸位置的断路器，从合闸回路带电（即接到合闸指令）瞬间到所有相的弧触头都接触瞬间为止的时间间隔。

12 什么是断路器的合分时间？

答：断路器的合分时间又称金属短接时间，是指从合闸操作中首合相的各触头都接触瞬间到随后的分闸操作中所有相的弧触头都分离瞬间为止的时间间隔。

13 什么是断路器的分、合闸不同期性？

答：断路器的分、合闸不同期性是指在断路器分闸或合闸时，各相间或同一相间各断口间的触头接触或分离瞬间的最大时间差异，因此对于多断口断路器来说，可细分为相间不同期和同相不同断口间不同期。

第三节 常用仪器仪表

1 电指示仪表分为哪几类？

答：按仪表工作原理的不同分为磁电式、电磁式、电动系、感应系等；按测量对象不同分为电流表、电压表、功率表、电度表、欧姆表等；按被测电量种类的不同分为交流表、直流表、交直流两用表等。

2 如何正确选择和使用指示仪表？

答：在电气试验中，正确选择指示仪表主要有以下五点：

（1）正确选择量程。

（2）根据被测量的性质选用仪表。

（3）根据被测量对象的阻抗选择仪表内阻。

（4）合理选择仪表的准确度。

（5）正确使用仪表。

3 电测量仪表的主要技术要求是什么？

答：电测量仪表的主要技术要求如下：

（1）有足够的准确度。

（2）受外界干扰因素影响小。

（3）要有适合于被测量的灵敏度。

（4）要有良好的读数装置。

（5）有足够高的绝缘电阻、耐压能力和过载能力。

4 万用表由哪几部分构成？

答：万用表由表头、测量线路、转换开关三部分构成。

5 万用表有哪些技术特点？

答：万用表有以下特点：

（1）准确度和分辨率高。

（2）输入阻抗高，在测量过程中对被测电路的影响极小。

（3）测量速度快（A/D转换效率较高）。

（4）过载能力强，偶尔出现的误操作，不会对表内大规模集成电路造成影响。

（5）测量参数多：交直流电压、电流；电阻；电容；晶体二极管正向压降；三极管共射极电流放大倍数；判断电路通断。

（6）不足之处。不能直观地反映出被测量的变化过程和趋势；内部采用专用集成电路芯片不便于维修。

6 如何正确使用万用表？

答：在使用万用表前，根据测量要求做到以下几点：

（1）正确选用挡位、量程及表笔插孔。

（2）在对被测数据大小不明时，应先将量程开关，置于最大值，而后由大量程往小量程挡处切换，使仪表指针指示在满刻度的1/2以上处即可。

（3）测量电阻时，在选择了适当倍率挡后，将两表笔相碰使指针指在零位，如指针偏离零位，应调节“调零”旋钮，使指针归零，以保证测量结果准确。如不能调零或数显表发出低电压报警，应及时检查。

（4）在测量某电路电阻时，必须切断被测电路的电源，不得带电测量。

（5）使用万用表进行测量时，要注意人身和仪表设备的安全，测试中不得用手触摸表笔的金属部分，不允许带电切换挡位开关，以确保测量准确，避免发生触电和烧毁仪表等事故。

（6）在万用表使用完后，注意将万用表转换开关旋至交流电压最高电压挡。

7 一直流电压表的量程为200V，内阻为3000Ω，将量程扩大到750V，试计算应串联的外附电阻值。

解：电压表每伏欧姆数为：3000/200＝15（Ω/V）。

扩大量程后，电压表总电阻为：750×15＝11250（Ω）。

应串联的外附电阻值为：11250－3000＝8250（Ω）。

答：应串联的外附电阻值为8250Ω。

8 试述电磁式仪表的工作原理及其特点。

答：电磁式仪表的工作原理：当电磁式仪表固定线圈中有被测电流通过时，定铁片和动铁片同时被磁化，并呈现同一极性，因同性相斥，动铁片通过轴带动指针偏转，与弹簧反作用力矩平衡时，指针所指的位置即为指示值。

特点：过载能力强、标度尺刻度分布不均匀、结构简单、价格低，但其磁场较弱，易受外磁场的干扰，灵敏度低、消耗功率大。

9 磁电式微安表在不使用时为什么要用导线将两端钮短接？

答：微安表可动部分很轻，运输中表头因振动会产生摇摆，剧烈摇摆会使微安表造成指针打偏、降低灵敏度、或失灵等，将端钮短路后内部表头线圈闭合产生磁阻，会大大降低因外界的摇摆、振动对表头的影响。

10 电测量仪表按准确度可分为哪些等级？

答：电测量仪表按准确度可分为0.1、0.2、0.5、1.0、1.5、2.5、5.0七个等级。

11 常用兆欧表都有哪些形式？

答：常用的兆欧表按种类可分为手摇式兆欧表、晶体管式兆欧表和数字式兆欧表三类。按电压可分为100V、250V、500V、1000V、2500V、5000V以上等七种。

12 简述常用兆欧表的工作原理。

答：常用的兆欧表由一个手动直流发电机和一个直读欧姆表组成。有两个线圈PC和CC，它们以一定角度固定在一起，并且可以绕永磁体的磁极之间的公共轴自由旋转。线圈通过柔性导线（或韧带）连接到电路中，该导线不对移动系统施加恢复转矩；其工作原理基于动圈式仪器的工作原理，当载流导体置于磁场中时，会受到机械力的作用，该力的大小和方向取决于电流和磁场的强度和方向。

13 试画出兆欧表的原理接线图。

答：兆欧表的原理接线图，如图7-1所示。

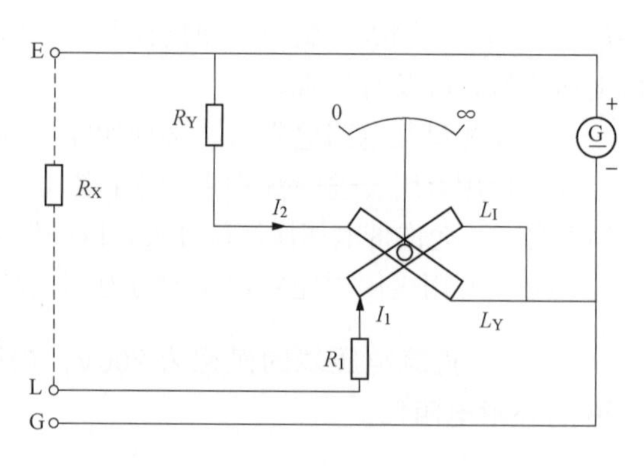

图7-1　兆欧表的原理接线图

14 如何正确使用兆欧表？

答：(1) 测量前先将兆欧表进行一次开路和短路试验，检查兆欧表是否正常。

(2) 被测设备必须与其他电源断开，测量完毕一定要将被测设备充分放电（需2～

3min），以保护设备及人身安全。

（3）兆欧表与被测设备之间应使用单股线分开单独连接，并保持线路表面清洁干燥，避免因线与线之间绝缘不良引起误差。

（4）摇测时，将兆欧表置于水平位置，摇把转动时其端钮间不许短路。摇测容性试品时，必须在摇把转动的情况下才能将接线拆开，否则反充电将会损坏兆欧表。

（5）摇动手柄时，应由慢渐快，均匀加速到120r/min，并注意防止触电。

（6）为了防止被测设备表面泄漏电阻，使用兆欧表时，应将被测设备的中间层（如电缆壳芯之间的内层绝缘物）接于屏蔽端。

（7）应视被测设备电压等级的不同选用合适的兆欧表。

15 试述兆欧表屏蔽端的作用。

答：兆欧表的屏蔽端均直接与电源的负极相连，若将试品的表面接至屏蔽端子，即可屏蔽试品表面泄漏电流，使其直接从屏蔽端头流回电源，而不经测量机构，防止造成测量结果的误差。

16 兆欧表为什么没有指针调零螺钉？

答：兆欧表的测量机构为流比计型，因而没有产生反作用力矩的游丝，在测量之前，指针可以停留在刻度盘的任意位置上，所以没有指针调零螺钉。

17 在进行绝缘电阻测试时，兆欧表与被试品间连线缠绕或拖地会造成什么后果？

答：在进行绝缘电阻测试时，兆欧表与被试品间连线缠绕或拖地会造成测试结果偏小。

18 试画出单臂电桥的原理接线图。

答：单臂电桥的原理接线图，如图 7-2 所示。

19 试画出双臂电桥原理图。

答：双臂电桥原理图，如图 7-3 所示。

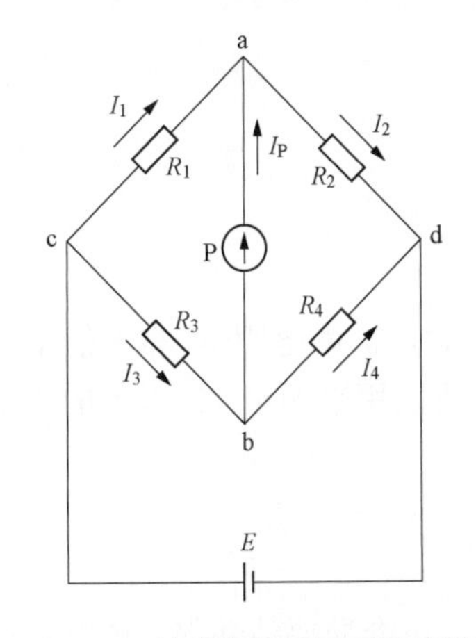

图 7-2　单臂电桥的原理接线图

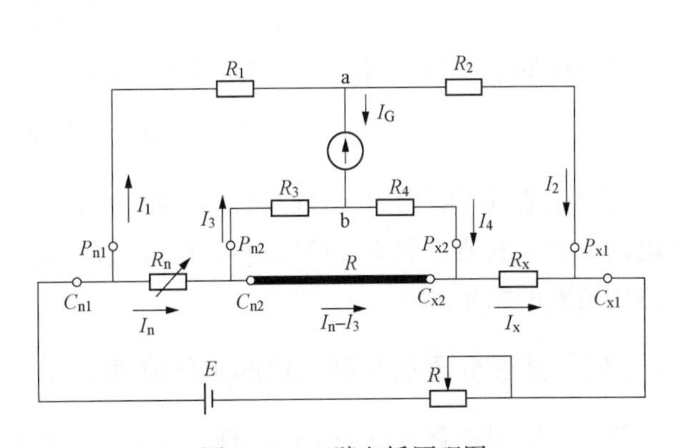

图 7-3　双臂电桥原理图

20 如何使用 QJ44 双臂电桥？

答：QJ44 双臂电桥的使用步骤为：

（1）按图 7-4 所示，将电源按钮“B_1”开关扳到通位置，等稳定后，调节检流计指针零位。

（2）检查灵敏度旋钮在最低位置。

（3）将被测电阻两端接在电桥相应的 C_1、P_1、C_2、P_2 的接线柱上。

（4）估计被测电阻值大小，选择适当倍率位置，根据检流计指针偏移方向及偏移程度，调节粗调及细调旋钮。先按下电桥的电池按钮 B，再按下检流计按钮 G，转动滑线刻度盘，逐渐放大灵敏度，调整到检流计指针指示在零位。

（5）按起“G”按钮，再按起“B”按钮，最后断开“B_1”按钮，拆除测量引线，注意务必将检流计锁扣推上，使指针不再偏转，以防止移动电桥时因检流计线圈晃动而损坏指针。

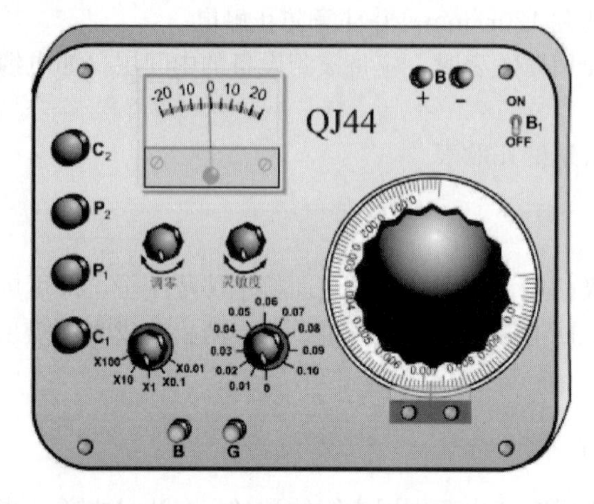

图 7-4 QJ44 双臂电桥示意图

（6）数据记录：被测电阻＝倍率读数×（粗调读数＋细调读数）

21 直流双臂电桥与单臂电桥结构上有何不同？双臂电桥为什么适合做低值电阻的测量？

答：单臂电桥的被测电阻 R_X 和标准电阻 R_n 为二端钮结构，双臂电桥的被测电阻 R_X 和比较用的可调标准电阻 R_n 均为四端钮结构，如图 7-4 所示，被测电阻 R_X 只包含在电位端钮 P_1 和 P_2 之间。R_x 和 R_n 之间的电流端钮 C_1 和 C_2 之间，用一根电阻为 R_ρ 的粗导线相连，构成闭合回路。R_x 和 R_n 的电位端钮分别和四个桥臂电阻 R_1、R_1'、R_2 和 R_2' 相接，且桥臂电阻均大于 10Ω，并用式（7-1）表示，即

$$\frac{R_1'}{R_1}=\frac{R_2'}{R_2} \tag{7-1}$$

则电桥的平衡条件用式（7-2）表示，即

$$R_x=\frac{R_1}{R_2}R_n \tag{7-2}$$

其中比值 R_1/R_2 称为双臂电桥的臂率，所以电桥平衡时，被测电阻 R_x 等于倍率与标准电阻的乘积，其值一般不受接线电阻和试品接触的影响，所以用来测量 1Ω 以下的小电阻可以得到精确的结果。

22 试述介质损耗测试仪的工作原理。

答：介质损耗测试仪的工作原理：在交流电压作用下，电介质要消耗部分电能，这部分电能将转变为热能产生损耗，即电介质的损耗。当电介质上施加交流电压时，电介质中的电

压和电流间存在相角差 φ，φ 的余角 δ 称为介质损耗角，δ 的正切 $\tan\delta$ 称为介质损耗角正切。仪器测量线路包括一标准回路（C_n）和一被试回路（C_x），标准回路由内置高稳定度标准电容器与测量线路组成，被试回路由被试品和测量线路组成。测量线路由取样电阻与前置放大器和 A/D 转换器组成。通过测量电路分别测得标准回路电流与被试回路电流幅值及其相位等，再由单片机运用数字化实时采集方法，通过矢量运算便可得出试品的电容值和介质损耗正切值。

23 试画出介质损耗测试仪常用的原理接线图。

答：介质损耗测试仪常用的原理接线图，如图 7-5 所示。

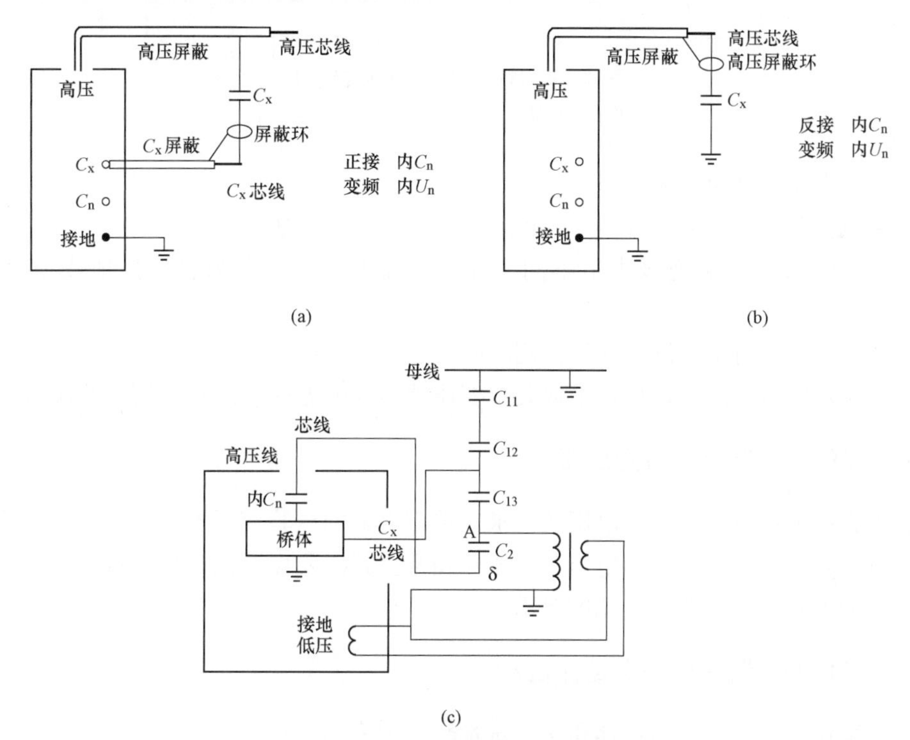

图 7-5　介质损耗测试仪常用的原理接线图

（a）正接法；（b）反接法；（c）自激法

24 画出试验变压器原理接线图，并说明其工作原理。

答：试验变压器原理接线图见图 7-6。

工作原理：将工频电源输入操作箱，经自耦调压器调节电压输入至试验变压器的初级绕组，根据电磁感应原理，在次级绕组可获得工频高压；此工频高压经高压硅堆整流及电容滤波后可获得直流高压，其幅值是工频高压有效值的 1.4 倍，在使用直流时应抽出短路杆 D。

25 试验变压器的特点是什么？

答：试验变压器具有以下特点：

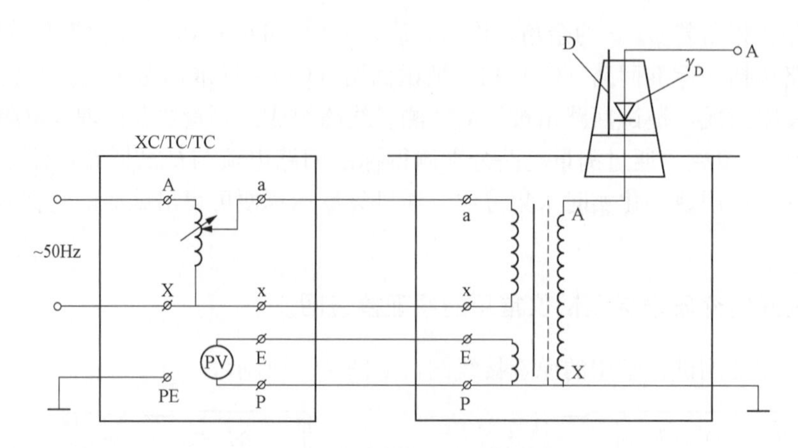

图 7-6　试验变压器原理接线图

A—高压输出端；VD—高压硅堆；D—短路杆

（1）二次电压较高而电流较小。

（2）一般为单相，户内装置。

（3）二次绕组首末端绝缘水平不同。首端为高电位，二次则直接接地或通过电流表接地。

（4）产品多为短时工作制，允许使用时间一般为 0.5h。

（5）当额定电压较高时，可以采取几个变压器串联的方式，以获取较高的输出电压。

26 如何正确选择试验变压器？

答：首先根据被试品对试验电压的要求，选用合适的试验变压器，并且要考虑试验变压器低压侧电压是否和试验现场的电压及调压器相符。其次要保证试验变压器的额定电流满足流过被试品的电容电流和泄漏电流的要求。

27 自耦调压器的优缺点是什么？

答：自耦调压器的优点是：体积小、重量轻、效率高、输出波形好。

缺点是：以移动碳刷方式接触调压，额定电压不能过高，容量小。

28 工频电压试验设备由哪几部分组成？

答：工频电压试验设备由调压设备、试验变压器、测量及过电压保护装置、保护电阻等组成。工频电压试验装置的核心部分是试验变压器。

29 如何选择试验变压器的电压？

答：首先根据试品对试验电压的要求，选择电压合适的试验变压器；再核实试验变压器低压侧电压是否和试验现场的电源电压及调压器相符。

30 如何选择试验变压器的试验电流？

答：试验变压器的试验电流，应大于流过被试品的电容电流和泄漏电流的要求。

31 工频试验设备输出电压的要求是什么？

答：工频试验设备的输出电压值，应能满足被试品对试验电压的要求，且在额定电压范围内能够连续平滑调节。电压波形应为正弦形，波形畸变率不得大于5%。

32 高压试验变压器可分哪几类？

答：高压试验变压器可分为：

（1）按结构上分，有铁壳式与绝缘外壳式试验变压器。

（2）按电源频率上分，有工频、倍频、中频及高频几种频率级试验变压器。

（3）按电压等级可分为低压、高压及超高压试验变压器。

（4）按使用形式可分为轻型移动式及固定式。此外，还有单台使用及两台或多台串级使用试验变压器等。

第四节 电气试验测试技术

1 测量直流高压有哪几种方法？

答：测量直流高压必须用不低于1.5级的表计和1.5级的分压器进行，常采用以下几种方法：

（1）高电阻串联微安表测量，这种方法可测量数千伏至数万伏的高压。

（2）高压静电电压表测量。

（3）在试验变压器低压侧测量。

（4）用球隙测量。

2 试述直流电压表附加电阻的作用。

答：附加电阻 R_f 与电压表表头内阻 r_0 串联，起降压限流作用。当测量电压时，在 R_f 上产生较大压降以使表头压降不超过允许值。其接线如图7-7所示。

由图7-7可知，测量机构的电流，可用式（7-3）求得

$$I=\frac{U}{r_0+R_f} \tag{7-3}$$

I_d r_0 R_f

图7-7 直流电压表附加电阻原理图

当电压表的量程扩大 n 倍时，$(R_f+r_0)I=U=nr_0I$。所以 $R_f=(n-1)r_0$。

可见，电压表量程扩大 n 倍，串联的附加电阻 R_f 必须是表头内阻 r_0 的（$n-1$）倍。若在表头上串联不同的附加电阻，就可以测量不同的电压值。

3 采用高值电阻和直流电流表串联的方法来测量直流高电压，有什么要求？

答：采用高值电阻与直流电流表串联的方法测直流高电压的要求是：

（1）为测得直流高电压的平均值，应采用反映平均电流的不低于0.5级的磁电式仪表。

（2）直流电压平均值的测量误差不大于3%。

（3）高值电阻的阻值在工作电压和温度范围内应证明足够稳定，其误差不大于1%。

（4）在全电压时流过电阻的电流应不小于0.5mA，以防止泄漏电流和电晕电流影响测量准确度。

4 使用电流互感器扩大量程有什么优点？要注意什么？

答：使用交流电流互感器扩大量程，不仅扩大了量程，而且还起到主线路与测量线路间的隔离作用，对测量高压下电流更为重要。

在使用电流互感器测量大电流时，二次回路绝对不允许开路，二次回路接地端钮必须接地。

5 画出使用电流互感器测量大电流接线示意图。选择和使用电流互感器应注意什么？

答：电流互感器测量大电流接线，如图7-8所示。

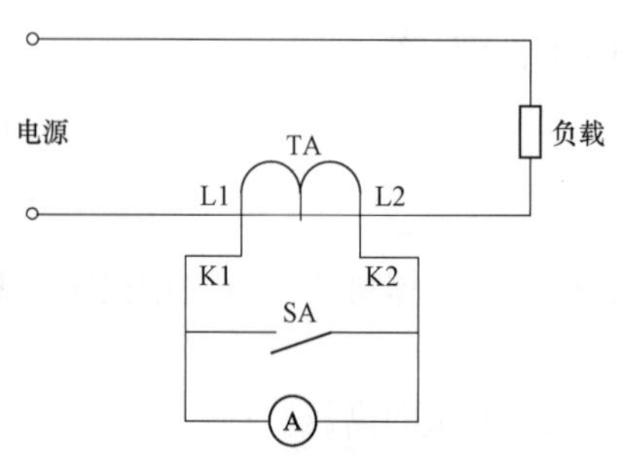

图7-8 电流互感器测量大电流接线示意图

选择和使用电流互感器应注意以下问题：

（1）选择电流互感器时，要使它的铭牌上标记的额定电压等级与被测电流回路的额定电压相适应。

（2）选用的电流互感器的准确度等级比所用电流表的准确度一般应高两级。

（3）电流互感器的额定容量应足够，接入的负载不应超过互感器容量所允许的数值。

（4）电流互感器接线端子要接触良好。

（5）电流互感器的二次侧绝对不许开路，不容许装熔丝，一般在二次侧与电流表并联接入一个短路开关见图7-8，当电流表不需读数时，将短路开关合上，测量时打开。

（6）二次绕组、铁芯和外壳都要可靠接地。

（7）电流互感器不允许突然切断电源，也不允许通入直流电。否则，需进行退磁。

6 简述静电系仪表的结构及主要技术特性。

答：静电系仪表是用数个构成电容器的金属板固定在骨架上，在电场力的作用下，电容器的活动极板对固定极板发生相对移动，从而达到确定被测量大小的目的。

主要技术特性有：

（1）在测量直流或交流时消耗的功率为零。

（2）温度和频率的附加误差很小。

（3）适宜制成高压静电电压表，结构简单。

（4）外界电场对仪表的示数有较大的影响，为了消除外电场的影响，仪表备有接地的金属屏。

（5）周围环境湿度的变化，使极板间电容发生变化，仪表产生误差。

（6）灰尘或杂质落入测量机构，易造成击穿事故。

（7）吊丝和高压表的绝缘子很易损坏。

7 工频高电压测量常用哪些方法？

答：直接测量常采用静电电压表和球隙；间接测量常采用电压互感器、分压器以及与其配合的测量仪器。

8 进行工频交流耐压试验时，测量试验电压的方法通常有哪几种？

答：常用的测量方法有：

（1）在试验变压器的被试绕组或低压侧读表，按变比换算的方法。

（2）电压互感器法。

（3）高压静电电压表法。

（4）铜球间隙法。

（5）各种型式的分压器法。

9 简述进行工频交流耐压试验时，在什么情况下可由试验变压器低压侧测量电压？

答：对于瓷质绝缘，110kV 以下的断路器，绝缘工具等小电容量的试品，可由试验变压器低压侧读取电压，再按变比换算至高压侧电压值。这只适用于负荷容量比电源容量小得多，测量准确度要求不高的情况。

10 简述用铜球测量交流试验电压时的注意事项。

答：用铜球测交流试验电压的注意事项有：

（1）球隙距离 S 与球的直径的关系应保持 $0.05D \leqslant S \leqslant 0.501$。

（2）球表面应清洁、光滑、干燥（相对湿度在 80%以下）。

（3）在正式测量之前，应进行几次预放电，以检查其是否稳定。

（4）球隙和周围物体的距离应符合规定要求。

（5）球隙应串接阻尼电阻。

（6）记录气压、温度及湿度等以便校正。

11 球隙测量工频高电压有何缺点？

答：用球隙测量工频高电压的缺点是：通过放电才能进行测量，由于气体放电的分散性，一般需要几次放电才能获得较准确的数值。放电使高压回路突然短路，对于设备和试品都不利；另外，影响气体放电的因素较多，掌握不好不一定能得到稳定结果。

12 为什么用静电电压表测量多元件 FZ 型避雷器的分布电压要比测量电容型设备的分布电压准确度低？

答：因为 FZ 型避雷器每一元件的分布电容值很小，用静电电压表测量分布电压时，静电电压表与避雷器间的高压引线对地电容，和被测元件的分布电容并联，由于被测元件分布电压高低与分布电容成反比关系，若引线带来的电容增量越大，测得分布电压越低于实际的分布电压值，即电容增量越大，测量的准确度越低。所以测量时，应采取措施尽量减小引线的对地电容，不能使用电缆作为测量引线。

13 什么是直流电阻？

答：直流电阻就是元件通上直流电，所呈现出的电阻，即元件固有的，静态的电阻。

14 直流电阻测试的目的是什么？

答：测量的目的是：

（1）绕组导线连接处的焊接或机械连接是否良好，有无焊接或连接不良的现象。

（2）引线与套管、引线与分接开关的连接是否良好，引线与引线的焊接或机械连接是否良好。

（3）导线的规格、电阻率是否符合设计的要求。

（4）各项绕组的直流电阻是否平衡。

（5）变压器绕组的温升是根据绕组在温升试验时的冷态电阻和温升试验后断开电源瞬间的热态电阻计算得到的，所以温升试验需要测量电阻。

15 直流电阻常用的测量方法有哪些？

答：直流电阻常用的测量方法有：

（1）电阻表法。

（2）电压—电流表法。

（3）直流电位差计法。

（4）电桥法。

16 有哪些设备要进行直流电阻测试？

答：需要测量直流电阻的设备有变压器、电机、互感器等的绕组；断路器、开关、变压器分接开关等回路接触电阻；电力电缆芯线、屏蔽的直流电阻；电机、电缆故障查找和变压器及发电机等温升试验时测试温度等。

17 采用电压—电流表法测量直流电阻时应注意什么？

答：采用电压—电流表法测量直流电阻时应当注意如下问题：

（1）测量用试验电源一般采用2～24V的直流电压，取值需根据具体测量回路而定，直流电源要求稳定，在测量过程中电流的变化应小于0.1%，否则会影响测量的准确性。

（2）对于带有铁芯的绕组（如变压器绕组），当进行直流电阻测量时，为了防止电流回路断开时在绕组两端产生高电压而损坏电压表，应当在回路电流断开前，先将电压表的接线断开。

（3）直流电阻测出以后，往往需要与历次测量结果进行比较，而每次测量时的温度不可能相同，需要进行不同温度下电阻值的换算，也就是把不同温度下测量的直流电阻值，换算到同一温度下的电阻值再进行比较，换算公式为

$$R_2 = R_1(K + t_2)/(K + t_1) \tag{7-4}$$

式中 R_2——需换算到温度 t_2 时的电阻；

R_1——温度 t_1 时测得的电阻；

K——系数，对于铜线电阻为235，铝线电阻为225。

（4）用毫伏表测量时，必须选择内阻大的毫伏表，其内阻至少大于被测电阻的200～500倍。电流表和毫伏表的量程应合适，它们的误差应一致，即当电流表为正误差时，毫伏表也必须是正误差。

（5）测量直流电阻时，必须快速、准确，电压表的读数应当是在同一瞬间完成。为使测量准确，一般应测量3次，取其平均值。

（6）测量时电流不能太大，通电时间不能太长，通过的电流以不使被测电阻发热、造成阻值变化为限。

18　使用直流电桥测量直流电阻应注意什么问题？

答：用电桥测量直流电阻是一种较准确的测量方法。但是，如果测量接线选择不当、灵敏度不够、工作电源不合适等，都会给测量结果带来较大的误差，或者造成仪器的损坏。为此，在使用电桥测量直流电阻时，必须注意如下问题：

（1）直流电桥若电池电压不足会影响灵敏度，应及时更换，若外接电源须注意极性及电压大小。

（2）直流双臂电桥的工作电流较大，要选择适当容量的直流电源，测量时要迅速，以免耗电量过大。

（3）直流单臂电桥不宜测量0.1Ω以下的电阻，即使测量1Ω以下的低阻值电阻也应降低电源电压并缩短测量时间，以免烧坏仪器。

（4）测量带电感的电阻时，先接通电源，再接通检流计按钮；断开时先断开检流计按钮，再断开电桥电源。

（5）测量时不得使电桥比较臂电流超过允许值。电桥不用时，应将检流计锁住，以免搬运时损坏。

19　测量绝缘电阻能发现哪些缺陷？

答：测量绝缘电阻能有效地发现下列缺陷：总体绝缘质量欠佳；绝缘受潮；两极间有贯穿性的导电通道；绝缘表面情况不良等。

20　在测量绝缘电阻时，为什么要读取1min的绝缘电阻值？

答：因为在绝缘体上加上直流电压后，流过绝缘体的电流（吸收电流）将随着时间的增长而逐渐下降。而绝缘体的直流电阻率是根据稳态传导电流确定的，并且不同材料的绝缘体其绝缘吸收电流的衰减时间也不同。试验证明，绝大多数绝缘材料其绝缘吸收电流经过1min已趋于稳定，所以经过一定时间后的稳定电流才是漏导电流，测量所谓绝缘电阻就是测量该电流下的绝缘电阻。

21　为什么要进行吸收比试验？它能发现哪些缺陷？其适用范围如何？

答：由于不同的绝缘设备，在相同的电压下，其总电流随时间下降的曲线不同。即使同一设备，绝缘受潮或有缺陷时，总电流曲线也要发生变化。当绝缘受潮或有缺陷时，电流的吸收现象不明显，总电流随时间下降较慢。为了能反映这种情况，通常用兆欧表达到稳定转速并接入被试物算起第 15s 和第 60s 的绝缘电阻 R'_{15} 和 R'_{60}，并计算 R'_{60}/R'_{15} 比值，这个比值称为吸收比，用 K 表示。对于同一绝缘设备，根据吸收比可以判断其绝缘状况。

吸收比试验可以有效地发现受潮、绝缘老化等缺陷。

绝缘的吸收比试验仅适用于电容量较大的电力设备，如发电机、变压器、电缆及大型电动机等。

22 影响绝缘电阻的因素有哪些?

答：影响绝缘电阻的因素有：

（1）温度的影响。

（2）周围环境湿度的影响。

（3）试品表面脏污和受潮的影响。

（4）被试设备放电时间的影响。

（5）兆欧表容量的影响。

23 如何测试试品的绝缘电阻?

答：（1）试验前应拆除被试设备电源及一切对外连线，并将被试物短接后接地放电 1min，电容量较大的应至少放电 2min，以免触电。

（2）校验兆欧表是否指零或无穷大。

（3）用干燥清洁的柔软布擦去被试物的表面污垢，必要时可先用汽油洗净套管的表面积垢，以消除表面的影响。

（4）接好线，如用手摇式兆欧表时，应以恒定转速转动摇柄，兆欧表指针逐渐上升，待 1min 后读取其绝缘电阻值。

（5）在测量吸收比时，为了在开始计算时间时就能在被试物上加上全部试验电压，应在兆欧表达到额定转速时再将表笔接于被试物，同时计算时间，分别读取 15s 和 60s 的读数。

（6）试验完毕或重复进行试验时，必须将被试物短接后对地充分放电。这样除可保证安全外，还可提高测试的准确性。

（7）记录被试设备铭牌、规范、所在位置及气象条件等。

24 进行绝缘电阻试验时应注意什么?

答：绝缘电阻试验时应注意：

（1）测量电气设备的绝缘电阻时，先切断电源，然后将设备充分放电。

（2）仪表应放置在水平位置。

（3）兆欧表的测量引线应使用绝缘良好的单根导线，且应充分分开，不得与被测量设备的其他部位接触。

（4）测量电容量较大的电机、电缆、变压器及电容器应有一定的充电时间，摇动 1min 后读值，测试完毕后将设备放电。

（5）不能用两种不同电压等级的兆欧表测同一绝缘物，因为任何绝缘物所加的电压不同，造成绝缘体产生物理变化不同，使绝缘体内泄漏电流不同，从而影响到测量的绝缘物电阻值不同。

（6）测试应在良好的天气下进行，周围环境温度不低于5℃为宜。

25 什么是直流泄漏试验？

答：直流泄漏试验，是通过对电气设备绝缘施加不同直流电压，测量每个电压下绝缘的直流泄漏电流，用其值大小和绘制的泄漏电流曲线 $I=f(U)$ 来反映绝缘好坏的试验。

26 什么是直流耐压试验？

答：直流耐压试验，其原理与绝缘电阻试验相同，但电压较高，属于破坏性试验，试验过程中会对设备产生一定程度的损害，为检测设备在高压试验下承受的最大电压峰值，便于确定设备的使用范围和选择设备的量程。

27 试画出由自耦调压器、试验变压器和高压硅堆组成的直流泄漏试验原理接线图。

答：直流泄漏试验原理接线，如图7-9所示。

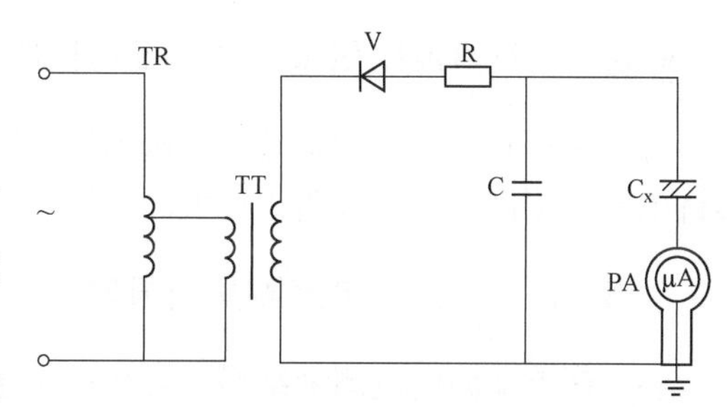

图7-9 泄漏试验原理接线图

TR—自耦调压器；TT—试验变压器；V—高压硅堆；R—保护电阻；C—稳压电容；PA—微安表；C_x—被试品

28 泄漏电流试验有哪些特点？

答：直流泄漏试验有以下特点：

（1）在直流泄漏电流试验中，直流电压可以根据不同电压等级的被试电气设备随意调节。

（2）试验时，泄漏电流使用微安表测量的，一般以加压1min的微安表读数为准。还可以测量有关数据，绘制泄漏电流与加压时间的关系曲线和泄漏电流与试验电压的关系曲线，进行全面分析。

（3）泄漏电流试验时，可根据所加的直流电压和微安表所测的泄漏电流值，计算出兆欧值，与兆欧表所测的绝缘电阻值进行比较，有利于对设备绝缘状况进行综合分析。

29 直流泄漏试验和直流耐压试验相比，其作用有何不同？

答：直流泄漏试验和直流耐压试验方法虽然一致，但作用不同。直流泄漏试验是检查设备的绝缘状况，其试验电压较低。直流耐压试验是考核设备绝缘的耐电强度，其试验电压较高，它对于发现设备的局部缺陷具有特殊的意义。

30 进行泄漏电流测量时，操作时应注意哪些问题？

答：（1）按接线图接好线，并由专人认真检查接线和仪器设备，当确认无误时，方可通电。

（2）在升压过程中，应密切监视被试设备、试验回路及有关表计。微安表的读数应在升压过程中，按规定分阶段进行，且需要有一定的停留时间，以避开吸收电流。

（3）在测量过程中，若有击穿、闪络等异常现象发生，应马上降压，断开电源，并查明原因，详细记录，待妥善处理后，再继续测量。

（4）试验完毕，降压、断开电源后，均应对被试设备进行充分放电。放电前先将微安表短接，并先通过有高阻值电阻的放电棒放电，然后直接接地，否则会将微安表烧坏。而且应注意放电位置。此外，还应注意附近设备有无感应静电电压的可能，必要时也应放电或预先短接。

（5）若是三相设备，同理应进行其他两项测量。

（6）按照规定的要求进行详细记录。

（7）直流高压在200kV及以上时，尽管试验人员穿绝缘鞋且处在安全距离以外区域，但由于高压直流离子空间电场分布的影响，会使邻近站立的人体上带有不同的直流电位。试验人员不要互相握手或用手接触接地体等，否则会有轻微电击现象。

31 简述测量设备的泄漏电流时，微安表接在高压侧的优缺点。

答：微安表接在高压侧的优点是：不受高压对地杂散电流的影响，测量比较准确。

接在高压侧的缺点是：微安表至试品的引线需要屏蔽线，读数切换量程不方便。

32 进行直流耐压试验时，高压回路限流电阻的选择原则是什么？

答：进行直流耐压试验时，所选高压回路限流电阻应符合能将短路电流限制在硅堆短时容许电流范围内，又不致造成过大的压降，并能保证过电流继电器可靠动作的原则。

33 在分析泄漏电流测量结果时，应考虑哪些可能影响测量结果的外界因素？

答：影响泄漏电流测量结果的外界因素主要有：

（1）高压导线对地电晕电流。

（2）空气湿度、试品表面的清洁程度。

（3）环境温度、试品温度。

（4）电源电压的非正弦波形。

（5）强电场干扰。

（6）微安表所接的位置。

第五节 电气设备试验

1 电缆直流耐压试验的一般注意事项是什么？

答：电缆直流耐压的一般注意事项为：

（1）微安表要求接在高压侧。

（2）对于电压在35kV及以上的电缆直流耐压试验，必须在电缆两端头加屏蔽。

（3）要求在高压侧直接测量电压。

2 在电缆直流泄漏试验中，泄漏电流有哪些异常情况？

答：（1）泄漏电流的数值大于规定值。

（2）耐压5min时的泄漏电流值大于耐压1min时的泄漏电流值，随时间延长而明显增大的现象。

（3）比较各相之间的泄漏电流数值，三相不平衡系数均应大于 2（当泄漏电流值小于 10μA 时可以不考虑）。还有，与前一次试验结果比较，在相近温度下，泄漏电流显著增加。

（4）泄漏电流不稳定，有周期性摆动现象。

（5）泄漏电流随试验电压升高而急剧上升。

3　为什么电力电缆直流耐压试验要求施加负极性直流电压？

答：进行电力电缆直流耐压时，如缆芯接正极性，则绝缘中如有水分存在，将会因电渗透性作用使水分移向铅包，使缺陷不易发现。此外，当缆芯接正极性时，击穿电压较接负极性时约高 10%，因此为严格考查电力电缆绝缘水平，规定用负极性直流电压进行电力电缆直流耐压试验。

4　10kV 及以上电力电缆直流耐压试验时，往往发现随电压升高，泄漏电流增加很快，是不是就能判断电缆有问题，在试验方法上应注意哪些问题？

答：10kV 及以上电力电缆直流耐压试验时，试验电压分 4～5 级升至 3～6 倍额定电压值。因电压较高，随电压升高，如无较好的防止引线及电缆端头游离放电的措施，则在直流电压超过 30kV 以后，对于良好绝缘的泄漏电流也会明显增加，所以随试验电压的上升泄漏电流增大很快不一定是电缆缺陷，此时必须采取极间屏障或绝缘覆盖（在电缆头上缠绕绝缘层）等措施减少游离放电的杂散泄漏电流之后，才能判断电缆绝缘水平。

5　橡塑绝缘电力电缆绝缘试验项目有哪些？

答：橡塑绝缘电力电缆绝缘试验项目有：电缆主绝缘电阻、电缆外护套绝缘电阻、电缆内衬层绝缘电阻、铜屏蔽层电阻和导体电阻以及电缆主绝缘交流耐压试验等。

6　为什么交联聚乙烯绝缘电缆不宜采用直流耐压试验？

答：（1）交联聚乙烯电缆绝缘在交、直流电压下电场分布不同。在直流电压作用下，其绝缘层中的电场强度是按绝缘电阻系数正比例分配的。然而，绝缘电阻分布是不均匀的。这是因为在交联聚乙烯电缆交联过程中，不可避免地溶入一定量的副产品，如甲烷、乙酰苯、聚乙醇等，它们具有相对小的绝缘电阻系数，且在绝缘层径向分布是不均的。所以，在直流电压下，交联聚乙烯电缆绝缘层中的电场分布不是很均匀。

（2）直流高电压不仅不能有效地发现交联聚乙烯电缆中的水树枝等绝缘缺陷，而且由于空间电荷的作用，造成在直流高电压试验后，投运不久即发生击穿。

（3）在现场进行直流高压试验时，发生闪络或击穿可能会对其他正常的电缆和接头的绝缘造成危害。

（4）直流高电压试验有积累效应，它将加速绝缘老化，缩短使用寿命。

7　交流电动机的绝缘试验项目主要有哪些？

答：交流电动机的绝缘试验主要有：

（1）定子绕组的绝缘电阻、吸收比或极化指数。

（2）定子绕组直流电阻。

（3）定子绕组泄漏电流和直流耐压。

（4）定子绕组的交流耐压。

（5）绕线式电动机转子绕组的交流耐压。

（6）定子绕组的极性。

8 测量电动机的绝缘电阻及吸收比要注意什么？

答：测量电机的绝缘电阻及吸收比要注意的事项为：

（1）选择合适的兆欧表。当电动机电压在1000V以上使用不小于2500伏兆欧表；在500～1000V时使用1000V兆欧表；在500V以下时使用500V兆欧表进行测试。

（2）测量定子线圈的绝缘电阻时，所连接的电缆或绕线式异步电动机的启动电阻，可以一起测量，当绝缘电阻过低时，则应测量各部件的绝缘。

（3）电动机绝缘如不合格，在干燥前后应对定子线圈测量绝缘电阻，此时应断开与电动机连接的部件，若引出线未连接时应分相测量。

（4）对电压在1kV及以上的电动机还应测量吸收比，其值大于1.3时即为绝缘良好。

（5）在测量绝缘电阻时应同时记录线圈温度，然后换算到75℃值与以前测量值进行比较。

（6）交接时，电压为1kV及以上电动机的绝缘电阻在接近运行温度时，定子线圈不应低于每千伏1Ω，转子线圈不应低于每千伏0.5Ω。

9 电动机直流电阻的判断标准是什么？

答：电动机直流电阻的判断标准如下：

3kV及以上或100kW及以上的电动机各相绕相直流电阻值的相互差值不应超过最小值的2%；中性点未引出者，可测量线间电阻，相互差值不应超过最小值的1%，应注意相互间差别的历年相对变化。

10 电动机直流电阻试验的目的是什么？测试范围是什么？

答：电动机直流电阻试验的目的是：

（1）检查绕组接头的焊接质量和绕组有无匝间短路。

（2）引出线有无断裂。

（3）多股导线并绕的绕组是否有断股的情况等。

测试范围是：鼠笼型电动机定子各相的电阻；绕线式电动机定子、转子线圈各相电阻及启动装置设备的电阻；可变电阻器或启动电阻器的直流电阻。

11 如何检查电动机定子绕组的极性？

答：试验方法有直流感应法和交流电压法。

（1）直流感应法是在电动机定子一相绕组中通脉冲电流，另外两相绕组由于互感作用产生相应的感应电动势，根据脉冲电流和感应电动势的方向，便可确定三相绕组的首尾，即相应的极性。

（2）交流电压法测量是当绕组首尾两端无标号时，可将任意两相绕组串接后接至220V电源上，另一相接上电压表，电压表指示较大（几十伏到100多伏），说明两相绕组是同极性相连接；当绕组首尾两端有标号时，可先将三相绕组尾端连在一起，然后在任意一相（如A相）上加交流电压，再分别测量三个线间电压（U_{ab}、U_{bc}、U_{ca}），若X、Y、Z确为同极性，则A相加压所测的结果应符合一定的规律。

12 试画出高压电动机直流泄漏及耐压试验接线图。

答：高压电动机直流泄漏及耐压试验接线，如图7-10所示。

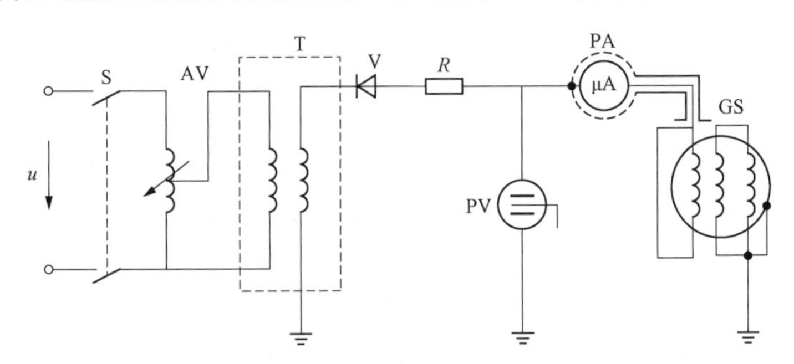

图7-10　高压电机直流泄漏及耐压试验原理接线图

13 直流电动机的试验项目有哪些？

答：直流电动机的试验项目有：

（1）绝缘电阻。

（2）绕组的直流电阻。

（3）电枢绕组的片间直流电阻。

（4）绕组的交流耐压试验。

（5）调整刷架的中心位置。

（6）检查绕组的极性及连接的正确性。

14 测量励磁绕组的直流电阻可采用哪些仪器？

答：由于主激磁绕组、附加激磁绕组的直流电阻数值较大，因此可用单臂电桥测量。串接绕组、换相极绕组及补偿绕组的直流电阻值一般较小，应采用双臂电桥。

15 画出直流电动机的四种励磁方式接线图。

答：直流电动机的四种励磁方式接线，如图7-11所示。

16 调整电刷中性位置的方法有哪几种？

答：调整电刷中性位置的方法有感应法、正反转发电机法、发电机最大电压法三种。

17 如何用直流感应法测定电刷的中性线位置？

答：试验接线如图7-12所示。

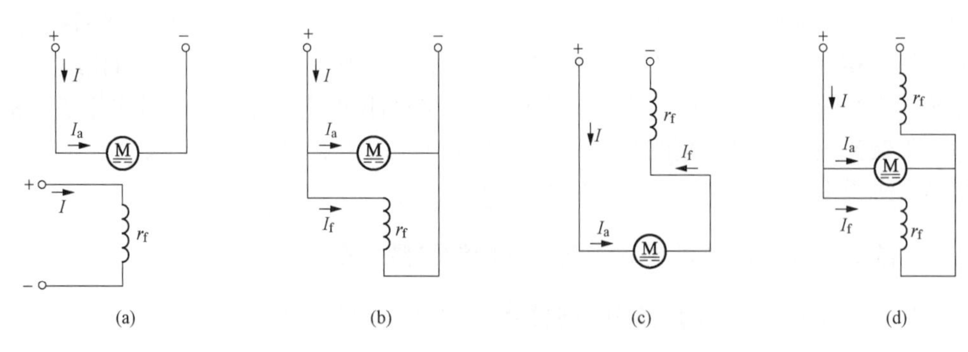

图 7-11　直流电动机励磁方式接线示意图

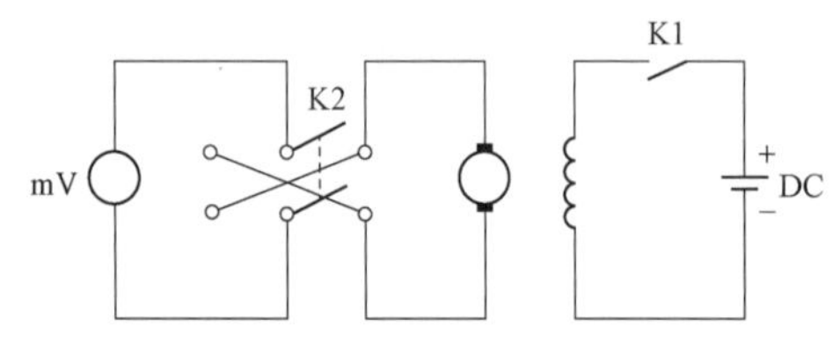

图 7-12　用直流感应法测定电刷中性线位置接线

用直流感应法测量电刷的中性线位置时，开关 K1 不断地接通和断开电动机的励磁电流（励磁电流一般为额定励磁电流的 5%～10%），用电压表（毫伏表）在换向器的不同位置测量电枢绕组的感应电势，或者打开换相器的固定螺丝，调整换向器的位置。当电压表指针不动时，该位置就是电刷的中性线位置。

18　电流互感器的试验项目主要包括哪些?

答：电流互感器的试验项目包括以下内容：

(1) 测量绕组及末屏的绝缘电阻。

(2) 测量 $\tan\delta$ 及电容量。

(3) 油中溶解气体色谱分析、油击穿电压及油 $\tan\delta$。

(4) 交流耐压试验。

(5) 局部放电试验。

(6) 极性测试。

(7) 各分接头的变化。

(8) 励磁特性曲线。

(9) 绕组直流电阻。

19　电磁式电压互感器的试验项目主要包括哪些?

答：电磁式电压互感器的主要试验项目包括以下内容：

(1) 绕组的绝缘电阻。

(2) 测量 20kV 及以上油浸式电压互感器的 $\tan\delta$。

(3) 油中溶解气体的色谱分析。

(4) 交流耐压试验。

(5) 局部放电试验。

(6) 空载电流测试。

(7) 极性测试。

（8）电压比。
（9）绕组的直流电阻。

20 测量串级式电压互感器介损 tanδ 的接线方法有哪几种？

答：主要有以下几种方法：
（1）常规法：测量一次绕组对二次及剩余绕组及地的介损。
（2）末端加压法：高压端 A 接地，末端 X 加压，二次及剩余绕组的一端接入电桥 C_X，正接线。
（3）自激法：由二次励磁，末端 X 接 QS1 电桥的 E，用电桥的侧接线测量。
（4）末端屏蔽法：由高压端 A 加压，X 端和底座接地，二次及剩余绕组各一端（x，xa）引入电桥 C_X，正接线测量，这种方法也是测量支架介损的方法之一。

21 测量绕组及末屏的绝缘电阻能发现哪些缺陷？

答：测量绕组的绝缘电阻能发现电流互感器绝缘是否整体受潮和裂化。
测量电容性电流互感器末屏的绝缘电阻可以有效地发现绝缘是否受潮，而且非常灵敏，这一点在现场试验要重视。

22 电流互感器介质损耗测试时应注意的事项是什么？

答：测量电流互感器介质损耗时要注意：
（1）测试方法可采用正接线或反接线。
（2）测试结果不仅要符合《电气设备预防性试验规程》的要求，而且介损 tanδ 不应有明显的变化。
（3）电容型电流互感器主绝缘电容量，测试值与初始值或出厂值差别超过＋5%时，要查明原因。
（4）当电容型电流互感器末屏对地绝缘电阻小于 1000MΩ 时，应测量末屏对地 tanδ，其值不应大于 2%。

23 根据色谱分析结果判断电流互感器的缺陷时，应注意什么？

答：根据色谱分析结果判断电流互感器的缺陷时应注意：
（1）高度重视乙炔的含量。因为乙炔是反映放电性故障的主要指标。正常情况下，电流互感器基本不出现乙炔部分，一旦出现乙炔部分，就意味着设备异常。
（2）重视氢气和甲烷。因为这些组成部分是局部放电初期，低能放电的主要特征气体。如随着氢气、甲烷增长的同时，接着又出现乙炔，可能存在着由低能放电发展成高能放电的危险。运行中油中溶解气体组合分含量超过下列任一值时，应引起注意。总烃：100μL/L、H_2：150μL/L、C_2H_2：2μL/L（110kV 级）、1μL/L（220～500kV 级）。

24 电容式电压互感器的试验项目有哪些？

答：（1）中间变压器一、二次绕组直流电阻。
（2）电容分压器极间和中间变压器的绝缘电阻。

(3) 角差、比差。
(4) 电容分压器电容值。
(5) 电容分压器的 tanδ。
(6) 电容分压器局部放电试验。
(7) 电容分压器交流耐压试验。

25 电力变压器的试验项目主要有哪些？

答：电力变压器的试验项目主要有：
(1) 油中溶解气体色谱分析。
(2) 测量绕组的直流电阻。
(3) 测量绕组、铁芯和穿心螺栓、铁轭夹件等的绝缘电阻以及绕组的吸收比或极化指数。
(4) 测量绕组的介质损耗因数 tanδ。
(5) 测量电容性套管的介质损耗因数 tanδ 及电容值。
(6) 绝缘油试验。
(7) 交流耐压试验。
(8) 测量油中含水量。
(9) 测量绕组的泄漏电流。
(10) 有载装置的试验和检查。

26 怎样根据变压器直流电阻的测量结果对变压器绕组及引线情况进行判断？

答：应依据下述标准进行判断：

(1) 1600kVA 以上变压器，各相绕组电阻相互间的差别不应大于三相平均值的 2%，无中性点引出的绕组，线间差别不应大于三相平均值的 1.0%。

(2) 1600kVA 及以下变压器，相间差别一般不大于三相平均值的 4%，线间差别一般不大于三相平均值的 2%。

(3) 与以前相同部位测得值（换算到同一温度下）比较其变化不应大于 2%。

如果测算结果超出标准规定，应查明原因。重点检查以下方面：
(1) 检测绕组焊接质量。
(2) 检查分接开关各个位置接触是否良好。
(3) 检查绕组或引线有无折断处。

(4) 检查并联支路的正确性，是否存在由几条并联导线绕成的绕组，发生一处或几处断线情况。

(5) 检查层、匝间有无短路的现象。

27 快速测试变压器直流电阻可以采用哪些方法？

答：有以下方法：
(1) 增大电阻的电路突变法。
(2) 消磁法。
(3) 助磁法。

(4) 高压充电低压测量法。

28 变压器的绝缘试验主要有哪些?

答:变压器的绝缘试验主要有绝缘电阻、吸收比、泄漏电流、介质损失、绝缘油、交流耐压及感应电压等试验。

29 测量绕组连同套管一起的绝缘电阻及吸收比和极化指数能发现哪些缺陷?

答:测量绕组连同套管一起的绝缘电阻及吸收比和极化指数,能有效地检查出变压器绝缘整体受潮、部件表面受潮或脏污以及贯穿性的集中缺陷。例如,各种贯穿性短路、瓷件破裂、引线接壳、器身内有铜线搭桥等现象引起的半贯通性或金属性短路等。

30 变压器绝缘试验(绝缘电阻、直流泄漏、介质损耗)有什么要求?

答:在刚停止运行的变压器进行绝缘试验,应将变压器从电网上断开,上、下层油温基本一致后,再进行测量。若此时线圈、绝缘和油的温度基本相同,则可用上层油温作线圈温度。对于新投入或大修后的变压器,应在充油后静置一定时间,待气泡逸出后,再进行绝缘试验。即对较大型变压器(指 8000kVA 及以上),需静置 20h 以上;电压为 3~10kV 级的小容量变压器,需 5h 以上。绝缘试验时,非被试线圈短路接地。

31 变压器绕组绝缘损坏的原因有哪些?

答:变压器绕组绝缘损坏的原因有:

(1) 线路短路故障和负荷的急剧多变,使变压器的电流超过额定电流的几倍或十几倍以上,这时绕组受到很大的电动力而发生位移或变形。另外,由于电流的急剧增大,将使绕组温度迅速升高,导致绝缘损坏。

(2) 变压器长时间地过负荷运行,绕组产生高温,将绝缘烧焦,并可能损坏而脱落,造成匝间或层间短路。

(3) 绕组绝缘受潮,这是因绕组浸漆不透,绝缘油中含水分所致。

(4) 绕组接头及分接开关接触不良,在带负荷运行时,接头发热损坏附近的局部绝缘,造成匝间及层间短路。

(5) 变压器的停送电操作或遇到雷电时,使绕组绝缘因过电压而损坏。

32 什么叫变压器的接线组别?测量变压器的接线组别有何要求?

答:变压器的接线组别是变压器的一次和二次电压(或电流)的相位差,它按照一二次线圈的绕向,首尾端标号,连接的方式而定,并以时钟针型式排列为 0~11 共 12 个组别。通常采用直流法测量变压器的接线组别,主要是核对铭牌所标示的接线组别与实测结果是否相符,以便在两台变压器并列运行时符合并列运行的条件。

33 变压器进行联结组别试验有何意义?

答:变压器联结组别必须相同是变压器并列运行的重要条件之一。若参加并列运行的变压器联结组别不一致,将出现不能允许的环流;同时由于运行、继电保护接线也必须知晓变压器的联结组别，联结组别是变压器的重要特性指标。因此在出厂、交接和绕组大修后都应测量绕组的联结组别。

34 变压器测量介质损耗应注意什么？

答：测量时应注意的事项为：

（1）应使测量设备尽可能靠近被测物，并使用屏蔽线。对有尖端及靠接地物太近的引线等也会使损耗增大（即介损增大）。故也应设法防止及消除。

（2）应注意用干净的布擦干净瓷瓶。

（3）如果所测得 $\tan\delta$%值超过规定要求，则：

1）应把套管接屏蔽环，以免除表面泄漏所引起的误差。如电桥为反接法，保护环的电位是高电位应靠近套管上部；如为正接法，保护环应放在靠近法兰盘的第一个棱边上部的瓷壁上。

2）取出油样，测量变压器油的 $\tan\delta$ 是否合格，若油合格应进行相应的计算（即 $\tan\delta_1$、$\tan\delta_2$、$\tan\delta_3$），分析是那部分介损增大，再进一步进行其他试验，以判明有无缺陷，并及时处理。

35 变压器介质损耗试验主要是检测哪些缺陷？

答：变压器介质损耗试验主要是检测绝缘受潮、油质劣化、线圈上附着油泥及严重的局部缺陷等。

36 试述测量变压器有载分接开关过渡电阻的目的。

答：过渡电阻的完整性直接影响有载分接开关的接触导流时间和电弧延续时间以及级间环流的大小。因此在安装和检修时，除应外观检查过渡电阻有无断裂、损伤外，尚应测量过渡电阻的阻值。

37 阀式避雷器的试验项目有哪些？

答：阀式避雷器的试验项目有：

（1）测量绝缘电阻。

（2）测量电导电流及串联组合元件的非线性因数差值。

（3）底座绝缘电阻。

（4）测量 FS 避雷器的工频放电电压。

（5）检查放电计数器的动作情况。

38 金属氧化物避雷器的绝缘预防性试验项目有哪些？

答：金属氧化物避雷器的绝缘预防性试验项目有：

（1）测量绝缘电阻。

（2）测量直流 1mA 以下的电压及 75%该电压下的泄漏电流。

（3）测量运行电压下的交流泄漏电流。

（4）检查放电计数器的动作情况。

（5）底座绝缘电阻。

39 阀型避雷器测量绝缘电阻的目的是什么？

答：测量阀型避雷器的目的是检查密封情况；检查避雷器的并联电阻是否断裂、老化等。避雷器受潮后，绝缘电阻明显下降；并联电阻老化、断裂、接触不良，绝缘电阻会比正常值大得多。

40 测量FS避雷器工频放电电压的目的是什么？放电电压过高过低的原因是什么？

答：对于FS型避雷器，测量工频放电电压的目的是检查火花间隙的结构及特性是否正常，检验它在内过电压下是否有动作的可能性。

工频放电压偏高的内部原因是：内部压紧弹簧压力不足，搬运时使火花间隙发生位移；黏合的O型环云母片受热膨胀，增大了火花间隙；固定间隙小瓷套破碎，间隙电极位移；制造厂出厂时工频放电电压接近上限。

工频放电电压偏低的原因：火花间隙组受潮，电极间隙腐蚀生成氧化物，同时O型环云母片的绝缘电阻下降，使电压分布不均匀；避雷器经多次动作、放电，而电极灼伤产生毛刺；由于间隙组装不当，导致部分间隙短接；弹簧压力过大，使火花间隙放电距离缩短。

41 测量FS型避雷器工频放电电压时应注意哪些问题？

答：测量FS型避雷器工频放电电压时应注意的是：

（1）电压测量问题。

（2）保护电阻R数值的选择问题。而当R值过大时，会造成测得的工频放电电压的数值偏高。在试验中，R的数值以间隙击穿后工频电流不超过0.7A选择。

42 FZ型避雷器的电导电流在规定的直流电压下，标准为400～600μA。为什么低于400μA或高于600μA都有问题？

答：FZ型避雷器电导电流主要反映并联电阻及内部绝缘状况。若电阻值基本不变，内部绝缘良好，则在规定的直流电压下，电导电流应在400～600μA范围内。若电压不变，而电导电流超过600μA，则说明并联电阻变质或内部受潮。如电流低于400μA，则说明电阻变质，阻值增加，甚至断裂。

43 何谓金属氧化物避雷器的工频参考电流？

答：金属氧化物避雷器的工频参考电流指的是：确定避雷器工频参考电压的工频电流阻性分量的峰值，为消除均压电容及杂散电容对测量参考电压的影响，其值等于或大于在额定电压下的电流，并由制造厂决定。

44 何谓金属氧化物避雷器的工频参考电压？

答：金属氧化物避雷器的工频参考电压指的是：标准规定的或厂家提供的工频电流阻性分量峰值流经避雷器时所测得的电压峰值；该电压与系统中预期的短时工频过电压及避雷器的额定电压有关。

45 为什么要在运行中监测金属氧化物避雷器的工频电流的阻性分量？

答：当工频电压作用于金属氧化物避雷器时，避雷器相当于一只有损耗的电容器，其中容性电流的大小仅对电压分布有意义，并不影响发热；而阻性电流是造成金属氧化物电阻片发热的原因。良好的金属氧化物避雷器虽然在运行中长期承受工频运行电压，但因流过的工频电流阻性分量，通常小于工频参考电流，引起的热的作用极微，不致引起避雷器性能的改变。而在避雷器内部出现故障时，工频电流的阻性分量将明显增大，并可能导致热稳定破坏，造成避雷器的损坏。因此运行中定期监测金属氧化物避雷器的工频电流的阻性分量，是保证安全运行的有效措施。

46 如何用MF-20型万用表在运行条件下测量避雷器的交流泄漏电流？为什么不使用其他型式万用表？

答：将MF-20型万用表选择在交流1.5mA挡位上，并联在放电记录器（JS）上即可进行测量，因为此时MF-20型万用表的内阻仅为十几欧姆，而放电计数器内阀片的电阻为1～2kΩ，所以此时流过MF-20型万用表的电流基本等于流过避雷器的交流泄漏电流。从原理上讲，放电记录器分流造成的误差不大于3%。

其他型式万用表交流毫安档的内阻较大，其测量误差太大。但只要有内阻较小的且量程在1mA和3mA左右的交流电流表均可使用。

47 接地可分为哪几类？

答：根据接地的目的可分为如下四类：

（1）工作接地。在电力系统中，利用大地作为导线或根据正常运行方式的需要将网络的某一点接地，称为工作接地。

（2）保护接地。将电力设备在正常情况不带电的金属部分与大地连接，以保障人身安全，这种接地称为保护接地。

（3）防雷接地。为安全导泄强大的雷电流，将过电压保护装置的一端接地，称为防雷接地（也称过电压保护接地）。

（4）静电接地。为释放静电电荷、防止静电危险而设置的接地，称为静电接地。

48 接地装置由哪几部分组成？

答：接地装置由以下两部分组成：

（1）接地体，即埋入地中直接与大地（包括土壤、江、河、湖、井水）接触的金属导体。

（2）接地线，即连接电力设备的接地部分与接地体用的金属导体。

49 测量接地电阻时应注意什么？

答：测量接地电阻应注意以下几点：

（1）测量时，被测的接地装置应与避雷线断开。

（2）电流极、电压极应布置在与线路或地下金属管道垂直的方向上。

（3）应避免在雨后立即测量接地电阻。

（4）采用交流电流表、电压表法时，电极的布置宜用三角形布置法，电压表应使用高内阻电压表。

（5）被测接地体 E、电压极 P 及电流极 C 之间的距离应符合测量方法的要求。

（6）所用连接线截面电压回路不小于 $1.5mm^2$，电流回路应适合所测电流数值；与被测接地体 E 相连的导线电阻不应大于 R_X的 2%～3%。试验引线应与接地体绝缘。

（7）仪器的电压极引线与电流极引线间应保持 1m 以上距离，以免使自身发生干扰。

（8）应反复测量 3～4 次，取其平均值。

（9）使用地阻表时发现干扰，可改变地阻表转动速度。

（10）测量中当仪表的灵敏度过高时，可将电极的位置提高，使其插入土中浅些。当仪表灵敏度不够时，可给电压极和电流极插入点注入水而使其湿润，以降低辅助接地棒的电阻。

50 测量接地电阻的主要方法有哪些？

答：测量接地电阻的方法，按采用的电源区分，可分为交流和直流两种；按读取电压、电流和功率或电阻的办法，可分为电压、电流和功率表法、比率计法和电桥法。

51 如何使用电压表和电流表法测量接地电阻？

答：接通电源后，首先将开关 S 闭合，用电流表测出线路电流 I，用高内阻电压表测出接地极 E 与电位探测极 T 之间的电阻 R_X上的电压 U，则接地电阻 $R_X=U/I$。测量接地电阻时要注意安全，必要时戴绝缘手套，如图 7 - 13 所示。

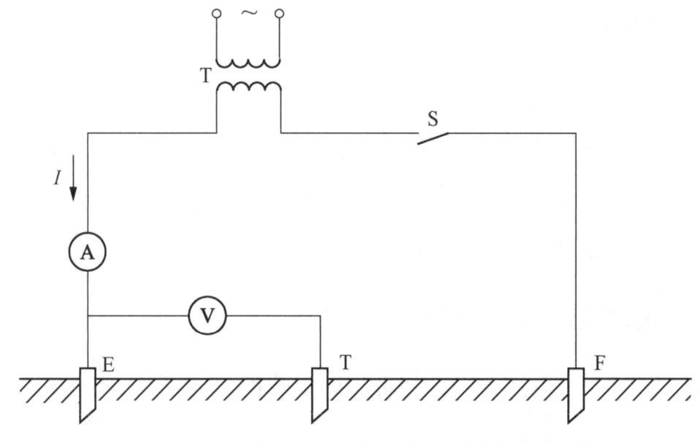

图 7 - 13　电压表和电流表法测量接地电阻示意图

52 影响电压表电流表法测量接地电阻的因素有哪些？

答：影响电压表电流表法测量接地电阻的因素有电流线与电压线间互感、零电位、气候情况、仪器、仪表及其他方面的原因等。

53 测量大型接地体的接地电阻时，为什么适宜采用电极三角形布置法？

答：测量大型接地体的接地电阻时，电极采用三角形布置，有下列优点：

（1）节省测量用导线。

（2）可以减少引线间互感的影响。

（3）在不均匀土壤中，当取辅助接地体的长度 d_{13} 为 2 倍的地网对角距离 D 时，即 $d_{13}=2D$ 时，用三角形布置法的测量结果，相当于 $3D$ 直线法的测量结果。

（4）使用三角形布置法时，电压极附近的电位陡度变化较小，测量误差小。

54 接地电阻的测量为什么不应在雨后不久就进行？

答：因为接地体的接地电阻值随地中水分增加而减少，如果在刚下过雨不久就去测量接地电阻，得到的数值必然偏小，为避免这种假象，不应在雨后不久就测接地电阻，尤其不能在大雨或久雨之后立即进行这项测试。

55 画出 ZC—8 型接地电阻测试仪测量土壤接地电阻示意图。

答：ZC—8 型接地电阻测试仪测量土壤接地电阻，如图 7－14 所示。

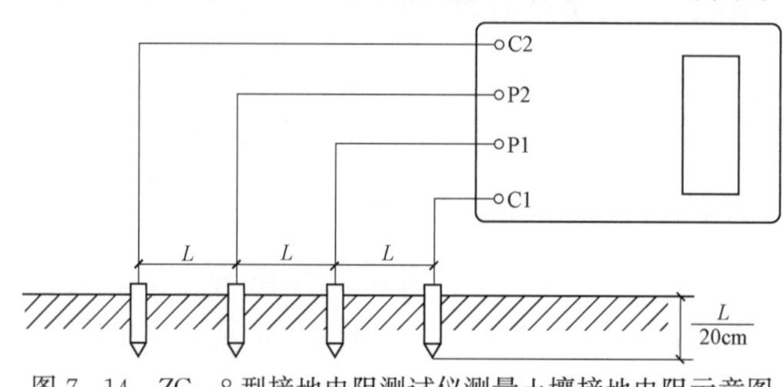

图 7－14　ZC—8 型接地电阻测试仪测量土壤接地电阻示意图

56 常用电力电容器的试验项目有哪些？

答：电力电容器的试验项目有：

（1）高压并联电容器的试验项目有：极间绝缘电阻、电容值、测量 $\tan\delta$、渗漏检查。

（2）耦合电容器的试验项目有：极间绝缘电阻、电容值、测量 $\tan\delta$、交流耐压和局部放电、低压端对地绝缘电阻、渗漏检查。

57 测量电容器绝缘电阻的目的是什么？

答：测量电容器绝缘电阻的目的是初步判断电容器两极间和电极对外壳间的绝缘是否良好。

58 测量电容器极间电容值的方法有哪些？目的是什么？

答：测量电容器电容值的主要方法有：电压电流表法、两电压表法和电桥法。

测量电容器电容值的主要目的是与原铭牌值相比较，来判断内部接线是否正常及绝缘是否受潮等。

59 对耦合电容器测量结果的要求是什么？

答：对测量结果的要求如下：

（1）每节电容值偏差不超出额定值的－5％～＋10％范围。

（2）电容值大于出厂值的 102％时，应缩短试验周期。

（3）一相中任两节实测电容值相差不超过 5％。

60 为什么新的国标 GB 11032 中将耦合电容器电容量的允许负偏差由原来－10%修改为－5%？

答：因为耦合电容器由多个元件串联组成，测量时电容量的负偏差主要原因是渗漏油而使上部缺油。当油量减少时，上部高压端易于放电而造成爆炸事故，同时电容量减少 5% 时，其油量下降并非总油量的 5%，而还要大得多。因此，为提高监测有效性将电容量的负偏差，由原来的一机部标准－10%改到新国标 GB 11032 中规定的－5%。

61 测量电容器介质损耗的目的是什么？

答：电容器 $\tan\delta$ 的测量能灵敏地反映电容器绝缘介质受潮、击穿等绝缘缺陷，对制造过程中真空处理和剩余压力、引线端子焊接不良、有毛刺、铝箔或膜纸不平整等工艺的问题也有较灵敏的反应。所以，说电容器介质损耗因素是电容器绝缘优劣的重要指标。

62 采用自放电法测量电容器并联电阻的原理是什么？

答：测量电容器并联电阻的自放电法的原理接线，如图 7-15 所示。

当 $t=0$ 时，C_x两端的电压已被充电至 U_1，并在此时断开电源，历经时间 t 后，C_x两端的电压经 R_p放电至 U_2，根据简化等值电路的特点，U_2应按指数规律衰减，其计算式为

$$U_2 = U_1 e^{-\frac{t}{\tau}} \tag{7-5}$$

式中 τ——时间常数，$\tau=R_pC_x$（因 $R_x \geqslant R_p$）。

根据 e^x 的展开公式，将 $e^{-\frac{t}{\tau}}$ 展开，则

$$U_2 = U_1\left[1-\frac{t}{C_XR_P}+\left(\frac{t}{C_XR_P}\right)/2!-\cdots\right] \tag{7-6}$$

当 $t \leqslant R_pC_x$时，式（7-6）可以简化为

$$U_2 = U_1\left(1-\frac{t}{C_XR_P}\right)$$

所以

$$R_P = \frac{U_1 t}{C_X(U_1-U_2)} \tag{7-7}$$

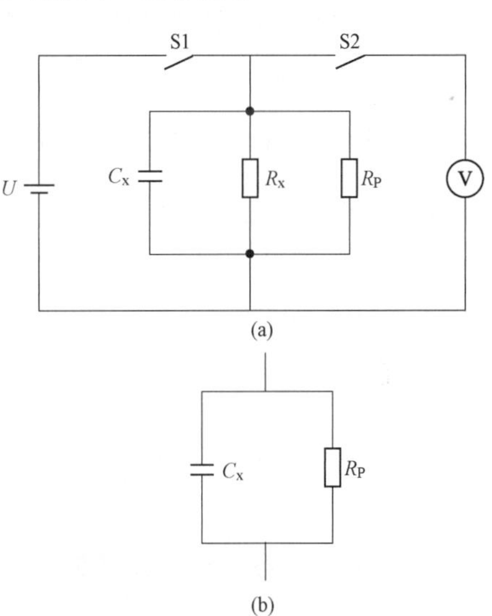

图 7-15 自放电法原理接线图
（a）原理接线图；（b）简化等值电路

式中 C_X——并联电容器电容，已由上述试验项目测出；

U_1——$t=0$ 时，并联电容器两端电压；

U_2——$t=t$ 时，并联电容器两端电压；

t——放电时间。

63 如测得电容器的电容量增大或减小，试分析可能存在什么缺陷。

答：一般情况，如果电容器内介质受潮或元件短路，电容量将增大；如果缺油或断线，电容量将减小。

第八章

电气试验中级工

第一节 预防性试验总论

1 导体、绝缘体、半导体是怎样区分的？

答：导电性能良好的物体叫作导体，如各种金属。

几乎不能传导电荷的物体叫绝缘体，如云母、陶瓷等。

介于导体和绝缘体之间的一类物体叫半导体，如氧化铜、硅等。

2 电介质极化有哪几种基本形式？

答：电介质极化有四种基本形式：电子式极化、离子式极化、偶极子极化、夹层式极化。

3 绝缘的含义和作用分别是什么？

答：绝缘就是不导电的意思。

绝缘的作用是把电位不同的导体分隔开来，不让电荷通过，以保持它们之间不同的电位。

4 绝缘在各类电气设备的主要作用是什么？

答：(1) 使导电体与接地部分互相绝缘，及对地分开。

(2) 把不同相别及电位的导体分割开来，即相间绝缘。

(3) 改善高压电场中的电场强度，如变压器中的油屏蔽。

(4) 保证电容器等电器达到所需的电容量。

(5) 灭弧冷却载流导体和铁芯的发热。

5 影响介质绝缘强度的因素有哪些？

答：影响介质绝缘强度的主要因素有：

(1) 电压的作用。除了与所加电压的高低有关外，还与电压的波形、极性、频率、作用时间、电压上升的速度和电极的形状等有关。

(2) 温度的作用。过高的温度会使绝缘强度下降甚至发生热老化、热击穿。

（3）机械力的作用。如机械负荷、电动力和机械振动使绝缘结构受到损坏，从而使绝缘强度下降。

（4）化学的作用。包括化学气体、液体的侵蚀作用会使绝缘受到损坏。

（5）大自然的作用。如日光、风、雨、露、雪、尘埃等的作用会使绝缘产生老化、受潮、闪络。

6 为什么介质的绝缘电阻随温度升高而减小，金属材料的电阻却随温度升高而增大？

答：绝缘材料电阻系数很大，其导电性质是离子性的，而金属导体的导电性质是自由电子性的。在离子性导电中，作为电流流动的电荷是附在分子上的，它不能脱离分子而移动。当绝缘材料中存在一部分从结晶晶体中分离出来的离子后，则材料具有一定的导电能力，当温度升高时，材料中原子、分子的活动增加，产生离子的数目也增加，因而导电能力增加，绝缘电阻减小。而在自由电子性导电的金属中，其所具有的自由电子数目是固定不变的，而且不受温度影响，当温度升高时，材料中原子、分子的运动增加，自由电子移动时与分子碰撞的可能性增加。因此，所受的阻力增大，即金属导体随温度升高电阻也增大了。

7 介电系数在绝缘结构中的意义是什么？

答：高压电气设备的绝缘结构大都是由几种绝缘介质组成，不同的绝缘介质其介电系数也不同。介电系数小的介质所承受的电场强度高，如高压设备的绝缘材料中有气隙，气隙中空气的介电系数较小，则电场强度多集中在气隙上，常使气隙中空气先行游离而产生局部放电，促使绝缘老化，甚至绝缘层被击穿，引起绝缘体电容量的变化。因此，在绝缘结构中介电系数是影响电气设备绝缘状况的重要因素。

8 什么是主绝缘和纵绝缘？

答：主绝缘是变压器、互感器等这类设备的绕组、引线、分接开关等对铁芯、油箱、外壳等接地部分之间的绝缘。

纵绝缘是指同一绕组上下不同电位的各部分之间的绝缘，包括同一绕组各线匝之间、层间、线盘间的绝缘，分接开关与绕组相连的各部分之间的绝缘，以及电容补偿装置（电容屏）与绕组之间的绝缘。

9 固体电介质的击穿与哪些因素有关？按其击穿发展过程的不同，击穿形式有哪几种？

答：固体电介质的击穿过程及其击穿电压的大小，不但决定于电介质的性能，而且与电场分布，周围温度，散热条件，周围介质的性质，加压速度和电压作用的持续性等有关。

固体电介质根据它击穿发展的过程不同，可分为电击穿、热击穿和电化学击穿三种形式。发生哪种击穿形式，决定于介质的性能和工作条件。

10 绝缘材料在运行中具备的性能有哪些方面？

答：绝缘材料在运行中具备的性能分为电气、机械、热、化学等方面，还有环保、经济性等。

11 简述发电机的绝缘结构。

答：发电机绕组一般分为定子绕组和转子绕组。定子绕组的绝缘可分为主绝缘、匝间绝缘、股间绝缘和层间绝缘。主绝缘是指绕组对地和其他相绕组绝缘，其在槽内部分称为槽绝缘，在端部部分称为端部绝缘。匝间绝缘是指同一线圈内各线匝之间的绝缘。而并联导线组成绕组的各股导线间的绝缘称为股间绝缘。线圈上下层之间的绝缘则称为层间绝缘。

对大型汽轮发电机来说，一般定子绕组只有主绝缘和股间绝缘而没有匝间绝缘；转子绕组只有主绝缘和匝间（或层间）绝缘而没有股间绝缘。对转子水内冷的转子绕组来说，除有主绝缘和匝间绝缘之外，还有排间绝缘。

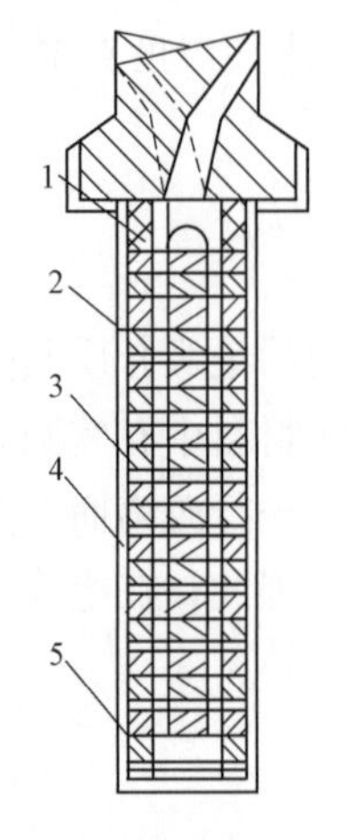

图 8-1 隐极式转子绕组槽内绝缘结构图（氢内冷）

1—楔下垫条（材料为环氧玻璃布板）；2—槽衬（环氧玻璃坯布或复合纸，也有采热塑性衬槽垫）；3—匝间绝缘（环氧玻璃布板，厚 0.5～1.0mm）；4—线圈（裸扁铜线）；5—槽底垫条（环氧玻璃布板）

12 隐极式转子绕组槽内绝缘（氢内冷）是怎样构成的？

答：隐极式转子绕组槽内绝缘（氢内冷）由楔下垫条、槽衬、匝间绝缘、槽底垫条等构成，其结构形式见图 8-1。

13 发电机定子绕组对地绝缘结构分为哪几种？各有什么优缺点？

答：定子绕组对地绝缘结构分为连续式和复合式两种。

定子线棒的端部和槽部采用环氧玻璃粉云母带连续半叠绕绝缘的绝缘结构为连续式绝缘。其优点是解决了复合式绝缘存在接缝的绝缘缺陷，目前该种绝缘形式广泛使用；缺点是槽部绝缘较套筒形式的绝缘厚。

复合式绝缘为端部绝缘用云母带半叠绕，槽部绝缘有云母箔热态下卷烘上去或包垫（全带式）。优点是工艺简单，槽部绝缘可以较薄；缺点是槽部和端部存在接缝，这里的击穿电压较低，仅为槽部的 20%～40%，槽部绝缘常在层间留下缝隙，局部放电电压低，$\tan\delta$ 高。

14 水内冷汽轮发电机定子线圈的槽内绝缘是怎样构成的？

答：水内冷汽轮发电机定子绕组绝缘包括股间、匝间、排间、层间和对地主绝缘。其槽部绝缘结构，如图 8-2 所示。

15 发电机绝缘耐热等级分为哪几类？允许温度是多少？

答：发电机绝缘耐热等级分为A、E、B、F、H五个耐热等级。

其耐热允许温度分别为105℃、120℃、130℃、155℃、180℃。

16 影响发电机定子线圈绝缘的主要原因是什么？

答：主要原因是：

（1）绝缘材料的膨胀延伸。由于定子线棒的夹层绝缘温度膨胀系数不同，则沿线槽长度和宽度上的温升不同，在绕组加热及冷却时，由于导体、绝缘和铁芯的延伸不同，因而使绝缘中不可避免地出现很大的机械应力，久而久之就使绝缘弹性衰减，进而发生裂纹，甚至在运行中发生击穿。

（2）端接部分电动力。正常运行及突然短路时，端接部分中的电动力，都可能使端部绝缘受到损伤。

（3）幅向交变电动力。定子绕组的横向磁通使导体受到幅向的交变电动力。此外，在额定电流下，单根线棒上也会产生数值近几百牛的力，并以每秒100次的频率冲击着线棒绝缘。短路时，这些力可能达到数千牛。

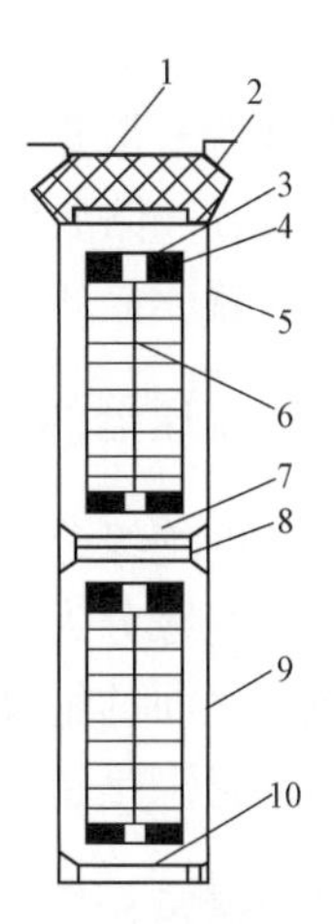

图8-2 水内冷汽轮发电机定子绕组绝缘结构图

1—槽楔（材料为玻璃布板或模压塑料）；
2—楔下垫条（半导体玻璃布板）；
3—导线（双玻璃丝包扁铜线）；
4—换位门坑添物（粉云母条或半导体腻子）；
5—换位绝缘（柔软云母板或耐晕合成纤维纸）；
6—排间绝缘（柔软云母板或耐晕合成纤维纸）；
7—对地绝缘（环氧玻璃粉云母多胶带）；
8—层间垫条（半导体环氧玻璃布板）；
9—防晕层（半导体漆）；
10—槽底垫条（半导体环氧玻璃布板）

17 发电机定子绝缘性能指哪些方面？

答：（1）电气性能。所谓电气性能，是指绝缘具有足够的耐电强度，并能承受一定过电压侵袭的能力。

（2）热性能。绝缘的热性能，是指绝缘应具有承受持续热作用的耐热性。也即在发电机工作温度条件下不应有浸渍漆和黏合剂流出，以及迅速老化的现象。

（3）机械性能。绝缘在制造过程及运行时所受到的各种机械力作用下，其耐电强度不应有明显降低。

（4）化学性能。严重的电晕会产生臭氧和各种氧化氮，前者是强烈的氧化剂，侵蚀大多数有机材料；后者遇到水分形成硝酸或亚硝酸，致使纤维材料变脆及金属腐蚀。所以使用耐电晕的材料和防止电晕的产生，是发电机绝缘的重要问题。

18 变压器由哪几部分构成？

答：变压器由以下几部分构成：

（1）器身—铁芯、绕组、引线及绝缘。

（2）油箱本体—本体及附件。

（3）调压装置—无励磁分接开关或有载分接开关。
（4）冷却装置—散热器或冷却器。
（5）保护装置—储油柜、油位计、安全阀、吸湿器、净油器、气体继电器、测温元件等。
（6）出线装置—高压、中压和低压套管，电缆出线盒。

19 简述变压器的绝缘分类。

答：变压器的绝缘分为内部绝缘（油箱内绝缘）和外部绝缘（空气中绝缘）两大类。

变压器内部绝缘分为主绝缘和纵绝缘两大类，主绝缘是指绕组（或引线）对地、对其他绕组（或引线）之间的绝缘。纵绝缘是指同一绕组上各点或相应引线之间的绝缘。

变压器外部绝缘是指套管本身的外部绝缘和套管间及套管对地的绝缘。

20 变压器常用哪些绝缘材料？

答：变压器常用的绝缘材料有变压器油、电缆纸、电话纸、绝缘纸板、酚醛压制品、环氧制品、绝缘漆、电瓷、布袋、黄蜡管、黄蜡绸、木柴等。

21 变压器铁芯是由哪些部分组成的？

答：变压器的铁芯是由铁芯本体、紧固件、绝缘体组成。

铁芯本体是磁导体，由硅钢片组成。

绝缘体包括夹件绝缘、绝缘管、绝缘垫和垫脚绝缘等。

22 变压器的铁芯为什么要接地？能否多点接地？

答：变压器在运行中，其铁芯及夹件等金属部件，均处在强电场之中，由于静电感应而在铁芯及金属部件上产生悬浮电位，这一电位会对地放电，这是不允许的。为此，铁芯及其夹件等都必须正确、可靠地接地（只有穿心螺栓除外）。

铁芯只允许一点接地，如果有两点或多点接地，在接地点之间便形成了闭合回路。变压器运行时，有磁通穿过此闭合回路，就会产生环流，造成铁芯的局部过热，甚至烧毁金属部件及其绝缘。

23 变压器中的静电环有什么作用？

答：静电环又称静电屏，对于端部出线的变压器，高压绕组在遭受大气过电压时，出线端附近线圈过电压幅值大，加上静电环后，增大了端部绕组的电容值，使端部绕组电位分布比较均匀，提高绕组的冲击绝缘强度。

24 常用的无载调压分接开关的调压方式有哪几种？

答：常用的无载分接开关的调压接线方式有四种：三相中性点调压、三相中性点“反接”调压、三相中性点中部调压和三相中部并联调压。

25 试述变压器采用纠结式绕组的优点。

答：变压器绕组有连续式和纠结式二种，不同的绕制方法耐雷电的水平也不一样。变压器绕组由于雷电侵入波而引起的波过程是一个由起始分布到稳态分布的振荡过程。起始分布如果和稳态分布极为接近，则振荡过程就平缓，最大对地电压和最大电位梯度就较小，而影响变压器绕组中波过程的起始分布的主要因素，是绕组的纵向电容 K 和对地电容 C 比值的均方根值。显然，纵向电容 K 值越大，起始电压分布越接近稳态分布。

如图 8-3、图 8-4 所示，分别是连续式绕组和纠结式绕组的电气接线图和等值匝间电容图。从图中可看出纠结式绕组的等值串联匝间互电容（即纵向电容）比连续式绕组大为增大，从而改善了变压器绕组的波过程，使起始分布近于稳态分布。这样变压器耐冲击波的性能将大为改善，还节约了绝缘材料，缩小了体积。

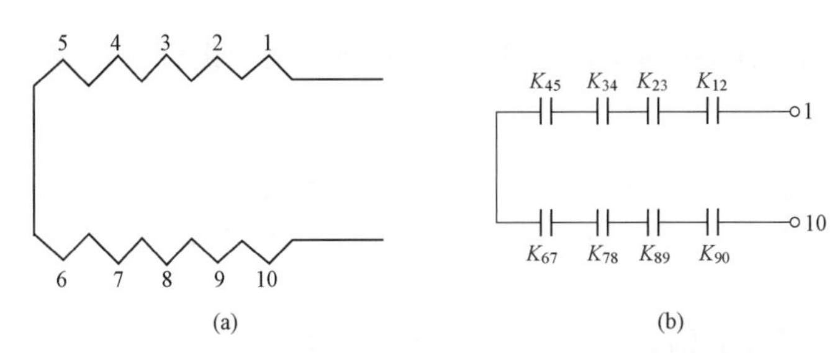

图 8-3　连续式绕组的电气接线图和等值匝间电容图

(a) 电气接线图；(b) 等值匝间电容图 $\left(K_{1\cdot10}=\dfrac{K}{2}\right)$

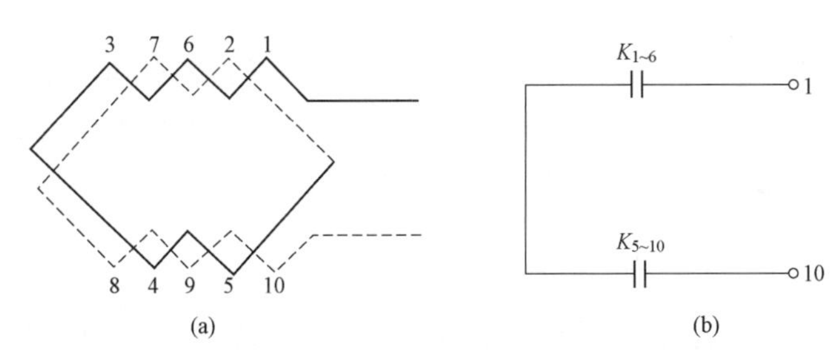

图 8-4　纠结式绕组的电气接线图和等值匝间电容接线图

(a) 电气接线图；(b) 等值匝间电容图 $\left(K_{1\cdot10}=\dfrac{K}{2}\right)$

26 为什么高压三相变压器的铁芯要接地？

答：不接地的三相变压器铁芯处于带电绕组对地的高压电场中。由于电容耦合作用，使铁芯对地产生一定的悬浮电压，正常运行时，如三相电压对称，则电容电流 $\dot{I}_A+\dot{I}_B+\dot{I}_C=0$，如图 8-5 所示。

此时即使铁芯不接地，产生的悬浮电压也不高，或接近于地电位。当变压器非全相运行时，就有比正常运行时大得多的电流 I 流过铁芯对地电容 C_T。这时铁芯就会产生很高的悬浮电压，导致铁芯对夹件或油箱壁等接地部件的放电。因此，变压器铁芯一定要接地，但只允许一个接地点，

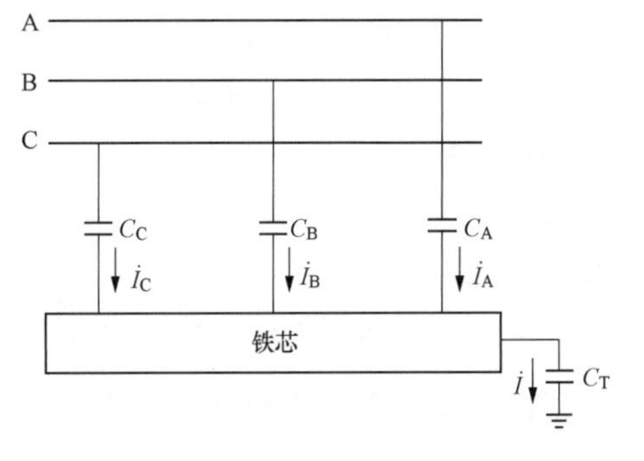

图 8-5　变压器铁芯不接地示意图

不可有两个或多个接地点。

27 断路器根据灭弧介质及其原理可分为哪几种？

答：按采用的灭弧介质及其作用原理可分为：油断路器、压缩空气断路器、SF_6 断路器、真空断路器、磁吹断路器、固体产气断路器等几种。

28 断路器绝缘按照承受电压的部位分为哪几部分？

答：断路器的绝缘按承受电压的部位分为对地绝缘、相间绝缘和断口绝缘三部分。

29 什么是高压开关设备的外绝缘？它的电气强度由什么决定？它的主要特点是什么？

答：高压开关设备以大气为绝缘介质的部分叫设备的外绝缘。

外绝缘的电气强度由大气中间隙的击穿强度或由大气中沿固体绝缘表面的闪络强度所决定。

外绝缘的主要特点是它的电气强度与大气条件有关。

30 什么是高压开关设备的内绝缘？它的电气强度由什么决定？它的主要特点是什么？

答：以油、压缩空气、真空、SF_6 等作为绝缘介质的绝缘部分叫高压开关设备内绝缘。

内绝缘的电气强度由介质中间隙的击穿强度或沿介质中固体绝缘表面的闪络强度所决定。

内绝缘的主要特点是它的电气强度与大气条件基本无关。

31 简述 SF_6 断路器的优缺点。

答：SF_6 断路器的优点：由于采用具有优良性能的 SF_6 气体作为绝缘介质和灭弧介质，其开断能力强，断口电压便于做得较高，允许连续开断较多次数，适用于频繁操作，且噪声小，无火灾危险。

其缺点是：对加工工艺与材料要求较高，断路器密封性能要好，故要采取专门措施，防止低氟化物对人体或材料的危害和影响。

32 SF_6 全封闭电器与敞开式电器相比较有什么优缺点？

答：SF_6 全封闭电器的优点是：

（1）密封部分采用高绝缘强度的 SF_6 气体作绝缘介质，从而可以大大缩小产品尺寸，节省占地面积和空间。

（2）高压带电部位均被密封，运行中无触电危险，不受外界环境的影响，同时对无线电波也不产生干扰。

缺点：密封面较多，对密封件的材料与工艺要求较严，并要求有清洁的装配环境。

33 简述高压油断路器常用的纵横吹式灭弧室的灭弧原理。

答：纵横吹式灭弧室是采用纵横吹结合进行灭弧的，此法能有效地熄灭大、小电弧。开断大电流时利用油分解蒸发的气体，从轴向和径向吹冷电弧。切断小电流时，利用油自身的运动进行纵向吹弧，并利用气体压力提高油的介电强度，以利熄灭电弧。

34 对断路器绝缘的要求是什么?

答：断路器绝缘的要求是：

(1) 防止绝缘的击穿或沿面放电。

(2) 防止固体绝缘材料被电弧烧灼损坏，以及由于机械力或热的长期作用而引起绝缘损坏。

(3) 尽量避免局部放电。

(4) 在安全可靠、结构合理的前提下，尽可能减小绝缘尺寸。

第二节 电气试验测试技术

1 如何根据试品在工频耐压试验中的情况，判断试品是否存在缺陷或击穿?

答：如果试品在工频耐压过程中出现击穿响声或断续放电声、冒烟、焦臭、闪弧等，应查明原因。这些现象如果确认是试品绝缘部分引起的，则认为试品存在缺陷或击穿。

2 简述在进行交流耐压试验时，对调压速度的要求。

答：升压应从零开始，不可冲击合闸。升压速度在40%试验电压以内可不受限制，其后应均匀升压，速度约为每秒3%的试验电压。

3 简述进行6～10kV分段母线（一段带电）耐压试验时应注意的事项?

答：一般应注意以下几点：

(1) 用刀闸断开与加压母线相连的所有分路，并和架空或电缆线路断开。

(2) 加压段与带电段之间的分段刀闸绝缘距离不足时，应加装绝缘隔板或采用选相加压的方法，以防止加压段与带电段之间发生闪络放电。

(3) 仔细检查加压段确实与避雷器、电压互感器、站用变压器已经断开。

(4) 试验变压器的容量足够，容升电压不应太高。

4 简述工频耐压试验前后的注意事项。

答：(1) 验算试验装置和电源容量是否满足试验要求。

(2) 将设备的外壳和非被试绕组可靠接地。

(3) 注油设备在注油后，应静置足够的时间，并将内部可能残存的气体排出后，再做试验，防内部气体放电或击穿。

(4) 对夹层绝缘或有机绝缘材料的设备，耐压前应测量绝缘电阻，如发现受潮或有绝缘缺陷时，应消除后再试验。

(5) 试验电压的波形应是正弦的，当波形畸变时，应测量试验电压的峰值，以其峰值除计算试验电压值。

5 简述工频耐压试验过程中应注意的事项。

答：工频耐压试验过程中应注意的事项有：

(1) 试验过程中，若由于空气的温度、湿度，设备表面脏污等影响引起试品表面滑闪放电或空气击穿，不应认为不合格，应经处理后再试验。

(2) 升压必须从零开始，不可冲击合闸，升压速度在30%试验电压以内可不受限制，其后应均匀升压，升压速度约为每秒2%的试验电压。

(3) 试验回路应有过电压、过电流保护。一经发现保护装置动作，应立即切断试验电源，并查明原因，消除后，再施加试验电压。为避免重复产生高频振荡过电压，试验时应监视电流变化。

(4) 当试验持续时间一到，应迅速将调压装置降至输出电压的1/2以下后，再切断试验电源，避免在试验电压下切断电源，以防产生操作过电压，使试品放电或击穿。

6 简述工频耐压试验后应注意的事项。

答：工频耐压试验后应注意的事项有：

(1) 试品为有机绝缘材料时，试验后应立即触摸，如出现普遍或局部发热，则认为绝缘不良，应处理后再做试验。

(2) 对夹层绝缘或有机绝缘材料的设备，耐压前后均应测量绝缘电阻，如耐压后绝缘电阻比耐压前下降30%，应查明原因。

7 画出交流耐压试验原理接线图。

答：交流耐压试验原理接线，如图8-6所示。

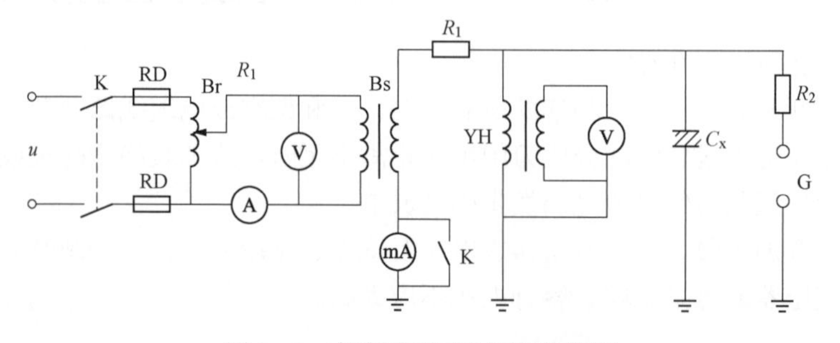

图8-6　交流耐压试验原理接线图

8 进行交流耐压试验中，当试验变压器的容量不能满足需要时，可采用并联补偿的方法，试画出原理接线示意图。

答：交流耐压并联补偿原理接线，如图8-7所示。

9 为什么说进行变压器交流耐压试验时，被试绕组不短接是不允许的？

答：若被试绕组不短接，如图8-8所示，由于分布电容C_1、C_2和C_{12}的影响，在被试绕组对地及非试绕组中，将有电流流过，而且沿整个被试绕组流过的电流不等，愈接近A端，电流愈大，沿线匝存在着电位差。由于流过绕组的是电容电流，故愈接近 X 端的电位愈高，可能超过试验电压，在严重情况下，会损坏绝缘。所以试验时，必须将被测试绕组短。

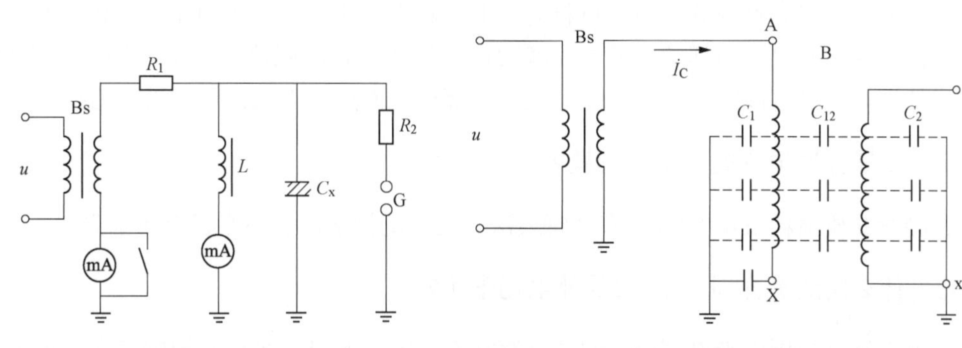

图 8 - 7　交流耐压并联补偿原理接线图　　　图 8 - 8　变压器被试绕组不短接耐压示意图

10　在进行变压器交流耐压试验时，如何根据电流表的指示，判别变压器内部可能击穿？

答：如果电流表指示突然上升，被试变压器有放电响声或保护球隙放电，说明变压器内部击穿。如果电流表指示突然下降，被试变压器内部有放电声响，也可能击穿，也可能是由于试品的容抗与被试变压器的漏抗之比小于 2 之故。此时，需鉴别检查。

11　简述进行变压器工频交流耐压试验的意义。

答：进行变压器工频交流耐压试验，对考核变压器的绝缘强度，检查局部缺陷，具有决定性的作用。它能有效地发现绕组绝缘受潮、开裂或在运输中由于振动造成的引线距离不够，绕组松动、移位，固体绝缘表面附着污物等缺陷。

12　什么是绝缘的介损试验？

答：如图 8 - 9 所示，$\tan\delta$ 是在交流电压下，绝缘介质中的有功电流 I_r 与无功电流 I_c 的比值，用式（8 - 1）表示，即

$$\tan\delta = \frac{I_r}{I_c} \tag{8-1}$$

测试绝缘 $\tan\delta$ 的试验叫做介损试验。

13　引起绝缘电介质损耗的原因有哪些？

答：(1) 漏导引起的损耗。电介质总是有一定电导的，在电场作用下会产生泄漏电流，电介质中流过泄漏电流时会发热，造成能量损耗。

(2) 电介质极化引起的损耗。电介质在极化过程中要消耗能量。在交流电压作用下，由于存在周期性的极化过程，电介质中带电质点要沿交变电场的方向作往复的有限位移和重新排列，而质点来回移动需要克服质点间的相互作用力，也即分子间的内摩

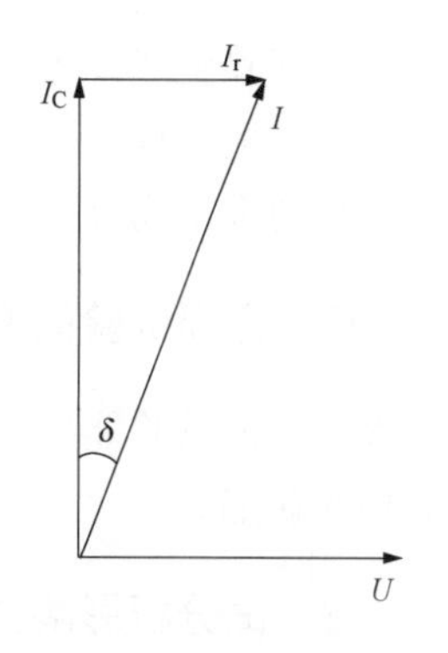

图 8 - 9　介质损失角示意图

擦力，这样就造成很大的能量损耗（相对于漏导损耗而言）。

（3）局部放电引起的损耗。常用的固体绝缘中往往不可避免地会有些气隙或油隙，由于在交流电压下，各层的电场分布与该材料的介电常数成反比，而气体的介电常数比固体绝缘材料的要低得多，所以分担到的电场强度就大；但气体的耐电强度又远低于固体绝缘材料。因此，当外施电压足够高时，气隙中首先发生局部放电而产生由局部放电引起的损耗。

14 测量介质损耗的方法有哪些？

答：测量介质损耗 tanδ 的方法有瓦特表法、交流电桥法以及不平衡电桥法等。

15 什么叫测量介损 tanδ 时的外电场干扰？

答：由于试品与周围带电部分之间总是存在着电容。所以，当试品周围存在高压带电体时，高压带电体形成的外电场通过电容耦合，对试品产生感应电压，由此而引起的电流叫干扰电流。如图 8-10 所示，干扰电流流过测量回路，将会使 tanδ 的测量结果产生误差。这就叫测量介损时的外电场干扰。

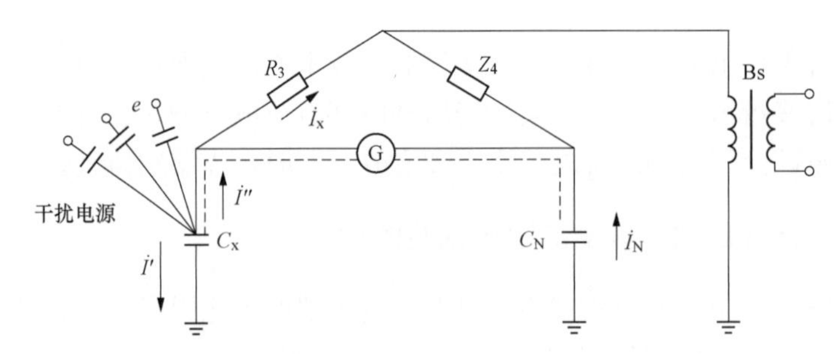

图 8-10　测量介损 tanδ 时的外电场干扰示意图

16 现场测量小电容量试品的介损 tanδ 值时，使测量结果引入诸多误差的外界因素主要指哪些？

答：引入测量误差的主要因素有：

（1）表面污湿。

（2）电场干扰、磁场干扰。

（3）试验引线设置不当。

（4）气候条件。

（5）周围杂物等。

17 介损试验能发现的绝缘缺陷有哪些？

答：介损试验能发现电力设备绝缘整体受潮、劣化变质以及小体积被试设备贯通和未贯通的局部缺陷。

18 试分析影响介损 tanδ 的因素。

答：影响介损 tanδ 的因素主要有温度、试验电压和试品电容等。

（1）温度的影响。温度对 tanδ 有直接影响，影响的程度随材料、结构的不同而异。一般情况，tanδ 是随温度上升而增加。现场试验时，设备温度是变化的，为便于比较，应将不同温度下测得的 tanδ 值换算至 20℃。

（2）试验电压的影响。良好绝缘的 tanδ 不随电压的升高而明显增加。若绝缘内部有缺陷，则其 tanδ 将随试验电压的升高而明显增加。

（3）测量 tanδ 与试品电容的关系。对电容量较小的设备（套管、互感器、耦合电容器等），测量 tanδ 能有效地发现局部集中性的和整体分布性的缺陷。但对电容量较大的设备（如大、中型变压器、电力电缆、电力电容器、发电机等），测 tanδ 只能发现绝缘的整体分布性缺陷。因为局部集中性的缺陷引起的损耗增加只占总损失的极小部分而被掩盖。

19 低功率因数功率表法测量介损 tanδ 的适用范围及要求是什么？

答：当缺乏适当的测量设备或被试品容量太大，测量设备量程不够时，可采用低功率因数功率表法测量介损 tanδ。由于该法用于高压测量时，要经过电压互感器换算，互感器的角差使准确度降低，而且该法仅适用于 δ 不大于 15°的情况（即 tanδ＜0.25＝25％）。

试验中要求是：

（1）选用准确度较高的表计。功率表应使用准确度 0.1～0.5 级的低功率因数功率表。最好选用小电流、低功率因数的功率表。功率表应在电流表短接情况下读数。

（2）选用电压互感器。一般选用不低于 0.5 级的电压互感器。在高压侧直接测量试验电压，为避免互感器角误差造成测量误差，还采用对其进行补偿。

20 西林电桥测量介损 tanδ 时，如何用屏蔽法消除电场干扰？

答：屏蔽法是在被试品上加装屏蔽罩（金属网或薄片），使干扰电流只经屏蔽，不经测量元件。此法适于体积较小的设备，如套管、互感器等。

装设屏蔽的方式有三种，如图 8-11 所示。图（a）、（b）是反接线的情况，图（c）为屏蔽接高压，（a）、（b）为屏蔽接地。应当指出：由于屏蔽后电场分布有所改变，会带来一定误差；此外，寄生电容的影响也要考虑。现将三种屏蔽方式分述如下：

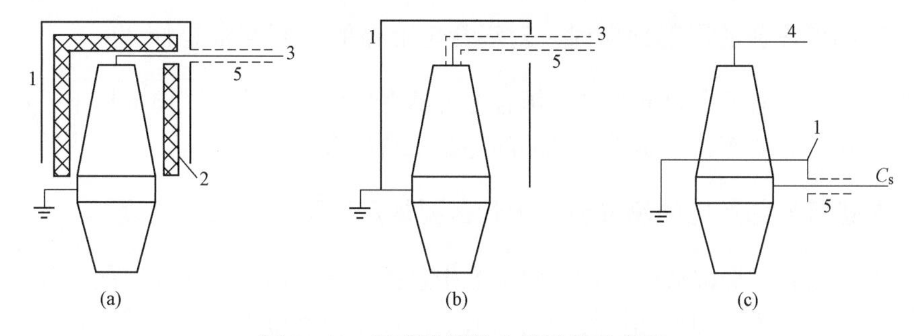

图 8-11　屏蔽法消除电场干扰示意图

（1）当屏蔽接于高压（反接线）时，如图 8-11（a）所示，对绝缘要求较低。绝缘层要求大于 0.5MΩ。该法存在的问题是增加并联的寄生电容，使测得的 tanδ 增大。

（2）当屏蔽罩接地（反接线）时，如图 8-11（b）所示，增加了与 C_x 并联的对地寄生电容，也带来误差，误差的大小与屏蔽的尺寸和距离有关。为了保证测量准确，罩子应做大些，这样，既满足10kV电压的绝缘距离的要求，又满足减小寄生电容影响的要求。

（3）当被试品对地绝缘时，能采用正接线测量时，屏蔽罩靠近C_x端，处于低压，如图8-11（c），此时受外电场影响不大，容易实现。但屏蔽是不完全的，且同样增加了R的并联寄生电容，形成一定误差。

21 画出移相法消除电场干扰接线图。

答：移相法消除电场干扰接线，如图8-12所示。

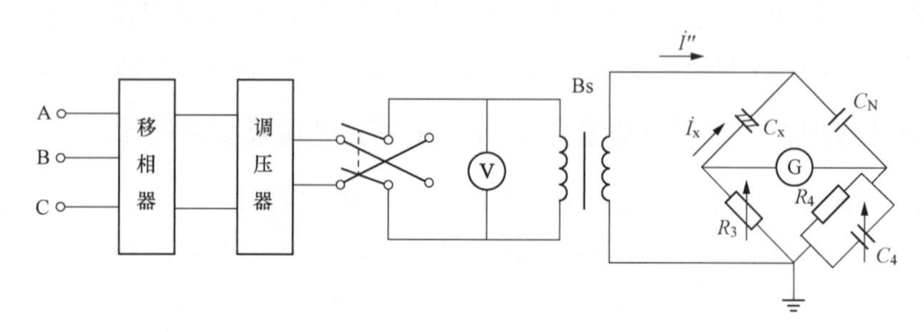

图8-12 移相法消除电场干扰接线图

22 西林电桥测量介损tanδ时，减少试验误差的措施是什么？

答：（1）缩短C_N和C_x屏蔽引线的长度。试验变压器（或电压互感器）高压端至标准电容器C_N和被试设备C_x的引线长度对测量结果有影响，如缩短其长度，可以减少测量误差。

（2）改善电桥的屏蔽。为了消除反接法的测量误差，必须采取有效措施，减小由于电桥引出线等屏蔽不严造成的对外壳和对地的杂散电流的影响。因此，应对电桥的各处屏蔽逐一检查，消除屏蔽不良的缺陷。

（3）减小电桥本体参数的误差。要求标准电容器的介损$\tan\delta_N<0.05\%$，R_3桥臂分布电容$C_{R3}<600pF$，R_4、C_4侧分布电容$C_{R4}<1000pF$。同时，C_N、R_3、R_4、C_4的实际值与额定值比较，相对误差应小于电桥的技术条件规定。否则，需逐个处理或更换。

23 在测量设备的局部放电时，对耦合电容器的主要要求是什么？

答：对耦合电容器的主要要求是：耦合电容器在所使用的最高试验电压下，应没有局部放电，否则无法区分局部放电是来自试品的还是来自耦合电容器。

24 在进行局部放电的测量时，为什么要规定有预加电压的过程？

答：在测量设备的局部放电时，试验标准中包括了一个短时间比规定的试验电压值高的预加电压过程，这是考虑到实际运行中局部放电往往是由于过电压激发的，预加电压的目的就是人为地造成一个过电压的条件来模拟实际运行情况，以观察绝缘在规定条件下的局部放电水平。

25 局部放电的起始电压值如何确定？

答：电压从低值缓慢均匀上升，一直升到刚刚开始超过某一规定值的放电量时为止，这时的电压称为局部放电的起始电压。

26 简述局部放电的熄灭电压的确定方法。

答：当加于试品上的电压从观测到局部放电的较高值，逐渐降低到在试验回路中能观测到放电时的最低电压。

在实践中，熄灭电压是局部放电幅值等于或小于某一规定值时的最低电压。

27 为什么在进行局部放电测量时，要进行脉冲方波的校准？

答：几乎所有的局部放电测量仪器都不可能直接由测量的放电脉冲参数给出视在放电量的数值，必须用已知大小的脉冲标准方波注入测试回路来模拟局部放电。注入脉冲可由幅值为U_c的方波电压发生器串联一个小的已知电容C_g来产生，此时校准脉冲等价于一大小为Q_c的放电量，即$Q_c=U_c\times C_g$。实测的局部放电幅值和脉冲方波比较，以便定量确定局部放电量的大小，简称方波校准。

28 试述测量互感器局部放电时的试验电压的升降程序。

答：应在试验电压不大于1/3测量电压下，接通电源，升压至预加电压，保持10s以上，然后不间断地降压到测量电压，保持1min以上，再读取放电量，最后试验电压降到1/3测量电压以下，方能切除电源。

29 局部放电试验的意义是什么？

答：高电压设备绝缘内部不可避免地存在缺陷（例如固体绝缘中的空隙、液体绝缘中的气泡等）。这些空隙及气泡中或局部固体绝缘沿面上的场强达到一定值时，就会发生局部放电。这种放电不形成贯穿性通道，但它产生的热和活性气体（如臭氧、氧化氮）腐蚀局部绝缘，造成不可恢复的损伤；若逐步扩大，可使整个绝缘击穿或闪络。绝缘局部放电试验可查清局部放电的特征，定量测出它的放电强度，以便发现产品绝缘质量的隐患，采取相应措施。

30 对停电设备，局部放电试验的测量方法有哪些？

答：根据局部放电产生的各种物理、化学现象，局部放电的测量方法有两大类：一类是电测法；另一类是非电测法。

（1）电测法是根据局部放电产生的各种电的信息来测量的方法，目前主要有：

1）脉冲电流法。

由于局部放电时产生的电荷交换，使试品两端出现脉动电压，并在试品连接的回路中出现脉冲电流，因此在回路中的检测阻抗上就可取得代表局部放电的脉冲信号，从而进行测量。

2）无线电干扰法。

由于局部放电会产生频谱很宽的脉冲信号，所以可以用无线电干扰仪测量局部放电的脉冲信号。

3）放电能量法。

由于局部放电伴随着能量损耗，所以可用电桥来测量一个周期的放电能量，也可以用微处理机直接测量放电功率。

（2）非电测法是利用局部放电产生的各种非电信息来测定局部放电的方法，目前主要有：

1）超声波法。

利用超声波检测技术来测定局部放电产生的超声波，从而分析放电的位置和放电的程度。

2）测光法。

利用光电倍增技术来测定局部放电产生的光，借此来确定放电的位置、放电的起始及其发展过程。

3）测分解（或生成）物法。

在局部放电作用下，可能有各种分解物或生成物出现，可以用各种色谱及光谱分析来确定各种分解物或生成物，从而推断局部放电的程度。如测定变压器油中含气的成分及数量，来推断变压器中局部放电的程度等。

31 表征局部放电的参数有哪些？

答：（1）实际放电量与视在电荷量。在气隙中产生局部放电时，气隙中的一部分气体分子或原子被电离而形成正负带电质点，在一次放电中这些质点所带的正（或负）电荷总和称为实际放电量，用 Q_r 表示。

视在电荷量是指这样一些电荷，若将它们瞬时注入试品端子之间，就能使端子之间的电压瞬时改变，其变化量与试品自身发生局部放电所引起的端子之间电压变化量正好相同。在实际测量中，用一个标准瞬变电荷量注入试品两端，使局部放电检测器上的读数与试品自身局部放电时在同一检测器上（灵敏度不变）测得的最大读数相等。这个注入的标准瞬变电荷量就是视在电荷量，即通常所称的放电量用 Q 表示，单位为 C 或 pC。

（2）脉冲重复率。脉冲重复率是在选定的时间间隔内测得的每秒钟局部放电脉冲的平均数，它表示局部放电发生的频率，通常用 N 表示。

（3）放电能量。一次局部放电所消耗的能量称为放电能量，用 W 表示。它是引起电介质老化的原因之一。因此，常把它作为衡量局部放电强度的一个参数。

（4）累积量。累积量是一定时间内局部放电累积的反映平均效应的量，是用以表征放电量和放电次数的综合效应。有以下参数：

1）平均放电电流 I：表示在发生局部放电的时间间隔 T 内，视在放电电荷绝对值的总和除以 T 所得的平均累积量称为平均放电电流。

2）平方率 D：在时间间隔 T 内，视在放电电荷的平方和除以 T 所得的平均累积量称为放电的平方率。

3）放电功率 P：在时间间隔 T 内，每次视在放电电荷与相应的试品两端电压瞬时值乘积之和除以 T 所得的平均累积量称为放电功率。

（5）局部放电起始电压。在试验装置中，能观察到试品开始出现局部放电时，试品两端施加的最低电压称为局部放电起始电压 U_i。在交流电压下，U_i 通常用有效值表示。

（6）局部放电熄灭电压。试品发生局部放电后，在逐渐降低外施电压的过程中，试验装置尚能观察到局部放电时，试品两端的最低电压称为局部放电熄灭电压，用 U_e 表示。

第三节 绝缘油试验

1 为什么要对运行中设备的绝缘油进行定期的分析检验？

答：由于运行中的绝缘油受到氧气、湿度、高温、紫外线以及电场等作用，其物理、化学和电气性能将逐渐变坏，通过化学分析和油中气体含量测定，可以从油质化学性能和气体含量变化情况，了解设备的绝缘状况及过热情况，及时发现设备可能存在的某种类型的潜伏性故障。

2 绝缘油试验的目的是什么？

答：对于新油，有可能由于炼制、运输或保管不当，而使它的性能变坏。因此，在将新油注入电气设备之前必须进行分析检验，当其各项指标合格后方能使用。

在运行中，由于各种因素的作用，其物理、化学和电气性能也要逐渐变坏，按照国家标准规定，必须定期进行各种理化的、电气的分析试验，实行油质监督，以保证电气设备的安全运行。通过分析检验，可以从油质性能的变化情况，大体了解充油电气设备的绝缘状况，并能及时地发现设备可能产生的某些类型的缺陷。

3 什么叫绝缘油的电气强度试验？

答：绝缘油的电气强度试验，即测量绝缘油的瞬时击穿电压值的试验。把绝缘油置于标准油杯中，在电极间施加工频电压，并以一定的速度逐渐升压，直至电极间的油隙击穿为止。该电压即为绝缘油的击穿电压，单位 kV。也可换算为击穿场强，单位 kV/cm。

4 简要说明绝缘油电气强度试验的步骤。

答：绝缘油的电气绝缘强度试验的步骤大致如下：

（1）检查电极间距离。

（2）清洗油杯。

（3）将油倒入油杯，静置不少于 10min。

（4）作加压试验。电压从零升起，升压速度约为 3kV/s，直至击穿。

击穿后要对电极间的油进行充分搅拌，并静置 5min 后再重复试验，取 5 次平均值。

5 试画出绝缘油电气强度试验的原理接线图。

答：绝缘油电气强度试验的原理接线，如图 8-13 所示。

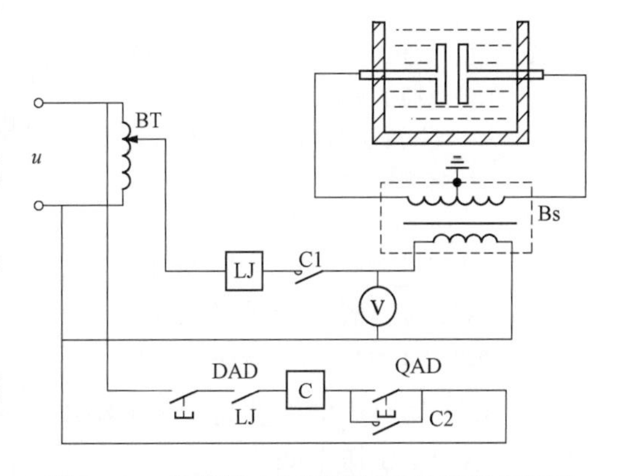

图 8-13 绝缘油电气强度试验的原理接线图

6 简述测量绝缘油介损的意义。

答：绝缘油的 $\tan\delta$ 值是反映油质好坏的重要指标之一。若绝缘油中含有杂质、水分较多，这些杂质、水分中的离子是油的电导和极化损耗的主要载流子，必然导致油的 $\tan\delta$ 值增大。绝缘油老化后，将产生大量的极性分子，也使油的电导和极化损耗加剧。因此，测定油的 $\tan\delta$ 值能够反映油的质量好坏，这对新油或运行中的油都是非常必要的。

7 简述测量油的 $\tan\delta$ 值，为什么规定要在 70～90℃ 的情况下进行？

答：目前判断油质的好坏主要是以高温下测得的 $\tan\delta$ 值为准，因为低温时，好油和坏油的 $\tan\delta$ 值差别不大，只有在高温下，两者才会有明显的差别；又由于好油的 $\tan\delta$ 值随温度升高而增加值较小，而坏油的 $\tan\delta$ 值随温度升高增加很大。所以，规定油的 $\tan\delta$ 值应在常温和高温两种情况下进行测量，以便比较。

8 画出 QS3 型西林电桥测量绝缘油介质损耗 $\tan\delta$ 接线图。

答：QS3 型西林电桥测量绝缘油介质损耗 $\tan\delta$ 接线，如图 8 - 14 所示。

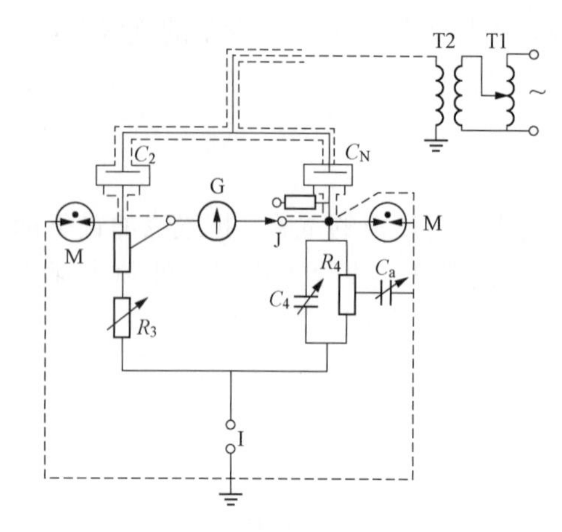

图 8 - 14　QS3 型西林电桥试验接线
T2—试验变压器或高压互感器；
M—气体放电管；T1—调压器；
I—零平衡（找对称）装置；
C_N—高压标准电容器；
G—带有 FY49 型放大器的振动式检流计

9 什么是绝缘油的体积电阻率？

答：绝缘油的体积电阻率是指绝缘油在单位体积内电阻的大小。

10 什么是绝缘油界面的张力？

答：绝缘油界面的张力是指测定绝缘油与不相容的水之界面产生的张力。

11 油中溶解气体分析的全过程包括哪些方面？

答：油中溶解气体分析的全过程包括：取油样、从油中脱出溶解气体、配置标准气样、气体注入色谱仪进行分析以及各组分的定量计算。

12 取样容器的要求是什么？

答：取样容器应尽量满足以下要求：

（1）取样时容器不会残存气泡。

（2）取样时能与大气隔绝。

（3）由于运行中油温度高于环境温度。所以，要求在取样后油温降低，油体积缩小时，容器内部不产生负压空间。

（4）油中气体不会被容器吸附或透过容器壁向外透气以及产生化学变化。

（5）容器透明，但又要便于油样避光保存。

（6）不易损坏，便于保存。

13 采用注射器为取样容器的优点是什么？

答：采用注射器为取样容器，注射器取样芯子可以自由活动，不仅避免取样后因温度变化形成负压，出现气泡。还可以使取样至脱气的整个过程中油样不接触空气。注射器取样的气体分析结果比一般瓶子取样高10％～30％。

14 采取油样时应注意什么？

答：采取油样时应注意：

(1) 油样应能代表设备的本体油，放油阀中的残存油应能尽量排出。

(2) 取样时应尽量避免油中溶解气体逸散和空气混入。

(3) 取样容器和连接管道中的空气要完全排出去。

(4) 抹去放油阀门和连接管道等处的污物，防止油样污染。

(5) 对于可能产生负压的设备，应防止负压进气。

15 画出用注射器取油样的示意图。

答：注射器取油样的示意图，如图8-15所示。

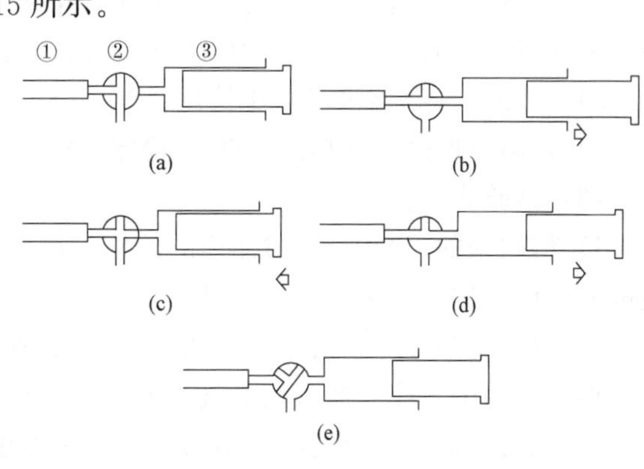

图8-15 注射器取油样示意图

①—连接胶管；②—三通；③—注射器

16 从油中脱出溶解气体的要求是什么？

答：(1) 较完全地从油中脱出气体，或者尽可能脱出必须分析的气体，脱气率应能达到97％～99％。

(2) 脱气装置应气密性好，有较高的真空度。一般要求真空系统的残压不高于0.3mm汞柱，并在两倍脱气所需要的时间内残压无显著上升，即使是不同操作者脱出的气体分析值，亦应有较好的可比性。

(3) 气体从油中脱出后，应尽量防止气体组分有选择地对油回溶。

(4) 脱气后应准确地测出被脱气的油样体积和脱出气体体积，要求体积测量应能精确到两位数字。

(5) 脱气后能完全排出残油和残气，保证无残油、残气对新油污染。

17 目前常用的脱气方法有哪些？

答：常用的脱气方法有：

(1) 薄膜真空脱气法。

(2) 饱和食盐水真空脱气法。

(3) 一次脱气饱和食盐水真空搅拌法。

(4) 多次脱气饱和食盐水真空搅拌法。

(5) 脱里拆利真空法。

（6）机械振荡脱气法。

18 试述采用机械振荡脱气法脱气的过程。

答：振荡脱气试验方法过程如下：

（1）使用仪器。

1）恒温振荡仪；

2）玻璃注射器（100mL 和 5mL 各若干支）；

3）注射针，牙科 5 号；

4）双针头：用牙科针自制，两端开有排气孔；

5）眼药水橡胶小头若干；

6）气压表；

7）温度计；

8）氮气。

（2）准备工作。

1）用称水重量对 100mL 和 50mL 注射器各刻度的体积进行校正。

2）在氮气瓶上装上减压阀和取气口供取氮气用，或在氮气路进色谱仪之前分出一支路，装上取气口，供取气用，如压力太高可装减压阀。

3）100mL 注射器洗净烘干待用。

4）将恒温振荡仪加热到 50℃，稳定 30min，恒温待用。

（3）试验步骤。

1）将取来的 100mL 注射器里的油样，调节到 40mL 刻度封好橡胶小头，注意不得有气泡进入油样，橡胶小头要先注满油。

2）取一支 5mL 注射器套好注射针头，从取气口取氮气洗注射器一、二遍后。取 5.0mL 氮气加入样品中。注意加入的氮气不要聚集在出气小口，加气要缓慢。

3）把装好油样和氮气的注射器放在振荡器里振荡 20min，然后静止 10min。

4）取一支 5mL 注射器吸取样品洗一、二次后，再吸取 0.5mL 左右的样品油，套上橡胶小头。插入双针头。先排出注射器里气泡，再排出油。

5）平衡气的转移。转移动作要迅速，即油样从振荡仪里取出后就近立即转移气体。

6）转移好的平衡气在室温下放置 2min，读出气体体积，记录下气压、体积，室温及大气压力后进行气体色谱分析。

19 绝缘油中溶解气体色谱分析的对象主要是哪几种气体？主要目的是什么？

答：绝缘油中溶解气体分析的对象主要是 O_2、N_2、H_2、CH_4、C_2H_6、C_2H_4、C_2H_2、CO、CO_2等 9 种气体。

主要目的：

O_2—了解脱气程度和密封好坏，严重过热时 O_2有明显减少。

N_2—了解氮气饱和程度。

H_2—了解热源的温度或有没有局部放电。

CH_4—了解热源温度。

C_2H_6—了解热源温度。

C_2H_4—了解热源温度。

C_2H_2—了解有无局部放电或高温热源。

CO—了解固体绝缘有无热分解。

CO_2—了解固体绝缘老化或平均温度是否升高。

20 绝缘油中溶解气体的气相色谱分析里总烃指的是什么？

答：总烃是指甲烷（CH_4）、乙烷（C_2H_6）、乙烯（C_2H_4）、乙炔（C_2H_2）等烃（碳氢化合物）类气体的总和。

21 对色谱仪的要求是什么？

答：对于色谱仪应满足：

（1）色谱柱对所检测组分的分离度应满足定量分析的要求。

（2）仪器的灵敏度应足够高，基线稳定，以满足分析要求。

（3）对油中溶解气体分析的灵敏度应达到对乙炔的最小检知浓度不大于 1ppm，对氢不大于 10ppm。

22 什么是绝对产气率？如何计算？

答：绝对产气率是每个运行小时产生某种气体的平均值。单位为：mL/h。

计算方法用式（8-2）可求得

$$r_a = \frac{C_{i2} - C_{i1}}{\Delta t} \times \frac{G}{d} \tag{8-2}$$

式中 r_a——绝对产气率，mL/h；

C_{i2}——第二次取样测得油中某气体的含量，ppm；

C_{i1}——第一次取样测得油中某气体的含量，ppm；

Δt——二次取样时间间隔的实际运行时间，h；

G——设备总油量，t；

d——油的比重，t/m^3。

23 什么是相对产气率？如何计算？

答：相对产气率是每个月（或折算到每个月）某种气体增加原有值的百分数的平均值。单位为：%/月。

计算方法用式（8-3）可求得：

$$r_r = \frac{C_{i2} - C_{i1}}{C_{i1}} \times \frac{1}{\Delta t} \times 100\% \tag{8-3}$$

式中 r_r——相对产气率，%/月；

C_{i2}——第二次取样测得油中某气体的含量，ppm；

C_{i1}——第一次取样测得油中某气体的含量，ppm；

Δt——二次取样时间间隔的实际运行时间，月。

第四节 电气设备试验

1 测量变压器变比的目的是什么?

答：测量变比的目的：

(1) 检查变压器绕组匝数比的正确性。

(2) 检查分接开关的状况。

(3) 变压器发生故障后，常用测量变比来检查变压器是否存在匝间断路。

(4) 判断变压器是否可以并列运行。

2 测量变压器变比常用的方法有哪些?

答：测量变比常用的方法有：电桥法（变压比电桥）、双电压表法和标准电压互感器法。

3 变压器极性试验的意义是什么?

答：极性试验的目的是检测变压器同一铁芯上的两个绕组的感应电势的相对关系，只有知道了变压器原、副边间的极性关系，才能进行几个绕组间相互组合。

4 变压器极性试验的方法有哪几种?

答：变压器极性试验的方法有直流法和交流法两种。

5 画出直流法测量变压器极性时的原理接线图。

答：直流法测量变压器极性时的原理接线，如图 8-16 所示。

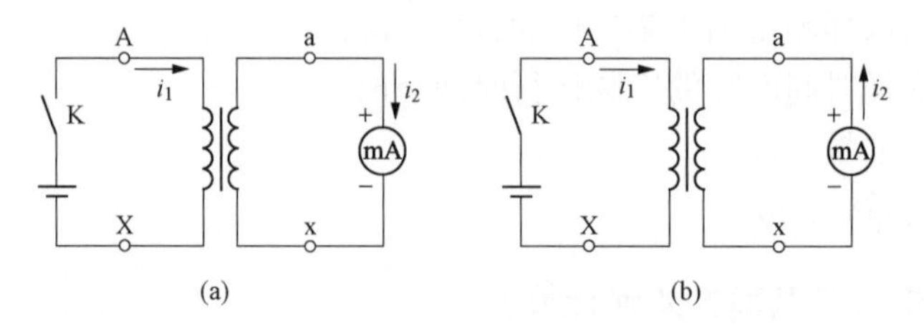

图 8-16 直流法测量变压器极性时的原理接线图

6 试画出双电压表法检查变压器接线组别示意图。

答：双电压表法检查变压器接线组别示意图，如图 8-17 所示。

7 如何用相位表法测量变压器接线组别? 试验时应注意什么?

答：相位表法就是利用相位表可直接测量出高压与低压线电压间的相位角，从而来判定组别，所以又叫直接法。

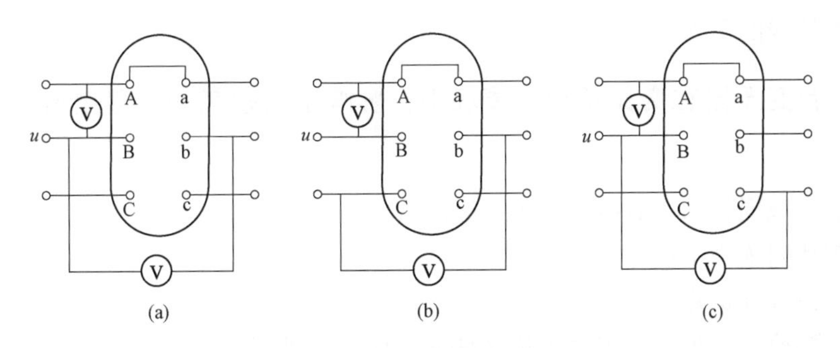

图 8 - 17　双电压表法检查变压器接线组别示意图

测量方法为：

如图 8 - 18 所示，将相位表的电压线圈接于高压，其电流线圈经一可变电阻接入低压的对应端子上。当高压通入三相交流电压时，在低压感应出一个一定相位的电压，由于接的是电阻性负载，所以低压侧电流与电压同相。因此，测得的高压侧电压对低压侧电流的相位就是高压侧电压对低压侧电压的相位。

测量时应注意的事项为：

（1）对单相变压器要供给单相电源，对三相变压器要供给三相电源。

（2）在被试变压器的高压侧供给相位表规定的电压。一般相位表有几档电压量程，变比大的变压器用高电压量程，变比小的用低电压量程。可变电阻的数值要调节适当，即使电流线圈中的电流值不超过额定值，也不得低于额定值的 20%。

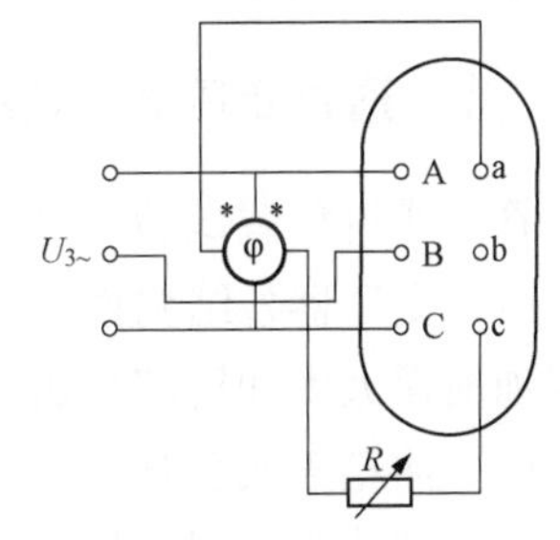

图 8 - 18　用相位表确定接线组别接线图

（3）接线时要注意相位表两线圈的极性，正确接法如图 8 - 18 所示。

（4）必要时，可在试验前，用已知接线组的变压器核对相位表的正确性。

8 什么是变压器的空载试验？试验的目的是什么？

答：变压器的空载试验，就是从变压器任一组线圈施加额定电压，在其他线圈开路的情况下测空载损耗和空载电流。

变压器空载试验的目的主要是测量铁芯中的空载电流和空载损耗，检查其是否符合要求，同时也帮助检查线圈是否存在匝间断路故障、检查铁芯叠片间的绝缘状况，以及穿心螺杆和压板的绝缘情况。

9 影响变压器空载试验测量结果准确度的主要因素有哪些？

答：影响准确度的主要因素有：

（1）试验电压偏离额定值的程度。

（2）试验频率偏离额定范围大小。

（3）正弦波形的畸变率。

（4）测量用表计、互感器的准确等级。

（5）试验接线的引入误差。

10 一台变压器在变比正常的情况下，影响空载损耗和空载电流的原因主要有哪些？

答：影响空载损耗和空载电流的主要原因有：

（1）硅钢片间绝缘不良。

（2）某一部分硅钢片短路。

（3）穿心螺栓或压板、上轭铁等绝缘部分损坏、形成短路。

（4）磁路中硅钢片松动。

（5）铁芯接地不正确。

11 变压器负载损耗中的附加损耗指的是什么？

答：变压器负载损耗中的附加损耗指的是：由漏磁通引起的绕组中的涡流损耗，漏磁穿过绕组压板、铁芯夹件、油箱等所形成的涡流损耗。

12 通过变压器的负载试验，可以发现哪些缺陷？

答：通过负载试验可以发现以下缺陷：

（1）变压器各结构件（如压环、电容环、轭铁梁板等）或油箱箱壁中，由于漏磁通所致的附加损耗太大和局部过热。

（2）油箱盖或套管法兰等损耗过大而发热。

（3）其他附加损耗的增加。

（4）选择的绕组导线是否良好合理。

13 试述进行变压器有载分接开关动作顺序（分离角）试验的目的。

答：动作顺序（分离角）试验的目的是验证有载分接开关是否按正常动作程序进行工作。用垂直轴的转角进行定量的测量，以检查分接选择器及切换开关的先后顺序是否正确；并检查分接选择器刚分、刚合及切换开关动作打响时的角度是否符合出厂要求。以保证有载分接开关能正常工作，变压器能安全可靠地运行。

14 什么是变压器的短路试验？

答：将变压器一侧短路（通常在低压侧短路），从另一侧绕组（分接头在额定电压位置上）加入额定频率的交流电压，使变压器绕组内的电流为额定值，测量所加电压和功率。这一试验就称为变压器短路试验。

15 短路试验的目的是什么？

答：变压器短路试验的目的是测量短路损耗和阻抗电压，确定变压器的并列运行条件；计算变压器的效率、热稳定和动稳定；计算变压器二次侧电压变动率以及确定变压器温升等。

16 变压器空载试验电源的容量一般是怎样考虑的?

答：为了保证电源波形失真度不超过5%，试品的空载容量应在电源容量的50%以下，采用调压器加压试验时，空载容量应小于50%调压器容量；采用发电机组试验时，空载容量应小于25%发电机容量。

17 画出直接法进行三相变压器负载试验的原理接线图。

答：直接法进行三相变压器负载试验的原理接线如图8-19所示。

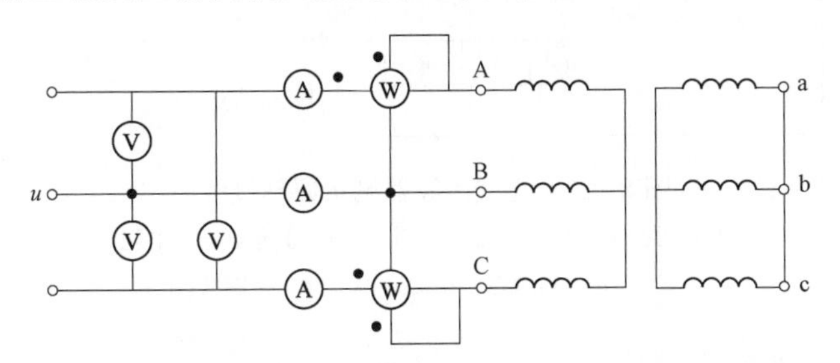

图8-19　直接法进行三相变压器负载试验的原理接线图

18 影响变压器空载试验测量结果准确度的主要因素有哪些?

答：影响准确度的主要因素有：

(1) 试验电压偏离额定值的程度。

(2) 试验频率偏离额定范围大小。

(3) 正弦波形的畸变率。

(4) 测量用表计，互感器的准确等级。

(5) 试验接线的引入误差。

19 一台变压器在变比正常的情况下，影响空载损耗和空载电流的原因主要有哪些?

答：影响空载损耗和空载电流的主要原因有：

(1) 硅钢片间绝缘不良。

(2) 某一部分硅钢片短路。

(3) 穿心螺栓或压板，上轭铁等绝缘部分损坏，形成短路。

(4) 磁路中硅钢片松动。

(5) 铁芯接地不正确。

20 断路器机械特性试验有哪些?

答：断路器机械特性试验包括机械操作试验和运动特性试验。机械操作试验包括分、合闸时间；分、合闸同期性及操作机构特性试验。运动特性试验包括分、合闸速度；主辅触头的动作程序及配合时间。

21 画出使用光线示波器测量断路器分、合闸时间及同期性原理接线图。

答：光线示波器测量断路器分、合闸时间及同期性原理接线，如图 8-20 所示。

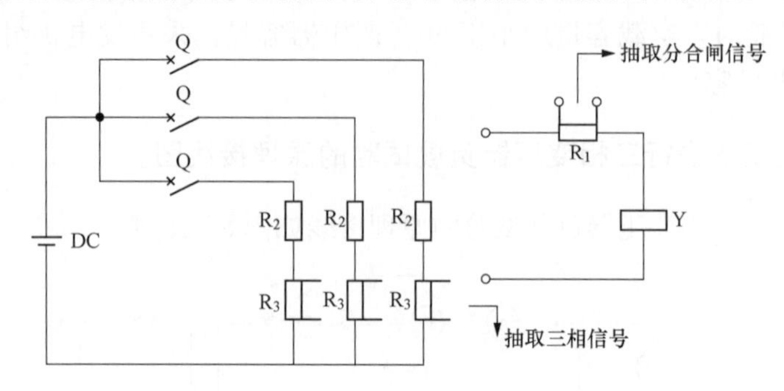

图 8-20 光线示波器测量原理接线图

Q—断路器；R_1—分流器电阻；R_2—分流器限流电阻；

R_3—电阻箱及振子电阻；Y—分、合闸线圈

22 什么是断路器的固有分闸时间？

答：断路器的固有分闸时间是由发布分闸指令（指分闸回路的电路接通）起到灭弧触头刚分离的一段时间。

23 什么是断路器的合闸时间？

答：断路器的合闸时间是由发布合闸命令（合闸回路接通）起到最后一相的主灭弧触头刚接触位置的一段时间。

24 什么是断路器的刚分速度？

答：断路器的刚分速度是指其动、静触头刚分后 10ms 内的平均速度，并以其作为刚分点的瞬时速度。

25 什么是断路器的刚合速度？

答：断路器的刚合速度是以刚合前 10ms 内的平均速度作为刚合点的瞬时速度。

26 断路器电磁振荡器测速的原理是什么？

答：电磁振荡器测速原理为：当振荡电磁铁线圈中通如 50Hz 交流电时，振动笔以 100 次/s 的频率振动，在运动纸板上绘出周期为 0.01s 的振荡波形。纸板上波形长度就是触头总行程；行程间对应的周波数，就是触头总运动时间。在触头运动过程中，由于每一对波峰间的时间间隔为 0.01s，振动曲线最大波峰间的厘米数就是触头的最大速度值。触头的刚分、刚合速度是刚分、刚合点处测得的平均速度（m/s），可按式（8-4）计算，即

$$v=\frac{l_1+l_2}{2} \tag{8-4}$$

式中：l_1、l_2 分别为触头刚分或刚合位置前后的正向和负向波峰间的距离，cm。

27 为什么要测定 SF_6 气体断路器的漏气量？

答：SF_6 断路器如果发生漏气现象，空气中的水分子将不可避免地进入设备的内部。使设备内部含水量升高，在电弧高温下，SF_6 和水分子将发生化学反应，生成强酸和一些剧毒物质。强酸对设备具有一定的腐蚀作用，剧毒物质漏出对大气环境造成污染；另一方面，渗入设备的水分在低温下容易结露附着在绝缘件表面，引起绝缘表面沿面放电。此外，SF_6 断路器还应保持一定的气体压力才能正常工作。因此，要求 SF_6 断路器必须密封性很好，进行漏气测量是必要的。

28 发电机绝缘试验项目有哪些？

答：发电机绝缘试验项目有：

（1）测量定子线圈和转子线圈的绝缘电阻。

（2）定子线圈和转子线圈的交流耐压试验。

（3）定子线圈的直流耐压试验及测定泄漏电流。

（4）启动过程中转子回路的绝缘测量。

（5）录制发电机三相短路特性曲线。

（6）录制发电机空载特性曲线和励磁机的负荷特性曲线，并对定子线圈进行层间耐压试验。

（7）转子接地点及匝间短路的测定。

29 测量发电机绝缘电阻的目的是什么？测试中应注意什么？

答：测量发电机定子绕组绝缘电阻的目的主要是判断绝缘状况，它能够发现绝缘严重受潮、脏污和贯穿性的绝缘缺陷。

测试时要注意以下问题：

（1）正确选用兆欧表额定电压。兆欧表的额定电压是根据发电机电压等级选取的，兆欧表电压过高会使设备绝缘击穿，造成不必要的损坏。

（2）试验时被试相接 L 端子，非被试相短接接地，再接 E 端子，屏蔽接 G 端子。

（3）测试前后都应充分放电，以保证测试数据的准确性。

30 水内冷发电机在通水与不通水两种情况下，进行直流耐压试验各有何优缺点？

答：在不通水的情况下，所需试验设备简单，容量较小，但必须将引水管中的水彻底吹干，否则会增大测量误差，并且还可能使绝缘引水管因放电而烧伤。

在通水情况下进行试验，所需试验设备容量增大，并且回路中的时间常数显著下降，必须采取电容滤波等措施，以满足直流脉动系数小于 5%，以使微安表指针不抖动的要求，因而设备较复杂。

31 试画出在通水情况下，测量水内冷发电机定子绕组对地绝缘电阻的等效电路图，并说明通水时，必须用水内冷电机绝缘测试仪而不用普通兆欧表的理由。

答：在通水情况下，测量水内冷发电机定子绕组对地绝缘电阻的等效电路如图 8 - 21

所示。

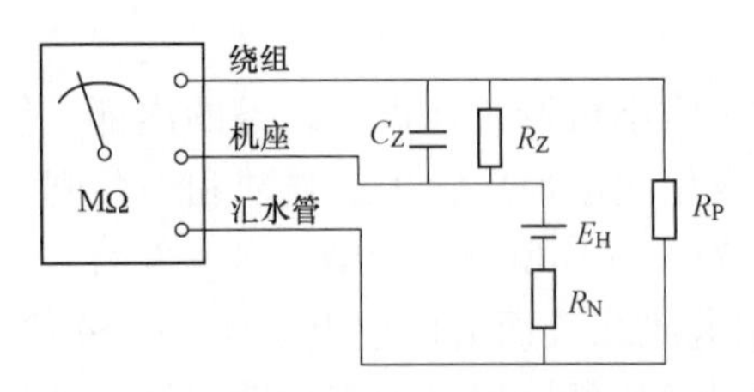

图 8-21　测量水内冷发电机定子绕组对地绝缘电阻的等效电路图

MΩ—水内冷发电机绝缘测试仪；
C_Z—绕组对地等值电容；
R_Z—绕组对地绝缘电阻；
R_P—绕组与进水汇水管之间的电阻；
R_N—汇水管等效对地电阻；
E_H—汇水管与外界水管间的极化电势

因为在通水情况下，R 很小，要求兆欧表输出功率大，用普通兆欧表，一是要过载，同时兆欧表输出电压降低太多，会引起很大测量误差，只有在绕组内部彻底吹水后，方可使用普通兆欧表。另外，在通水情况下，汇水管与外接水管之间将产生一极化电势，不采取补偿措施将不能消除该电势和汇水管与地之间的电流对测量结果的影响，专用兆欧表不但功率大，同时有补偿回路，适用于在通水情况下，测试水内冷电机的绝缘电阻。

32　画出水内冷发电机定子绕组采用低压屏蔽法进行直流耐压试验原理接线图。

答：水内冷发电机定子绕组采用低压屏蔽法进行直流耐压试验原理接线，如图 8-22 所示。

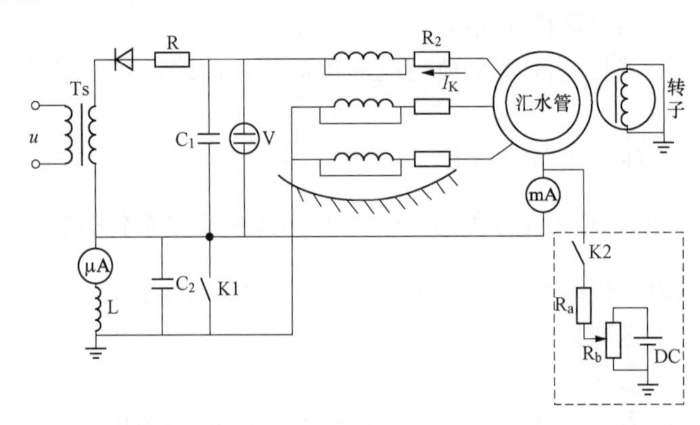

图 8-22　水内冷发电机定子绕组采用低压屏蔽法进行直流耐压试验原理接线图

C_1—稳压电容；C_2—抑制交流分量的电容；L—抑制交流分量的电感；
R_a、R_b—100kΩ 固定电阻和 500kΩ 电位器；DC—1.5V 干电池；
R_2—水电阻；V—静电电压表

33　进行高压水内冷发电机直流试验时，低压屏蔽法接线（见图 8-22）中各特殊元件的作用是什么？

答：由于绕组内通水，加压后泄漏电流势必增大，这样将导致高压半波整流波形脉动系数增大，因此就需要采取并联电容 C_1 来起稳压作用（当然还可以利用其他降低波形脉动系数的措施），R 是限流电阻，用来保护高压硅堆不过流，C_2 和 L 是抑制交流分量的电容和电感，虚线内的元件是用来补偿由于水在直流电源作用下产生的极化电势。

34　如何判断直流泄漏电流是否正常？

答：在规定的试验电压下，测得的泄漏电流值应符合下列规定时为正常：

(1) 各相泄漏电流的差别不应大于最小值的 100%（交接时为 50%）；最大泄漏电流值小于 20μA 时，相间差值与历次测试结果比较，不应有显著的变化。

(2) 泄漏电流不应随时间的延长而增大。

(3) 泄漏电流随电压不成比例地显著增长。

(4) 任一级试验电压稳定时，泄漏电流的指示不应有剧烈摆动。

35 画出发电机定子交流耐压试验接线原理图。简述正确的试验步骤。

答：发电机定子交流耐压试验接线原理图，如图 8－23 所示。

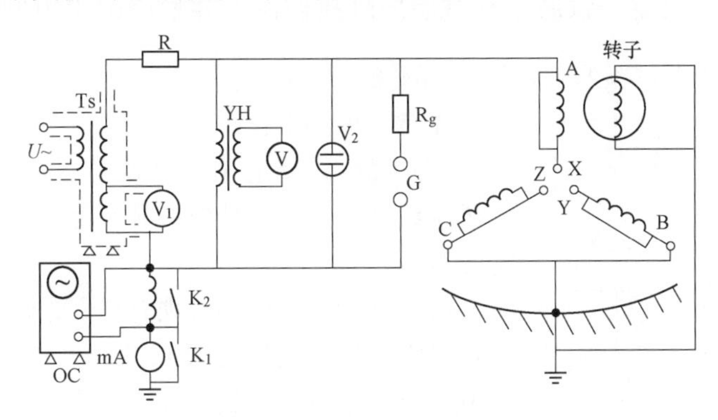

图 8－23 发电机定子绕组交流耐压试验接线

V_1—试验变压器高压线圈抽压测量电压表；V_2—静电电压表；YH—测量用电压互感器；

OC—观察局部放电用示波器；L—电感，0.1 亨；K_1、K_2—短路开关

试验步骤如下：

(1) 交流耐压试验前，首先应用兆欧表检查发电机定子绕组的绝缘电阻，如有严重受潮或严重缺陷，需经消除后方可进行交流耐压试验。并应保证所有试验设备仪表仪器，接线正确指示准确。

(2) 一切设备仪表接好后，在空载条件下调整保护间隙，其放电电压为试验电压的 110%～120%范围内，并调整电压在高于试验电压 5%下维持 2min 后将电压降至零位，拉开电源。

(3) 经过限流电阻在高压侧短路，调试过流保护跳闸的可靠性。

(4) 电压及电流保护调试检查无误，各种仪表接线正确后，即可将高压引线接到被试发电机绕组上进行试验。

36 如何判断发电机定子绝缘在交流耐压试验时绝缘击穿？

答：如果出现以下情况可以认为绝缘可能击穿或已经击穿：

(1) 电压表指针摆动很大。

(2) 毫安表的指示急剧增加。

(3) 发现有绝缘烧焦气味或冒烟。

(4) 被试发电机内部有放电响声。

(5) 过流跳闸等。

37 发电机定子铁芯损耗试验的目的是什么？

答：发电机定子铁芯是由硅钢片叠合组装而成。由于制造和检修可能存在的质量不良，或在运行中由于热和机械力的作用，引起片间绝缘损坏，造成短路。在短路区域形成局部过热，威胁机组的安全运行。所以发电机在交接时或运行中，对铁芯绝缘有怀疑时，或铁芯全部与局部修理后，需进行定子铁芯的铁损试验，以测定铁芯单位重量的损耗，测量铁轭和齿的温度，检查各部温升是否超过规定值，从而综合判断铁芯片间的绝缘是否良好。

38 画出发电机定子铁芯损耗试验原理接线图，并说明试验中的注意事项。

答：定子铁芯损耗试验原理接线，如图 8-24 所示。

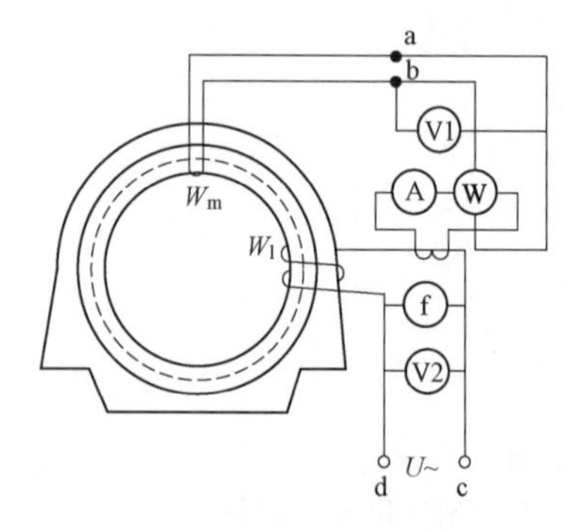

图 8-24 发电机定子铁芯损耗试验原理接线图

ab—测量线圈端；cd—励磁线圈端

注意事项如下：

（1）励磁线圈应用绝缘导线绕制。导线与定子铁芯、定子绕组及机壳凸棱处应垫具有足够强度的绝缘材料（如绝缘纸板）。

（2）试验过程中如发现有局部过热点，但温差又不显著，可将磁通密度提高到 12000～14000T，也即适当提高试验电压。这样，既能缩短试验时间，又能找出缺陷部位。

（3）试验中检查定子膛内各部温度时，应穿绝缘鞋，不得用双手同时直接触摸铁芯，以防触电。膛内不得存放金属物件。

（4）测量应用酒精温度计、半导体点温计或采用红外测温、红外成像，严禁用水银温度计。放置温度计时，应使其测温端处于最低位置并紧贴被测点，测点处应用石棉绒或石棉泥保温。测量过程中用定子铁芯各点埋入的电阻温度计监视温度。

（5）试验中若发现铁芯（包括埋入电阻元件的测量值）任何一处温度超过规定值（一般为 105℃），或个别地方发热厉害，甚至冒烟或发红时，应立即停止试验。

39 为什么发电机转子处于膛外时其交流阻抗和功率损耗比转子处于膛内时要小？

答：这是由于转子处于膛外时，其交流阻抗仅取决于转子铁芯和绕组的几何尺寸。在某一试验电压下，其功率损耗仅包括转子本体铁损和绕组铜损，没有定子铁芯产生的附加磁场对转子绕组的影响，也没有定子铁损和绕组铜损的影响。所以，此时的交流阻抗和功率损耗较膛内时小。

40 为什么发电机转子绕组交流阻抗随电压上升而增加？

答：发电机转子绕组是一个具有铁芯的电感线圈，其等效电阻较小，电抗占主要部分。由铁芯的磁化曲线可知，当电源频率一定时，其磁通密度随磁场强度上升而增加，在测量转子绕组的交流阻抗时，转子电流将随电压上升而增大，并使磁场强度增高。因此，使绕组相互匝链的磁通增多，电抗值上升。所以，转子绕组的交流阻抗随电压上升而增加。

41 发电机转子的试验项目有哪些？

答：(1) 转子绕组的绝缘电阻。

(2) 转子绕组的直流电组。

(3) 转子绕组的交流耐压试验。

(4) 转子绕组的交流阻抗及功率损耗试验。

42 发电机转子匝间短路有哪几种形式？

答：发电机匝间短路的形式有：

(1) 稳定性匝间短路。发电机在转动或静止时都存在永久性匝间短路。对静止状态下存在的短路又称为静态匝间短路。

(2) 不稳定性匝间短路。发电机仅在运转时绕组受到机械力作用或在一定温度下产生的不稳定性匝间短路。对于运转中发现的匝间短路，又称为动态匝间短路。

43 发电机转子接地有哪几种形式？

答：转子绕组的接地故障，按其接地的稳定性，可分为稳定和不稳定接地；按其接地的电阻值，可分为低阻接地（金属性接地）和高阻接地（非金属性接地）。

稳定接地是指转子绕组的接地与转速、温度等因素均无关。

不稳定接地，可分为下列几种情况：

(1) 高转速时接地。当发电机的转子静止或低速旋转时，转子绕组的绝缘电阻值正常。但是，随着转速升高，其绝缘电阻值降低，当达到一定的转速时，绝缘电阻值下降至零（或接近于零）。这种情况，大多数是由于在离心力的作用下，线圈被压向槽楔底面和护环内侧，致使有绝缘缺陷的线圈接地所造成的。一般这类接地点，多数发生在槽楔和两侧护环下的上层线匝上。

(2) 低转速时接地。当发电机的转子静止或低速旋转时，转子绕组的绝缘电阻值为零（或接近于零）。但是，随着转速上升，其绝缘电阻值有所增高，当达到一定的转速时，绝缘电阻上升到正常数值。这种情况，大多数是由于在离心力的作用下，线圈离开槽底向槽面压缩，致使接地点消失。一般这类接地点，多数发生在槽部的下层或槽底的线匝上。

(3) 高温时接地。当发电机转子绕组的温度较低时，其绝缘电阻值正常。但是，随着温度升高，其绝缘电阻值降低。当达到一定的温度时，绝缘电阻值下降至零（或接近于零）。这种情况，大多数是由于转子绕组随着温度上升而增长（膨胀），当增长到一定的数值时，便发生了接地。一般这类接地点，多数发生在转子两侧的端部。

(4) 与转速和温度均有关的接地。当转子绕组的接地，与离心力和受热增长同时有关。则这种接地必须在一定转速和温度的综合作用下，才能发生。

44 如何用直流大电流法确定转子接地的轴向位置？

答：测试前首先要将高阻接地降至低电阻接地，然后按图 8-25 所示接线，确定转子接地点轴向位置。

在转子本体两端轴 2 上通入较大的直流，电流越大，其灵敏度越高。一般情况，发电机

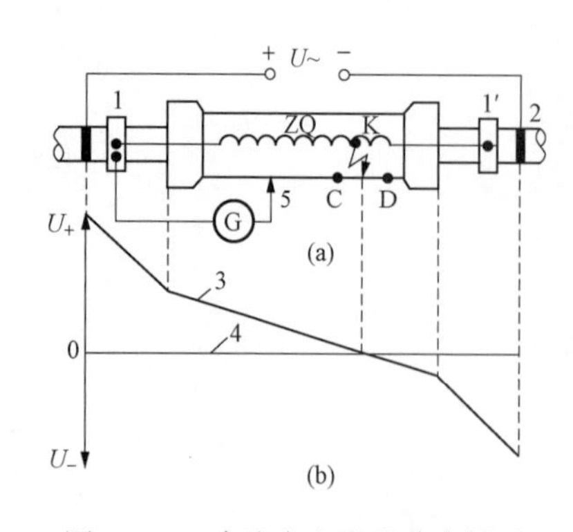

图 8-25 直流大电流法确定转子接地的轴向位置接线图

（a）试验接线；（b）电位分布

转子需通入 300～1000A 的电流，具体大小，根据试验情况选择。此时，沿转子轴长度的电位分布，将如图 8-25 中曲线 3 所示，而与转子轴绝缘的滑环（1、1′）和绕组 ZQ，其电位与接地点的电位相同，如图 8-25 中的直线 4 所示。所以，在测量时只需将检流计 G 的一端接滑环 1，另一端接探针 5，并将探针沿转子本体轴向移动，监视着检流计的指示，当移动到检流计的指示值为零（或接近于零）时，该处即为绕组接地点 K 所在断面的轴向位置。

具体测量时应注意，由于所加的电流值，检流计灵敏度以及接地电阻值的不同会出现不同的零值区。另外，测试时要注意磁场的干扰。

45 画出转子功率表向量投影法的试验接线图。

答：转子功率表向量投影法的试验接线，如图 8-26 所示。

46 造成转子绕组匝间短路的原因有哪些？

答：造成转子绕组匝间短路的原因有：

（1）结构设计不良。有些转子绕组只用云母板制成的衬垫作匝间绝缘，端部铜线的侧面裸露着，灰尘和油垢落在上面时，会引起匝间短路。

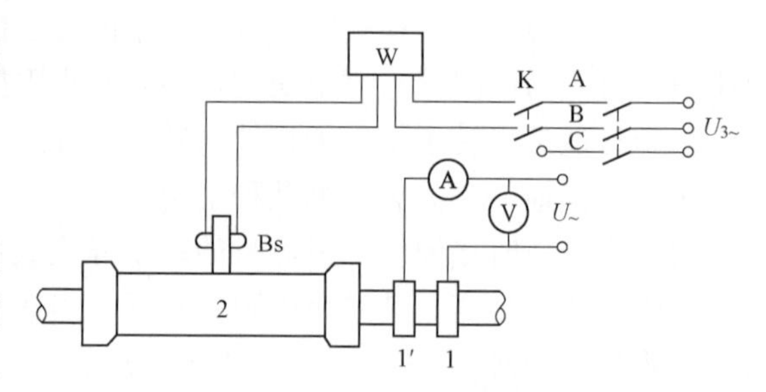

图 8-26 转子功率表向量投影法的试验接线图

（2）加工工艺不良。转子铁芯槽口加工不好，有毛刺和棱角存在，绕组易在下线时损坏，导线表面有毛刺，受到离心力的作用也会损坏绝缘，造成匝间短路。

（3）运行中受热和机械应力的作用，使绝缘受损或绕组变形，少数空冷或氢冷机组因启动方式不当，使绕组位移造成匝间短路。

（4）运行年久，绝缘老化。

47 画出测量转子交流阻抗和功率损耗接线图。

答：测量转子交流阻抗和功率损耗接线，如图 8-27 所示。

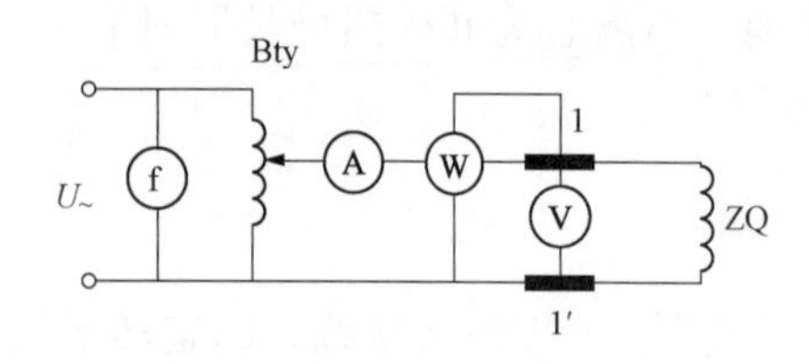

图 8-27 测量转子交流阻抗和功率损耗接线

48 测量交流阻抗和功率损耗应注意什么？

答：测量交流阻抗和功率损耗应注意：

（1）为了避免相电压中含有谐波分量的影响，应采用线电压测量，并应同时测量电源频率。

（2）试验电压不能超过转子绕组的额定电压。在滑环上施加电压时，要将励磁回路断开。

（3）由于在定子膛内测量其阻抗时，定子绕组上有感应电压，故应将其绕组与外电路断开。

（4）对于转子绕组存在一点接地，或对水内冷转子绕组作阻抗测量时，变压器加压，并在转子轴上加装接地线，以保证测量的安全。

49 影响发电机转子绕组交流阻抗和功率损耗的因素有哪些？

答：影响发电机转子绕组交流阻抗和功率损耗的因素主要有：

（1）转子处于发电机膛内、膛外。

（2）定子和转子间的气隙大小。

（3）转子的静、动态。

（4）转子匝间短路及短路状态。

（5）试验电压高低。

（6）是否安装槽楔和护环。

（7）转子本体剩磁。

50 为什么当发电机转子本体装上槽楔后，交流阻抗值比未装前有所下降？

答：因为装上槽楔后，转子线槽被槽楔填充，增大了转子表面的涡流去磁效应，即增强了阻尼作用，所以使交流阻抗下降。

51 什么是相序？什么是相位？

答：在三相电力系统中，各相的电压或电流依其先后顺序分别达到最大值（如以正半波幅值为准）的次序，称为相序。

三相电压（或电流）在同一时间所处的位置，就是相位，通常对称平衡的三相电压（或电流）的相位互差120°。

52 什么是正相序？什么是负相序？

答：在三相电力系统中，规定以“A、B、C”标记区别三相的相序。当它们分别达到最大值的次序为A、B、C时，称为正相序。如次序是A、C、B，则称为负相序。相应的向量图，如图8-28所示，图中 $\dot{U}_{AB}=\dot{U}_{A}-\dot{U}_{B}$ 表示线电压和相电压间的向量关系，其余依此类推。

53 测量相序相位的意义是什么？

答：在电力系统中，发电机、变压器等的相序和相位是否一致，直接关系到它们能否并列运行。同时，正、负相序的电源还直接影响到电动机的转动方向。所以，在三相电力系统中，常常需要测量设备的相序和相位，以确定其运行方式。

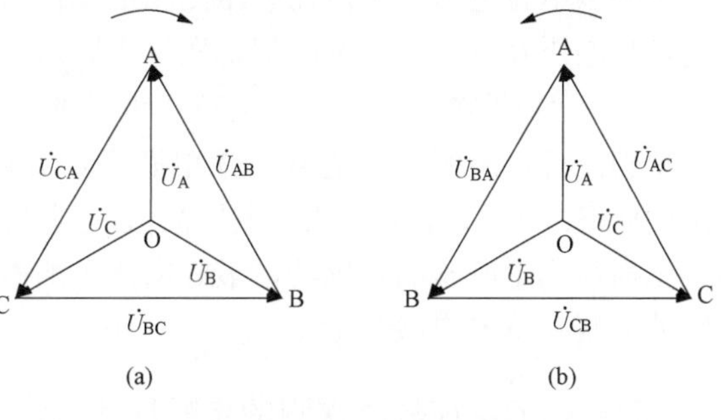

图8-28　正、负相序向量图

（a）正相序；（b）负相序

54 如何测量相序？

答：测量相序时，对于380V及以下的系统，可采用量程合适的相序表直接测量；对于高压系统，应用电压互感器在低压侧进行测量。

55 常用的相序表有哪几种？

答：常用的相序表有旋转式和指示灯式两种。

56 画出用单相电压互感器测定高压相位示意图，并说明注意事项。

答：用单相电压互感器测定高压相位，如图8-29所示。

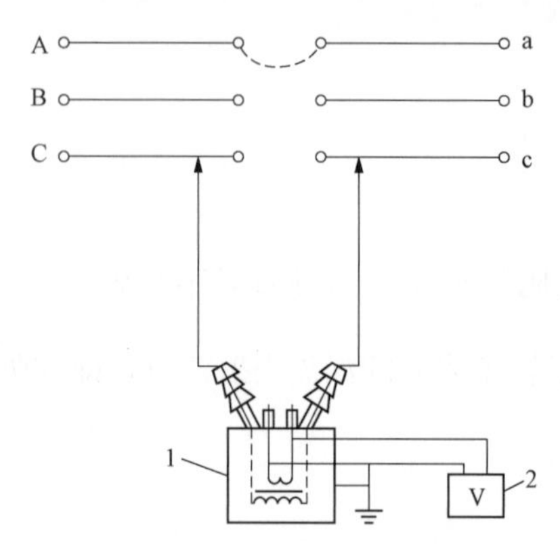

图8-29　用单相电压互感器测定高压相位示意图

1—单相电压互感器；2—电压表

用单相电压互感器直接在高压侧测定相位时，其接线如图8-29所示。在高压侧依次测量A_a、A_b、A_c，B_a、B_b、B_c，C_a，C_b和C_c间的电压，根据测量结果，电压接近或等于零者，为同相；约为线电压者为异相。

测量时，必须注意以下事项：

（1）用绝缘棒将电压互感器的高压端引接至被测的高压线端头，此时应特别注意人身和设备的安全。

（2）所采用的电压互感器，事前应经与被测设备同等绝缘水平的耐压试验。

（3）电压互感器的外壳和二次侧的一端连接并接地。

（4）绝缘棒应符合安全工具的使用规定，引线间及对地间应具有足够的安全距离。

（5）电压互感器的低压侧接入交流电压表0.5级。

（6）操作和读表人员应站在绝缘垫上，所处的位置应有足够的安全距离，并在负责人的指挥和监护下工作。

57 在没有直接电联系的系统如何定相？

答：在没有直接电联系（如两台需并列运行的变压器，或变电站需并入系统等）的系统中，用外接单相电压互感器在高压侧测定相位时，为了避免测量中由于被测设备对地电容的容抗，与电压互感器的电抗匹配，发生串联谐振造成事故。测量前应将某一对应端头（如A和a，A为运行系统的A相，a为待定设备的a相）连接起来，如图8-29中虚线所示（此时要特别注意，验明两系统确实无电联系，方可连接）。然后将两系统送电，再进行测量，依次读取B_b、B_c、C_b和C_c四个电压数值。判断相位的方法同上。为了避免对应端接错出现高电压损坏测量电压的互感器，最好用比被测电压高一级的电压互感器或用两个与被测电压同级的电压互感器串联测量。

58 电力电缆故障探测的步骤是什么？

答：电力电缆探测的步骤是：判明电缆故障性质、选择相应的办法进行粗测、精确测定故障点。

59 电缆的故障性质可分为哪几类？

答：电缆的故障性质可分为以下几类：

（1）低电阻接地故障。

（2）高电阻接地故障。

（3）完全断线故障。

（4）不完全断线故障。

（5）完全断线并接地故障。

（6）不完全断相并接地故障。

（7）闪络性故障。

60 如何判断电缆故障的性质？

答：电缆有问题后，可采用以下办法判断电缆的故障性质：

（1）用兆欧表测量每相对地绝缘电阻，如绝缘电阻指示为零，可用万用表或电桥进行测量，以判断是高阻接地还是低阻接地。

（2）测量两相之间的绝缘电阻。

（3）将另一端三相短路，测量其线芯直流电阻。

61 不同的电缆故障，粗测的方法有哪些？

答：对于低阻接地故障有直流电桥法、低压脉冲反射法等；高电阻接地的测试方法有高压闪络法中的冲闪法，也可以用高压电桥测量；完全断线、完全断线接地故障采用低压脉冲反射法；不完全断线故障可以采用低压脉冲反射法；不完全断线并接地故障可以采用低压脉冲反射法或根据接地电阻的高、低，采用高压冲闪法和低压脉冲反射法；闪络性故障采用高压闪络法中的直闪法和冲闪法。

62 低压脉冲测量法可以测量哪些电缆故障？

答：低压脉冲测量法可以测量电缆中出现的开路故障、相间或相对地低阻故障，也可以测量电缆全长和显示电缆中间接头的位置。

63 电缆故障精确定点的方法有哪些？

答：电缆故障精确定点的方法有声测法、感应法、探针法和电流方向法等。

64 声测法定点的原理是什么？

答：声测法的原理就是利用放电的机械效应，即电容器储存的能量在故障点以声能形式耗散的现象，在地表面用声波接收器探头拾取震波，根据震波强弱判定故障点。

65 如何用直流冲击法将高电阻接地烧穿成低电阻接地？

答：对于电缆低电阻接地故障，可以很方便地用低压脉冲法测出其接地的位置；还有，对于电缆严重受潮故障，如果不将其烧成低阻接地，由于放电声音非常低，无法精确定点。在实际工作中，可以采用如图 8-30 所示的接线。该接线与直流耐压相同，称为直流烧穿法。直流烧穿法可避免无功电流，仅供给流经故障点的有功电流，从而大大减小试验设备的体积，适于现场应用。烧穿开始时，在几万伏电压下保持几毫安至几十毫安电流，使故障电阻逐渐下降。此后，随着故障电阻的下降，逐渐缩小放电间隙的距离，增大放电电流，降低放电电压，使在几百伏电压下保持几安电流。在整个烧穿过程中电流应力求平稳，缓缓增大，放电间隙逐渐缩小到 0.1mm 内。烧穿时要注意的是试验设备的容量要足够大，否则易损坏。

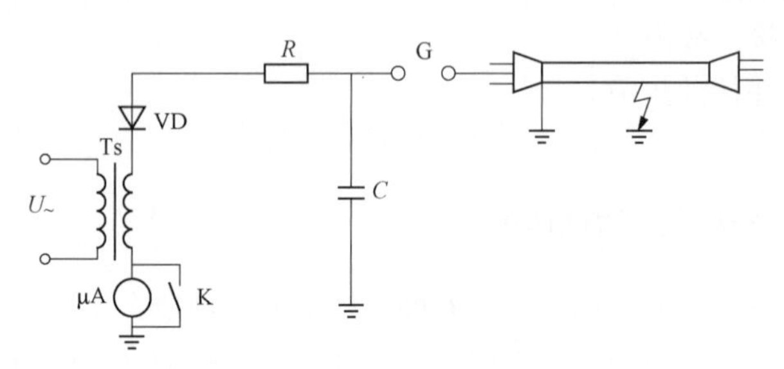

图 8-30 直流烧穿法原理接线图

66 采用声测法确定电缆的故障点应注意什么?

答：(1) 在用冲击放电声定点时（包括测距），应特别注意电缆的耐压等级。一般情况下，冲击电压的幅度不应超过正常运行电压的 3.5 倍。

(2) 在定点遇到困难时，如周围环境特别吵闹、故障点的放电声音无法确定等时，定点人员要冷静，多想一些办法。

第九章

电气试验高级工

第一节 过电压及绝缘配合

1 什么是过电压?

答：在电网的实际运行中，由于雷电的作用，系统的操作、设备的故障或参数配合不当等各种原因，电网的某一部分可能短时间出现异常的电压升高，这种异常电压的幅值超过了电气设备所允许的最高工作电压，因此称此种电压升高为“过电压”。

2 电力系统过电压分为哪几类?

答：电力系统过电压一般分为雷电过电压和内部过电压两大类。

雷电过电压分为直击雷过电压、感应雷过电压。

内部过电压分为工频过电压、谐振过电压、操作过电压。

工频过电压长线路空载、不对称接地故障、甩负荷时感性负荷变为容性负荷三种情况过电压。

谐振过电压有铁磁谐振过电压、参数谐振过电压、有串联补偿线路中的铁谐振过电压、有并联电抗器线路中的非全相合闸下的谐振过电压及线性谐振过电压五种。

操作过电压分为操作电容器组过电压、操作空载线路过电压、操作电感负荷过电压、弧光接地过电压四种。

3 什么是直击雷过电压? 什么是感应雷过电压?

答：雷直击于电气设备或线路引起的过电压称为直击雷过电压。

雷电虽然没有直击设备或线路，而是击在设备或线路附近的地面，通过电磁感应，在电气设备或线路上产生的过电压，称为感应雷过电压。

4 什么是操作过电压?

答：在电力系统中进行正常或事故操作时，或者仅仅发生故障时，断路器跳闸，将使电网由正常运行状态过渡到另外一种运行状态，其间由于电磁能量的转换，要产生一个振荡衰减的电压过渡过程。这个振荡衰减的暂态电压叠加在工频稳态电压上，即产生幅值较高的过电压，这种过电压是由操作而产生的，称为操作过电压。

5 谐振过电压是怎样产生的？

答：电力系统包括许多电感、电容元件（例如变压器、互感器、发电机等电感，输电线路的对地及相间电容以及各种高压设备的电容），它们的组合可以构成一系列不同自振频率的震荡回路。因此，在开关操作或发生故障时，电力系统的某些震荡回路可能与外加电源产生谐振现象，导致在系统中的某些部分（或元件）上出现严重的谐振过电压。

6 操作过电压的防护措施有哪些？

答：操作过电压的防护措施主要有：在选择电气设备时，应使设备的绝缘水平高于操作过电压；高压和超高压电网的断路器加装并联电阻；电网中加装并联电抗器；采用性能良好的氧化锌避雷器等。

7 避雷针和避雷线的作用是什么？

答：避雷针和避雷线是防护直击雷危害的有效措施。它们的作用是将雷电吸引到金属针（线）上来，使雷电流安全导入大地，从而保护了附近的建筑和设备免受雷击。

8 避雷针是怎样构成的？

答：为了有效地担负起引雷和泄雷的任务，避雷针包括三部分：接闪器（避雷针的针头）、接地引下线和接地体（接地电极）。独立避雷针还需要支持物，它可以是混凝土杆由角钢或圆钢焊接而成。

接闪器可用一直径为10～12mm，长为1～2m的钢棒，无需分叉，镀以银层或锌层；接地引下线应保证雷电流通过时不致熔化，用ϕ6mm的圆钢或截面不小于25mm^{2}的镀锌绞线，也可以利用钢筋混凝土杆的钢筋或钢支架的本身作为引下线。引下线与接闪器及接地电极之间，以及引下线本身的接头，都要可靠连接。

9 避雷线防雷保护是怎样组成的？主要用途是什么？

答：避雷线保护是由悬挂在空中的接地导线（接闪器）、接地引下线和接地体（接地极）组成。

避雷线的主要用途是用来保护线路。

10 30m以下单只避雷针的保护范围如何确定？

答：如果避雷针的高度为h时，避雷针的保护半径$r=1.5$h；在被保护物高度h_x的水平面上，保护半径r_x，可用式（9-1）和式（9-2）表示，即

$$\text{当 } h_x \geqslant \frac{h}{2} \text{ 时}, r_x = h - h_x \quad (9-1)$$

$$\text{当 } h_x \leqslant \frac{h}{2} \text{ 时}, r_x = 1.5h - 2h_x \quad (9-2)$$

11 避雷器的基本要求是什么？

答：(1) 在超过避雷器间隙放电电压的过电压作用下（例如，在超过避雷器冲击放电电

压的雷电过电压作用下），避雷器动作，间隙击穿放电，将过电压限制到一定数值，以保护电气设备。

（2）间隙击穿瞬间，流经避雷器的电流取决于所作用的过电压（在雷电过电压时，由通过避雷器的雷电流决定），该电流在避雷器阀片上的压降称为避雷器的残压。作用在被保护设备绝缘的过电压值由避雷器的残压决定。因此，要求避雷器的残压足够低，以保证残压对设备绝缘无害。

（3）过电压消失后，在电网工频电压作用下，紧接着流过避雷器的电流称为工频续流。避雷器应当迅速可靠地将续流截断，使电弧熄灭，电网恢复正常运行。否则，由电弧急剧燃烧所产生的能量可能使避雷器爆炸。

12 我国阀式避雷器分为哪几种？

答：我国目前的阀型避雷器主要分为普通阀式避雷器和磁吹阀式避雷器两大类。普通阀式避雷器包括配电用 FS 系列和电站用 FZ 系列两个系列产品；磁吹避雷器则有保护旋转电机的 FCD 系列和电站用 FCZ 系列两种系列产品。

13 金属氧化锌避雷器的结构特点是什么？

答：金属氧化锌避雷器主要由氧化锌非线性电阻片构成。它具有良好的非线性伏安特性。在过电压作用下，当大电流通过时，它呈现低电阻，从而限制了避雷器的残压；而在正常工频电压下，它呈现高电阻，阻止了通过避雷器的工频电流。由于其保护水平不再受间隙放电特性的限制，仅取决于过电压作用时的 $U—I$ 特性，而这些特性与常规碳化硅阀式避雷器相比，则要好得多。因此它是一种新型的、性能优良的过电压保护设备。

14 简述金属氧化物避雷器的工作原理。

答：金属氧化物避雷器又称无间隙避雷器，其阀片是以氧化锌为主，并掺以锑、铋、锰、钴、铬等金属氧化物，粉碎混合均匀后，经高温烧结而成。

氧化锌的电阻率为 1～10Ω·cm，晶界层的电阻率为 10^{13}～10^{14}Ω·cm，当加上较低的电压时，晶界层近似绝缘状态，电压几乎都加在晶界层上，流过避雷器的电流只有微安量级。当电压增加时，晶界层由高阻变成低阻，流过的电流急剧增大，这就形成了所谓非线性特性，即阀片流过的电流愈大，阀片电阻变得愈小；反之，阀片电阻愈大。这样当雷电流（5～10kA）通过避雷器阀片时，在阀片上的电压—残压维持在较低的数值，从而达到防止雷电过电压的目的。

15 试述金属氧化锌避雷器非线性电阻片的裂化机理。

答：金属氧化物避雷器非线性电阻片的劣化包括长期工频劣化、过电压冲击劣化和热崩溃。

由于金属氧化物避雷器没有间隙，运行中其电阻片长期处于工作电压下，它的非线性伏安特性将随时间推移，发生小电流区域漂移的现象，且由于电荷向晶界层积聚，引起晶界层电阻变低，势垒高度降低。即出现长期工频劣化。

另外，在长波尾过电压或短波尾过电压作用下，电阻片的伏安特性也将发生暂时的漂移，一般2～3天内即可恢复。但是随着过电压次数的增加，时间加长，伏安特性漂移加大，恢复可能减慢，导致避雷器在持续运行电压下泄漏电流不断增大，即出现过电压冲击劣化。

长期工频劣化和过电压冲击劣化，都会影响金属氧化物避雷器的热稳定性，当电阻片在运行中产生的热量大于自身散热量，热稳定被破坏，就会出现熔融破坏，即热崩溃。

16 试述金属氧化物避雷器运行中劣化的几种征兆。

答：金属氧化物避雷器在运行中发生劣化主要是指电气特性和物理状态发生变化，这些变化使其伏安特性漂移、热稳定破坏、非线性系数改变、电阻片局部劣化等，一般情况下这些变化都可以从避雷器的电气参数的变化上反映出来：

（1）在持续运行电压下，泄漏电流阻性分量峰值的绝对值和变化率增大。

（2）在持续运行电压下，泄漏电流中谐波含量和变化率明显增大。

（3）持续运行电压下的瞬时有功损耗和平均有功损耗的绝对值和变化率增大。

（4）持续运行电压下的总泄漏电流的绝对值和变化率也有增大，但不明显。

17 什么是绝缘配合？

答：绝缘配合就是根据设备所在电网中可能出现的各种电压（正常工作电压和过电压），并考虑保护装置的特性和设备的绝缘性能来确定设备必要的耐受强度，以便把作用于设备上的各种电压所引起的设备绝缘损坏和影响连续运行的概率，降低到在经济上和运行上能接受的水平，这就是要在技术上正确处理各种电压、各种限压措施和设备绝缘耐受能力三者之间的配合关系，以及在经济上协调投资费、维护费和事故损失费（即可靠性）三者之间的关系。

18 绝缘配合的依据是什么？

答：绝缘配合的依据为：

在220kV以下的系统中，要求把大气过电压限制到比内部过电压还低是不经济的，因此在这些系统中电气设备的绝缘水平主要由大气过电压决定。也就是说，对于220kV以下具有正常绝缘水平的电气设备而言，其绝缘应能承受内部过电压的作用。

在超高压电网中，绝缘水平很高，只要采取正确的防雷措施，大气过电压一般不如内部过电压的危险性大。因此，电网绝缘水平主要由内部过电压决定。过电压的数值由防护措施决定。

在污秽地区的电网，其绝缘能力受污秽影响，绝缘水平大大降低。污闪事故常常发生在恶劣气象条件下的正常工作电压下，污闪事故时间长，危害性大。而且统计表明，污闪事故的损失超过了雷害事故的损失。因此，严重污秽地区的电网外绝缘水平又主要由电网最大运行电压所决定。

还有，随着电网额定电压的提高和限制过电压措施的不断完善，若过电压被限制到1.7～1.8倍或更低时，长时工作电压就可能成为决定电网外绝缘水平的主要因素。

19 什么是电气设备某一级电压下的绝缘水平？

答：所谓某一级电压的电气设备的绝缘水平，就是指该电气设备可以承受（不发生闪络、击穿或其他损坏）的试验电压标准。这些试验电压由国家标准中规定。

20 泄漏比距如何计算？

答：泄漏比距计算式为

$$s=\frac{n\lambda}{U_N} \tag{9-3}$$

式中 s——泄漏比距，cm/kV；
n——每串绝缘子数；
λ——每串绝缘子的泄漏比距，cm；
U_N——线路的额定电压，kV。

21 电气设备1min工频试验电压是怎样确定的？

答：电气设备1min工频试验电压是内部过电压决定的，1min工频试验电压是内部过电压的1.3～1.35倍。

22 绝缘承受的过电压强度由什么原因确定？

答：由以下原因确定：

（1）电气设备承受运行电压、工频过电压及操作过电压的作用情况。

（2）对各种电气设备绝缘规定了短时工频试验电压，对外绝缘还规定了干状态和湿状态下的放电电压。考虑到大气过电压对设备绝缘的作用，对各种电气设备绝缘规定了雷电冲击试验电压。同时，在运行电压和工频过电压作用下，设备需考虑内绝缘的老化和外绝缘的污秽性能。

23 从哪些方面决定输电线路的绝缘水平？

答：输电线路的绝缘水平从线路绝缘子的型号、绝缘子串的片数以及线路绝缘中的各个空气间隙确定。

24 输电线路绝缘子的个数如何确定？

答：因为不同的污秽地区要求一定的泄漏比距，并且必须满足 $S\geqslant S_0$ 的关系。所以，每串线路绝缘子串的绝缘子个数 n 由式（9-4）确定，即

$$n\geqslant\frac{S_0U_e}{\lambda} \tag{9-4}$$

式中 S_0——泄漏比距，cm/kV；
U_e——线路额定电压，kV；
λ——每串绝缘子的泄漏距离，cm。

在核算后应注意到这种计算方法系总结实际运行经验得到的，n中包括了可能存在的零值绝缘子。在进行校验计算时，应除去1～3个预留零值绝缘子，预留零值绝缘子个数为：35～220kV直线杆1个，耐张杆2个；330kV直线杆2个，耐张杆3个。

25 电气设备的试验电压是怎样确定的？

答：变电所的设备包括变压器、开关、互感器等许多电器，其绝缘可分为内绝缘和外绝缘两种。外绝缘指暴露在空气中的套管等，其耐受电压值和大气条件有很大关系；内绝缘指密封在箱壳内部的部分，其耐受电压值基本上和大气条件无关，但应注意内绝缘中包含有固体绝缘时，在过电压的多次作用下会出现累积效应而使绝缘强度下降，在决定其绝缘水平时必须留有裕度。同时，对内绝缘而言，一般为非自恢复绝缘，故尚无法利用统计法和简化统计法，只能使用惯用法来确定设备的内绝缘水平。

变电所电气设备的绝缘水平与保护电器的性能、接线方式和保护配合原则等有关，在确定变电所电气设备的绝缘水平时，有两种类型：

一类是避雷器只用来保护大气过电压而不用来保护内部过电压，属于这一类的有两种情况：

(1) 220kV 及以下的变电所；内部过电压对正常绝缘无危险，避雷器不动作。

(2) 依靠改进开关性能把内过电压限制到一定水平的超高压变电所，对内部过电压而言，避雷器一般不动作，只有在极少的情况下内部过电压超过了既定水平时避雷器才动作，对内过电压而言，避雷器只是作为后备保护而已，避雷器主要用于保护大气过电压，也就是说，在上述变电所中大气过电压水平比内部过电压水平高，所以它们的绝缘水平都是根据避雷器在大气过电压下的残压来决定的，称为电气设备的基本冲击绝缘水平（BIL)。

根据既定的内部过电压倍数（对 220kV 及以下的电气设备，是指不受控的最大内部过电压；对超高压电气设备，是指受限制后的最大内部过电压）可以决定设备的操作冲击绝缘水平（SIL)。前已指出，对 220kV 及以下的设备来说操作冲击绝缘水平是用工频试验电压来等价的，这种工频试验电压实际上是由电气设备的基本冲击绝缘水平（BIL）和设备的操作冲击绝缘水平（SIL）共同决定的绝缘水平。

用避雷器来保护内、外过电压的变电所属于另一类，目前只有超高压的变电所才属于这种情况，电气设备的 SIL 是以避雷器的操作波放电电压为基础来决定的，设备的 BIL 则以避雷器的残压为基础来确定的。这里的内部过电压实际上是被控制到避雷器操作波放电电压的水平，从绝缘配合方法而论，除基准不同外并无大的区别，因此这里仅以前一类情况为例加以论述。

第二节 电 气 设 备 试 验

1 进行发电机的温升试验前应做哪些准备工作？

答：发电机的温升试验前应做的准备工作如下：

(1) 测量定子和转子绕组的直流电阻，并绘制 $R=f(T)$ 的关系曲线。

(2) 校验检温计和其他的测温元件。

(3) 准备需接入的表计、设备和记录表格。

1) 在定子回路需接入交流电压表、电流表、单相功率表、三相功率表及频率表。

2) 在转子回路需接入标准分流器、直流毫伏表（或直流电位差计）和直流电压表。

3）准备的设备和表格如下：

①直接接触转子滑环，测量转子电压的铜丝布刷一副。

②发电机房和主控制室间直接通讯联系的设备一套。

③校验准确的酒精温度计 6～8 只，以及所需的其他的试验设备。

④准备定子、转子回路的测量记录表格。

2 实测一台 25MW 调相机的轴电压，其结果为：①调相机轴间电压 U_1 为 4.6V；②短路励磁机侧轴与轴承，测得轴座对地电压 U_2 为 4.5V；③短接启动电机侧轴与轴承，测得轴座对地电压 U_2' 为 0.13V。试由这一测量结果分析轴承系统的绝缘情况。

答：由测量结果分析如下：$U_1 \approx U_2$，说明调相机轴座的绝缘垫块绝缘良好。

启动电机侧轴承油膜压降 $\Delta U = U_1 - U_2 = 4.6 - 4.5 = 0.1(\mathrm{V})$，说明启动电机侧轴承压降较小。

励磁机侧轴承油膜压降 $\Delta U = U_1 - U_2' = 4.6 - 0.13 = 4.47(\mathrm{V})$，说明励磁机侧轴承油膜压降较高，绝缘不良，则可能将油膜击穿损伤轴承。

3 简述采用测量同步发电机和调相机端部线棒的电压分布来寻找定子线棒绝缘缺陷的原理。

答：当直流电压加在线棒上时，若某一线棒绝缘存在缺陷，它的电压分布将发生明显的变化。这是因为故障点的电压 U_x 与故障点的电流 I_x 成正比，并与故障点离槽口的表面电阻 R 成正比。当正常线棒的距离和有缺陷线棒的距离相等时，R 近似相等，电压分布也相等；当线棒有缺陷时 I_x 增大，$U_x \propto I_x$，I_x 越大，则分布电压增大得越明显，故由 U_x 的大小可有效地寻找线棒的绝缘缺陷。

4 什么是发电机温升试验？其目的是什么？

答：发电机的温升试验，就是指在发电机带负荷运行情况下，测量其各部分的温升情况。通过试验达到如下目的：

(1) 发电机在额定状态运行时，确定其额定负荷能力。

(2) 为发电机提供运行限额图。

(3) 测量发电机各部分的温度分布，确定发电机的温度分布特性。

(4) 测量定子绕组的绝缘温降，研究绝缘温降所反映的绝缘老化状况。

(5) 了解发电机定子、转子在不同负荷时的温升情况。

5 什么是发电机的基本温升曲线？包含哪几部分？

答：发电机温升和电流平方的关系曲线称为发电机的基本温升曲线。

发电机基本温升曲线包括定子绕组温升曲线、转子绕组温升曲线和铁芯温升曲线三部分。

6 发电机温升试验的基本要求是什么？

答：温升试验的基本要求如下：

(1) 为了保证温升试验测量的数据准确，所有测量表计均应采用 0.5 级及以上的表计。

（2）在试验期间退出自动调压装置，改为手动调压装置运行。

（3）试验中要准确调整各点负荷及有关影响发电机温升的参数（氢压、进口风温、定转子冷却水进口水温等），并在测试过程中要严格维持各有关运行参数不变。

（4）在每一种负荷下，每隔 15min 记录一次各有关参数，直到 1h 内各部分的温度变化不超过 1℃为止。

（5）整个试验过程中，应严密监视，在任何情况下，定子和转子的温度不得超过最高允许温度，否则应立即减负荷、降低电流，使其迅速降温。

7 发电机温升试验前应做哪些准备工作？

答：（1）首先要对所有埋入式检温计和测温元件进行校验，以确保温升试验的准确性和发电机的正常运行。如检温计表头指示不准时，可用电桥测量检温计的直流电阻，来确定温度。

（2）试验前要对定子和转子绕组的直流电阻进行测量，以便在带电测量其平均温度时，用此电阻值作基准进行换算。

（3）在转子回路上接一个标准分流器和一块直流毫伏表。同时准备一对铜刷和一块直流电压表，以便在集电环上测量转子电压。

（4）在定子回路上接三块电压表、三块电流表、两块单相功率表、一块三相功率因数表和两块频率表。

（5）在发电机旁装设温度巡测仪一台，以测量定子铜温、铁温、冷热风温。其中水冷机组在发电机冷却水采样门处应装设冷、热水温度计各一只，以测量水温。

（6）打开发电机的中性点接地线，同时退出横差保护，在中性点处接上高压带电测温电桥，并设置专用绝缘台。

（7）准备可靠的通信联系手段及温度计若干支。

（8）准备好所有测量用的记录表格。

（9）检查所有的试验接线正确无误。

8 如何测量转子绕组温度？

答：通常转子绕组的温度是用电压降落法测量其直流电阻后换算求得，即用接入转子回路的标准分流器，采用毫伏表测量电压，换算至电流值，直流电压表在转子两集电环上测量电压，算出直流电阻后，再根据冷态时的转子直流电阻换算得出转子绕组的温度。

9 什么是发电机的运行限额图？

答：发电机的运行限额图就是发电机的电压为额定，在不同的功率因数和进风温度下，在允许温升限额范围内，定子允许输出的有功功率和无功功率的关系曲线。

10 发电机失磁试验目的是什么？

答：失磁试验的目的是现场实测发电机，在各种不同失磁方式下动态过程、异步运行状态的运行特性和整个过程对电力系统的影响、对失磁机本身的影响、对厂用电系统的影响以及对相邻机组的影响，从而为发电机失磁异步运行规程的制定提供依据。

11 失磁试验常用什么方法？

答：失磁试验常用以下几种方法：

（1）跳开发电机励磁系统中半导体整流柜交流侧电源刀关，造成发电机转子绕组经半导体整流元件闭合状态下的失磁方式。

（2）跳开发电机灭磁开关，造成发电机转子绕组经灭磁电阻（或同期电阻）闭合状态下的失磁方式。

（3）跳开直流励磁机的励磁电源（或备用直流励磁机的动力电源），造成发电机转子绕组经直流励磁机电枢绕组闭合状态下的失磁方式。

（4）跳开发电机灭磁开关，预先退出灭磁电阻联动开关造成发电机转子开路状态下的失磁方式。此方式下有转子过电压问题，必须有完善的转子过电压保护装置。

12 发电机进相试验的项目及内容有哪些？

答：发电机进相试验项目及内容如下：

（1）确定静态稳定极限。

1）不带调整器（即切除自动电压调整器和强励装置）时，分别进行 0.5、0.8、0.9 倍和 1.0 倍额定有功功率 P_e的进相稳定极限试验。

2）带调整器（即投入自动电压调整器和强励装置）时，分别进行与上述 1）项相同有功功率的进相稳定极限试验。

（2）测量定子边段铁芯和结构件的温度和漏磁。

1）在 $0.5P_e$下，分别测量迟相功率因数为 0.8、0.9、1.0 和进相功率因数为负的 0.9、0.8、0.7、0.6 等值，直至静态稳定极限时，测量端部的温升及漏磁。

2）在 0.8、0.9 和 $1.0P_e$下，分别进行与上述 1）项相同的试验。

13 轴电压的危害是什么？

答：在安装和运行中，由于某些原因，可能在发电机轴上产生电压。当轴电压足以击穿轴与轴承之间的油膜时，便会发生放电现象，使润滑和冷却用的油质劣化，严重时会导致轴瓦烧坏，被迫停机，造成事故。

14 画出测量轴电压的示意图。

答：测量轴电压的示意图，如图 9－1 所示。

15 简述同步发电机轴严重磁化后退磁的方法。

答：当同步发电机轴严重磁化后，就需要退磁，退磁方如下：

（1）从静子膛内抽出转子。

（2）用指南针确定出轴端的剩磁极性。

（3）在轴的每一端缠绕上有一定圈数及截面的绝缘导线。

（4）在线圈上通入直流电，电流方向应使线圈产生磁场与轴磁化磁场相反，根据所选试验电源容量的大小，电流由小逐渐增大，然后逐渐降至零；而后向反方向由小至大，再降至

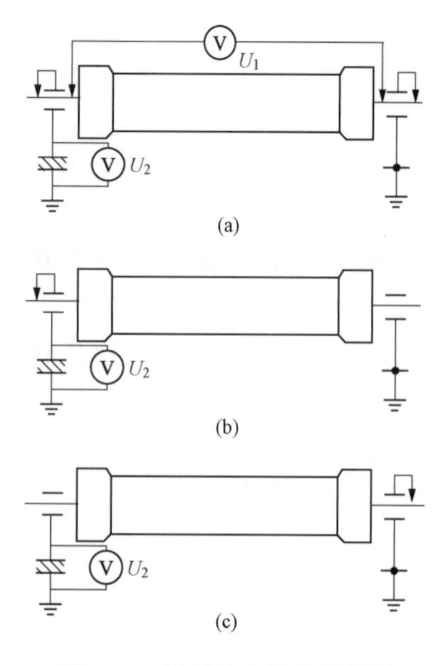

图 9-1　测量轴电压的示意图
(a) 两端轴承短路；(b) 励磁机侧轴承短路；(c) 汽轮机侧轴承短路

零。反复几次，直至剩磁减小到可以接受的数值。

16 发电机基本参数试验的目的是什么？

答：测量发电机的基本参数，是为发电机的安全、稳定、经济运行提供可靠的数据。并通过试验来核对制造厂提供的发电机阻抗特性等参数是否与记录一致。

17 发电机的主要基本参数有哪些？

答：发电机的主要基本参数有：纵轴同步电抗 X_d；零序电抗 X_0；横轴同步电抗 X_q；定子漏电抗 X_s；纵轴暂态电抗 X_d'；定子绕组直流分量衰减时间常数 T_a；横轴暂态电抗 X_q'；定子绕组纵轴暂态时间常数 T_d'；纵轴次暂态电抗 X_d''；定子绕组纵轴次暂态时间常数 T_d''；横轴次暂态电抗 X_q''；定子绕组开路纵轴暂态时间常数 T_{d0}；负序电抗 X_2；机械时间常数 H 等。

18 什么是同步电抗？

答：同步电机在稳定同步运行时，正序电流的电枢反应磁通（ϕ_{ad}、ϕ_{aq}）、定子绕组漏磁通（ϕ_s）所确定的定子绕组电抗，称为同步电抗。

19 测量同步电抗的方法有哪些？

答：测量发电机同步电抗的方法有空载、短路特性曲线法；用反向励磁法求取同步电抗法；用低电压低转差法测量纵、横轴同步电抗法。

20 什么是零序电抗？

答：发电机定子绕组中三相电流数值相等、相位一致时的电流，称为零序电流。

定子绕组对零序电流所呈现出的电抗，称为零序电抗 X_0，其值决定于零序电流的漏磁通。

两相对中性点短路测量 X_0 的试验接线，如图 9-2 所示。

将定子绕组任意两相（如 B、C 相）对中性点 O 短路，使发电机保持额定转速，调节转子电流，使通过中性点电流互感器 TA 的电流约为 $0.25I_e$，测量开路相（A 相）到中序磁场在转子部件的测量开路相（A 相）到中性点间的电压 U，在测量中应注意，由于负序磁场存在，可能产生转子局部过热而损伤。所以，试验时应尽量缩短测量数据的时间。

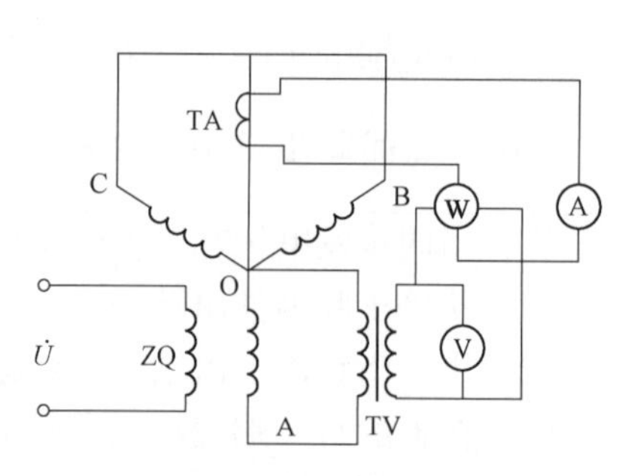

图 9-2　两相对中性点短路测量 X_0 试验接线

21 什么是负序电抗？如何测量？

答：负序电抗是当发电机定子绕组中流过负序电流时所遇到的一种电抗，其数值等于负序电压的基波分量与其负序电流基波分量之比。

用两相稳定短路法测量 X_2 的试验接线，如图 9-3 所示。

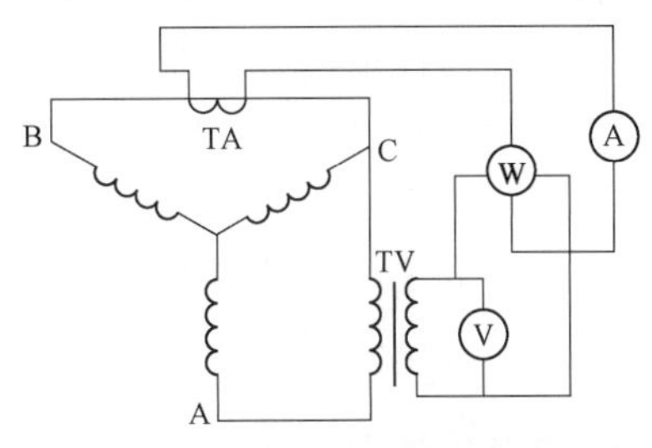

图 9-3　两相稳定短路法测量 X_2 的试验接线

TV—电压互感器；TA—电流互感器

将电机定子绕组的两相（如 B、C 相）稳定短路，并调整转子在额定转速下运转，然后调节励磁电流，使定子电流为 $0.15I_e$ 左右。此时，测量两相短路的电流 I_{BC}、短路相 C 与开路相 A 之间的线电压 U_{AC}，以及与电流、电压相对应的功率 P_0，则负序电抗 X_2 可用式（9-5）表示，即

$$X_2 = U_{AC}/\sqrt{3}I_{BC}^2 \tag{9-5}$$

当考虑电阻时，则式（9-5）转化为式（9-6），即

$$X_2 = P/(3I_{BC}^2) \tag{9-6}$$

式中　U_{AC}——短路相与开路相之间的线电压，V；

I_{BC}——B、C 两相短路的电流，A；

P——测量功率，W。

22 试述同步发电机同步电抗 X_d、X_q 的物理意义，并画出它的磁通分布示意图和电抗等值电路图。

答：同步发电机在稳定同步转速运行时，正序电流产生的全部磁通称电枢反应磁通，还可以将它们沿转子的纵轴和横轴分解为纵轴电枢反应磁通 ϕ_{ad} 和横轴电枢反应磁通 ϕ_{aq}。由这两个磁通和定子漏磁通 ϕ_s 合成相对应的电抗，即沿纵轴的和横轴的同步电抗 X_d 和 X_q。用数学式表示，即：$X_d=X_{ad}+X_s$；$X_q=X_{aq}+X_s$。由于磁路的不同，凸极机的 $X_{ad}>X_{aq}$，则 $X_d>X_q$；对于隐极机，$X_{ad}\approx X_{aq}$，所以 $X_d\approx X_q$，X_d 略大于 X_q，通常可认为相等。发电机空载时，同步电抗是不饱和值，在实际运行情况下是饱和值，同步电抗将减少。

磁通分布示意图和电抗等值电路图如图 9-4 和图 9-5 所示。

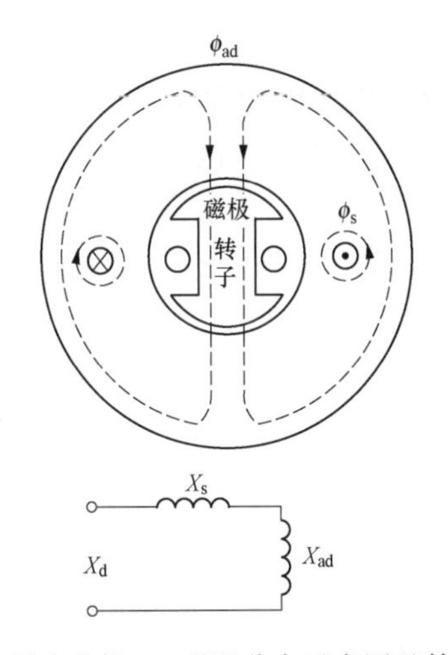

图 9-4　同步电抗 X_d 磁通分布示意图及等值电路图

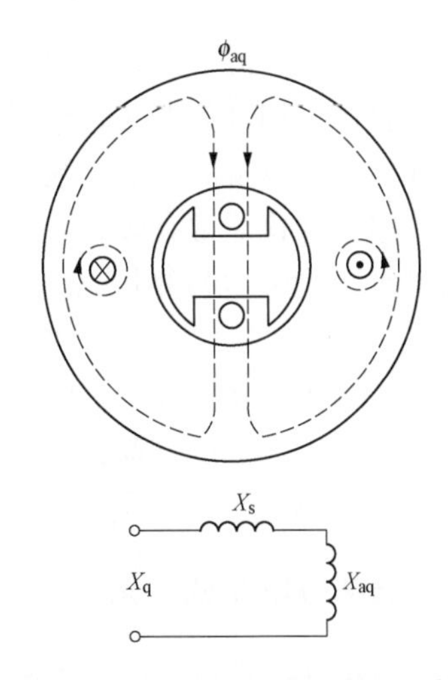

图 9-5　同步电抗 X_q 磁通分布示意图及等值电路图

23 沥青云母绝缘非电气的检查试验项目有哪些？

答：(1) 静子绝缘外观检查。静子绝缘外观检查是检查线圈绝缘老化状况的一种非常有效并且可靠的一种方法，其主要目的是检查绝缘是否有严重发胖、流胶、脱落、龟裂、分层、失去弹性等老化现象。

一般情况下，在端部检查绝缘是否存在严重发胖和脱落等；在线棒出槽后检查绝缘膨胀情况；在出槽口及通风口检查龟裂现象；采用解剖及敲打的方法检查绝缘失去弹性、分层和股间绝缘破坏等现象。

(2) 静子绝缘性能检查。用化学分析的方法检测绝缘运行中的分泌物以及绝缘的化学成分变化情况；用物理的方法检测绝缘的机械性能，如拉力试验、压力试验等。

24 如何用交流电容电流法检测沥青云母绝缘发电机的老化情况？

答：交流电容电流法是基于发电机静子绝缘的老化状况同其内部气隙含量及分布状况有密切关系。而气隙含量增多，分布变大是各种老化因素作用的结果，对发电机静子绝缘施加交流高压测量电容电流随电压的变化特性。从特性曲线可以得到两个电流激增点（突变点），即第一激增点 P_{i1} 和第二激增点 P_{i2}。

P_{i2} 值的变化同绝缘老化的发展情况密切相关，随着运行年限增长，P_{i2} 值逐步下降，当 P_{i2} 小于额定电压，应对绝缘进行再生或退出运行。P_{i1} 随着老化增长而逐步下降（但绝缘受潮和污损时没有这种现象）。

交流电容电流试验还有一个重要指标电流的变化率 $\Delta I\%$，用式（9 - 7）表示，即

$$\Delta I = (I - I_0)/I(\%) \tag{9-7}$$

式中 I——额定电压下的电容电流；

I_0——从特性曲线按线性关系求得的额定电压下的电流值。

$\Delta I\%$ 是一个技术上容易得到并且非常灵敏的量，在一般情况下都可采用 $\Delta I\%$ 来作老化判断。

25 介质损耗测定老化的机理和方法各是什么？

答：介质损耗法的机理是利用电导损耗引起的 $\tan\delta(\%)$ 与电压关系不明显，但当施加交流电压并且产生局部放电时，局部放电消耗能量，使介质发生附加损耗。

$\Delta\tan\delta(\%)$ 与设备的容量、绝缘厚度及形状均无关系，只取决于绝缘物的气隙等，故对检测发电机绝缘老化非常有效。

现场可以用 QSl 电桥测量 $\Delta\tan\delta$，用式（9 - 8）表示，即

$$\Delta\tan\delta = \tan\delta_2 - \tan\delta_1 \tag{9-8}$$

式中 $\tan\delta_1$——某一规定低电压（U_e：6kV，起始游历电压 3kV；10kV，起始游历电压 4kV）的介损；

$\tan\delta_2$——额定电压下的介损。

26 局部放电测试老化的机理是什么？

答：发电机在制造过程中不可避免存在气隙，运行过程会产生越来越多的气隙。因此，

当发电机绝缘施加电压时就发生局部放电。利用局部放电测试仪可以测量绝缘的局部放电量，局部放电量是一个非常灵敏的参数，它不仅可以有效地检测定子绝缘老化的状况，而且能大致判断定子绝缘老化的性质，这方面需要测量局部放电量随加压时间的关系，局部放电量值的重复性，局部放电量的起始放电电压，局部放电量和所加试验电压的关系等。

27 如何用直流泄漏试验检测老化？

答：测量发电机绝缘的电导电流的大小、电导电流的时间特性及电导电流随所加试验电压的变化等来分析判断发电机静子绝缘的老化状况。对于已老化的发电机绝缘，由于电气性能变差，所以在施加直流电压时，其电导电流吸收特性变差，随试验电压上升的斜率增大。

28 一台运行三十多年的额定电压为 6.3kV 的沥青云母黑绝缘的高压电机，对其进行老化鉴定试验，测得结果如表 9-1 所示。试计算电流增加倾向倍数并判断其定子绕组绝缘是否老化。

表 9-1 老化鉴定试验测量数据表

相别	电流第一急增点 P_{i1}	电流第二急增点 P_{i2}	介损 $\tan\delta_0$	介损 $\tan\delta_1$	介损 $\tan\delta_2$	额定电压下电流增长率 $\Delta I\%$
A	5kV	7kV	0.6	0.85	1	10
B	5kV	6kV	0.6	0.75	0.85	11
C	5kV	7.5kV	0.6	0.75	0.95	9

答：电流增加倾向倍数 $m_2=\frac{\tan\delta_1}{\tan\delta_0}$，将已知数代入得，A 相 $m_2=1.67$；B 相 $m_2=1.41$；C 相 $m_2=1.5$。

根据规程规定，整相绕组 P_{i2} 在额定电压以内明显出现的电流增加倾向倍数 $m_2=1.6$，额定电压下电流增长率 $\Delta I\%>8.5\%$的绕组绝缘，属于有老化特征（见《电气设备预防性试验规程》）。从测试结果可知，A 相电流增加倾向倍数 $m_2=1.6$，额定电压下电流增加率 $\Delta I\%$为 10%；B 相 P_{i2} 在额定电压以内已明显出现，额定电压下电流增长率 $\Delta I\%$为 11%；C 相额定电压下电流增长率 $\Delta I\%$为 9%，均超过绝缘老化鉴定的标准，说明该发电机的定于绝缘已经老化，应进行绝缘更换。

29 环氧粉云母绝缘的发电机老化试验项目有哪些？

答：(1) 测量整相绕组（或分支）及单根线棒的 $\tan\delta$ 值。

(2) 测量整相绕组（或分支）及单根线棒的电容增加率。

(3) 测量整相绕组（或分支）及单根线棒的局部放电量。

(4) 整相绕组（或分支）及单根线棒的介电强度。

30 环氧粉云母绝缘的发电机老化试验鉴定程序及要求是什么？

答：鉴定试验时，应首先做整相绕组绝缘鉴定试验，一般可在停机后热状态下进行，若运行或检修中出现绝缘击穿，同时整相绕组试验不合格者，应做单根线棒的抽样试验。

单根线棒抽样试验的数量为：对于汽轮发电机一般不应少于线棒总数的 4%～5%；对于水轮发电机一般不应少于线棒总数的 1%～2%。但选取的根数一般不少于 6 根，选取的部位应以上层线棒为主，并考虑线棒的不同运行电位。

进行绝缘老化鉴定时，同时应对发电机过负荷和超温运行时间、历次事故原因及处理情况，历次检修中发现的问题及试验情况等进行综合分析，以对绝缘运行状况作出评定。

31 如何确定发电机（或调相机）定子绕组绝缘老化需要更换线棒？

答：当发电机（或调相机）定子绕组到了如下各项状况时，应考虑处理或更换绝缘，其方式包括局部绝缘处理、局部线棒更换及全部线棒更换。

（1）累计运行时间一般应超过 30 年（制造工艺不良者，可以适当缩短时间）。

（2）运行中或预防性试验中，多次发生绝缘击穿故障，甚至缩短试验周期，降低试验标准，仍不能保证安全运行。

（3）外观和解剖检查时，发现绝缘分层发空严重，固化不良，失去整体性；局部放电严重及股间绝缘破坏等老化现象。

（4）鉴定试验结果与历次试验结果相比，出现异常并超出规定值。

32 什么是电力变压器的变形试验？有哪些方法？

答：电力变压器绕组变形是指在电动力和机械力的作用下，绕组的尺寸或形状发生不可逆的变化。它包括轴向和径向尺寸的变化、器身位移、绕组扭曲、鼓包和匝间短路等。检测上述问题的试验就是变压器绕组的变形试验。

具体检测方法有短路阻抗、绕组频率响应、空载电流和损耗等。

33 操作波感应耐压试验的优点是什么？

答：（1）由于操作波电压的等值频率高于工频，作用持续时间较工频电压时间（1min）短得多。所以绝缘结构在操作过电压下的放电特性、击穿机理与在工频电压、雷电冲击波下不完全相同。操作波不引起振荡，作用时间比雷电冲击波长。对相同电压值来说，绕组受到比雷电冲击波更严峻的考验。与工频电压相比则直接引起油隙击穿，对采用小油隙薄纸筒绝缘结构的变压器来说检出缺陷更为有效。

（2）随着系统电压的升高，设备绝缘水平相对降低，在工频和倍频试验中会引起绕组绝缘局部损伤，这种残留弱点在试验中又不易发现，但在长期工作电压下将逐渐发展，导致绝缘击穿，而在操作波电压下发生的局部放电则不会给绝缘留下损伤性弱点。

（3）用操作波进行耐压试验时，其频率和波形特性与系统操作过电压等效性强，而且能对变压器绕组的主、纵绝缘同时进行考核，可及时发现绝缘缺陷。

（4）操作波感应耐压试验设备轻便，尤其是示伤灵敏度高，检出缺陷的有效性强，对现场大修后的变压器进行质量检查具有突出的优点。

34 操作波感应耐压试验的技术要求是什么？

答：进行操作波感应耐压试验的技术要求是：

（1）能提供与运行条件相似的冲击电压波形。

（2）能精确地预定试验电压幅值和波形，并能重复发生这种电压。

（3）能简单方便地调节电压幅值和波形。

35 对操作波试验电压波形和极性有何要求?

答：对变压器进行操作波感应耐压试验时，在绕组上加的试验电压使铁芯饱和后，所加电压越高，励磁阻抗下降越大，允许加电压持续时间越短，所以对试验电压的波形要做具体的规定。具体的表示方法为 $T_{Cr} \times T_z \times T_d(90)$。一般要求，波头时间 T_{Cr}应大于 100μs，从视在原点到第一个过零点的总时间 T_z至少为 1000μs，超过 90%规定峰值的时间 $T_d(90)$ 至少为 200μs。当电压下降过零后，反极性的振荡幅值 U_{zm}不大于试验电压的 50%。

电压正负极性对变压器内绝缘抗电强度的影响没有明显差别，但对外绝缘在正极性时其放电电压要比负极性低得多。为了在试验时避免高压引线及外绝缘先行闪络，一般规定，变压器试验采用负极性操作波。试验电压幅值偏差不大于±3%。用于变压器的操作波试验电压波形，如图 9-6 所示。

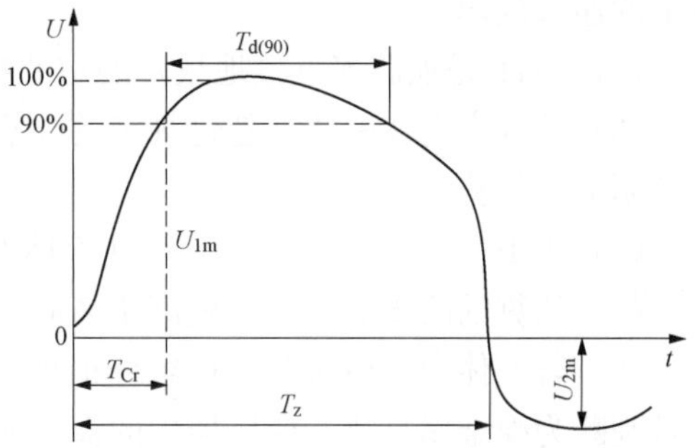

图 9-6　变压器操作波试验电压波形图

36 什么是变压器油流带电?

答：在强迫油循环的大型电力变压器中，由于变压器油流过绝缘纸及绝缘纸板的表面时，发生的油流带静电现象，称为变压器油流带电。

37 变压器油流带电的主要因素有哪些?

答：变压器油流带电的主要因素有油流的速度与温度、油流的状态、油泵的转速、油中水分的影响、固体纸绝缘表面状态、油本身的电导率及介质损耗情况、变压器本身的结构等。

38 变压器铁芯故障常见的类型及原因是什么?

答：变压器铁芯常见的故障类型有：

（1）铁芯碰壳、碰夹件。安装完毕后，由于疏忽，未将油箱顶盖上运输用的稳（定位）钉翻转过来或拆除掉，导致铁芯与箱壳相碰；铁芯夹件肢板碰触铁芯柱；硅钢片翘曲触及夹件肢板；铁芯下夹件垫脚与铁轭间纸板脱落，垫脚与硅钢片相碰；温度计座套过长与夹件或铁轭、芯柱相碰等。

（2）穿芯螺栓钢座套过长与硅钢片短接。

（3）油箱内有金属异物，使硅钢片局部短路。

（4）铁芯绝缘受潮或损伤，箱底沉积油泥及水分，绝缘电阻下降，夹件绝缘、垫铁绝缘、铁盒绝缘（纸板或木块）受潮或损坏等，导致铁芯高阻多点接地。

（5）潜油泵轴承磨损，金属粉末进入油箱中，堆积在底部，在电磁引力作用下形成桥路，使下铁轭与垫脚或箱底接通，造成多点接地。

（6）运行维护差，不按期检修。

铁芯接地故障原因主要有：

（1）接地片因施工工艺和设计不良造成短路。

（2）由于附件和外界因素引起的多点接地。

39 如何用色谱分析判断铁芯是否多点接地？

答：当发生铁芯接地故障时，色谱分析会有下列特点：

（1）总烃含量高，往往超过规定的注意值（150ppm），其组分含量的排列依次 C_2H_4—CH_4—C_2H_6—C_2H_2 顺序递减，即使是油中特征气体组分含量未达到注意值的实例，也遵循以上的递减规律。

（2）C_2H_4 是铁芯多点接地故障的主要特征气体。

（3）总烃产生速率往往超过规定的注意值（密封式为 0.5mL/h），其中乙烯的产生速率呈急剧上升趋势。

（4）用 IEC 三比值法时，其特征气体的比值编码一般为 0、2、2。

（5）估算的故障点温度一般高于 700℃，低于 1000℃。

（6）若气体中的甲烷及烯烃组分很高，而一氧化碳气体和以往相比变化甚少或正常时，则可判断为裸金属过热。变压器中的裸金属件主要是铁芯，当出现乙炔时，则可认为这种接地故障属间歇型。

40 铁芯故障点的查找方法有哪些？

答：确定铁芯故障点位置的方法有直流法、交流法、铁芯加压法、铁芯加大电流法、空载试验法等。

41 直流法检测变压器铁芯故障位置的原理是什么？

答：将铁芯与夹件的连接片打开，在铁轭两侧的硅钢片上通入 6V 的直流，然后用直流电压表依次测量各级硅钢片间的电压，如图 9-7 所示。当电压等于零或者表针指示反向时，则可认为该处是故障接地点。

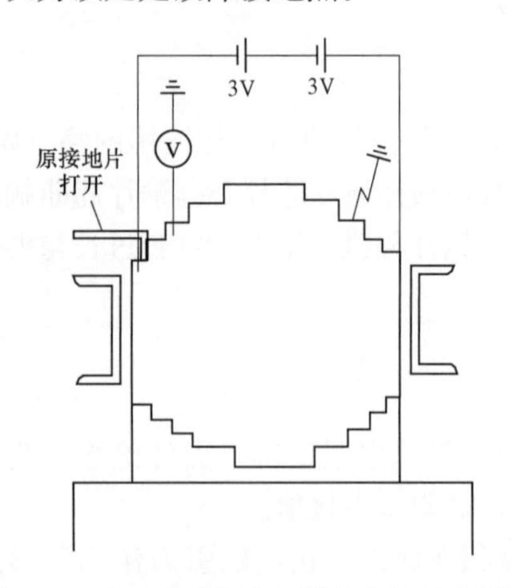

图 9-7 直流法检测变压器铁芯原理接线图

42 变压器绝缘老化后有哪些特征？

答：变压器老化后会出现以下一些特征：

（1）变压器绕组的绝缘纸及纸板发生脆化，丧失了弹性和韧性，容易碎裂，纸色变为焦黄或黑褐色，老化严重的线圈绝缘已变成粉末状，用手触摸后即行脱落。

（2）变压器油色变为棕褐而浑浊，析出大量油泥，油质常呈酸性或微酸性反应，老化速度很快，油的介质损耗及酸价等均有显著增长。

（3）变压器油的迅速老化，将导致变压器绝缘性能下降，如介质损耗逐年增长、绝缘电阻和吸收比逐渐下降。

（4）由于变压器铁芯硅钢片的老化，引起空载电流和铁损的显著增加。

43 变压器绝缘老化的诊断方法有哪些？

答：变压器绝缘老化的主要诊断方法有：

（1）油中溶解气体分析（特别是 CO、CO_2含量及变化）。

（2）绝缘油酸值。

（3）油中糠醛含量。

（4）油中含水量。

（5）绝缘纸或纸板的聚合度。

44 测量油中糠醛含量进行绝缘纸老化分析的优缺点各是什么？

答：用糠醛含量进行绝缘纸老化分析的优点是：

（1）取样方便，用油量少，一般只需油样十至十几毫升。

（2）不需要将变压器停电。

（3）油样不需要特别的容器盛装、保存方便。

（4）糠醛为高沸点液态产物，不易逸散损失。

（5）油老化不产生糠醛。

缺点是：

当对油作脱气或再生处理时，例如油通过硅胶吸附时，则会损失部分糠醛，但损失程度比 CO 和 CO_2气体损失要小得多。

45 变压器温升试验的目的是什么？

答：温升试验的目的就是要确定变压器各部件的温升是否符合有关标准规定的要求，从而为变压器长期安全运行提供可靠依据。

46 变压器温升试验时应测量哪些部位的温升？

答：试验时应测量以下部位的温升：

（1）绕组的温升。

（2）铁芯的温升。

（3）油浸变压器上层油温升。

（4）对附加损耗较大的变压器，还应测量其结构件（如铁芯夹件、线圈压板、箱壁和箱盖等）。

（5）强油循环冷却的变压器，还应测量冷却器的进出水温（冷却介质为水）及油温，以及需要测量的其他部位温升。

47 变压器温升试验应注意什么？

答：变压器温升试验时应注意的事项为：

（1）试验时，应在变压器内部金属结构件上可能发热的部件，埋设经过校准的热电偶，以找出发热最严重的部位。

（2）为了缩短温升试验时间，在试验开始时，可以用提高试验电流或恶化冷却条件的办法，促使温度迅速提高。当监测部位的温升达到预计温升的70%时，应立即调整到额定发热和冷却条件。

（3）温升试验应在室温10～40℃下进行。温升试验的地点，应该保持清洁宽敞，在试品周围2～3m内不得有墙壁、热源、杂物堆积，以及外来辐射、气流等干扰。

48 变压器温升试验的方法有哪几种?

答：变压器温升试验有直接负载法、相互负载法、循环电流法、零序电流法以及短路法等。

49 试说明对油浸式变压器各部件温升的要求及测量方法。

答：油浸式变压器各部件温升限值如下：

（1）绕组65℃，电阻法测量。

（2）铁芯表面75℃，温度计测量。

（3）与变压器油接触的结构件表面80℃。

（4）油上层55℃。

50 如何用直接负载法进行温升试验?

答：直接负载法的试验原理接线，如图9-8所示。试验时，在被试变压器的一侧接以适当的负载，如电炉、电阻、电感或电容器等；另一侧绕组施加额定电压，通过调节负载，使负载中的电流达到额定电流，并维持稳定，测量变压器各部位的温升。

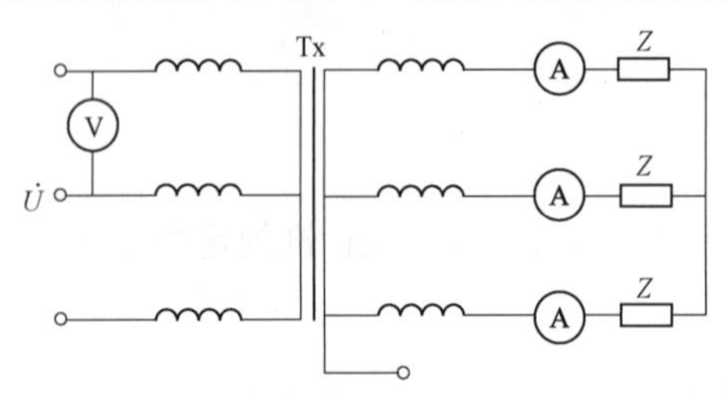

图9-8　直接负载法的试验原理接线图

Tx—试验变压器；Z—负载

采用直接负载法进行温升试验时，试验条件与变压器运行条件一致，测量结果比较准确、可靠。但是，试验所需的电源容量比被试变压器的容量要大，并且不易找到合适的负载，也不经济。因此，直接负载法仅适用于小容量变压器的温升试验。

51 如何用短路法进行温升试验?

答：采用短路法做温升试验的接线，如图9-9所示。试验步骤如下：

（1）确定被试变压器上层油温升。调节外加电压，使加入被试变压器的功率等于空载损耗和短路损耗的总和，造成与运行工况等效的损耗，进行试验。施加等效损耗的电流按式（9-9）计算，即

$$I_s \approx \frac{P_{K85}+P_0}{P_{K85}} I_e \qquad (9-9)$$

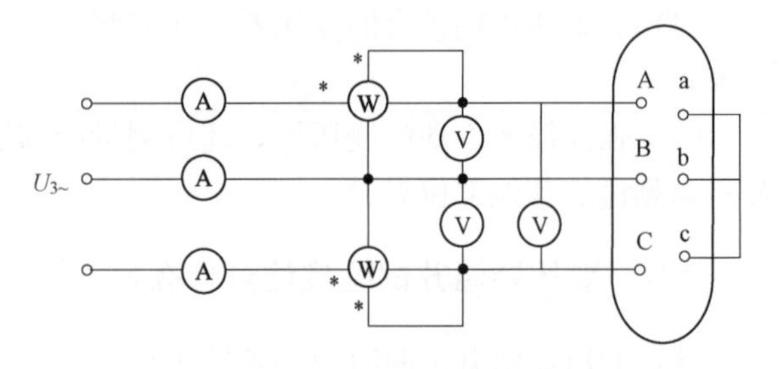

图9-9　短路法进行温升试验接线图

式中　I_s——等效损耗的试验电流，A；

P_{K85}——被试变压器85℃时额定电流下的短路损耗，kW；

P_0——被试变压器额定电压下的空载损耗，kW；

I_e——被试变压器的额定电流，A。

对被试变压器加入等效损耗的试验电流 I_s 后，应定时测量变压器上层油温、散热器（或箱壁）上、中、下及冷油器（对强油循环变压器）的进出口油温和冷却水温。直到温度稳定后，测量各部位和环境温度，计算出上层油温升。

（2）确定绕组温升。降低电压，使输入被试变压器的功率等于短路损耗，定时测量与（1）项相同的各部位的温度，直到测得各部位的稳定温度后，计算出绕组温升。

（3）确定铁芯温升。将被试变压器的短路线拆除，进行额定频率和额定电压下的空载温升试验。测量的温度也同（1）项，直到温度稳定后，测量铁芯和环境的温度，计算出铁芯温升。试验时施加的电压和额定电压之差应不超过±2%。

对于容量较大的变压器，在进行（1）项试验后，应将被试变压器带上与等效负荷相等的实际负荷，测量上层油温，并与等效负荷时测量的上层油温进行比较，以确定其运行限额温度。然后，切除电源，测量绕组的直流电阻，换算出平均温度，确定绕组的平均温升。

52 输电线路应测量的工频参数有哪些?

答：输电线路应测量的工频参数主要有直流电阻 R、正序阻抗 Z_1、零序阻抗 Z_0、正序电容 C_1 和零序电容 C_0 以及零序互感 M_0 等。

53 如何用电压电流表法测量输电线路直流电阻?

答：测量接线，如图9-10所示。

测量时，先将线路始端接地，然后末端三相短路。短路连接应牢靠，短路线要有足够的截面。待始端测量接线接好后，拆除始端的接地线进行测量。原理接线如图9-10所示。逐次测量AB、BC和CA相，并记录电压、电流值和当时线路两端气温。连续测量三次，取其算术平均值，并由式（9-10）～式（9-12）计算每两相导线的串联电阻

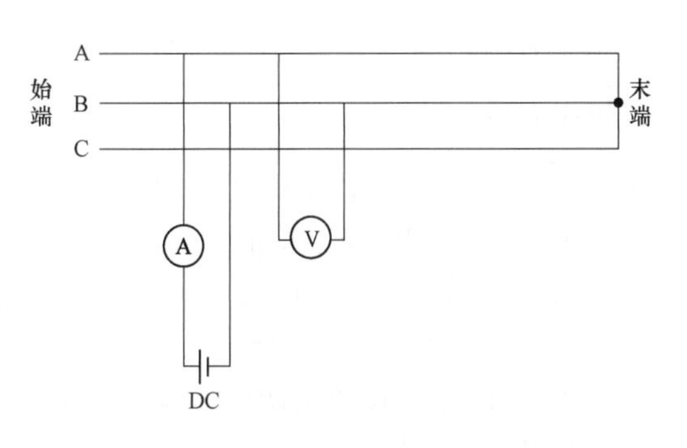

图9-10　电压电流表法测量输电线路直流电阻接线图

A—直流电流表；V—直流电压表

AB相
$$R_{AB}=\frac{U_{AB}}{I_{AB}} \tag{9-10}$$

BC相
$$R_{BC}=\frac{U_{BC}}{I_{BC}} \tag{9-11}$$

CA相
$$R_{CA}=\frac{U_{CA}}{I_{CA}} \tag{9-12}$$

最后换算成20℃时的相电阻即可。

54 如何测量线路正序阻抗?

答：测量接线图，如图9-11所示。将线路末端三相短路（短路线应有足够的截面，且

连接牢靠)。

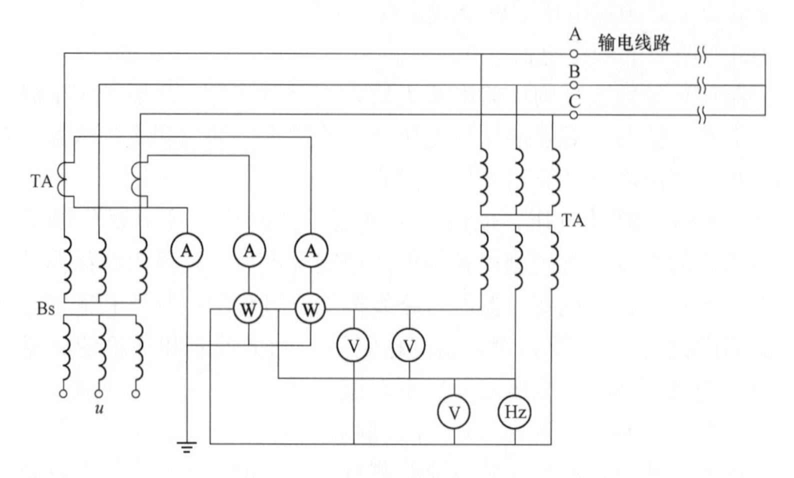

图 9-11　测量线路正序阻抗原理接线图

在线路始端加三相工频电源，分别测量各相的电流、三相的线电压和三相总功率。按测得的电压、电流取三个数的算术平均值；功率取功率表 1 及表 2 的代数和（用低功率因数功率表），并按式（9-13）～式（9-16）计算线路每相每公里的正序参数，即

正序阻抗
$$Z_1=\frac{U_{av}}{\sqrt{3}I_{av}}\times\frac{1}{L}(\Omega/km) \tag{9-13}$$

正序电阻
$$R_1=\frac{U_{av}}{3I_{av}^2}\times\frac{1}{L}(\Omega/km) \tag{9-14}$$

正序电抗
$$X_1=\sqrt{Z_1^2+R_1^2}(\Omega/km) \tag{9-15}$$

正序电感
$$L_1=\frac{X_1}{2\pi f} \tag{9-16}$$

式中　U_{av}——三相线电压平均值，V；

I_{av}——三相电流平均值，A；

L——线路长度，km；

f——测量电源的频率，Hz。

在图 9-11 中，试验电源电压应按线路长度和试验设备来选择，对 100km 及以下线路可用 380V；100km 以上线路最好用 1kV 以上电压测量，防止由于电流过小引起较大的测量误差。

55　画出测量零序阻抗的接线图。

答：测量零序阻抗的接线，如图 9-12 所示。

56　画出测量互感阻抗原理接线图。

答：测量互感阻抗原理接线，如图 9-13 所示。

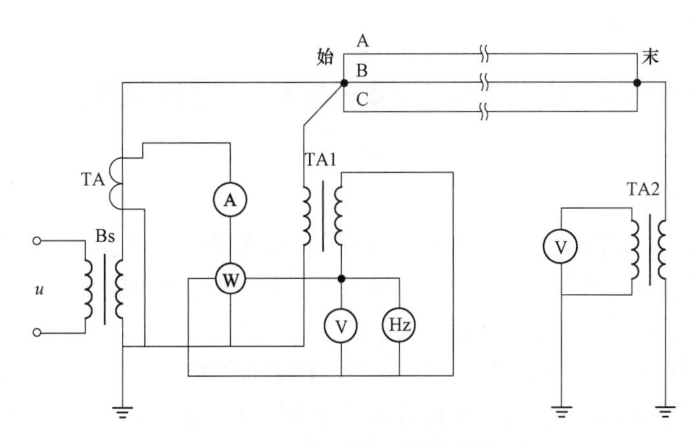

图 9-12　测量零序阻抗的接线图

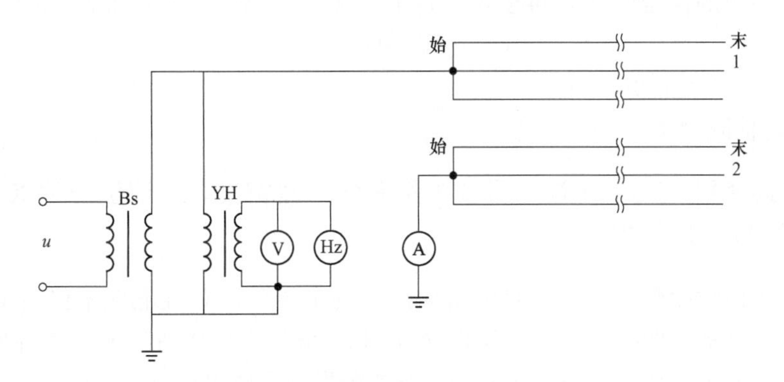

图 9-13　测量互感阻抗原理接线图

57 测量长线路的工频参数应注意什么？

答：(1) 对于长线路的测量要采用隔离降压变压器来防止电源干扰；对于 200km 以上的，为了减少分布参数对测量准确度的影响，在测量电抗时，在末端加接电流表，取始末端电流的平均值；测量电容时，在末端加接电压表，取始末端电压的平均值。

(2) 对于平行架设线路，感应电压较高者，要适当增加试验回路电流，并将电源倒相多次测量，取其平均值。感应电压太高者，应安排全部停电。

(3) 测试表计量程要适当，准确度不低于 0.5 级。

(4) 测量时应纪录线路两侧的温度、湿度和气候条件以及试验中的异常情况。

58 表征输变电设备外绝缘污秽程度的参数主要有哪几种？

答：外绝缘污秽程度的参数主要有以下三种：

污层的等值盐密度。它以绝缘子表面每平方厘米的面积上有多少毫克氯化钠来等值表示绝缘子表面污秽层导电物质的含量。

污层的表面电导。它以流经绝缘子表面的工频电流与作用电压之比，即表面电导来反映绝缘子表面的综合状态。

泄漏电流脉冲。在运行电压下，绝缘子能产生泄漏电流脉冲，通过测量脉冲次数，可反映绝缘子污秽的综合情况。

59 试述使用 DDS-11 型电导仪测量一片 X-4.5 型悬式绝缘子表面污层电导率的步骤。

答：测量步骤如下：

把 300mL 蒸馏水（导电率不超过 10μs/cm²），盛入盆中（水量可分两次用），用干净的毛刷将待测绝缘子表面污秽物全部清洗于水中后，将污液充分搅拌，待污物充分溶解后，用电导仪测量其电导率，并同时测量污液的温度。

因 DDS-11 型电导仪为非直读式，需将表头读数乘以电极常数，得出污液的电导率。

将在温度 t℃下测得的污液电导率换算至 20℃时的值（标准温度的电导率）。

由换算至标准温度的电导率—含盐量曲线查出 20℃标准温度时，用 300mL 蒸馏水清洗液的电导率相对应的含盐量 W，再按式（9-17）求出被测绝缘子表面的等值附盐密度，即

$$W_D = W/S(\mathrm{mg/cm^2}) \tag{9-17}$$

式中　S——绝缘子表面积，cm²；

W_D——等值附盐密度。

60 简述使用 DDS-11 型电导仪测量等值附盐密度时，清洗一片 X-4.5 型绝缘子，规定用 300mL 水量的原因。

答：所谓等值附盐密度，指的是电解质溶液的电导率，并且电导率仪给出的是 300mL 水量的电导率—含盐量曲线换算值，所以必须用 300mL 水量作清洗液。因各种电解质浓度与电导率的关系并不是线性关系，用不同水量所测得的数值再换算至 300mL 水量的电导率，会引入换算误差。另外，测量电极常数与溶液浓度有关，应在标定的溶液电导率即溶液浓度范围内进行测量，如果清洗液数量不定，其常数也会变化，而测量时仍用 300mL 时标定的常数，也会产生较大的测量误差。所以只有规定 300mL 的清洗用水量，才能保证测量的准确度。

61 绝缘子的污闪过程是怎样的？

答：运行中绝缘子表面污层受潮后，电导增加，因而通过污层的电流和污层温度都随之增加，由于绝缘子的结构形状，污秽分布和受潮情况的不均匀等原因，使绝缘子表面各处电流密度不同，有的地方电流密度大，水分蒸发快，就出现干燥区，电压降较大，产生了电晕放电，形成局部电弧。局部电弧不断熄灭、重燃，这样的过程在雾中可以持续数小时，在条件合适时，最终发生完全的闪络。这就是污闪发生的过程。

62 悬式绝缘子的电气特性是什么？

答：悬式绝缘子的电气性能，以沿其绝缘部分外表面或空气中路径的闪络电压表征。主要用以下参数描述：

（1）干闪络电压。它是清洁、干燥绝缘子的闪络电压，是户内绝缘子的主要性能。

（2）湿闪络电压。它是洁净绝缘子在淋雨时的闪络电压，是户外绝缘子的主要性能。绝缘子受雨量为 3mm/min，雨水电阻率为 9500～10500Ω·m，水温为 20℃均匀地与水平面呈

45°角的雨水作用下，沿绝缘子表面引起火花放电的最小工频电压。

(3) 污秽闪络电压。它是表面脏污的绝缘子在受潮情况下的闪络电压。由于自然污秽的复杂和周期较长，一般采用人工污秽试验。目前常用爬电比距，即绝缘子表面沿面放电距离与系统运行的额定电压之比，单位为 cm/kV，来衡量绝缘子在污秽和受潮条件下的绝缘能力。

63 悬式绝缘子的电气试验项目有哪些?

答：悬式绝缘子的电气试验项目有以下几方面：

(1) 测量绝缘子的绝缘电阻。

(2) 单个绝缘子的工频交流耐压试验。

(3) 运行绝缘子的零值检测。

(4) 绝缘子表面污秽物的等值附盐密度测量。

64 采用电压表法进行悬式绝缘子串的电压分布测试应注意什么?

答：采用电压表测量电压分布时，电压表与地电位之间应有足够的绝缘，两探头之间的阻抗应尽可能高，以减小因仪表接入而对绝缘子串电压分布造成的影响，必要时可以采用已知电压分布规律的高阻回路进行校验。

65 提高污秽条件下绝缘子绝缘强度的方法有哪些?

答：(1) 定期清扫。绝缘子污秽闪络的主要起因是污秽和潮湿。因此，根据大气污秽程度、污秽性质和容易发生污闪的季节，并参照等值附盐密度监测结果，定期进行清扫，可以提高绝缘子的闪络电压。绝缘子清扫工作量大，劳动强度高，可采用带电清扫、带电（停电）水冲洗或停电清扫，也可采用清洗剂清洗。对于部分不易清扫的绝缘子，可采用轮换绝缘子的办法。

(2) 涂防污涂料或采用增爬措施。在绝缘子表面涂一层憎水性强的防污涂料，使污层在潮湿气候条件下表面凝聚的水滴不易形成连续的水膜，污秽物虽有溶解但形不成连续的导电层，使得表面电阻大，泄漏电流小，放电不易发展，闪络电压就不会显著降低。常用的涂料有有机硅油、有机硅脂、地蜡、RTV 型涂料等。

增爬裙是采用有机复合材料，即硅橡胶制成的提高普通绝缘子防污能力的伞状装置，它不仅能部分提高现有设备外绝缘爬距，而且其优良的憎水性和憎水迁移性使得其表面污层不易受潮，从而提高耐污水平。

(3) 加强绝缘和采用耐污绝缘子。加强绝缘的最简单的方法是增加串联绝缘子的片数，使其单位泄漏距离达到一定的绝缘配置要求。采用耐污绝缘子后，绝缘子串长度基本不变而其单位泄漏距离却大大提高，从而有效提高其防污闪能力。

变电站内棒形绝缘子通常用增加伞数或采用较为特殊的伞形等方法来提高其污闪电压。近年来有机复合材料的外绝缘应用越来越广泛，包括合成绝缘子、合成护套的避雷器、互感器等。由于合成绝缘子的优异的憎水防污性能，不仅大大提高了输电线路的防污闪能力，而且由于其质量轻、少维护、少清扫，使线路工作劳动强度大为降低，已成为最有效的防污手段之一。

66 污秽地区设备运行维护应注意什么？

答：污秽绝缘地区的设备运行维护，应结合当地的污秽状况、气象条件和运行经验，本着技术合理、经济可行的原则加以区别对待；这就要求在运行中不断积累资料，掌握当地气象条件中容易造成污闪发生的雾、露、毛毛雨的多发季节、日期规律，掌握污染源性质、分布及风向、气温的变化情况，特别是多年来电网污闪事故产生的时间、地域分布情况，按照线路、变电站的重要性和可靠性要求，分别采取不同的技术方法和措施，提高电网的防污闪能力。

67 输电线路调爬可能带来的问题是什么？

答：输电线路调爬，可以采用增加绝缘子片数或采用耐污型绝缘子等多种方法和措施。伴随着调爬的进行，可能给线路运行带来一些技术上的问题，因此必须在确定调爬方案的同时给予足够的研究与重视。

（1）增加绝缘子片数后，绝缘子串长度增加，相应的雷电冲击放电电压也增加，从而造成悬垂串和耐张串之间、线路和变电站之间外绝缘配合出现不均衡情况，且增加了变电站进线避雷器的工作负担。

（2）绝缘子串长增加后，悬垂串的风偏摇摆角与导线对杆塔的距离均会受到影响，特别是对某些塔头尺寸较紧凑杆塔结构，很可能根本无法采用增加绝缘子片数的调爬方法。因此增加绝缘子片数一般仅用于35kV及以下的线路调爬，必要的话，还需进行加挂重锤处理。

（3）采用耐污型绝缘子调爬后，在某些特殊气象地区可能会出现绝缘子串较严重的覆冰；使用钟罩型耐污绝缘子后，绝缘子下表面槽内积污较难清洗，线路清扫质量难以保证。

（4）采用有机复合绝缘子后，应注意其本身特性带来的问题。

68 使用有机复合绝缘应注意什么？

答：（1）绝缘子的机械强度和安全系数应给予足够重视，并定期进行机械强度抽检试验。

（2）有机复合绝缘子的积污和老化问题较其他无机材料制成的绝缘子严重，目前尚无有效的检测手段和判断标准。

（3）有机复合绝缘子串的长度一般较对应耐污水平的电瓷绝缘子串短，当使用均压环时空气间隙将减小，因而往往造成线路耐雷水平有所降低。

（4）有机复合绝缘子的质量只有对应瓷绝缘子的不到1/6，更换时应注意对风偏摇摆角的核算，必要时需采取加重锤等技术措施。

第三节　电气设备绝缘在线检测技术

1 绝缘预防性试验的重要性是什么？

答：高压电气设备主要由金属和绝缘物两类材料构成。相对于金属材料而言，绝缘材料更容易损坏，特别是那些有机绝缘材料，如绝缘纸、塑料、木板、绝缘油、绝缘漆等，更容易老化变质而使机电强度变坏。所以绝缘性能的好坏就成为决定整个设备寿命的主要因素。

为了确保各类电气设备在制造、安装、运行中有良好的机械和电气性能，就必须对其进行一系列的试验和监测。尤其对运行中的设备要进行定期或不定期的预防性试验。实践证明，预防性试验对各种电压电气设备的安全运行，确实起了极其重要的作用。

2 电力系统中当前推行的预防性试验是离线进行的，其缺点是什么？

答：(1) 需停电进行。而不少重要的电力设备，轻易不能停止运行。

(2) 周期性进行。设备仍有可能在试验间隔期间发生故障，即造成“维修不足”。

(3) 停电后设备状态（如作用电压、温度等）和运行中不符，影响判断准确度。

(4) 定期的试验及维修有时是不必要的，造成了人力、物力的浪费，即造成“过度维修”。

3 绝缘在线检测的优点是什么？

答：与传统的预防性试验方法相比较，绝缘在线监测的优点是：

(1) 在线监测的周期可以任意选定，既可以巡回监测，也可以连续监测，可提供用于判断绝缘状况的足够多的信息参数，提高检出缺陷的概率。这一优点在发生事故较高的设备投运的初始阶段和运行多年绝缘老化的后期阶段尤为突出。

(2) 在运行电压下监测，克服了传统预防性试验方法因加试电压低而漏检缺陷的缺点，大大提高缺陷的检出率。同时，运行和监测的综合工况等效性强，使所测参数值能真实地表征设备的绝缘状况，提高了绝缘诊断的准确性。

(3) 在线监测不用拆接设备，不受周期限制，不用停止发供电，有很高的经济效益和社会效益。

(4) 在线监测可利用一系列仅在运行中才有的对发现缺陷有利的因素。如利用高温以检出受潮、利用高电压以发现局部放电、利用强油循环以检出油流带电等。

(5) 测量和分析可实现自动化，不仅能减少测量和运行人员的工作量，而且可使信息测量系统根据事先编定的程序处理测量结果，以排除各种干扰，提高监测的可靠性。

(6) 自动连续监测可通过人工智能专家系统评定所测得的数据，作出准确判断，达到异常报警和事故跳闸，避免个别设备事故破坏系统正常运行。

(7) 测量实现自动化，清除了数据处理的系统误差、随机误差和工作人员的主观误差，提高了测量的准确度。

(8) 在线监测可避免盲目的停电试验，可在设备出现异常先兆时，立即安排检修或更换设备，从而减少了检修工作的盲目性，提高了系统的安全水平和经济效益。

(9) 在线监测作为绝缘预防性测试的重要方法必将快速发展，将取代传统预防性试验方法中某些低灵敏度和低效能的项目。

(10) 在线监测技术的发展必将给设备的设计、制造、检修部门提供技术改进的依据，以提高设备质量，使电网的安全运行得到保障。

4 什么是设备的状态检测？

答：设备的“状态监测”是利用各种传感器及测量手段对反映设备运行状态的物理、化学量进行检测，其目的是判明设备是否处于正常状态。

5 状态监测与故障诊断技术的主要困难是什么？

答：状态监测与故障诊断技术的困难主要是：干扰的抑制和正确确立故障判据。

6 绝缘检测与诊断系统可分为哪几种类型？

答：按构造复杂程度，可分成以下几种类型：

（1）简易便携，如便携式数据采集器等。

（2）以单片机为核心的监测装置。

（3）以计算机为核心的监测系统，采用单台计算机代替单片机，直至发展为分级管理的分布式监测诊断系统。

7 绝缘监测与诊断系统包括哪些部分？

答：绝缘监测与诊断系统包括信息的检出及适配部分、数据采集及前置部分、信息的传输部分、数据处理部分以及诊断部分等。

8 绝缘状态监测的意义是什么？

答：由于现代高压电气设备的可靠性在很大程度上取决于其绝缘的可靠性，为了保证设备具有必要的可靠性，一般采用两种方法：

（1）采用可靠的结构和精细的制造工艺。

（2）在运行过程中，对设备进行技术维护和灵敏有效的预防性技术监测。

在整个运行期间都能保证可靠运行的绝缘结构在制造技术上是复杂的，尤其是对电压等级高的设备，在经济上也是不合理的。所以，尽管高压电气设备要求有先进的结构设计和优良的制造工艺来保证运行的可靠性，但为了确保设备在运行期间不发生事故，还是要借助于先进有效的技术维护工作，这就是设备绝缘状态的技术监测意义。

9 绝缘监测的参数主要有哪些？

答：绝缘监测参数主要有介电系数 ε、介质损耗因数 $\tan\delta$、电容量 C、阻性电流 I_R、局部放电及绝缘分解产物等。

10 为什么介质损耗因数 $\tan\delta$ 能反映绝缘的状态？它有什么特点？

答：因为绝缘极化时电荷发生位移，此电场要消耗能量。这种能量的一部分会消耗在介质中，即伴随有介质损耗。所以，介质损耗特别是介质损耗和变化表征了绝缘的状态。在实际工作中 $\tan\delta$ 通常以百分数表示，即以 $\tan\delta\%$表示。

介质损耗因数与绝缘结构的尺寸无关，因为当尽寸改变时流经介质的电流的有功分量和无功分量也都按比例变化。介质温度上升和受潮时损耗要增加，损耗和温度的关系对于不同的绝缘材料及绝缘结构是不同的。

11 介质损耗因数 tanδ 能反映出哪些性质的缺陷？

答：因为介质损耗因数 tanδ 值是绝缘介质状态的整体的平均特性，它是局部缺陷中介质损耗引起的有功电流分量与试品电容电流之比。所以，通过测量 tanδ 可以发现绝缘整体劣化。但局部缺陷，即体积只占介质中较小部分的缺陷和集中缺陷，不易用测量 tanδ 的方法发现，且试品绝缘的体积越大，越不易发现。

12 测量绝缘的电容 C 的意义是什么？

答：测量绝缘的电容 C 除了能给出有关可引起极化过程改变的介质结构变化的信息外，还能发现严重的局部缺陷，如绝缘部分击穿。发现缺陷的灵敏度也和绝缘损坏部分与完整部分体积之比有关。对于具有电容式绝缘的试品，如套管、电流互感器等，通过其介电特性的测量可发现尚处于比较早期发展阶段的缺陷。

13 试分析测量绝缘的电容 C 和介质损耗因数 tanδ 时，什么情况更容易发现缺陷？

答：绝缘存在局部缺陷的试品，可以用图 9 - 14 所示的简化等值电路来表示，该等值电路由绝缘损坏部分的电容 C 和其余部分的电容 C_0串联组成。电阻 R 反映了绝缘缺陷部分中的介质损耗。为了简化计算，在绝缘其余未损坏部分的损耗忽略不计。

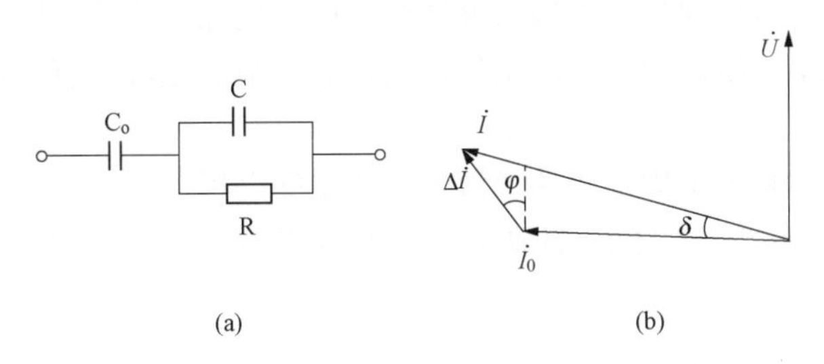

图 9 - 14　具有局部缺陷绝缘的等值电路

(a) 等值电路；(b) 相量图

试品绝缘中由缺陷引起的电流改变 $\Delta\dot{I}$ ，决定于绝缘导纳的变化，用式（9 - 18）表示，即

$$\Delta\dot{I}=\dot{I}-\dot{I}_0=\dot{U}(\dot{Y}-\dot{Y}_0)=\dot{U}\Delta\dot{Y} \tag{9 - 18}$$

由等值电路可得

$$Y=\frac{XR+\mathrm{j}[R^2(k+1)X^2K]}{X[R^2(K+1)^2+X^2K^2]} \tag{9 - 19}$$

$$Y_0=\mathrm{j}\frac{1}{(K+1)X} \tag{9 - 20}$$

式中　$X=1/\Omega_c$——绝缘缺陷部分的无功阻抗；

$K=C/C_0$——绝缘损坏部分和完好部分电容比。

流过绝缘电容的相对变化，可用式（9 - 21）表示，即

$$\frac{\Delta I}{I_0}=\frac{\tan\delta}{K}\times\frac{1}{\tan^2\delta+\left(\frac{K+1}{K}\right)^2} \tag{9 - 21}$$

绝缘电容的相对变化为

$$\frac{\Delta C}{C}=\frac{\tan\delta}{K}\times\frac{1}{\tan^2\delta+\left(\frac{K+1}{K}\right)^2} \tag{9-22}$$

绝缘介质损耗因数的变化为

$$\tan\delta=\frac{\tan\delta}{K}\times\frac{1}{\tan^2\delta+\frac{K+1}{K}} \tag{9-23}$$

因为缺陷在绝缘中只占很小体积，并采用了串联电路。所以 $C\gg C_o$，而 $K/(K+1)\approx1$，这样在大多数情况下可以认为

$$\varphi\approx\mathrm{arctg}(\tan\delta)=\delta \tag{9-24}$$

从式（9-22）～式（9-24）可知，在缺陷发展的初始阶段（$\tan\delta<1$），监测电流增加率和 $\tan\delta$ 的变化结果一致。在缺陷发展的后期阶段（$\tan\delta>1$），根据电流增加现象和根据电容变化的监测结果一致。测量 $\tan\delta$ 和测量电容这两种方法的适用界限是：$\tan\delta>1$ 时，用监测电容方法更好；$\tan\delta<1$ 时，用监测 $\tan\delta$ 方法好。

14 局部放电是怎样产生的？

答：在各种运行因素（电场、温度变化、机械应力、受潮等）长期作用下，高压设备绝缘中会产生缺陷。通常这些缺陷是固体或液体介质中有气隙，这些气隙或者是由于绝缘结构分层、开裂，或者是由于结构内部分解出气体而造成。绝缘也可能有因制造质量不好而造成的缺陷。

气隙中的电场强度超过了周围固体或液体介质中的电场强度时，就造成了绝缘在缺陷处发生击穿或闪络，这样就产生了局部放电。局部放电的产生和发展会引起绝缘进一步的损坏。

15 绝缘检测中，如何确定设备不能运行？

答：如果根据若干个参数对绝缘进行监测，但对这些参数与设备可靠性间的联系却又缺乏足够的了解时，则通常把大多数参数或至少是那些对该种绝缘的状态起决定作用的参数都已超出标准规定值，作为试品不能运行的判据；具体应监测哪些参数以及试品不能运行的判据应针对每种试品加以确定，所以此处只讨论其制定的一般原则。

采用带电预防性监测时，如果所测定的参数和停电监测时测定的参数相同，则在积累起经验之前，仍采用现行规程。对其绝缘由局部放电造成破坏的设备，不能运行的判据是根据放电部位及放电强度决定的。

分析溶于绝缘油中的气体时，应该不是仅仅只考虑到出现诊断气体这一事实，还要考虑到各种气体的浓度。在确定缺陷的性质时，诊断气体浓度的相对比例关系也具有重要作用。

根据带电监测结果评定绝缘状态时，在多数情况下，在评定绝缘中发现缺陷的危害性时，往往是依据参数变化的性质和速度。

16 画出工作电压下测量 FZ35—220J 阀型避雷器交流电导电流等值电路图。

答：交流电导电流等值电路，如图 9-15 所示。

17 如何根据避雷器三相的电导电流和交流分布电压的不平衡系数判断避雷器是否存在绝缘缺陷？

答：（1）避雷器三相交流电压下的电导不平衡系数计算式为

$$\gamma_1=\frac{I_{2max}-I_{2min}}{I_{2min}}\times 100\% \quad (9-25)$$

式中　γ_1——相间电导电流不平衡系数；

I_{2max}——电导电流最大值；

I_{2min}——电导电流最小值；

当$\gamma_1>25\%$时，认为避雷器存在绝缘缺陷；当$\gamma_1<25\%$时，认为三相避雷器可以运行。

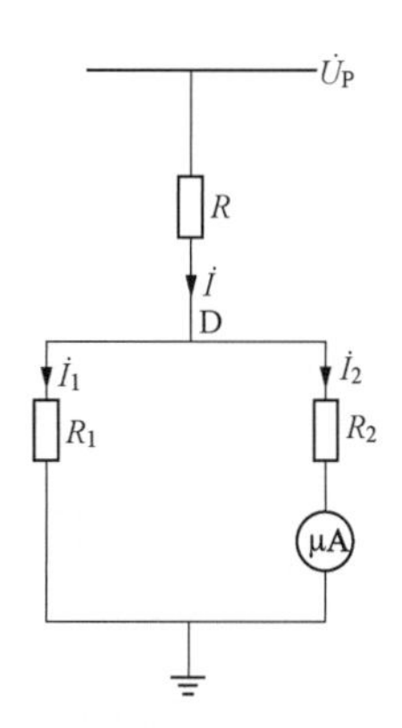

图 9-15　交流电导电流等值电路

R—最下一节以外其余各元件的串联等值电阻；

R_1—最下一节的等值电阻；

R_2—测量用电阻杆的电阻

（2）避雷器交流电压下分布的电压不平衡系数计算式为

$$\gamma_1=\frac{U_{max}-U_{min}}{U_{max}}\times 100\% \quad (9-26)$$

式中　γ_1——相间电导电流不平衡系数；

U_{max}——分布电压最大值；

U_{min}——分布电压最小值。

当$\gamma_1\geqslant 20\%$时，认为避雷器存在绝缘缺陷；当$\gamma_1<20\%$时，认为三相避雷器可以运行。

18 如何带电测量 FCD 型避雷器的电导电流？

答：测量工作电压下流过磁吹避雷器的电导电流，一般使用内阻小于 10Ω 的交流毫安表并接于被试磁吹避雷器的放电记录器两端，进行测量。

对于内阻为 1～2kΩ 的放电记录器，测量的是流过避雷器的电导电流，也可以用 10Ω 电阻并接于放电记录器两端，用数字电压表或电子管电压表测量在电阻上的电压降，计算出电导电流。将历次测量结果进行比较，当发现差别很大时，应找出原因或停电试验。

19 氧化锌避雷器带电测试项目有哪些？

答：氧化锌避雷器带电测试项目有：

（1）全电流测量。

（2）高次谐波法。

（3）零序法。

（4）电压电流法。

20 画出测量氧化锌避雷器全电流的接线图。

答：测量氧化锌避雷器全电流的接线，如图 9-16 所示。

21 画出耦合电容器电容量带电测试接线图。

答：耦合电容器电容量带电测试接线，如图 9-17 所示。

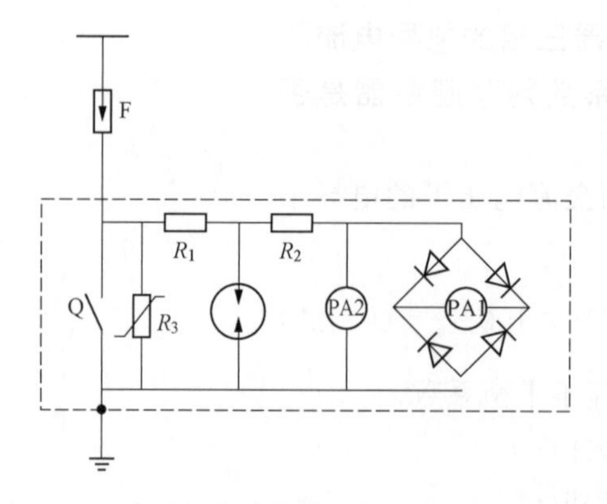

图 9-16　测量氧化锌避雷器全电流的接线原理图

22 画出电容性套管 tanδ 测试接线图。

答：电容性套管 tanδ 测试接线，如图 9-18 所示。

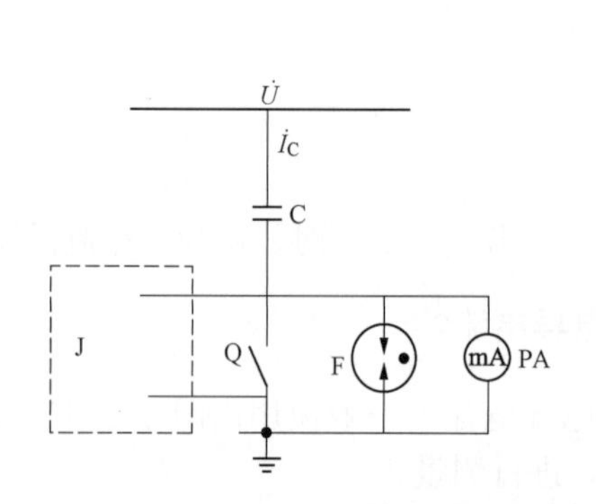

图 9-17　耦合电容器电容量带电测试接线图

C—被测耦合电容器；J—高频载波通信装置；

PA—0.5 级毫安表；F—放电管；Q—接地开关

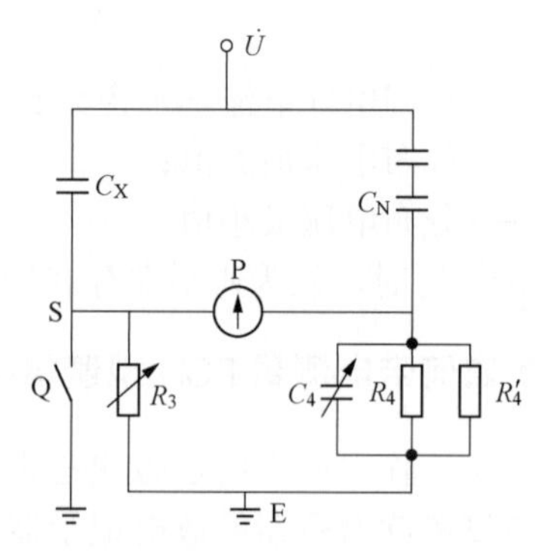

图 9-18　电容性套管 tanδ 测试接线图

23 画出自动监测电容型设备 tanδ 的原理方框图。

答：自动监测电容型设备 tanδ 的原理方框图，如图 9-19 所示。

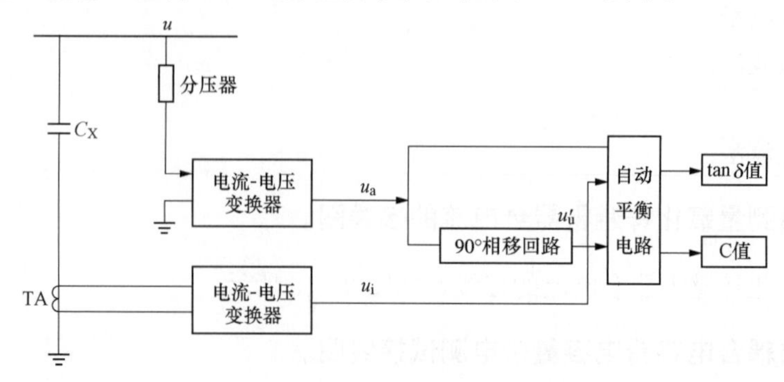

图 9-19　自动监测电容型设备 tanδ 的原理方框

24 画出变压器局部放电在线监测系统图。

答：变压器局部放电在线监测系统，如图 9-20 所示。

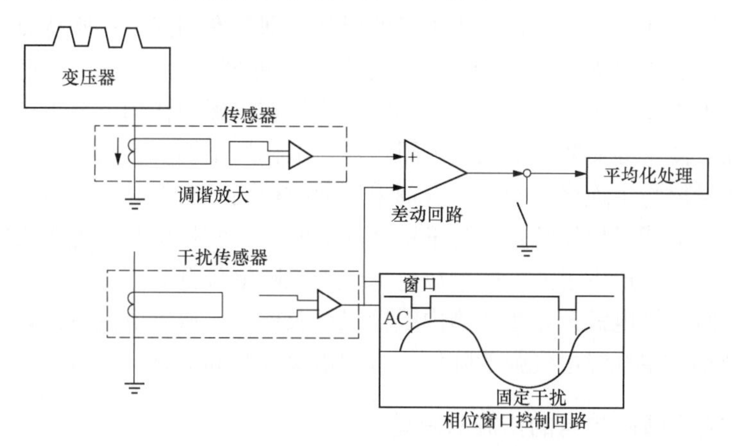

图 9-20 变压器局部放电在线监测系统图

25 变压器绝缘在线监测的主要项目有哪些？

答：变压器的绝缘在线监测主要项目是绝缘油气相色谱分析和局部放电测试。

第四节 电气设备故障分析

1 定子绕组绝缘局部放电产生的原因和危害是什么？

答：沥青云母、虫胶云母烘卷绝缘以及热固性树脂粉云母绝缘在制造过程中，由于工艺上的原因可能在绝缘层间或绝缘层与股线之间产生气隙。云母绝缘长久运行在温度场或温度的冷热循环作用下，纵向气隙逐渐扩大，尤其是在主绝缘与导线之间的许多气隙常常连成一片，形成所谓脱壳。从检修汽轮机定子绕组发现，这种间隙可达 0.1～1.0mm。

计算与解剖表明，当绕组绝缘的工作电压超过局部放电起始电压时，绝缘便发生局部放电。由此可知，绝缘中的气隙和绕组绝缘的工作电压高于局部放电起始电压，是定子绕组发生局部放电的起因。

局部放电的结果：一是导致放电间隙内可达 1000℃的高温，使胶合剂损伤、碳化；促使股线松散、振动、磨损、断股；主绝缘磨损，主绝缘厚度变薄。二是使股线磨损、短路以及局部放电产生的高温导致主绝缘过热、绝缘电阻降低。三是局部放电也产生臭氧，臭氧与氮化合生成一氧化氮和二氧化氮，二氧化氮与水化合生成硝酸和亚硝酸，硝酸与铜作用生成硝酸铜。解剖被局部放电损伤的铜钱时发现有明显的铜绿。

上述因素作用的结果是主绝缘厚度变薄、绝缘电阻降低，造成主绝缘电气强度降低，最后导致主绝缘击穿的绝缘事故。

2 定子槽放电产生的原因及危害是什么？

答：环氧树脂粉云母热固性绝缘或其他合成树脂绝缘与沥青云母热塑性绝缘不同，它在工作温度或其他因素作用下，通常不改本身的形状，即具有遇热不膨胀特点。在我国，电机制造厂规定环氧粉云母热固性绝缘的下线间隙很大，负公差为0.3mm，使线棒在槽内有径向位移的余隙。不少发电机定子槽楔固定不牢，线棒在电磁力作用下发生径向振动，造成半导体防晕层磨损，使半导体防晕层表面电阻增加。电机厂早期生产的环氧粉云母线棒绝缘的半导体云母带防晕层与主绝缘之间的黏合剂采用醇酸树脂，它的黏合能力很差，运行一段时间后便发生分离。上述半导体防晕层与槽壁之间的间隙、防晕层与主绝缘之间的间隙，在工作电压作用发生放电，产生了所谓的槽放电。随着气隙电位升高，平均放电电流增加，当电流超过一定数值时，微电弧开始燃烧槽内线棒绝缘及楔条。放电电流越大，烧损越严重。结果使绝缘厚度减小，主绝缘电气强度降低，直到击穿或相间短路。

3 防止定子槽内放电的措施有哪些？

答：防止槽内放电，需要减小线棒表面与槽之间的间隙，缩小触电阻数值。在工艺上，大型发电机采用环氧半导体波纹板垫条，或定子铁芯沿轴向每隔几段铁芯采取单面扩槽，在扩槽的2～3mm间隙打入环氧半导体垫片，以增加线棒表面与铁芯槽之间的接触面积，并且阻止线棒在槽内的切向与径向位移。

4 定子绕组连接回路接头电阻增大的原因和危害是什么？

答：发电机定子绕组连接回路中，发电机由于接头焊接工艺不良、焊接质量低下、端部绕组固定不佳，引起接头振动与变形；鼻部接头股线疲劳裂纹与断裂，导致接头电阻增加，接头过热，最后造成定子绕组回路开焊，形成电弧，使定子绕组起火，绝缘烧损，甚至将定子有效铁芯烧损。

5 大型水氢氢汽轮发电机定子绕组端部绝缘故障产生的原因是什么？

答：大型水冷及氢冷汽轮发电机由于结构不合理、绝缘施工与端部固定工艺不严格、铜线焊接工艺差和绝缘材料选用不当；尤其以引线手包绝缘整体性差、鼻端绝缘盒填充不满、绝缘盒与线棒主绝缘末端及引水管搭接处绝缘处理不当，绑扎用的涤玻绳固化不良等原因，是造成端部绝缘故障的主要原因。

6 水内冷定子绕组绝缘故障的原因有哪些？

答：水内冷发电机定子绕组绝缘故障常见原因有：

（1）安装或检修不当，在定子线棒鼻部汇水盒内遗留杂物。

（2）凝结水水质不良或结构和工艺上的缺陷，使一部分线棒空芯导线流量降低甚至堵塞，造成鼻部接头或槽内股间绝缘局部或大面积过热。

（3）鼻部环氧树脂石英砂填料碳化或股线严重过热，导线失去整体性，发生振动、裂纹、断股、内层主绝缘磨损。

（4）绝缘受潮使绝缘电阻降低。

7 定子绕组绝缘热老化产生的原因是什么?

答：绝缘在热的作用下理化性能改变、绝缘强度下降、击穿电压降低的现象称热老化。其原因如下：

(1) 定子绕组绝缘长时在工作温度作用下，其内部发生的化学过程，导致绝缘的胶合剂和纸底逐渐变脆。绝缘层间、云母片间逐渐失去胶合剂，使绝缘分层产生气隙、膨胀并出现皱折，使剩余击穿电压降低。

(2) 高温时绝缘加速老化，首先引起股线胶合剂分解，如果使用沥青胶合剂则会局部流胶，绝缘形成气隙，股合剂变脆失去整体性，使剩余击穿电压降低。

(3) 股线振动，造成股线短路、裂纹或断股，使绝缘过热和烧损或主绝缘磨损，导致绝缘发生故障。

8 试述采用测量同步发电机和调相机端部线棒的电压分布，寻找定子线棒绝缘缺陷的原理。

答：当直流电压加在线棒上时，若某一线棒绝缘存在缺陷，它的电压分布将发生明显的变化。这是因为故障点的电压 U_x 与故障点的电流 I_x 成正比，并与故障点离槽口的表面电阻 R 成正比，当正常线棒的距离和有缺陷线棒的距离相等时，R 近似相等，电压分布也相等。当线棒有缺陷时 I_x 增大，$U_x \propto I_x$，I_x 越大，则分布电压增大得越明显，故由 U_x 的大小可有效地寻找线棒的绝缘缺陷。

9 用油的气相色谱法，分析变压器内部故障，故障类型大致分为哪几种?

答：变压器内部故障大致分为以下几种类型：

(1) 裸金属过热。

(2) 固体绝缘过热。

(3) 火花放电。

(4) 电弧放电。

10 变压器内部故障中的裸金属过热，反映的是哪些缺陷?

答：裸金属过热主要反映的是分接开关接触不良、引线焊接不良、引线连接螺母松动以及铁芯或金属件局部过热等。

11 在进行变压器耐压试验时，由放电或击穿的声响，可判断变压器是否异常。常见的放电声响有哪几种?

答：常见的放电声响现象有：

(1) 油隙击穿放电。

(2) 油中气体间歇放电。

(3) 金属件悬浮电位放电。

(4) 固体绝缘爬电。

(5) 外部回路放电。

12 变压器分接开关接触不良，反映在一两个分接处电阻偏大，主要原因是什么？

答：主要是被测分接开关的触点不清洁、电镀层脱落、弹簧压力不够、触头联结松动或有局部烧伤等。

13 变压器绝缘老化现象的特征表现在哪几个方面？

答：变压器绝缘老化后表现出以下特征：

（1）绕组的绝缘纸和纸板脆化，失去弹性而容易碎裂。

（2）纸的颜色变为黑褐色。

（3）变压器整体的介损 $\tan\delta$ 值逐年增加，而绝缘电阻和吸收比逐年下降。

（4）油的色谱分析中，总烃和 CO、CO_2 逐年增加，速率过快。

（5）变压器油劣化加速，油质呈酸性反应。

14 变压器内部的各种故障产生的气体有相同的，也有特殊的。一般认为对于判断变压器故障有特殊意义的气体主要是指哪些气体？

答：判断变压器故障有特殊意义的气体主要指；氢（H_2）、一氧化碳（CO）、二氧化碳（CO_2）、甲烷（CH_4）、乙烷（C_2H_6）、乙烯（C_2H_4）、乙炔（C_2H_2）等 7 种气体。

15 绕组纵绝缘事故原因有哪些？

答：（1）设计结构不合理，工艺不良这方面有引线结构复杂、布置拥挤，静电环连线结构不合理、工艺处理困难致使局部电场强度过高及绝缘薄弱等。

（2）原材料质量差，遗留有先天缺陷。由于制造时使用了质量差的绝缘材料，使产品存在有先天缺陷，而这些先天缺陷往往用常规测试手段不易发现，在运行中发展为事故。

（3）制造工艺不良留下隐患，这方面的问题有分接引线与绕组焊接不良，分接开关合不到位、接触不良等。

（4）绝缘距离不够。这方面的问题有引线间及对地的绝缘距离不够等，运行中由于过电压放电损坏绝缘等。

16 绕组机械强度不够的危害是什么？

答：当系统发生短路故障，由于变压器的动、热稳定余度不足。有的变压器在经受短路冲击时会马上损坏，而有的并不立即发生事故，但出现严重隐患。一方面动稳定性严重下降；另一方面绝缘损伤，长期运行后损坏变压器。

17 有载分接开关常见的绝缘问题有哪些？

答：有载分接开关常见的绝缘问题有绝缘桶起泡，胶木条开裂、变形等。此外，还有有载调压结构不合理等。

18 变压器进水受潮的原因有哪些？

答：变压器进水受潮的原因有：油枕焊缝及胶垫变形，造成油枕进水；冷却器铜管长时间运行后磨损，使变压器进水受潮；套管端部密封不良进水，使绝缘桶或引线、绝缘支架受潮等。

19 变压器油流带电的危害是什么？

答：油流带电来源于静电放电，即当电荷积聚到一定程度后，可能向绝缘纸板放电。长时间放电会引起油中可燃气体增加，特别是 H_2 和 C_2H_2 含量明显增加，最终引起绝缘故障。

20 主绝缘中沿纸板表面放电事故发生的原因是什么？

答：主绝缘中沿纸板表面放电事故发生的原因是主绝缘结构中第一油隙的设计不合理。

21 大型变压器漏磁发热产生的危害及解决措施是什么？

答：随着变压器容量的增加、漏磁发热的问题越来越严重。它不仅增加了额外的能量消耗，而且造成局部过热性故障，尤其在变压器钟罩法兰及螺钉上出现高达几百度的高温热点。

解决该问题方法有：将连接法兰的普通钢螺钉，改成不锈钢螺钉，以隔断漏磁通；用一根宽铜带，将法兰两端短路；变压器内部采取在油箱内壁上铺设铝板或采用磁屏蔽等。

22 什么是电容型绝缘设备的热老化？

答：电容型绝缘设备（如高压套管、电流互感器），既承受高电压又通过大电流，绝缘介质在高电压作用下的介质损耗以及电流的热效应，均会使绝缘温度升高，加之油隙小，散热条件差，如果绝缘存在缺陷，绝缘中发出的热量会超出向周围介质散出的热量，则绝缘中的温度将会不断升高，而产生的热量又不易散发出去，导致绝缘的热老化。

23 电容型套管或电容型电流互感器，常见的绝缘缺陷主要有哪些？这些缺陷由什么原因引起的？

答：常见的绝缘缺陷及其产生原因如下；

（1）电容极板的边缘局部放电。主要是由于极板不光滑，电容屏尺寸不符合要求引起。

（2）绝缘不均匀处产生局部放电。原因是制造或检修过程中真空干燥不彻底，残存气泡。

（3）端部密封不严，进水受潮。

（4）热老化。

24 电容型套管及电流互感器绝缘结构的特点是什么？

答：电容型套管与电流互感器的主绝缘为电容均压结构，设备电压由若干个串联的电容链组成的电容芯子来承担。电容型套管的导电杆为一空心铜管；而电流互感器的一次线芯则为U形或R形。电容屏（主屏）由铝箔制成，屏间绝缘由电缆纸连续缠绕构成。在电容屏端部有时附有副屏（端屏），以改善端部电场，电容芯经真空干燥与浸油处理后进行总装，以瓷套和金属附件等使之成为整体，并在电容芯与瓷套间充满绝缘油，整个产品为全密封结构。

电容型绝缘结构具有绝缘利用系数高、具有结构合理、体积小等优点。

25 电容型套管及电流互感器产生局部放电的原因及危害是什么？

答：局部放电产生的原因及危害有以下两种情况：

（1）制造中电容极板不光滑，电容屏尺寸、排列不符合设计要求以及铝箔在绕制或组装过程中应力集中而产生断裂等造成电容极板边缘电场集中，导致局部放电将绝缘烧损。

（2）由于制造或检修过程中真空干燥处理不彻底，绝缘中残存气泡，在电场作用下这些气泡比固体介质有更高的电场强度，在运行中产生局部放电。这种放电对绝缘介质有极大的腐蚀作用。在长期工作电压作用下放电会不断发展，腐蚀会不断蔓延，影响绝缘介电性能，损坏绝缘。

从故障设备的解体发现，在被损伤的绝缘上覆盖有大量的由局部放电产生的 X 蜡。由套管故障检查可知，由于绝缘绕包松散、线芯绝缘纸严重起皱、严重折叠，促使局部放电快速发展，扩大面积将绝缘烧损。

26 电容型套管及电流互感器热老化的原因及后果是什么？

答：电容型绝缘既承受高电压又有电流通过。绝缘介质在高电压作用下的介质损耗以及大电流的热效应都会使绝缘温度升高。如果绝缘存在缺陷，绝缘中发出的热量会超过向周围介质散发的热量，则绝缘的温度将会不断升高，绝缘在高温下性能急剧下降，最后损坏。

27 绝缘油老化的原因是什么？

答：运行中在长期电、热及水分作用下会使绝缘性能劣化。这种老化包括两方面：一是电场作用下，由于局部放电、过热等使油分解；二是水分及杂质溶于油中，使其介电性能下降。此外，还有绝缘油长期与大气接触也会导致氧化老化，而且，氧化老化促使绝缘油性能下降是很严重的。

28 电流互感器 L_1 端子放电是怎样产生的？

答：电流互感器的一个出线端子 L_2 是与储油柜等电位的，而另一个端于 L_1 与储油柜是绝缘的。在工频电压下由于一次绕组电感很小，故在储油柜与 L_1 端子间不会出现放电。但当系统出现冲击电压时，高频电流在一次线圈上的电感压降可能造成 L_1 端子对储油柜放电。

29 如何诊断电容型套管及电流互感器绝缘是否劣化？

答：正确诊断电容型套管及电流互感器绝缘须在正确获得测试数据的基础上，对各项试验结果进行综合比较，以异常参数为主线索，通过加试其他项目，摸清该参数与有关的其他因素的关系，进一步诊断出绝缘缺陷的性质与缺陷的严重程度。如发现 $\tan\delta$ 异常，可通过测量 $\tan\delta$ 与电压、$\tan\delta$ 与温度的关系以及芯子与末屏、末屏与地间的 $\tan\delta$ 和绝缘电阻；如有必要可进行油中含水量测量和色谱分析等以协助判断。

30 引起分级绝缘电磁式电压互感器损坏爆炸的原因主要有哪些？

答：引起分级绝缘电磁式电压互感器损坏爆炸的原因有：

（1）线圈设计不合理和工艺不良。
（2）绝缘支架开裂，主绝缘对地放电。
（3）进水受潮。
（4）铁芯夹件悬浮放电。
（5）与断路器均压电容器产生谐振过电压。

31 110kV及以上的互感器，在预防性试验中测得的介损 $\tan\delta$ 增大时，如何分析它是受潮引起的?

答：（1）检查测量接线的正确性，QS1电桥的准确性和是否存在外电场的干扰。
（2）排除电压互感器接线板和小套管的潮污和外绝缘表面的潮污因素。
（3）油的色谱分析中，氢（H_2）的含量是否升高很多。
（4）绝缘电阻是否下降。
在排除上述因测量方法和外界的影响因素后，确知油中氢含量增高，且测得其绝缘电阻下降，则可判断是受潮引起的。否则应进一步查明原因。

32 引起绕组绝缘故障的原因有哪些?

答：引起绕组绝缘故障的原因主要是设计、材质或工艺不良造成。如漆包线掉漆、绕制时导线受损或露铜未加处理、线匝排列不均匀、导线打结、引线焊接不良、层间绝缘不够、端部绝缘处理不好等均会引起匝间短路或层间和主绝缘击穿。

33 引起绝缘支架故障的原因是什么?

答：串级式电压互感器的铁芯具有一定的电位，由绝缘支架支撑悬空。绝缘支架一般多用酚醛材料黏合压制而成，也有用环氧材料的。不论采用何种材料，在压制和加工过程中如果工艺不良，很容易造成支架的缺陷。

通常支架开层和介质损耗值大是有缺陷的表现。对于绝缘支架的缺陷可用测量介质损耗因数的方法检出。因绝缘支架不良而爆炸烧毁的电压互感器，在支架上都可发现明显的闪络通道。在有些烧坏的互感器支架上还发现有局部放电腐蚀所形成的沟道或洞孔。

34 电压互感器进水受潮的原因有哪些? 防范措施有哪些?

答：电压互感器进水受潮的原因主要是端部储油柜盖密封不严所致。这些问题有螺丝没有拧紧、密封垫圈未上到位、端盖刚度不够、密封垫老化等。此外，还有微正压胶囊渗漏和油接触空气氧化老化等。

防范措施可采用戴防雨帽、改微正压和加装小油枕、加装金属膨胀器结构等措施。

35 悬浮放电产生的原因和危害是什么?

答：串级式电压互感器的铁芯具有一定电位，因此铁芯穿心螺丝的一端与铁芯是金属连接，另一端则绝缘，以保证穿心螺丝不产生悬浮电位，又不会短路铁芯。由于结构不合理，如果绝缘支架的螺帽过紧，就可能破坏穿心螺丝一端与铁芯的金属连接，致使穿心螺丝在运行中电位悬浮而发生放电。悬浮放电是造成电压互感器油中产生 C_2H_2 的主要原因之一。这种缺陷不会立即对电压互感器的运行带来威胁，但发展的结果会促使油质劣化和对绝缘的电腐蚀，最终导致绝缘事故发生。

36 中性点接地系统谐振过电压产生的条件是什么？解决谐振的方法有哪些？

答：中性点接地系统谐振过电压产生的条件是：

（1）有断口电容的断路器处于断开状态而隔离开关在合的位置。

（2）母线上仅有互感器而无其他设备和线路，即主母线。

解决这种谐振过电压的方法是：

（1）避免出现空母线和有断口电容断路器断开的运行方式或加大母线电容。

（2）一旦出现谐振过电压，应立即在空母线上合上一条空输电线或空载变压器，或打开断路器电源侧的隔离开关，而不应打开互感器侧隔离开关或合上断路器。

（3）改善或规定电压互感器的励磁特性。

（4）采用电容式电压互感器。

37 如何分析电压互感器事故原因？

答：对互感器事故的原因分析十分重要，这对于预防事故频发意义很大。互感器事故后，特别是爆炸后的互感器已面目全非，怎样从残体中找出事故迹象，分析出事故原因一般是困难的。以下是一些经验，分析时要注意：

（1）受潮。互感器端帽内或底座内应有锈迹。

（2）匝或层间短路。存在匝、层间短路的绕组有崩开或翻花现象。

（3）绕组端绝缘击穿。一般绕组不崩开，不翻花，拆开硅钢片后可发现端部绝缘有击穿孔洞或放电通道，尤其在绝缘端圈上可看到明显的树枝状爬电痕迹。

（4）绝缘支架缺陷。在绝缘支架上有击穿通道，甚至有蛀洞；平衡绕组烧焦或熔化。

38 互感器爆炸及表计电压升高的原因是什么？

答：一般电压互感器在爆炸前夕，值班员会发现表计电压升高，其原因如下：

（1）在大电流接地系统，在空母线情况下，互感器与断路器的断口电容之间发生谐振。

（2）存在其他过电压情况下，并联运行的其他互感器表计电压也会升高。

（3）对大电流接地系统中，支架击穿或非常多匝数短路的表现为表计电压升高。

39 高压断路器内绝缘事故的原因有哪些？如何防止事故发生？

答：（1）受潮闪络使断路器套管损坏。金属帽进水，绝缘拉杆受潮，酿成内绝缘闪络，造成断路器或套管爆炸事故时有发生。防止措施可以采取改进金属帽的呼吸孔结构，以防止凝露；加装防雨罩；三角箱孔加强密封等。另外，加强断路器的绝缘拉杆和多油断路器电容型充胶套管的检查和试验工作。

（2）环氧树脂电流互感器放电引发事故。断路器内附环氧树脂电流互感器，有些因为浇注质量不良使局部放电量快速增长，最后导致绝缘击穿、断路器爆炸。防范措施是定期进行局部放电的检测，发现不合格及时处理。

（3）SF_6全密封组合电器（GIS）内部放电故障。SF_6全封闭组合电器的主要问题是内部放电。防范措施是对GIS进行规定的耐压试验。

40 高压断路器外绝缘事故的原因及防范措施是什么?

答：(1) 断路器套管闪络。断路器套管只要泄漏比距选择正确，加强运行维护，一般极少发生污闪事故。但若泄漏比距选择小了，设备又渗漏油，清扫、上涂料不及时，遇上恶劣气候条件便会发生套管污闪事故。该事故断路器套管污闪多发生在对地支持套管上。但近年来却发生几起断路器断口灭弧套管的闪络事故。防范措施是结合当地污秽条件正确选择泄漏比距，及时进行清扫等。

(2) 高压断路器柜绝缘件闪络。绝缘设计裕度不合理，开关柜尺寸太小，在绝缘强度上又没有有效的加强措施，很有可能发生开关柜绝缘闪络事故。此外，绝缘隔板材料不良，在环境条件湿度大时也发生闪络事故。防范措施是根据使用环境条件和运行工况，合理选用产品。

41 断路器灭弧室烧损的原因有哪些?

答：灭弧室烧损的原因有：开断容量不够、灭弧室缺油、绝缘油劣化以及过电压等。

42 避雷器受潮的主要原因和故障的特点是什么?

答：受潮是对避雷器威胁最大的一种隐形故障。密封不良，安装时带进水分和装配时内部元件本身含有较多湿气是各种类型避雷器受潮的根本原因。凡受潮的避雷器在预防性试验及带电测量电导(全)电流时，电导电流会明显增加。

凡受潮引起事故的避雷器，都有如下几个特点：

(1) 阀片外侧和套管内壁有明显闪络痕迹。

(2) 内部铁件镀锌层有锌白，弹簧有锈蚀。

(3) 阀片喷铝面没有放电踪迹。

(4) 事故前电导(全)电流明显增大。

43 氧化锌避雷器(MOA)直流1mA电压U_{1mA}过低的危害是什么?

答：当MOA流过直流1mA电流时，在两端测得的电压称为直流1mA电压U_{1mA}。

MOA的U_{1mA}过低，意味着荷电率(持续运行相电压峰值和U_{1mA}的比值)增高，加上运行中受条件环境影响和自身电压分布不均匀，使得这种MOA更易老化。MOA电阻片老化后，由于伏安特性曲线的变化，MOA的热稳定工作点将发生偏移，电阻片的温度会上升，而MOA在小电流区域为负温度系数。这样，温度越高，U_{1mA}越低，就把MOA推向危险的边缘。一旦U_{1mA}接近持续运行电压峰值，只要电网电压波动时间较长，超过了MOA工频电压耐受时间特性限定的参数，就会导致MOA热崩溃造成事故。

44 MOA电位分布不均的危害是什么?

答：由于外电场影响，杂散电容作用，使MOA上下两节之间电位分布不均；最严重时，每升高1m不均匀系数增加3%～5%。MOA分布不均匀的主要危害是上节避雷器的使用寿命严重缩短。

防范措施可以采用加均压电容、均压环等补偿杂散电容办法；停电试验时，要加强上节避雷器的测试工作。

45　系统原因造成的避雷器事故主要原因是什么？

答：当出现工频过电压、谐振、断线、接地等情况时，常常会使系统由中性点直接接地变为中性点绝缘。避雷器承受的电压超出避雷器的额定运行电压。这种情况下的故障往往是两相 MOA 同时损坏。

46　FCZ3 型避雷器的电晕和局部放电造成的绝缘损害是什么？

答：FCZ3 型避雷器在并联电阻和连线等形成夹角处的电场强度较高，运行中易发生局部电晕或放电，在内部充氮的干燥避雷器内，这种现象还不至于引起严重后果，但在受潮的避雷器内，由于电晕作用使水分变成酸性，除了腐蚀内部元件外，附着在瓷套、围屏等绝缘部件表面，会加剧局部放电发展，恶性循环的结果，最终导致贯穿性闪络。

47　中性点不接地 35kV 系统中，什么情况下会发生单相接地时的间歇性电弧？它有什么危害？

答：一般当接地电流大于 10A 时，单相接地最容易引起间歇性电弧。它可能引起相对地谐振过电压，其数值可达 2.5～3 倍以上相电压，由此可能在电网某一绝缘较为薄弱的部位，引起另一相对地击穿，造成两相短路。

48　为什么要测量拉合空载线路过电压的幅值？

答：在电力系统中，拉合空载线路时产生的过电压的幅值与电网结构（线路接线方式）、系统容量及运行方式（中性点）、断路器性能等因素有关。过电压幅值的大小将影响电力系统安全运行。掌握过电压幅值的大小，以采取适当的防患措施及验证限制过电压措施的有效性，都需要实际测量拉合空载线路过电压的幅值。

49　试述变压器空载合闸时的暂态过程。

答：变压器空载合闸时，当合闸瞬间电压为零值时，磁通为最大值（$-\phi_m$），但由于铁芯中的磁通不能突变，在铁芯中就会出现一个非周期分量的磁通 ϕ_f，其幅值为 ϕ_m，从而开始了暂态过程。

在暂态过程中，铁芯里的总磁通的瞬时值曲线是由稳态分量与瞬变分量合成的。到 1/2 周期时，其合成值为最大，且为周期分量幅值的两倍。所以合闸时，变压器铁芯的饱和情况将非常严重，因而励磁电流数值大增，即形成励磁涌流。

励磁涌流可达到变压器额定电流的 6～8 倍，比变压器的空载电流大 100 倍左右。由于绕组具有电阻，这一电流是随时间而衰减的，一般经过 6～8s，对于大型变压器为数十秒，就可以达到稳定的正常励磁电流值。

50　中性点直接接地变压器的绕组在大气过电压作用时电压是如何分布的？

答：大气过电压作用在中性点直接接地变压器绕组上，一开始由于绕组的感抗很大，所以电流不从变压器绕组的线匝中流过，而只从高压绕组的匝与匝之间，以及绕组与铁芯即绕组对地之间的电容中流过。由于对地电容的存在，在每线匝间电容上流过的电流都不相等。因此，沿着绕组高度的起始电压的分布，也是不均匀的。在最初瞬间的电压分布情况是首端几个线匝间，电位梯度很大，使匝间绝缘及绕组间绝缘都受到很大的威胁。

从起始电压分布状态过渡到最终电压分布状态，伴随有振荡的过程，这是由于绕组之间电容及绕组的电感作用。在振荡过程中，绕组某些部位的对地主绝缘，甚至承受比冲击电压还要高的电压。

51　为什么三绕组变压器常在低压绕组的一相出线上加装一只阀型避雷器，而当低压绕组连有25m及以上电缆时，则可不装阀型避雷器？

答：三绕组变压器低压侧有开路运行可能时，由于静电感应在低压侧产生的过电压会对绕组的绝缘有危害，故应在低压绕组的一相出线上加装一只阀型避雷器，以限制静电感应过电压，保护低压绕组的绝缘。而静电感应过电压的高低，取决于低压绕组开路运行时，对地电容的大小，若对地电容大，则静电感应的电压则降低，不会危及低压绕组的绝缘。所以，当低压绕组连有25m及以上电缆时，相当于增大了绕组的对地电容，故可不装阀型避雷器。

52　为了保证变压器绕组在过电压作用时不损坏，必须采取哪些措施？

答：过电压作用时，变压器绕组不损坏所采取的措施有：

(1) 用避雷器保护，限制作用在变压器绕组上的电压幅值。

(2) 尽量使起始电压与最终电压分布一致，即沿绕组长度电压分布均匀一些。

(3) 电压的过渡，即由 $t=0$ 到 $t=\infty$ 期间，不产生振荡。

53　为什么采用带并联电阻的断路器能够限制拉、合空载线路时引起的过电压幅值？

答：如图9-21所示，为用带并联电阻断路器拉、合空载线路，其限制过电压的作用为：

(1) 在拉长线时，电阻回路延时打开；在合长线时，提前将电阻接入。这样就能通过电阻释放掉线路上的大部分残余电荷，降低线路上的残压，从而限制了过电压倍数。

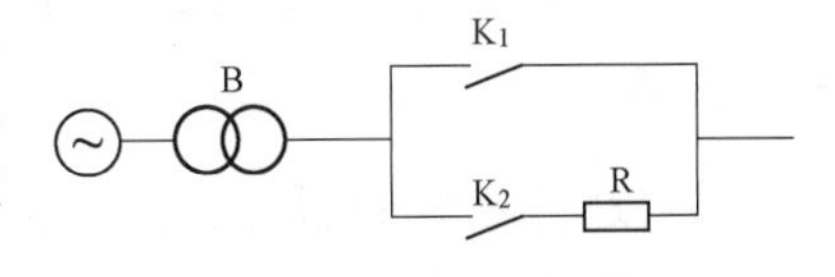

图9-21　带并联电阻的断路器示意图

(2) K_1拉开后，R并联在K_1触头两边，使K_1两端的恢复电压仅为断口的两端电压，主触头K_1不易重燃，所以限制了电网过电压。

54　为了防止和消除中性点绝缘系统中的电压互感器的谐振过电压，可采用哪些措施？

答：(1) 选用励磁性能好的电磁式电压互感器或改用电容式电压互感器。

(2) 在电磁式电压互感器的开口三角绕组中，加装一个电阻，并且 $R\leqslant 0.4x_T$（x_T 为互感器在额定线电压作用下，换算到低压侧的单相绕组励磁感抗）。

(3) 在母线上加装一定的对地电容。

(4) 采取临时倒闸措施，如投入消弧线圈、将变压器中性点临时接地以及投入事先规定的某些线路或设备等。

55 在电容式电压互感器的结构中，常见的抑制铁磁谐振的装置有哪几种？

答：抑制电容式电压互感器铁磁谐振的方法，大致有以下几种：

（1）加装阻尼电阻 R_Z。R_Z电阻的值约为 25Ω，容量 300～400W 接在中间变压器的第 3 绕组 ad、xd 上，当发生铁磁谐振时，消耗谐振回路的能量。

（2）加装饱和电抗器。其原理结线如图 9-22 所示，饱和电抗器接在中间变压器的第 3 绕组上，当发生铁磁谐振时，电抗元件 L_s迅速饱和、感抗下降，抑制过电压的幅值。

（3）加装谐振阻尼器。其原理结线如图 9-23 所示，阻尼器接于中间变压器的第 3 绕组上。正常运行时，即额定频率下，电路处于并谐振条件破坏，呈现高阻抗，$I_r \approx 0$。当发生常见的分频谐振时，谐振条件破坏，I_r迅速增大。在 R_Z上消耗其谐振能量，可有效地抑制谐振。

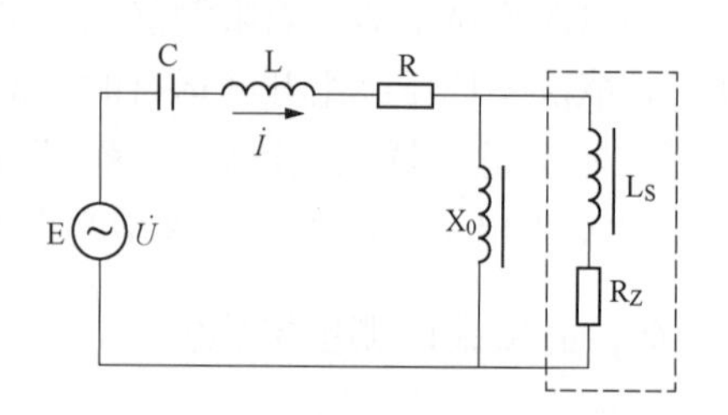

图 9-22 加装饱和电抗器原理接线图

E—电源；C—等效电容；L—中间变压器电抗；L_s—饱和电抗器；X_0—中间变压器励磁电抗；R_Z—串联电阻

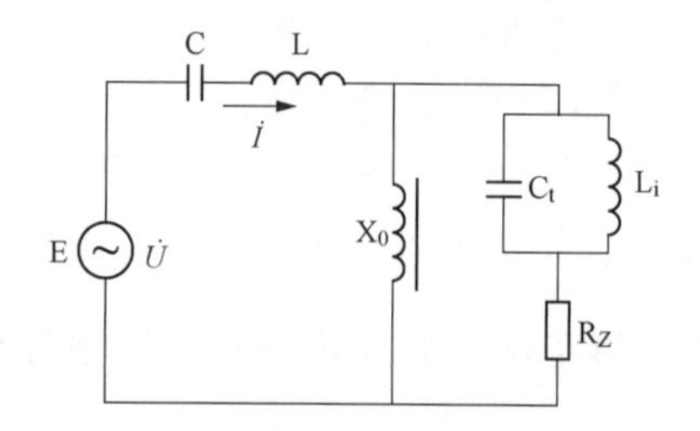

图 9-23 加装谐振阻尼器原理接线图

E—电源；C—等效电容；L—中间变压器电感；X_0—中间变压器励磁电抗；C_t—谐振电容器；L_t—谐振电抗；R_Z—串联电阻

所有抑制谐振的装置即消谐负载都是接于中间变压器时第 3 绕组上，其原因是在运行中，测量绕组的准确度不受影响。

56 在中性点有效接地系统中，电磁式电压互感器产生谐振过电压的原因及条件各是什么？

答：这种谐振过电压是由断路器的断口电容和电压互感器的电感发生谐振引起的。

产生的条件是：

（1）有断口电容的断路器处于断开状态，而隔离开关在合闸位置。

（2）母线上仅接有电压互感器，即空母线。

第四篇

电测仪表

第十章

电测仪表初级工

第一节 电工仪表基本知识

1 什么叫电工仪表?

答：在电工测量中，测量各种电量、磁量及电路参数的仪器仪表统称为电工仪表。

2 电测仪表按照测量方式分类有哪几种?

答：按照测量方式分为直读式和比较式两种。

直读式是根据仪表指针所指位置从刻度盘上直接读数，如电流表、万用表、兆欧表等。

比较式是将被测量与已知的标准量进行比较来测量的，如电桥、接地电阻测量仪等。

3 按工作原理电气仪表有哪几种形式?

答：按工作原理分，电气仪表有电磁式、电动式、磁电式、感应式、整流式、热电式、电子式、静电式仪表等。

4 按使用方法仪表可分为哪几类?

答：按使用方法，仪表可分为开关板式（简称板式表）和可携式两类。

5 电测仪表的基本组成和各部分工作原理是什么?

答：电测仪表的基本工作原理都是将被测电量或非电量变换成指示仪表活动部分的偏转角位移量。被测量往往不能直接加到测量机构上，一般需要将被测量转换成测量机构可以测量的过渡量。这个把被测量转换为过渡量的组成部分叫测量线路。把过渡量按某一关系转换成偏转角的机构叫测量机构。测量机构由活动部分和固定部分组成，它是仪表的核心。电工指示仪表一般由测量线路和测量机构这两个部分组成。

测量机构的主要作用是产生使仪表的指示器偏转的转动力矩，以及使指示器保持平衡和迅速稳定的反作用力矩及阻尼力矩。

测量线路把被测电量或非电量转换为测量机构能直接测量的电量时，测量机构活动部分在偏转力矩的作用下偏转。同时测量机构产生反作用力矩的部件所产生的反作用力矩也作用在活动部件上，当转动力矩与反作用力矩相等时，可动部分便停止下来。由于可动部分具有惯性，以至于其达到平衡时不能迅速停止下来，而是在平衡位置附近来回摆动。测量机构中的阻尼装置产生的阻尼力矩使指针迅速停止在平衡位置上，指出被测量的大小，这也就是电工指示仪表的基本工作原理。

6 常用电工测量仪表的准确度等级有哪几级？

答：有0.1级、0.2级、0.5级、1.0级、1.5级、2.5级和5.0级等七个等级。

7 电测指示仪表测量机构在工作时有哪些力矩？

答：测量机构在工作时有：转动力矩、反作用力矩和阻尼力矩。

8 测量仪表形成的误差分为哪几类？

答：仪表误差分为基本误差和附加误差两类。

(1) 仪表在正常工作条件下，因仪表结构、制造工艺等方面的不完善而产生的误差叫基本误差，基本误差是仪表的固有误差。

(2) 附加误差是因工作条件（指温度、放置方式、频率、外电场和外磁场等）改变造成的额外误差。

9 电工仪表按使用条件可分哪几类？各类在什么条件下使用？

答：按使用条件分为A、B、C三类。A类仪表宜在温暖的室内使用；B类可在不温暖的室内使用；C类则可在不固定和室外使用。

10 仪表的准确度与测量结果的准确度意义是否相同？

答：不相同。

(1) 测量结果，即所测得的量，经过一定的处理所得的信号。期间存在一定的测量误差，相当于测量准确度。

(2) 仪表的准确度，是将传感器所测得的信号显示出来的准确度。可有机械式仪表和数字电子仪表。数字电子仪表的准确度较高；而机械式仪表是需要依靠机械部件来带动指针运转指示。所以，机械部件本身（运行）就存在一定的误差。

11 解释绝对误差、修正值、相对误差、引用误差的基本含义。

答：绝对误差。仪表的读数（指示值）和被测量的实际值之间的差值。在计算时可以用标准表的指示值作为被测量的实际值。

修正值。与绝对误差的大小相等符号相反，引入修正值后就可以对仪表的读数进行修正，以减小其误差。

相对误差。绝对误差与被测量的实际值的比值。用百分数来表示。

引用误差。绝对误差与仪表的基准值（或测量上限）的比值百分数。

12 引用误差中基准值应如何选定？

答：不同的标度尺的仪表，其基准值的选取不同。一般按下列规定选取：

（1）单向标度尺的仪表其基准值为标度尺工作部分的上量限。

（2）双向标度尺的仪表基准值为标度尺工作部分两上量限绝对值之和。

（3）对无零位标度尺的仪表，即指针式仪表其基准值以标度尺工作部分上下量限的差数的绝对值表示。

（4）对于标度尺特性为余弦的、双曲线或指数为三级及以上级数的仪表，其基准值应为标度尺工作部分的长度。

13 如何正确合理地去选择使用仪表?

答：从以下几方面去考虑选择仪表：

（1）根据被测量的性质选用仪表。被测量一般分为交流和直流，直流仪表只能直接用来测直流量，交流仪表只能直接用来测交流量，而交直流两用仪表既可以测量交流量，又可以测量直流量。测量交流量时，还应区分是正弦波还是非正弦波。另外，尚需考虑被测量的使用频率范围。(如励磁系统表计)

（2）根据被测量大小选用仪表。选择仪表量限的原则，应使被测量之值在仪表上量限的1/2～2/3以上，这一点在实际中要重点给予考虑，以获得较高的准确度。但要注意，不能使被测量之值超过仪表的满量限。否则，有可能损坏仪表。

（3）根据测量线路及测量对象的阻抗大小选择仪表内阻。不同内阻的仪表对于不同阻抗的被测对象，其测量结果往往有很大差异，如果匹配不当常使测量结果失去意义。用电流表测量电流时，因其与被测电路是串联的，总是希望电流表内阻越小越好。用电压表测量电压时，因其与被测电路是并联的，总是希望电压表内阻越大越好。在一般工程测量中，若测量结果的准确度要求不太高，假设 R 为测量对象的内阻，对于电压表来说，当其内阻 $R_v \geqslant 100R$ 时，就可以认为内阻对测量结果的影响在允许的范围内；对电流表来说，当其内阻 $R_A \leqslant 1/100R$，就可以认为内阻对测量结果的影响在允许范围内。

（4）根据工程实际需要选择仪表。一般0.5级及以下仪表作为安装式仪表，以监视被测对象；0.5级及0.1级、0.2级仪表作为实验室和精密测量用仪表。

（5）根据仪表使用场所选择仪表。选择仪表时，应充分考虑其使用场所，如工作环境温度高低，通风条件，外磁场影响程度，周围空气湿度的变化及测量过程中有无过载等情况，要综合考虑。

14 如何正确地获得仪表的读数?

答：正确地获得读数的基本方法，就是在测量数据中不应包含视差的影响。为消除视差，读数时应使我们的视线与仪表标度尺的平面相垂直；如果仪表标度尺上带有反射镜，则要使视线、指针与反射镜中的针影三者相重合（即在同一平面内）。这样就可以消除人为的视差，获得准确的读数。

15 如何表示仪表的准确度等级?

答：仪表的准确度是用仪表的最大引用误差来表示。引用误差是指仪表的测量的绝对误差与仪表测量上限的百分比。

16 在电测仪表中常见的阻尼方式有哪些?

答：常见的阻尼方式有空气阻尼、磁感应阻尼和油阻尼。

17 对电测指示仪表有哪些技术要求?

答：一是要有足够的准确度。也就是在正常工作条件下使用仪表时，它的实际误差均应在该表准确度等级所允许的误差范围。二是变差要小。也就是表计的升降变差不应超过基本误差的绝对值。三是本身消耗的功率要小。四是要有良好的阻尼装置。五是要有足够的绝缘强度。六是有良好的读数装置。

18 什么是国际单位制?

答：国际单位制的简称 SI，它是由国际计量大会（CGPM）所采用和推荐的一贯单位制。目前国际单位制是以米、千克、秒、安培、开尔文、摩尔和坎德拉等七个基本单位为基础的。

19 试写出作为国际单位制（SI）基础的基本单位的名称和符号。

答：基本单位共有七个，它们的名称和符号如下：
单位名称：米、千克（公斤）、秒、安［培］、开［尔文］、摩［尔］、坎［德拉］。
单位符号：m、kg、s、A、K、mol、cd。

20 二次回路是由哪几个主要部分组成?

答：二次回路也称二次接线。它是由监视表计、测量仪表、控制开关、自动装置、继电器、信号装置及控制电缆等二次元件所组成的电气连接回路。

21 常用的交流整流电路有哪几种?

答：常用的交流整流电路有：
（1）半波整流。
（2）全波整流。
（3）全波桥式整流。
（4）倍压整流。

22 简述电磁感应定律的内容。

答：当回路中的磁通随时间发生变化时，总要在回路中产生感应电动势，其大小等于线圈的磁链变化率，它的方向总是企图使它的感应电流所产生的磁通阻止磁通的变化。

23 简述楞次定律的内容。

答：楞次定律是用来判断线圈在磁场中感应电动势的方向的。当线圈中的磁通要增加时，感应电流要产生一个与原磁通相反的磁通，以阻止线圈中磁通的增加；当线圈中的磁通要减少时，感应电流又产生一个与原磁通方向相同的磁通，以阻止它的减少。

24 什么叫功率三角形？

答：功率三角形是表示视在功率 S、有功功率 P 和无功功率 Q 三者在数值上的关系，如图 10-1 所示。

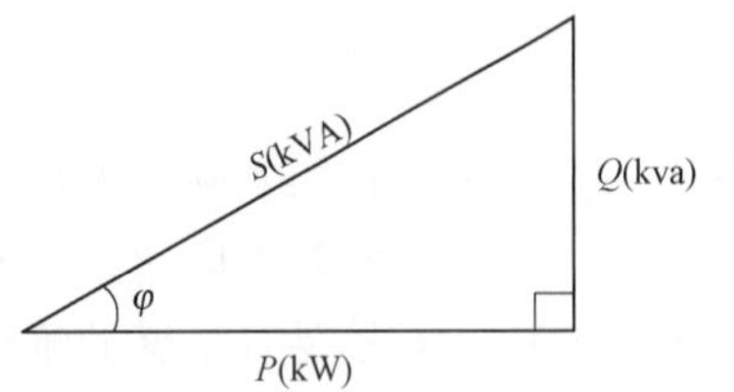

图 10-1 功率三角形示意图

其中 φ 是 $U(t)$（瞬时电压）与 $I(t)$（瞬时电流）的相位差，也称功率因数角，$\cos\varphi$ 表示功率因数。

25 二次回路图按用途可分为哪几种？

答：二次回路依照电源及用途不同可分为：电流回路、电压回路和操作回路三种。

26 什么是仪表的变差？为什么会出现变差？

答：变差是指仪表在上行程和下行程的测量过程中，同一被测变量所指示的两个结果之间的偏差。

在机械结构的检测仪表中，由于运动部件的摩擦、弹性元件的滞后效应和动态滞后的时间影响，使测量结果出现变差。

27 什么叫自感电动势？

答：根据法拉第电磁感应定律，穿过线圈的磁通发生变化时，在线圈中就会产生感应电动势。这个电动势是由于线圈本身的电流变化而引起的，故称为自感电动势。

28 什么叫正相序？正相序有几种形式？

答：在三相交流电相位的先后顺序中，其瞬时值按时间先后，从负值向正值变化经零值的依次顺序称正相序。

正相序有三种形式。

29 什么是基尔霍夫第二定律？

答：在任一闭合回路内各段电压的代数和等于零。

30 什么是基尔霍夫第一定律？

答：在同一刻流入和流出任一节点的电流的代数和等于零。

31 什么叫过电压？

答：电力系统在运行中，由于雷击、操作、短路等原因，导致危及设备绝缘的电压升高，称为过电压。

32 功率因数低的原因有哪些？

答：(1) 大量采用感应电动机或其他电感性用电设备。

(2) 电感性用电设备配套不合适和使用不合理，造成设备长期轻载或空载运行。

（3）采用日光灯等感性照明灯具时，没有配电容器。

（4）变电设备负载率和年利用小时数过低。

第二节　电测量仪表

1　试述磁电系、电动系、电磁系、静电系、热电系、整流系、感应系等仪表各测量交流电什么值？

答：磁电系仪表测量的是交流量的平均值。

整流系仪表测量的是平均值，但以有效值定度。

剩余其他几个系列仪表均测量的是交流量的有效值。

2　为什么要求仪表本身消耗的功率要小？

答：在测量过程中，如果仪表本身所消耗的功率较大，那么在测量小功率时，就会引起电路工作状态的变化，造成测量误差。因此，要求仪表本身消耗的功率应尽量小。

3　简述仪表测量机构的含义。

答：仪表的测量机构是仪表的核心部分，由固定部分和可动部分组成，被测量的值就是由可动部分的偏转指示出来的。

4　简述转动力矩的含义。

答：仪表的转动力矩使测量机构的可动部分发生偏转。是根据电磁原理由仪表中可动部分与固定部分作用产生的力矩，与被测量（或中间量）及可动部分的偏转角有一定的关系，用符号 M 表示。

5　磁电系仪表的刻度盘的刻度为什么是均匀的？其测量的是何值？

答：由于磁电系仪表中永久磁铁间隙中的磁场是在环形的气隙中产生的一均匀辐射磁场，因而使仪表偏转角度呈线性关系，所以刻度盘的刻度是均匀的。

它测量的是平均值。

6　为什么大多数电磁系、电动系、静电系等仪表标尺是不均匀的？

答：这几种仪表可动部分转矩与被测量的平方成正比，它们的标尺特性呈平方规律，所以标尺不均匀。

7　论述磁电系仪表的工作原理。

答：磁电系仪表是以永久磁铁间隙中的磁场与载流线圈（即通有电流的线圈）相互作用，产生转动力矩，从而驱动可动部分偏转。电磁力作为转动力矩，以及使动圈偏转的并与动圈连接在一起的游丝因变形而产生反作用力矩，当转动力矩与反作用力矩相等时，仪表指针便静止在稳定的偏转位置，即仪表指针就在标度尺上指示出被测值。指针偏转角度与电流成正比。

8 磁电系仪表的准确度有何特点?

答：由于磁电系仪表的永久磁铁具有很强的磁场，可产生很大的转矩，使由摩擦、温度及外磁场的影响而引起的误差相对减小。因此，磁电系仪表的准确度能够达到0.1～0.05级。

9 磁电系仪表的刻度有何特点?

答：由于磁电系仪表测量机构指针的偏转角与被测电流的大小成正比，所以仪表的刻度是均匀的。当采用偏置动圈结构时，还可以得到很长的线性标尺。

10 磁电系仪表的功率消耗有何特点?

答：因为磁电系仪表永久磁铁的磁场很强，动圈通过很小的电流就能产生很大的力矩。因此，仪表本身所消耗的功率很低。

11 磁电系仪表的过载能力有何特点?

答：因为磁电系仪表中被测电流是通过游丝导入和导出的，又加上动圈的导线很细，所以过载时很容易因过热而引起游丝产生弹性疲劳和烧毁线圈。

12 电磁系仪表的工作原理是什么?

答：电磁系仪表的工作原理是利用被测电流通过固定线圈产生磁场磁化其中的动、静铁芯，使可动铁芯在电磁力的作用下转动，从而带动指针偏转来进行测量。

13 电磁系仪表一般有哪几种类型?

答：电磁系仪表分为扁线圈吸引型、圆线圈排斥型和排斥吸引型三种类型。

14 电磁系仪表用于测量直流电路和交流电路产生误差的原因有何不同?

答：涡流误差是电磁系仪表用于交流电路时产生的误差。对于电流表来说，仪表中的金属零件，在线圈交变磁场的作用下产生涡流，它与线圈之间的互感影响，对线圈磁场有去磁作用，结果使指示偏慢，因而产生涡流误差。

磁滞误差是电磁系仪表用于直流电路时产生的误差，它是由于铁芯、磁屏蔽及测量机构附近的铁磁物质的磁滞现象而造成的。

15 电磁系仪表的主要特点有哪些?

答：仪表结构简单，测量机构的活动部分不流过电流，过载能力大。

（1）价格便宜。

（2）可以交直流两用，而不要另配整流装置。

（3）准确性度较低，因其结构中有铁磁物质，磁滞影响较大，尤其在测量直流时更加显著。

（4）由于其磁场是由固定线圈通过的电流产生的，与磁电系仪表相比较，磁场较弱，所以灵敏度很低。

（5）仪表受外磁场的影响较大。

（6）仪表功耗较大，电流表功耗为 2～8W，电压表功耗为 2～5W。

（7）电压表由于固定线圈匝数较多，感抗较大，电磁系仪表不宜用在高频电路中。

16 为什么电磁系仪表既可用于交流电路，又可用于直流电路，而磁电系仪表则只能用于直流电路？

答：电磁系仪表，当定圈通入电流（或电压）后产生磁场，测量机构中的动、静铁芯均被磁化，铁芯在电磁力作用下产生转矩，可动部分指示器指示出待测量大小。当被测电流改变方向时，则被磁化了的动、静铁芯的极性也同时改变，转动力矩方向不变。所以电磁系仪表既可用于直流电路又可用于交流电路。

磁电系仪表通入正弦交流电后，由于仪表可动部分受惯性影响，其偏转只能反映瞬时转矩的平均值。对正弦交流电来说，一个周期内转矩的平均值为零，仪表可动部分不产生偏转。所以磁电系仪表不能直接用于交流电路。

17 指针仪表的读数装置有哪些要求？

答：为便于读数和扩大仪表的测量范围，仪表的标尺刻度应尽量均匀。若刻度不均匀，则在分度线较密的部分，读数误差较大，灵敏度也较低。为使刻度不均匀的仪表有足够的准确度，需要在刻度盘上标明其工作部分，一般要求这一部分的长度不小于标尺全长的 85%。

18 理论上电磁系测量仪表可以交直流两用，但是为什么实际上只用于交流？

答：电磁系仪表测量直流量时，铁片被磁化后会有磁滞误差，故造成测量值不够稳定、准确。一般的电磁系仪表只能测量交流量，只有铁片采用优质坡莫合金制造的电磁系仪表，才能交、直流两用。

19 电磁系仪表产生交流误差大的原因有哪些？

答：电磁系仪表产生交流误差大的原因有：

（1）电容击穿。

（2）补偿线圈断路或短路。

（3）使用频率中有谐振频率。

（4）交流变差大。

（5）测量电路感抗大。

（6）测量机构中铁磁元件剩磁大。

20 简述电动系仪表的工作原理。

答：电动系仪表是由固定线圈与可动线圈组成的，是利用两个通电线圈之间的电动力来产生转动力矩的，当固定线圈通过电流 I_1 和可动线圈通过电流 I_2 时，由于可动线圈处在固定线圈产生的磁场中，故可动线圈将在电磁力的作用下产生转动力矩，使仪表的可动部分发生偏转，直到同游丝产生的反作用力矩相平衡为止，指针停在一个刻度上，便读出读数。当I_1与I_2的方向同时改变时，电磁力的方向仍然不变，也就是电动线圈所受到的转动力矩的方向也不会改变。因此，它不仅可用来测直流，还可用来测量交流。

21 电动系仪表有哪些特点?

答：(1) 准确度高。电动系仪表的测量机构内没有铁磁性物质，不产生磁滞误差。因此，它的准确度可高达0.1～0.05级。

(2) 不但可交直流两用，而且还可用来测量非正弦交流量。

(3) 交直流两用，受频率影响较小。通常使用的频率范围为2.5kHz以下，但可以高达10kHz。

(4) 能构成多种线路，测量多种参数。如测量电流、电压、功率、相位及频率等。

(5) 受外磁场的影响较大。这是因为空气的磁阻很大，而仪表本身由固定线圈所建立的工作磁场又很弱。

(6) 标度尺不均匀。因此在标度尺起始端有黑点标记，标记以下的部分不宜使用。

(7) 过载能力差。功率消耗大。

22 电动系仪表的频率特性是什么?

答：电动系仪表受频率的影响较小，通常使用的频率范围为2.5kHz以下，但有的可达10kHz。

23 电动系仪表能测量哪些参数?

答：电动系仪表能测量多种参数，如电流、电压、功率、相位和频率。

24 电动系电流表和电压表的刻度有何特征?

答：电动系电流表和电压表的指针偏转角随两个线圈电流乘积而变化，故标尺刻度不均匀。标尺起始部分分度很密，读数困难。因此，在标尺起始端有黑点标记，标记以下的部分不宜使用。

25 电动系测量机构有何优点和缺点?

答：电动系测量机构的优点是：准确度高、可交直流两用、能够构成多种线路，测量多种参数。

其缺点是：易受外磁场影响、仪表本身消耗功率大、过载能力小、电动系电压表和电流表的标尺刻度不均匀。

26 简述整流系仪表的工作原理。

答：整流系仪表是用整流器把被测的交流量变换成直流量，再用磁电系表头测量，还能把功率的测量变换成电流的测量，故通常称为变换式仪表。测量频率可高至1kHz左右。

27 何谓单相相位表？根据功能的不同可分为哪两类仪表？

答：单相相位表是交流电路中用于测量频率相同的电流与电压之间相位差的专用仪表。根据其测量功能的不同分为：相角表和功率因数表。

28 相角表和功率因数表的示值单位各是如何表示的？

答：相角表所示的是相位角度，示值单位为度（°）。
功率因数表用于测量电流与电压之间相位角余弦，所指示的是功率因数值，无量纲。

29 同步表有何用途？

答：同步表用于发电机与电网并列时，指示两电压的相位差和频率差是否在允许范围内，以使同步发电机在符合同期条件下并入电网。

30 简述智能化仪表的主要特点。

答：（1）功能多、性能高，一表多用。
（2）表内设置有微处理器，具有很强的数据处理功能。
（3）具有较为完善的程控功能。
（4）使用维护简单，性价比高，可靠性强。

31 数字电压表的周期检定项目有哪些？

答：周期检定项目有四项：外观检查、基本误差的测试、稳定误差的测试和线性误差的测试。

32 影响数字电压表稳定性的因素主要有哪些？

答：影响数字电压表稳定性的因素主要有波动和漂移。

33 何谓数字相位仪的幅相误差？

答：相位仪输入通道信号幅度大小引起的误差称为相位仪的幅相误差。

34 数字电压表误差产生的原因主要有哪几项？

答：数字电压表产生误差的原因主要有：输入电路稳定性引入的误差、量子化误差、非线性误差、不稳定误差和附加误差五项。

35 运算放大器的基本特点是什么？

答：运算放大器的基本特点是：
（1）双端输入，单端输出。
（2）具有极高的电压增益（开环电压放大倍数）。
（3）具有很强的共模抑制能力。
（4）具有下限从直流开始的频带。

36 数字频率计主要由哪几部分组成？

答：数字频率计主要由输入电路、计数显示电路和标准时间信号形成电路等组成。

37 数字频率计输入电路的作用是什么？

答：输入电路的作用是接受被测信号，并对它进行放大和整形，然后送往主闸门。

38 数字频率计数显示电路的作用是什么？

答：计数显示电路的作用是对来自闸门的脉冲串进行计数，并将计数结果以数字形式显示出来。

39 什么是数字频率计？

答：数字频率计是一种用电子学方法测出一定时间间隔输入的脉冲数，并以数字形式显示测量结果的数字仪表。它有测量频率、周期以及累计脉冲数等功能，是一种使用范围较广的数字仪表。

第三节　万　用　表

1 用万用表测量电阻时，为什么不能带电测量？

答：使用万用表测量电阻时，不得在带电的情况下测量的原因：一是影响测量结果的准确性；二是可能把万用表烧坏。

2 如何判断数字仪表的位数？

答：数字万用表的显示位数一般为 2＋1/2～8＋1/2 位。判断数字仪表位数有两条原则：一是能显示 0～9 所有数字的位是整位；二是分数位的数值是以最大显示值中最高位数值为分子，用满量限时最高位数值为分母。例如，最大显示值为±1999、满量限计数值为 2000 的数字仪表称作 3＋1/2 位，其最高位只能显示 0 或者说 3＋2/3 位的最高位只能显示从 0～2 的数字，故最大显示值为±2999。

3 什么是数字万用表的分辨率？

答：数字万用表的分辨率是能够测量数值的最小增量。增量越小，分辨率越高。决定万用表的分辨率因素之一是显示器的位数。数字万用表的分辨能力也由内部电路以及对被测量的采样速率决定。

4 数字式万用表的使用注意事项有哪些？

答：数字式万用表属于精密电子仪器，尽管它有比较完善的保护电路和较强的过载能力，但使用时仍应力求避免误操作，使用时应注意以下几个方面。

（1）数字式万用表具有自动转换并显示极性功能，测量直流电压时表笔与被测电路并联，不必考虑正、负极性。

（2）若无法估计被测电压大小，应选择最高量程测试一下，再根据情况选择合适的量程。若测量时显示屏只显示“1”，其他位消隐，则说明仪表已过载，应选择更高的量程。

（3）误用“ACV”挡测直流电压，或用“DCV”挡测交流电压时，会显示“000”或在低位上显示出现跳数现象，后者是因外界干扰信号的输入引起的，属于正常现象。

（4）使用电阻挡测量电阻前，先短接表笔进行调零后再测量。

（5）输入电流超过200mA，而万用表未设置“2A”挡时，应将红表笔插入“10A”或“20A”插孔。该插孔一般未加保护电路，要求测量大电流的时间不得超过10～15s，以免分流电阻发热后阻值改变，影响测量的准确性。

（6）严禁在带电的情况下测量电阻，也不允许直接测量电池的内阻，因为这相当于给万用表加了一个输入电压，不仅使测量结果失去意义，而且容易损坏万用表。

（7）数字式万用表电阻挡所提供的测试电流较小，测二极管正向电阻时要比用指针式万用表测得的值高出几倍，甚至几十倍，这是正常现象。此时可改用二极管挡测PN结的正向压降，以获得准确结果。

（8）当数字式万用表出现显示不准或显示值跳变异常的情况时，可先检查表内电池是否失效，若电池良好，则表内电路有故障。

5 万用表电阻挡测量电阻后，测试棒长期碰到一起会引起什么后果？

答：会引起内部电池过度放电。

6 万用表结构主要由哪几部分组成？一般能进行哪些测量？

答：万用表结构主要是由表头、测量线路和转换开关以及外壳组成。

一般用来测量直流电流电压、交流电流电压、电阻和音频电平等量。

7 使用万用表前应做哪些工作？

答：（1）指针的零位是否正常。

（2）正负极测试棒插入正确。

（3）转换开关位置正确，测量的种类和量限选择正确。

（4）熟悉万用表标度盘上各条标度尺的测量性质和单位大小，正确计算倍率。

8 万用表电阻挡的使用应注意什么？

答：（1）测量电阻之前，首先应当选择欧姆档相对应的量限，然后将两根测试棒“短接”（即碰在一起），并同时旋转“欧姆调零旋钮”，使指针正好指在“Ω”标度尺的零位上。每换一次电阻挡，测量之前都要重复这一步。如不在零位需更换新电池。

（2）用电阻挡测量电阻时，应选择合适的倍率档，使指针指在标度尺上较宽的部分，越靠近中心点，读数越准确。

（3）测量电阻时，被测电路不允许带电。

（4）被测电阻不能有并联支路，否则其测量是被测电阻与并联支路电阻并联后的总电阻，而不再是被测电阻值。

(5) 用万用表电阻测量晶体管参数时，考虑到晶体管所承受的电压较低和允许通过的电流较小，应选择电池电压低的高倍率挡。

(6) 不允许用万用表的电阻挡直接测量检流计、微安表、标准电池等仪器仪表。

(7) 不要在检查回路是否通路时，长期短接测试棒，以免内部电池过度放电。

(8) 测量电阻时（尤其是测量大电阻），人的双手不能接触测试棒的金属部分。

9 用万用表测量交流时，为什么还要注意它的频率范围？

答：测量交流时，应按表盘上所表明的频率范围使用，否则误差将会增大。原因是串联附加电阻有分布电容存在，当频率增加时，串联电阻总阻抗将会降低，使仪表的读数不准。

10 按 A/D 变换器基本原理，数字式电压表（以下简称 DVM）可分哪几类？

答：按 A/D 变换器的基本原理 DVM 可以分为：瞬时值变换、积分变换、积分式反馈复合型变换、余数循环四类。

11 简要说明 DVM 的显示位数和显示能力。

答：DVM 的显示位数是以完整地显示数字的多少来确定的。

DVM 每位数字都以十进制数字形式显示出来，每一位的数码显示器能够按照它的字码作连续变化的能力，称为显示能力。

12 何谓 DVM 的测量范围？它一般包括哪些内容？

答：DVM 的测量范围是指测量能够达到的被测量的范围。

一般包括多量程的划分，超量程的能力和极性显示能力，量程的手动、自动遥控选择方式。

13 何谓量子化误差？

答：量子化误差是指用有限位数字量替代模拟量必然产生的误差。

14 何谓 DVM 的量程？

答：由端钮或切换开关所确定的某一额定或满度测量范围就称该端钮或开关位置为某一量程。

15 简述 DVM 的基本量程、非基本量程概念。

答：在多量程的 DVM 中，测量误差最小的量程称为基本量程。

除基本量程外，其他所有量程即为非基本量程。

16 简述 DVM 的超量程概念。

答：在同一量程上，从满度值增加到能显示出来的最大值的电压范围称为 DVM 的超量程。

17 简述 DVM 的自动量程概念。

答：随着输入电压变化，不需手动改变量程开关，内部能自动切换量程的称为 DVM 的自动量程。

18 什么是 DVM 的测量速度？

答：测量速度就是在单位时间内，以规定的准确度完成的测量次数。

19 DVM 在完成一次测量的工作周期内完成哪些主要步骤？

答：在工作周期内，DVM 要完成的主要步骤是：准备、复位、采样、比较、极性判别、量程自动选择、A/D 变换、输出测量结果等。

20 为什么 DC - DVM 技术指标中要规定零电流的大小？

答：因为任何信号源都有内阻，而零电流在内阻上会产生压降而引起误差。

21 简要说明 DVM 输入阻抗对准确度的影响。

答：由于 DVM 输入阻抗 R_I及信号源内阻 R_s的存在，就会引起误差，可按式（10 - 1）计算。

$$\gamma_R = \frac{R_S}{R_I} \tag{10 - 1}$$

22 试说明 DVM 输入放大器非理想特性引起的误差。

答：由于放大器的放大倍数有限，会引起传递系数误差和刻度常数误差。同时输入阻抗也不可能很高，再加失调电流和零漂、温漂的存在也会引入一定的误差。

23 简述 DVM 的 IEEE—488 标准接口中三条信号线的名称和功能。

答：三条信号线是：DAN—数据有效线；NRFD—未准备好接收数据线；NDAC—数据未接受完毕线。

这三条线用于实现输入设备和输出设备之间的信号交换。

24 中值电阻有何意义？

答：当电阻表的指针偏转至满偏刻度的一半（即标尺的几何中心位置）时，所示的电阻值称为中值电阻。中值电阻具有特殊意义，因为它正好等于该量程电阻表的总内阻。

25 某模拟式指针万用表在使用 R×10 挡进行零位调节时，发现不能将指针调到零位，而在电阻挡的其他倍率挡时，指针可以调到零位。产生上述现象的原因是什么？

答：原因是该量限的分流电阻变质或烧坏。

26 如何使用钳形电流表测量小电流？

答：由于钳形表准确度不高，尤其是在测量小于其电流表满度值的电流时，其误差远远超过允许值范围，故为了保证测量的准确度，测量小电流时宜采用将被测电路的导线绕几圈，再放进钳形表的钳口内进行测量。

27 试述如何用万用表来判断二极管的极性和好坏，并说明原因。

答：用万用表判断二极管的极性和好坏主要是根据它的单向导电性。

（1）判断二极管的管脚极性。首先把万用表放在“R×100”或“R×1k”挡，测量二极管的正反向电阻。如果二极管是好的，总会测得一大一小两个阻值。由于万用表的红表笔接表内电池的负极，黑表笔接表内电池的正极。而万用表正向偏置时，阻值较小。所以，当测得阻值较小时，黑表笔所接的电极便是二极管的正极，红表笔所接的电极是二极管的负极，如图 10-2 所示。

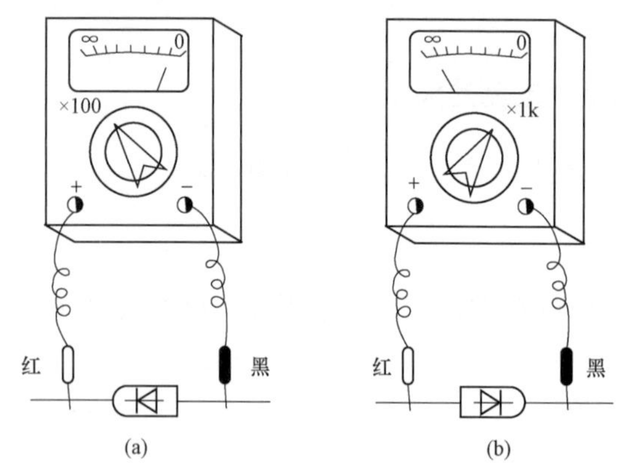

图 10-2 判断二极管的极性示意图

（2）判断二极管的好坏。用万用表测二极管的正反向电阻，如果测得的正向电阻在 100～1000Ω 之间，反向电阻在数百千欧以上时，可认为二极管是好的，且正向电阻越小，反向电阻越大，二极管越好。如果正反向电阻为无穷大，是管子内部出现了断路。如果反向电阻很小，是管子内部出现短路，此管子已失去了单向导电性。如果正反向电阻均为零，说明管子已击穿损坏。如反向电阻比正向电阻大得多，则管子质量不佳。

最后需要说明的是，因万用表各挡表笔端的电压不一样，所以用不同挡测出的同一管子的阻值并不相等。

28 简述如何用万用表来判断晶体管的电极和类型，并说明原因。

答：不管是 PNP 管还是 NPN 管，都可等效地看成是两个反向串联的 PN 结。显然，对 PNP 管来说，基极对集电极和发射极都是反向的，而对 NPN 管来说都是正向的。这就是我们识别基极和判断管型的依据。

用万用表的“R×100”或“R×1k”挡测量各管脚间的正反向电阻，必有一管脚对其他两管脚的电阻值相近，那么这只管脚必然是基极。如果红表笔接基极，测得与其他两管脚的电阻都小，那么这只管子是 PNP 管；如果测得的电阻都很大，那么这只管子是 NPN 管。这是因为红表笔接基极，黑表笔接其他两极时，使 PNP 型管内的两个 PN 结均正偏导通，电阻均小，而使 NPN 管内的两个 PN 结均反偏截止，故电阻都很大。如果黑表笔接基极，测得与其他两管脚的电阻都小的这只管子是 NPN 管；测得电阻都很大的管子就是 PNP 管。其理由同上。

找到基极后，分别测基极与其余两极的正向电阻，其中阻值稍小的那个电极是集电极，另一个电极就必然是发射极了。这是因为集电结面积较大，正偏导通时电流也较大，所以电阻稍小一点。

为了证实以上判断的正确性，可通过估测晶体管电流放大系数 β 的方法来验证。如误将发射极当作了集电极，管子虽然不会损坏，但它的电流放大系数 β 很小。

第四节 绝缘电阻表和接地电阻表

1 为什么绝缘电阻的测量要用绝缘电阻表而不用万用表和电桥?

答：因为绝缘电阻表本身带有高压电源，而万用表和电桥用的都是低压电源，虽然测量范围有高阻范围，但由于电压低，反应不出高压工作条件下的绝缘电阻，所以要用绝缘电阻表测试绝缘电阻。

2 使用绝缘电阻表测量绝缘电阻前应做什么准备工作?

答：(1) 正确选择绝缘电阻表的电压等级。

(2) 必须切断被测设备的电源，并使设备对地短路放电。

(3) 将被测物表面擦干净。

(4) 把绝缘电阻表安放平稳。

(5) 测量前对绝缘电阻表本身检查一次。

3 什么是安全电压?

答：在各种不同环境下，人体接触有一定电压的带电体后，其各部分组织（如皮肤、呼吸器官和神经系统等）不发生任何损害时的电压称为安全电压。

4 什么是接地短路?

答：电气设备的带电部分与金属构架连接或直接与大地发生电气连接，称为接地短路。

5 简述数字绝缘电阻表的组成部分。

答：数字绝缘电阻表由高压发生器、测量桥路和自动量程切换显示电路等三大部分组成。

6 简述数字绝缘电阻表的工作原理。

答：数字绝缘电阻表的工作原理为：经电子线路构成的高压发生器将低压转换成高压试验电源，供给测量桥路。测量桥路实现比例式测量，将测量结果送自动量程切换显示电路进行量程转换和数字显示。

7 绝缘电阻表屏蔽端钮“G”的作用是什么?

答：绝缘电阻表的测量对象阻值一般都很大，在测量时，“E”“L”端钮之间的表面泄漏电流很容易进入测量电路引起测量结果的误差。屏蔽端钮“G”接入的作用就是分离这些泄漏电流使之不进入测量电路，提高了测量结果的准确度。

8 接地电阻表的用途是什么? 按工作原理可分哪几种形式?

答：接地电阻表主要用于直接测量各种接地装置的接地电阻和土壤电阻率。

接地电阻表按工作原理分为基准电压比较式和基准电流、电压降式。

第五节 功率表和电能表

1 单相有功电能表在安装时，若将电源的相线和零线接反有何危害？

答：当零线串接在电能表的电流线圈时，有如下危害：
（1）当客户线路绝缘破损漏电时，漏电电量未计入电能表。
（2）当采用一相和一地用电时，电能表只有电压，无电流，电能表不转。

2 电子式电能表中电源降压电路的实现方式有哪几种形式？

答：（1）变压器降压方式。
（2）电阻或电容降压方式。
（3）开关电源方式。

3 三相电路中，中性线的作用是什么？

答：中性线的作用就是当不对称的负载接成星形连接时，使其每相的电压保持对称。

4 何谓中性点位移？

答：在三相电路星形连接的供电系统中，电源的中性点与负载的中性点之间产生的电位差，称为中性点位移。

5 电能表的二次回路端子排选用和排列的原则是什么？

答：（1）电流的端子排选用可断开、可短接、可串接的试验端子排。
（2）电压的端子排应选用并联的直通端子排。
（3）每一组安装单位应设独立的端子排组。
（4）计量回路的端子排应用空端子与其他回路的端子排隔开。
（5）每一个端子均应有对应的安装设备的罗马数字和阿拉伯数字编号。

6 电能表的常数有哪几种表示形式？

答：电能表常数，指的是电能表计度器的指示数和转盘转数之间的比例常数，常用表示形式有：
（1）转盘式电能表用 r/（kW·h）[转/（千瓦·时）] 表示，代表符号“C”。
（2）转盘式电能表用 W·h/r（瓦·时/转）表示，代表符号“K”。
（3）转盘式电能表用 t/min（转/分）表示，代表符号“n”。
（4）电子式电能表用 imp/（kW·h）[脉冲数/（千瓦·时）] 表示，代表符号“C”。

7 功率表怎样正确接线？

答：功率表接线必须遵守“发电机端”原则。

（1）功率表标有“*”符号的电流端，必须接至电源一端，而另一电流端则接至负载端。电流线圈是串联接入被测电路的。

（2）功率表上标有“*”符号的电压端钮，可以接至电流端钮的任意一端，而另一个电压端钮，则跨接至负载的另一端。功率表的电压线圈是并联接入被测电路的。

8 如果功率表没有给出分格常数，怎样测量出功率？

答：如果功率表没有给出分格常数，则可按式（10-2）计算出分格常数，即

$$C=\frac{U_N I_N}{N} \tag{10-2}$$

式中　U_N——所使用的额定电压值；

I_N——所使用的额定电流值；

N——标度尺满刻度的格数。

则被测量的功率可用式（10-3）求得，即

$$P=Cn \tag{10-3}$$

式中　n——仪表实际测量时读取的分格数。

9 在实际测量工作中如何选择功率表？

答：在实际测量工作中，功率因数往往不等于1，因此功率表的量程略大于被测功率是不够的，因此在$\cos\varphi<1$的情况下，功率表的指针虽未达到满刻度偏转，但被测的电流或电压可能已经超过了功率表的电流或电压量程，这样仍会导致功率表损坏。因此，在选择功率表时，不但要注意功率表测量量程是否合适，还应注意功率表的电流量程和电压量程是否与被测功率的电流与电压量程相适应。

10 当测量三相电路的无功功率时，有所谓“一表跨相90°法”“二表跨相90°法”和“三表跨相90°法”，试说明这三种方法的适用范围。

答：“一表跨相90°法”仅适用于在三相完全对称电路中测量三相无功功率。

“二表跨相90°法”也仅适用于完全对称电路测量三相无功功率，否则有测量误差，但其误差较用“一表跨相90°法”小些。

“三表跨相90°法”可以用在完全对称的三相电路，也可用在简单不对称电路中测量三相无功功率。

11 试说明具有人工中性点的两功率表法测量三相无功功率的适用范围。

答：这种方法只能用在完全对称或简单不对称电路中测量三相无功功率，否则有附加误差，而且必须选用电压回路内阻完全相同的功率表，中相电阻也要与功率表内阻相等，否则将会使中性点位移，产生附加误差。

12 国家电能表DD1、DS2、DX862-2、DT862-4型号中，各个字母和数字的含义是什么？

答：（1）第一位字母“D”为电能表。

（2）第二位字母“D”为单相有功；“S”为三相三线有功；“X”为三相无功；“T”为三相四线有功。

（3）第三位数字“1”“2”“862”分别表示型号为“1”“2”“862”系列的电能表。

（4）“2”“4”分别表示最大电流为标定电流的2倍和4倍。

13 当用人工中性点法测量三相三线电路的无功功率时，应如何选用标准表和中相电阻？

答：当用人工中性点法测量三相无功功率时，选用单相功率表要注意两个问题：第一，功率表的量限要合适。电流和电压量限要等于或稍大于被测电流和被测电压。特别要注意的是：这里说的被测电压指的是相电压，而不是线电压。如果二次回路额定电压是100V，加于仪表的电压实际上是58V左右。所以，单相功率表的电压量限，就不应该用100V的，更不能用150V的，而应该用60V或75V的。第二，两只功率表的内阻要相等，否则会形成中性点位移，带来附加测量误差。

中相电阻要选得等于单相功率表电压回路的总电阻。如果负载是感性的，这个电阻最好选得等于R_c（即其电流线圈串于A相的那只功率表电压回路的电阻）。

14 电动系功率表在使用时应注意哪些问题？

答：使用功率表时应注意以下三方面问题：

（1）正确选择功率表的量限。就是要正确选择功率表的电流量限和电压量限，务必使电流量限能允许通过负载电流，电压量限能承受负载电压，这样在一般情况下测量功率的量限就足够了。

（2）功率表的正确接线规则。功率表有两种正确的接线方式。它的接线规则如下：

1）功率表标有“*”号的电流端钮接至电源的一端，另一电流端钮接至负载端。电流线圈是串联接入电路的。

2）功率表标有“*”号电压端钮接至电流端钮的任一端，另一端钮则跨接至负载一端。电压线圈是并联接入电路的。

（3）正确选择功率表的接线方式。功率表有两种正确接线方式，即功率表电压线圈前接方式和功率表电压线圈后接方式。前者适用于负载电阻远比电流线圈电阻大得多的情况；后者适用于负载电阻远比电压支路电阻小得多的情况。

15 简述数字相位仪产生测量误差的原因。

答：数字相位仪产生测量误差的原因为：标准频率误差、闸门触发误差、脉冲计数误差、不平衡误差和外部电路引起的误差。

16 电能表的安装场所和位置选择有哪些要求？

答：（1）电能表的安装应考虑便于监视、维护和现场检验。

（2）电能表应安装于距地面0.6～1.85m。

（3）电能表对环境温度要求在0～40℃内。

（4）电能表对环境相对湿度要求不大于95%。

（5）周围应清洁无灰尘，无霉菌及酸、碱等有害气体。

17 电能表有哪些种类？

答：电能表的种类可分为：

（1）按相别分单相、三相三线、三相四线等。

（2）按功能及用途分有功电能表、无功电能表、最大需量表、复费率电能表、多功能电能表、铜损表、铁损表等。

（3）按工作原理分感应式、电子式、机电式等。

18 常用有功电能表有哪几个准确度等级？

答：常用有功电能表有 0.5、1.0、2.0 三个准确度等级。0.5 级电能表允许误差在 ±0.5%以内；1.0 级电能表允许误差在 ±1%以内；2.0 级电能表允许误差在 ±2%以内。

19 电能表计度器的整数位与小数位是怎样区别的？

答：一般电能表计度器显示数的整数位与小数位的窗口或字盘应有不同颜色区分（一般整数位以黑色表示，小数位以红色表示），并且在它们之间应有区分的小数点。

20 电能表铭牌电流 5(10)A、10(20)A、5(20)A 什么意思？有什么区别？

答：括号前的电流值叫基本电流，是作为计算负载基数电流值的。括号内的电流叫额定最大电流，是能使电能表长期正常工作，而误差与温升完全满足规定要求的最大电流值。

根据规程要求，直接接入式的电能表，其基本电流应根据额定最大电流和过载倍数来确定。其中，额定最大电流应按经核准的客户报装负荷容量来确定；过载倍数，对正常运行中的电能表实际负荷电流达到最大额定电流的 30%以上的，宜取 2 倍表；实际负荷电流低于 30%的，应取 4 倍表。

21 何谓电能表接入二次回路的独立性？

答：电能表的工作状态不应受其他仪器、仪表、继电保护器和自动装置等的影响。因此，要求与电能表配套的电压、电流互感器是专用的。若无法用专用的，也需专用的二次绕组和二次回路。此为电能表接入二次回路的独立性。

22 何谓电能表的倍率？

答：由于电能表的结构不同，接线方式不同或采用不同变比的互感器，使电能表计数器的读数需乘以一个系数，才是电路中真正消耗的电能数，这个系数称为电能表的倍率。

23 分时电能表有何作用？

答：由于分时电能表能把用电高峰、低谷和平峰各时段客户所用的电量分别记录下来，供电部门便可根据不同时段的电价收取电费，这可充分利用经济手段削高峰、填低谷，使供电设备充分挖掘潜力，对保证电网安全、经济运行和供电质量都有好处。

24 多功能电能表一般具备哪些主要功能？

答：所谓多功能电能表一般是由测量单元和数据处理单元等组成。除计量有功（无功）电能外，还具有分时、测量需量等两种以上功能，并能显示、储存和输出数据。

25 电能表在各种负荷下均能正确计量电能转动力矩与制动力矩，必须满足什么条件？

答：电能表的转动力矩与制动力矩必须相等，才能保证制动力矩与负载功率成正比，从而正确计量电能。

26 简述无功电能测量的意义。

答：对电力系统来说，负荷对无功功率需求的增加，势必降低发电机有功功率的发、送容量，这是很不经济的，并且远距离的输电线路传输大量的无功功率，必将引起较大的有功功率和电压损耗，为此要求客户装设无功补偿装置，使无功得以就地供给，以提高系统的功率因数，减少损耗。无功电能的测量，主要就是用来考核电力系统对无功功率平衡的调节状况，以及考核客户无功补偿的合理性，它对电力生产、输送、消耗过程中的管理是必要的。

27 论述电能计量装置中电流互感器分相接法与星形接法的优缺点。

答：电流互感器分相接法即电流互感器二次绕组与电能表之间为六线连接。若电流互感器星形接法即电流互感器二次绕组与电能表之间为四线连接。星形接法虽然节约导线，但若公共线断开或一相电流互感器接反，会影响准确计量，并且错误接线几率增加，一般尽可能不采用此种接法。

分相接法虽然使用导线较多，但错误接线几率相对较低，检查接线也较容易，并且便于互感器现场校验。

28 什么是电能表的标定电流和额定最大电流？

答：电能表的标定电流是指作为计算负载基数的电流值。

额定最大电流是指电能表在长期工作，而且能满足误差和各项要求的最大电流。

29 对静止式电能表接入回路方式不同的选型有什么要求？

答：经互感器接入回路的电能表宜选过载 2 倍及以上的电能表；如选择过载倍数在 2 以下的电能表，应满足在 2 倍电能表的额定电流条件下，其误差不得大于该表计的基本误差限。采用直接接入式选取静止式电能表宜选过载 10 倍及以上的电能表；如选择过载倍数在 10 以下的电能表，应满足在 10 倍电能表的额定电流条件下，其误差不得大于该表计基本误差限的 2 倍。

第六节 电流互感器和电压互感器

1 试说明电压互感器的基本工作原理。

答：电压互感器实际上是一个带铁芯的变压器。它主要由一次、二次绕组，铁芯和绝缘材料组成。当在一次绕组上施加一个电压 $\dot{U}_1$时，在铁芯中就产生一个磁通 $\dot{\Phi}$，根据电磁感应定律，则在二次绕组中就产生一个二次电压 $\dot{U}_2$。改变一次或二次绕组的匝数，可以产生不同的一次电压与二次电压比，这就可组成不同电压比的电压互感器。

2 试说明电流互感器的基本工作原理。

答：电流互感器主要由一次绕组、二次绕组及铁芯组成。当一次绕组中通过电流 $\dot{I}_1$时，则在铁芯上就会存在一次磁动势 $\dot{I}_1N_1$（N_1 为一次绕组的匝数）。根据电磁感应和磁动势平衡的原理，在二次绕组中就会产生感应电流 $\dot{I}_2$，并以二次磁动势 $\dot{I}_2N_2$（N_2 为二次绕组的匝数）去抵消一次磁动势 $\dot{I}_1N_1$，在理想情况下，存在的磁动势平衡方程为：$\dot{I}_1N_1+\dot{I}_2N_2=0$。

此时的电流互感器不存在误差，所以称之为理想的电流互感器。

3 交变电流退磁的原理是什么？为什么不能用直流电？

答：退磁时要将被退磁的物体放在通有交变电流的线圈中（或附近）。这样，被退磁物体中分子环流的取向将随着交变电流的方向而改变。如果将线圈中的电流逐渐减弱一直到零(或者使被退磁物体逐渐远离线圈），分子环流取向的一致性也将不断被减弱，最后仍是杂乱无章地排列，从而使磁性消失。

如果使用直流退磁，在直流磁场作用下，使分子环流取向始终一致，磁性不会消失。

4 电流互感器在进行误差测试之前退磁的目的是什么？

答：由于电流互感器铁芯不可避免地存在一定的剩磁，将使互感器增加附加误差。所以在误差试验前，应先消除或减少铁芯的剩磁影响，故进行退磁。

5 互感器的使用有哪些好处？

答：(1) 可扩大仪表和继电器等的测量范围。

(2) 有利于仪表和继电器等的小型化和标准化生产，提高产品的产量和质量。

(3) 用互感器将高电压、大电流与仪表、继电器等设备隔开，保证了仪表、继电器及其二次回路和工作人员的安全。

6 电流互感器的额定电压的含义是什么？

答：(1) 该电流互感器只能安装在小于和等于额定电压等级的电力线路中。

(2) 说明该电流互感器一次绕组的绝缘强度。

7 电压互感器二次绕组短路会产生什么后果？

答：电压互感器二次绕组短路，则二次电流增大，这个电流产生与一次电流相反的磁通。一次磁通减小，感应电动势变小，一次绕组电流增加。二次短路电流越大，一次电流越大，直到烧坏。

8 影响电压互感器误差的运行工况有哪些？

答：影响电压互感器误差的运行工况有互感器二次负荷、功率因数和一次电压值。

9 简述电流互感器的基本结构。

答：电流互感器的基本结构是由两个互相绝缘的绕组与公共铁芯构成，与电源连接的绕组叫一次绕组，匝数很少；与测量表计、继电器等连接的绕组叫二次绕组，匝数较多。

10 选择电流互感器时，应考虑哪几个主要参数？

答：选择电流互感器时，应考虑以下几个主要参数：
(1) 额定电压。
(2) 准确度等级。
(3) 额定一次电流及变比。
(4) 二次额定容量。

11 在使用穿芯式电流互感器时，怎样确定穿芯匝数？

答：(1) 根据电流互感器铭牌上安（培）数和匝数算出电流互感器设计的安匝数。
(2) 再用设计安匝数除以所需一次安（培）数，得数必须是整数，即为穿芯匝数。
(3) 一次线穿过电流互感器中心孔的次数，即为匝数。

12 为什么说选择电流互感器的变比过大时，将严重影响电能表的计量准确？

答：如果选择电流互感器的变比过大时，当一次侧负荷电流较小，则其二次电流很小，使电能表运行在很轻的负载范围，将产生较大的计量误差甚至停转，严重影响计量准确。

13 测量用电流互感器的接线方式有哪几种？

答：测量用电流互感器的接线方式有：不完全星形接法和三相完全星形接法两种。

14 为什么升流器的二次绕组需采取抽头接线方式？

答：由于升流器的二次电压与所接负载的阻抗大小不同，为满足不同负荷需要，升流器的二次绕组需采用抽头切换方式。

15 使用中的电流互感器二次回路若开路，会产生什么后果？

答：(1) 使用中的电流互感器二次回路一旦开路，一次电流全部用于励磁，铁芯磁通密度增大，不仅可能使铁芯过热，烧坏绕组，还会在铁芯中产生剩磁，使电流互感器性能变坏，误差增大。

（2）由于磁通密度增大，使铁芯饱和而致使磁通波形平坦，电流互感器二次侧产生相当高的电压，对一次、二次绕组绝缘造成破坏，对人身及仪器设备造成极大的威胁，甚至对电力系统造成破坏。

16 在带电的电压互感器二次回路上工作时，要采取哪些安全措施?

答：（1）使用绝缘工具，戴手套，必要时工作前停运有关保护装置。

（2）接临时负载时，必须装有专用的隔离开关和可熔保险或其他降低冲击电流对电压互感器的影响。

17 在带电的电流互感器二次回路上工作时，应采取哪些安全措施?

答：（1）短路电流互感器二次绕组时，必须使用短路片或专用短路线。

（2）短路要可靠，严禁用导线缠绕，以免造成电流互感器二次侧开路。

（3）严禁在电流互感器至短路点之间的回路上进行任何工作。

（4）工作必须认真、谨慎，不得将回路的永久接地点断开。

（5）工作时必须有人监护，使用绝缘工具，并站在绝缘垫上。

18 为减小电压互感器的二次导线电压降应采取哪些措施?

答：（1）敷设电能表专用的二次回路。

（2）增大导线截面。

（3）减少转换过程的串接触点。

（4）采用低功耗电能表。

19 电能表配互感器安装时有何要求?

答：（1）有功和无功电能表的安装地点应尽量靠近互感器，互感器二次负荷不得超过其二次额定容量。

（2）周围应干燥清洁，光线充足，便于抄录，表计应牢固安装在振动小的墙和柜上。

（3）要确保工作人员在校表、轮换时的方便及安全或不会误碰开关。

（4）要确保互感器和电能表的极性和电流、电压相位相对应，无功表还应确保是正相序。

20 如何用直流法测量单相电压互感器的极性?

答：（1）将电池“+”极接单相电压互感器的“A”，电池“－”极接“X”。

（2）将直流电压表的“+”端钮与单相电压互感器二次的“a”连接，“－”与二次的“x”连接。

（3）当电池开关合上或连接的一刻，直流电压表应正偏指示；当开关拉开或直接断开的一刻，则电压表应反偏指示，此为极性正确。

（4）若电压表指示不明显，可将电池和电压表的位置对换，极性不变。但测试时，手不能接触电压互感器一次侧的接线柱。

21 电压互感器上的端子标记代表什么含义?

答：大写字母A、B、C和N表示一次绕组端子，而小写字母a、b、c和n则表示相应的二次绕组端子，大写字母A、B和C表示全绝缘端子，而字母N则表示接地端子，其绝缘性能比其他端子低。复合字母da和dn表示提供剩余电压的绕组端子。

22 运行中的电流互感器二次开路时，二次感应电动势大小如何变化？它与哪些因素有关?

答：运行中的电流互感器其二次所接负载阻抗非常小，基本处于短路状态。由于二次电流产生的磁通和一次电流产生的磁通互相去磁的结果，使铁芯中的磁通密度在较低的水平，此时电流互感器的二次电压也很低。当运行中二次绕组开路后，一次侧电流仍不变，而二次电流等于零，则二次磁通就消失了。这样，一次电流全部变成励磁电流，使铁芯骤然饱和，由于铁芯的严重饱和，二次侧将产生数千伏的高电压，对二次绝缘构成威胁，对设备和运行人员有很大危险。

二次感应电动势大小与下列因素有关：

（1）与开路时的一次电流值有关。一次电流越大，其二次感应电动势越高，在有短路故障电流的情况下，将更严重。

（2）与电流互感器的一次、二次额定电流比有关。其变比越大，二次绕组匝数也就越多，其二次感应电动势越高。

（3）与电流互感器励磁电流的大小有关。励磁电流与额定电流比值越大，其二次感应电动势越高。

23 电流互感器按绝缘介质如何分类?

答：按绝缘介质可分为：

（1）平式电流互感器。由普通绝缘材料经浸漆处理作为绝缘。

（2）浇注式电流互感器。用环氧树脂或其他树脂混合材料浇注成型的电流互感器。

（3）油浸式电流互感器。由绝缘纸和绝缘油作为绝缘，一般为户外型。

（4）气体绝缘电流互感器。主绝缘由SF_6气体构成。

24 电流互感器按电流变换原理如何分类?

答：按电流变换原理可分为：

（1）传统电磁式电流互感器。根据电磁感应原理实现电流变换的电流互感器。

（2）新型电流互感器，如光电式电流互感器、无线电式电流互感器等。通过光电变换原理以实现电流变换的电流互感器。

25 电流互感器按安装方式如何分类?

答：按安装方式可分为：

（1）贯穿式电流互感器。用来穿过屏板或墙壁的电流互感器。

（2）支柱式电流互感器。安装在平面或支柱上，兼做一次电路导体支柱用的电流互感器。

（3）套管式电流互感器。没有一次导体和一次绝缘，直接套装在绝缘的套管上的一种电流互感器。

（4）母线式电流互感器。没有一次导体但有一次绝缘，直接套装在母线上使用的一种电流互感器。

第七节　计量法规和检定规程

1 DL/T 1473—2016《电测量指示仪表检验规程》中规定控制盘和配电盘仪表现场检验项目有哪些？

答：安装在控制盘和配电盘的仪表应结合一次设备停电时，在参比条件下进行检定。其检定项目包括外观检查、基本误差和变差检定、指示器不回零位的测试。

2 JJG（电力）01—1994《电测量变送器检定规程》适用于哪些范围？

答：JJG（电力）01—1994 适用于在电力系统中应用的将交流电量转换为直流模拟量或数字信号的变送器和功率总加器的检定。

3 什么是标准电能表？

答：标准电能表是指用于测量电能量的仪表，通常被设计和使用在受控制的实验室环境中，以获得最高的准确度和稳定性的作为计量与测试标准的电能表。

4 什么是多功能电能表？

答：由测量单元和数据处理单元等组成，除计量有功、无功电能量外，还具有分时、测量需量等两种以上功能，并能显示、存储和输出数据的电能表。

5 什么是电能计量装置？

答：由各种类型的电能表或与计量用电压、电流互感器（或专用二次绕组）及其二次回路相连接组成的用于计量电能的装置，包括电能计量柜（箱、屏）。

6 什么是关口电能计量点？

答：电网企业之间、电网企业与发电或供电企业之间进行电能量结算、考核的计量点，简称关口计量点。

7 DL/T 448—2016《电能计量装置技术管理规程》里对运行中的电能计量装置如何分类？

答：运行中的电能计量装置按计量对象重要程度和管理需要分为五类（Ⅰ、Ⅱ、Ⅲ、Ⅳ、Ⅴ）进行管理。

8 Ⅰ类电能计量装置的定义是什么?

答：220kV 及以上贸易结算用电能计量装置；500kV 及以上考核用电能计量装置；计量单机容量 300MW 及以上发电机发电量的电能计量装置称Ⅰ类电能计量装置。

9 Ⅱ类电能计量装置的定义是什么?

答：110（66）～220kV 贸易结算用电能计量装置；220～500kV 考核用电能计量装置；计量单机容量 100～300MW 发电机发电量的电能计量装置称Ⅱ类电能计量装置。

10 Ⅲ类电能计量装置的定义是什么?

答：10kV～110（66）kV 贸易结算用电能计量装置；10kV～220kV 考核用电能计量装置；计量 100MW 以下发电机发电量、发电企业厂（站）用电量的电能计量装置称Ⅲ类电能计量装置。

11 Ⅳ类电能计量装置的定义是什么?

答：380V～10kV 电能计量装置为Ⅳ类电能计量装置。

12 Ⅴ类电能计量装置的定义是什么?

答：Ⅴ类电能计量装置是指 220V 单相电能计量装置。

13 Ⅰ类电能计量装置应配置的电能表、互感器的准确度等级不应低于多少?

答：Ⅰ类电能计量装置应配置的有功电能表准确度等级应该不低于 0.2S 级，无功电能表准确度等级应该不低于 2 级，电压互感器准确度等级应该不低于 0.2 级，电流互感器准确度等级应该不低于 0.2S 级（发电机出口可选用非 S 级电流互感器）。

14 DL/T 448—2016《电能计量装置技术管理规程》中电能计量装置故障和计量差错主要有哪几个方面?

答：(1) 构成电能计量装置的各组成部分（电能表、互感器等）本身出现故障。

(2) 电能计量装置接线错误。

(3) 人为抄读电能计量装置或进行电量计算出现的错误。

(4) 窃电行为引起的计量失准。

(5) 外界不可抗力因素造成的电能计量装置故障等。

15 DL/T 1199—2013《电测技术监督规程》对电测指示仪表的检定周期如何规定?

答：0.5 级及以上的电测量指示仪表应一年周期检定一次。主要设备、线路的测量用盘表应一年检定一次，其他设备盘表应两年检定一次；控制盘和配电盘仪表的定期检定应与该仪表所连接的主要设备的大修周期一致。

16 **DL/T 1473—2016《电测量指示仪表检验规程》对使用中的电测量指示仪表的检验周期如何规定？**

答：使用中的电测量指示仪表应按下列规定周期进行检验：

（1）控制盘和配电盘仪表的定期检验应与该仪表所连接的主要设备的大修日期一致，不应延误。但主要设备、主要线路的仪表应每年检验一次，其他盘的仪表每四年至少检验一次。

（2）对运行中设备的控制盘仪表的指示产生疑问时，可用标准仪表在其工作点上用比较法进行核对。

（3）可携式仪表（包括台表）的检验，每年至少一次，常用的仪表每半年至少一次。经两次以上检验，证明质量好的仪表，可以延长检验期一倍。

（4）万用电表、钳形表每四年至少检验一次。兆欧表和接地电阻测定器每二年至少检验一次，但用于高压电路使用的钳形表和作吸收比用的兆欧表每年至少检验一次。

17 **电测量仪表的现场检验和周期校验项目有哪些？**

答：（1）外观检查。

（2）绝缘电阻测量。

（3）基本误差校验。

18 **转盘式电能表的检验项目有哪些？**

答：（1）直观检查。

（2）潜动试验。

（3）基本误差测定。

（4）绝缘强度试验。

（5）走字试验。

19 **电子式电能表的检定项目包括哪些？**

答：（1）工频耐压试验。

（2）直观和通电检查。

（3）校核常数。

（4）确定电能测量基本误差。

（5）确定电能测量标准偏差估计值。

（6）确定日计时误差和时段投切误差。

（7）确定需量误差。

（8）启动和潜动。

第十一章

电测仪表中级工

第一节　电测仪表基本知识

1 什么是电工测量仪表？

答：把一个被测电工量与一个充当测量单位的已知量进行比较，确定它是该单位的若干倍或若干分之一，用来实现这种被测量与量具（度量器）之间相互比较的技术工具（仪器仪表），称为电工测量仪表。

2 晶体管有哪几种工作状态？

答：晶体管有三种工作状态：放大状态、饱和状态和截止状态。

3 放大电路为何一定要加直流电源？

答：因为直流电源是保证晶体管工作在放大状态的主要能源：一方面通过 R_b 为晶体管提供基极电流，使发射极处于正向偏置；另一方面通过 R_c 为晶体管提供集电极电流，使集电极处于反向偏置。

4 差动放大电路为什么能够减小零点漂移？

答：差动放大电路双端输出时，由于电路对称，故而有效地抑制了零点漂移；单端输出时，由于 R_e 的负反馈抑制了零点漂移。所以，差动放大电路能够减小零点漂移。

5 直流放大器极间耦合的要求有什么？

答：(1) 不能采用阻容耦合或变压器耦合，因为它们具有隔直作用。

(2) 采用直接耦合必须保证前后两级各有合适的静态工作点。

6 交流放大电路中的耦合电容、耦合变压器有何用途？

答：耦合电容的作用是隔直流通交流。

耦合变压器的作用是隔直流通交流，也可实现阻抗匹配。

7 自感电动势的方向与什么有关？

答：自感电动势的方向与电流变化趋势有关。

8 试简述电磁感应定律的内容。

答：当回路中的磁通发生变化时，总要在回路中产生感应电动势。其大小由“电磁感应定律”决定。电磁感应定律又叫法拉第电磁感应定律，内容是：回路中感应电动势的大小和磁通变化的速率（又叫磁通变化率，即单位时间内磁通变化的数值）成正比。

根据电磁感应定律，对于单匝线圈，感应电动势 e 的大小，其计算式为

$$e=\frac{\Delta\phi}{\Delta t} \tag{11 - 1}$$

式中 $\frac{\Delta\phi}{\Delta t}$——磁通变化率。

9 简述预处理与预热的区别。

答：进行预热时，只要施加辅助电源电压，不施加被测量。

进行预处理时，除施加辅助电源电压外，还要施加被测量。

10 什么是串联谐振？谐振条件是什么？谐振频率如何计算？

答：在电阻、电容和电感串联的电路中，感抗 X_L和容抗 X_C的作用是直接相减的。如果满足一定条件，恰好使 $X_L=X_C$，则电路的电抗等于零，电路中的电流和电压相位相同，没有无功功率在电阻与电感、电容间交换。电路的这种状态称为串联谐振。

电路谐振条件是：$X_L=X_C$，即 $\omega L=\frac{1}{\omega C}$。

由此可得，电路固有谐振频率为 $f_0=\frac{1}{2\pi\sqrt{LC}}$。

11 什么叫交流采样？

答：交流采样是将二次测得的电压、电流经高精度的 TV、TA 隔离，变成计算机可测量的交流小信号，然后再送入计算机进行处理。

12 使用交流采样方法的优点有哪些？

答：交流采样的优点是能够对被测量的瞬时值进行采集，实时性好，相位失真小。

13 交流采样与直流采样的区别是什么？

答：交流采样是直接将二次回路的 TA、TV 接入采样单元进行数据处理，取消了变送器转换环节，减少了故障点，提高了可靠性，采集数据类型丰富，提高了无功数据的准确性，节省了投资和运行维护的工作量。

直流采样稳定性好，可维护性强，配置简单，容易掌握，但随着交流采样技术的发展，变送器单一、不可编程扩展功能的缺点日趋明显，数据开发和深度挖掘基本不可能，可观测性差，维护环节多。

14 仪表在参比条件下测定上升时的误差、下降时的误差及二者平均值，三者哪个是基本误差？

答：检定仪表时上升和下降的误差都作为基本误差，其中最大误差就是全检量程的最大基本误差，以判断全检量限是合格。平均值仅供最后修正之用。

15 试述修正值的含义并写出计算公式。

答：修正值又称更正值，是为消除系统误差，用代数法加到测量结果上的值。
修正值=实际值-测量结果。修正值和绝对误差的符号相反。

16 如何进行升降变差测试？

答：测定升降变差时，应在极性不变（当用直流检验时）和指示器升降方向不变的前提下，首先使被检表指示器从一个方向平稳地移向标度尺某一个分度线，读取标准表的读数；然后再从另一个方向平稳地移向标度尺的同一个分度线，再次读取标准表的读数，标准表两次读数之差即为升降变差。

17 按误差来源分系统误差可包括哪些误差？

答：系统误差按其来源可分为：
（1）工具误差。
（2）装置误差。
（3）人员误差。
（4）方法误差（或称理论误差）。
（5）环境误差。

18 何谓系统振荡？

答：电力系统非同步状况带来的功率和电流的强烈不稳定叫系统振荡，简称振荡。

19 电测仪表的“四率”是指什么？

答：电测仪表的“四率”是指：检验率、调前合格率、抽检合格率和完好率。

20 试举例说明准确度等级高的仪表，其测量误差并非一定小？

答：有一电流表计，其等级为1.0级，测量上限为10A。当测量5A时，可能出现的最大相对误差为±1%×(10/5)×100%=±2%。

如果用一等级为0.5级、测量上限为50A的电流表，去测量5A时，可能出现的最大相对误差为±0.5%×(50/5)×100%=±5%。

从上述例中可以看出，尽管准确度等级提高了，但由于仪表量限的扩大，反而使测量结果的相对误差增加。也就是说用准确度等级高的仪表去测量时，误差并非一定小。

21 多量限表计如何检定？

答：对于多量限表计，可以只对其中某个量限（称全检量限），一般是常用量限的有效范围内带数字的分度线进行检定；而对其余量限（称非全检量限），只检测量上限和可以判定最大误差的带数字分度线即可。

第二节　电测量指示仪表

1 为消除外磁场对测量机构的影响，在电磁系或电动系仪表中采用了什么结构？

答：采用了磁屏蔽和无定位结构。

2 简述无定位结构的定义。

答：使仪表无论放在什么位置，也无论外磁场来自什么方向，仪表都不受外磁场的干扰的结构称为无定位结构。

3 电磁系电压表采用什么方式扩大量限？

答：多量限电磁系电压表的测量线路一般是将分段绕制的定圈的绕组串并联后，再与多个附加电阻串联，通过转换开关改变附加电阻来扩大量限。

4 电磁系仪表采用什么方法检定？

答：电磁系仪表通常采用直接比较法或热电比较法检定。

5 电磁系电流表扩大量限时，为什么不采用分流器而是用电流互感器？

答：电磁系电流表测量较大电流时，一般采用电流互感器将大电流变为小电流（5A以下）再进行测量。电磁系电流表扩大量限不用电阻分流器，是因为表的线圈有较大电感，不能像测直流电流的磁电系仪表那样来计算分流器电阻。

6 铁磁电动系功率表角误差补偿方法常见的有哪两种？

答：一种是用电容器分路动圈法；一种是在电压电路中串联电感法。

7 电动系仪表频率误差主要来源是什么？

答：主要来源是动圈和定圈的电感、定圈和动圈间的互感、线路中的分布电容及测量机构中的涡流。

8 电动系仪表频率误差补偿方法有哪两种？

答：一是在电路部分附加电阻上并联电容；另一种是在定圈附近设一辅助线圈，并且并联一个电容。

9 电磁系仪表的频率特性有何特点和要求？

答：电磁系仪表是由定圈通过电流建立磁场的，为了能测量较高的电压，而又不使测量机构超过容许的电流值，定圈的匝数较多，内阻较大，感抗也较大，并随频率的变化而变化，因此影响了仪表的准确度。所以，电磁系仪表只适用于频率在800Hz以下的电路中。

10 电动系仪表的过载能力如何？

答：电动系仪表进入动圈中的电流要靠游丝来引导，若电流过大，游丝将变质或烧毁，加上整个测量机构在结构上比较脆弱。所以其过载能力较差。

11 电动系电流表和电压表是怎样构成的？为什么它们可以测量直流和交流？

答：将电动系测量机构的定圈和动圈直接串联起来就构成了电动系电流表。

将电动系测量机构的定圈和动圈直接串联后，再和附加电阻串联起来，就构成了电动系电压表。

从电动系测量机构通入直流电的工作原理来看，定圈通入电流 I_1 产生的磁场，作用于动圈中的电流 I_2，使动圈受到电磁力 F 的作用而发生偏转，偏转角 α 与两线圈电流的乘积成正比，即 $\alpha = KI_1I_2$。

如果把定圈和动圈串联，而通过一个电流 I，则 α 就与电流 I 的平方成正比，因而就可测量该电流的数值。

若把两线圈中电流 I_1 和 I_2 的方向同时改变，则电磁力 F 的方向仍保持不变，因而转动力矩的方向也不会改变。所以电动系测量机构也同样适用于交流量的测量。

12 电动系仪表有哪些用途？可制成哪些仪表？

答：电动系测量机构可以构成多种电路，测量多种参数，如电流、电压、功率、频率和相位差。

电动系测量机构可制成交直流电压表、电流表、功率表、频率表和相位表。

13 简述仪表反作用力矩的含义。

答：仪表的可动部分在转动力矩的作用下，从它的初始位置开始偏转，如果没有别的力矩作用，就会不管被测量多大而一直偏转到尽头。为了使每个被测量值引起相对应的偏转，必须要有一个力矩来平衡转动力矩，以控制可动部分的偏转。这个力矩的方向必须和转动力矩的方向相反，并且还要和偏转角有关。这个力矩就称为反作用力矩，用符号 M_a 表示。

14 什么是仪表的阻尼力矩？

答：为了使仪表的可动部分尽快地稳定在平衡位置上，缩短可动部分摆动时间而在测量机构上附加的吸收可动部分动能的装置，称为阻尼装置。由其产生的力矩就是阻尼力矩，用符号 M_p 表示。

15 为什么要求仪表要有良好阻尼？

答：由于仪表可动部分的惯性作用，当接入被测量或被测量突然变化时，指针不能立即稳定在指示值上，而要在稳定值的左右摆动。为能迅速读数，要求仪表有良好的阻尼装置以减小摆动时间。

16 指示仪表测量机构中的平衡锤主要起什么作用？

答：平衡锤的主要作用是用来平衡转轴上各零件的重量所形成的不平衡力矩。

17 电测量指示仪表的测量机构必须具备哪几个基本功能？

答：(1) 在被测量作用下，能产生使仪表可动部分偏转的转动力矩。

(2) 可动部分偏转时，能产生随偏转角增大而增大的反作用力矩。

(3) 可动部分运动时，能产生阻尼力矩。

(4) 可动部分有可靠的支撑装置。

(5) 能直接指示出被测量的大小。

18 多量限电磁系电流表一般采用何种方式转换电流的量限？

答：电磁系电流表通常采用定圈分段绕制的方法，然后通过接线片或转换开关把两个或几个线圈串并接，以达到改变电流量限的目的。

19 电动系测量机构有何优点和缺点？

答：电动系测量机构的优点是：准确度高、可交直流两用、能够构成多种线路，测量多种参数。

其缺点是：易受外磁场影响；仪表本身消耗功率大；过载能力小；电动系电压表、电流表的标尺刻度不均匀。

20 多量限的电动系电流表和电压表的量限是怎样改变的？

答：电动系电流表量限的改变是通过改变线圈的连接方式和动圈的分流电阻来实现的。电动系电压表量限的改变是通为改变附加电阻来实现的。

21 相位表和功率因数表是否有区别？

答：相位表就是功率因数表。它是用来测量交流电路中电压与电道间的相位差角或电路中的功率因数的。相位表盘以 φ 标度，刻度均匀，而功率因数表的表盘以 $\cos\varphi$ 标度，刻度不均匀。

22 数字电压表主要性能的测试项目有哪些？

答：主要性能的测试项目有：输入阻抗的测试；频率响应特性的测试；波形失真影响量的测试；抗干扰能力的测试；供电电源电压变化影响量的测试以及辅助输出信息的检验。

23 数字电压表抗干扰能力的测试项目主要有哪些？

答：测试项目主要有：串模干扰抑制比；共模干扰抑制比；电磁干扰性能的测试。

24 功率因数低有何危害？

答：(1) 增加了供电线路的损失。为了减少这种损失，必须增大供电线路的导线截面，从而增加了投资。

(2) 加大了线路的电压降，降低了电压质量。

(3) 增加了企业的电费支出，加大了成本。

25 简述直流补偿法与热电比较法的基本原理。

答：对于0.2级及以上的高精度直流仪表采用直流补偿法进行检定。直流补偿法是将被检仪表的指示值与标准电位差计的示值进行比较，来确定被检仪表的示值的基本误差。当检定0.2级及以上等级的仪表的上量限时，电位差计的读数应不少于5位。

对于0.2级及以上交流仪表采用热电比较法进行检定。热电比较法是用于交流量有效值等量的直流电量的测量，来代替交流电量的测量方法，以确定被检表示值的基本误差。

第三节 变送器和交流采样测量装置

1 什么叫电测量变送器？

答：电测量变送器是将被测量（电流、电压、有功功率、无功功率、频率、相位角和功率因数等）变换成线性比例的直流电压输出或直流电流输出的测量仪器。

2 电测量变送器一般包含哪些类型？

答：电测量变送器一般包括有功功率、无功功率、电流、电压、频率、功率因数和相位角等变送器。

3 变送器的检验分为哪几种？

答：(1) 新安装的变送器投运前的检验（简称投运检验）。

(2) 运行中变送器的定期检验（简称定检）。

4 变送器的检验周期是如何规定的？

答：(1) 电力系统主要测点所使用的变送器，应每年定检一次；如变送器稳定性良好，则允许定检周期适当加长，但最长不得超过三年。

(2) 非主要测点变送器的定检周期最长不超过三年。变送器的定检要尽可能配合其一次设备的检修进行。

5 变送器检验装置有哪些要求？

答：(1) 检验电流、电压、功率和电能变送器时，检验用电源和检验装置应符合原水利电力部颁发SD 111—83《交流仪表检验装置检定方法》和SD 112—83《直流仪表检验装置检定方法》的有关规定。在检验功率因数、频率和相位变送器时，在半分钟内，其功率因数和相位的变化不得超过被检变送器基本误差极限值的 1/10。

(2) 检验变送器所用检验装置、标准表、测量输出用仪表、输出调节用电阻箱等的等级指数不应大于表 11-1 规定的数值。

表 11-1　　被检变送器与检验装置等的等级指数关系

被检变送器	检验装置	标准表	测量输出用仪表	输出调节用电阻箱
1	0.3	0.2	0.1	0.1
0.5	0.1	0.1	0.05	0.05
0.2	0.05	0.05	0.02	0.02
0.1	0.03	0.02	0.01	0.01

(3) 检验装置输出电压、电流的波形畸变系数乘以 100，不超过等级指数。

6 变送器定期检验包括哪些项目？

答：(1) 外观检查。

(2) 基本误差测定。

(3) 输出纹波含量测定。

(4) 绝缘电阻测量。

7 修理后或新安装的变送器的检验应做哪些项目？

答：(1) 外观检查。

(2) 基本误差测定。

(3) 输出纹波含量测定。

(4) 绝缘电阻测量。

(5) 绝缘电压试验。

(6) 绝缘电阻测定。

(7) 功率因数引起的误差改变量的测定（仅适用于三相变送器）。

(8) 交流被测量的电压和电流引起的误差改变量的测定。

(9) 辅助电源电压引起的误差改变量的测定。

(10) 不平衡电流引起的误差改变量的测定（仅适用于三相变送器）。

(11) 输出负载引起的误差改变量的测定（直流阻抗变送器必做，其他变送器必要时做）。

8 《电工测量变送器运行管理规程》中对变送器输出纹波的要求是什么？

答：输出纹波含量有效值不应超过输出上限值的 0.3%；响应时间不大于 400ms。

9 《电工测量变送器运行管理规程》中对变送器输出负载能力有何规定？

答：电流输出负载最大值应不小于：$\frac{10\text{V}}{\text{输出电流较高标称值}}$（kΩ）。

电压输出负载最低值应不大于：3kΩ；5kΩ。

10 用真空管毫伏表或晶体管毫伏表测定变送器输出纹波含量时，测得结果应如何确定？

答：用真空管毫伏表或晶体管毫伏表测定输出纹波含量时，测得值应乘以 $2\sqrt{2}$。

11 用均方根响应的数字多用表串一只容量大于 0.05μF 电容器测定变送器输出纹波含量时，测定结果应如何确定？

答：用均方根响应的数字多用表串一只容量大于 0.05μF 电容器测定时，测得值应乘以 $2\sqrt{2}$。

12 用峰值电压表串一只大于 0.05μF 电容器测定变送器输出纹波含量时，测定结果应如何确定？

答：用峰值电压表串一只大于 0.05μF 电容器测定时，测量值应乘以 2。

13 用示波器交流挡测定变送器输出纹波含量时，测定结果应如何确定？

答：用示波器交流挡测定时，测得值即为纹波含量。

14 什么叫带偏置零位变送器？并举例说明。

答：带偏置零位变送器是当被测量为零时，预先给定非零输出的变送器。
例：一台变送器输入为 0～866W，输出为 4～20mA。

15 电流、电压及功率变送器输入信号为零的含义是什么？

答：对电流、电压变送器是指输入电流、电压的幅值为零。
对功率变送器是指输入电压为标称值，输入电流为零。

16 频率和相位变送器输入信号为零的含义是什么？

答：对频率变送器是指输入电压为标称值，频率为中心频率。
对相位角变送器是指输入相位角为 0°。

17 写出检验交流采样测量装置的频率交流量的检验点。

答：频率检验点为：标称频率值（50Hz）、标称频率值的±0.5Hz、标称频率值的±1Hz、标称频率值的±2Hz。

18 什么是带有隐零位的变送器？

答：当被测量小于一定值时，输出为零或一常数的变送器。

19 在交流采样中如何定义超越定值？

答：交流采样测量装置中以前后两次采集数据差值的大小，作为判定数据是否传送的限值条件的整定值。

20 简述智能型电压监测仪的作用。

答：用于对电网电压质量的监测，能自动记录、存储数据，按给定的程序统计出每天或每月中的最大电压值、最小电压值以及这些电压值发生的时刻；统计出每天或每月的电压合格率、超上限率和超下限率。

21 在交流电压变送器中，对于交流电压测量一般有哪几种方法？

答：交流电压变送器测量交流电压的有效值，有直接测量和间接测量两种方法。

间接测量是指测量交流电压的平均值，然后输出按有效值来标定。

直接测量则是通过计算电路来测量交流电压的有效值。

22 请画出交流电压变送器（采用平均值转换）的原理框图，并说明各部分的作用。

答：原理框图如图 11 - 1 所示。

图 11 - 1　交流电压变送器（采用平均值转换）的原理框图

电压互感器的作用是将被测交流电压信号变为小信号且使其与输入信号进行电气隔离。

整流、滤波的作用是将互感器输出的交流信号变为直流信号。

比例放大的作用是将整流、滤波后的信号转换为可以带一定负载能力的直流电压或直流电流输出。

23 什么是交流采样测量装置？

答：交流采样测量装置是将工频交流电量（电流、电压、有功功率、无功功率、频率、相位角和功率因数等）经数据采集、转换、计算、转变为数字信号传送至本地或远端显示器的测量装置。

24 为什么交流采样中频率的测量准确度较高？

答：频率测量一般是选母线电压通过过零比较器转换为方波，然后计算出方波的周期，再求倒数即得频率。由于测量方式简单，误差少。因此，测量准确度可达 0.1 级及以上等级。

25 简述交流采样测量装置中实负荷检验的定义。

答：使用标准装置对现场运行的交流采样测量装置实施在运行工作状态下的在线（实负荷）测量比较。

26 简述交流采样测量装置中虚负荷检验的定义。

答：使用标准装置对现场运行的交流采样测量装置实施在离线（虚负荷）状态下的校验。

27 检定三相无功功率变送器应遵循什么原则？

答：检定三相无功功率变送器时，为了消除三相电路不对称的影响，标准表的接线方式应具有与被检变送器相同的适用性。如：检定平衡的三相无功功率变送器（附加B相电流式和交叉电流式等所谓两个半元件变送器）时，标准表应按三功率表跨相90°原理接线或两功率表人工中性点原理接线；检定适用于完全不平衡三相电路的无功功率变送器（90°移相原理的无功功率变送器）时，应使用“真无功功率标准”。但由于目前国内尚无“真无功”产品，因而难以满足要求。JJG（电力）01—1994《电测量变送器检定规程》推荐采用一个权宜的解决办法，就是借用适用于简单不平衡三相电路的无功功率变送器的检定方法，但要求将三相电路的对称性调整到最佳状态。

28 交流采样测量装置绝缘强度的要求是什么？

答：在正常试验条件下，交流采样的被试部分应满足50Hz，2kV交流电压，持续时间为1min，无击穿与闪络现象。

29 交流采样测量装置的周期校验项目有哪些？

答：（1）外观检查。
（2）绝缘电阻。
（3）基本误差校验。

第四节　电能表和电能计量系统

1 JJG 307—2006《机电式交流电能表检定规程》规定，检定0.5级电能表基本误差时，影响量及其允许偏差应满足哪些条件？

答：（1）环境温度对标准值（20℃）的偏差±2℃。
（2）电压对额定值的偏差±0.5%。
（3）频率对额定值的偏差±0.2%。
（4）波形畸变系数不大于2%。
（5）磁感应强度使电能表误差变化不超过0.1%。
（6）电能表对垂直位置的倾斜角1°。
（7）功率因数对规定值的偏差±0.01。

2 机电式电能表的调整装置主要有哪几种？

答：（1）满载调整装置。
（2）轻载调整装置。
（3）相位角调整装置。
（4）潜动调整装置。
（5）三相电能表还装有平衡调整装置。

3 机电式电能表的测量机构主要包括哪几部分？

答：机电式电能表的测量机构主要有六部分：

(1) 驱动元件。

(2) 转动元件。

(3) 制动元件。

(4) 轴承。

(5) 计度器。

(6) 调整装置。

4 机电式电能表的制动力矩主要由哪几部分组成？

答：制动力矩主要由三部分组成：永久磁铁产生的制动力矩、电压工作磁通产生的自制动力矩和电流工作磁通产生的自制动力矩。

5 机电式电能表潜动产生的原因是什么？

答：机电式（感应系）电能表产生潜动的原因是：

(1) 轻载补偿力矩过补偿或欠补偿。

(2) 电压线圈所加电压过高或过低。

(3) 电磁元件装配不对称。

6 机电式电能表为什么需要制动力矩？

答：机电式电能表若没有制动力矩，则铝盘会成加速度转动，便不能正确反映被测电能的多少。所以在电能表中设置制动元件，产生制动力矩使之与转动力矩平衡，这样转速便与负荷的大小成正比关系。

7 简述机电式电能表轻载误差产生的原因。

答：(1) 当电能表圆盘匀速转动时，在转动元件间均存在着摩擦力矩。

(2) 电流元件中负荷电流与电流工作磁通的非线性关系。

(3) 电磁元件装配不对称。

8 为保证机电式交流电能表的准确度和性能稳定，表内一般设置了哪些调整装置？对这些装置有哪些要求？

答：感应式电能表内设：满载调整装置、轻载调整设置、相位角调整装置、防潜装置，三相表还有平衡调整装置。

对这些调整装置要求是：要有足够的调整范围和调整细度；各装置调整时相互影响要小；结构和装设位置要保证调节简便；固定要牢靠，性能要稳定。

9 机电式电能表满载快，调整不过来有何原因？

答：满载调整不过来的原因有可能是：

（1）永久磁铁失磁。
（2）满载调整装置失灵或装置位置不当。
（3）永久磁铁磁隙偏大。
（4）电压与电流铁芯之间的间隙太小。
（5）电压线圈可能有匝间短路现象。

10 机电式电能表电磁元件组装倾斜会出现什么后果？

答：因电磁元件的倾斜，使电压工作磁通路径的工作间隙大小不同，磁损耗角也不同，形成了两个不同相位角并从不同位置穿过圆盘的磁场，使圆盘得到一个附加力矩。

11 机电电能表为什么要在80%和110%参比电压的两种情况下进行潜动试验？

答：从理论上讲可以把轻负荷调整力矩补偿到恰到好处，但实际检验中往往做不到。当电压升高时，轻负荷补偿力矩与之成平方关系增大，一旦大于附加力矩与摩擦力矩之和时将产生潜动；反之，当电压降低时也成平方关系减小，一旦失去平衡也将产生反向潜动。110%参比电压是为了检查电压升高时，电能表因补偿力矩的增加，是否会引起潜动；加80%的参比电压是为检查电压降低时，电能表因防潜力矩减少，是否会引起反向潜动。

12 电子式电能表的电压跌落和短时中断是怎样造成的？它对电子式电能表有什么影响？

答：电压跌落和短时中断是由于电力系统发生短路或接地故障造成的，尤其是系统进行自动重合闸和切除故障的操作，会引起0.5s持续时间的电压跌落和短时中断。电压跌落和短时中断的时间虽然很短，但抗干扰性差的电子式电能表，往往会发生电子元件误动作或存储器的数据丢失等故障。

13 电能计量装置包括哪些主要设备及附件？

答：（1）各种类型电能表。
（2）失压计时仪。
（3）计量用电压、电流互感器及其二次回路。
（4）专用计量柜和计量箱。

14 运行中的电能表，现场应检验哪些项目？

答：运行中的电能表现场检验的项目有：
（1）检查电能表和互感器的二次回路接线是否正确。
（2）在实际运行中测定电能表的误差。
（3）检查计量差错和不合理的计量方式。

15 电能表在误差调整好后，应怎样测定基本误差？

答：（1）按规程规定，测定基本误差应按负载电流逐次减少的顺序进行。
（2）每次改变负载电流后应等电能表转盘转速稳定后再进行测定。

16 电能计量二次回路的主要技术要求是什么？

答：(1) 35kV 以下的计量用电流互感器应为专用的。35kV 及以上的电流互感器应为专用二次绕组和电压互感器的专用二次回路，不得与测量和保护回路共用。

(2) 计量用电压互感器二次回路均不得串接隔离开关辅助触点，但 35kV 及以上的可装设断路器。

(3) 互感器二次回路连接导线均应采用铜质绝缘线，不得采用软铜绞线或铝芯线；二次阻抗不得超过互感器的二次额定容量。

(4) 带互感器的计量装置应使用专用接线盒接线。

(5) 高压互感器二次侧应有一点接地，金属外壳也应接地。

(6) 高压计量二次回路导线头必须套号牌。

17 电能计量装置竣工验收包括哪些项目？

答：(1) 电能表的安装、接线。

(2) 互感器的合成误差测试。

(3) 电压互感器二次压降的测试。

(4) 综合误差的计算。

(5) 计量回路的绝缘性能检查。

18 何谓遥测？

答：遥测是指通过某种传输方法，对远方某物理量进行测量和数据采集。在电力负荷控制中，常用于对用户的电力（包括负荷、电能、电压、电流等）数据进行测量和采集。

19 电量采集装置能够采集的电度量信息有哪些？瞬时量信息有哪些？

答：电量采集装置能够采集的电度量信息有：正向有功、反向有功、正向无功、反向无功电度量信息。

能够采集的瞬时量信息有：电压、电流、功率、功率因数等。

20 简述电量采集系统的主要功能。

答：电量采集装置实现电度量信息、瞬时量信息的采集、存储、上传。电量采集系统主要实现母线平衡、报表统计、线损统计分析、网页发布、数据转发、计量业务维护等。

21 电量采集装置与电度表之间的通信线缆应如何接地？

答：通信线缆应单端接地，并且应在信号源侧接地。

22 电能量计量系统主要包括什么？

答：电能量计量系统主要包括电能计量装置、电能量远方终端、电能量主站系统及相应的拨号、专线和网络通道。

23 何谓电能计量装置的综合误差？

答：在电能计量装置中，由电能表、互感器和其二次接线三大部分引起的误差合成，称为综合误差。

24 电能计量装置新装完工送电后检查的内容是什么？

答：(1) 测量电压值及相序是否正确，并在断开客户电容器后，观察有功、无功电能表是否正转。若不正确则应将其电压、电流的 U 相、W 相都对调。

(2) 用验电笔检查电能表外壳、零线端钮都应无电压。

(3) 三相二元件的有功电能表，将 V 相电压拔出，转速比未拔出时慢一半。

(4) 三相二元件的有功电能表，将 U 相、W 相电压对换，表应停转。

(5) 若以上方法说明表的接线有问题，应作六角图进行分析，并应带实际负荷测定其误差。

25 带实际负荷用六角图法检查电能表接线的步骤是什么？

答：(1) 用电压表测量各相、线电压值是否正确。用电流表测量各相电流值。

(2) 用相序表测量电压是否为正相序。

(3) 用相位表（或瓦特表，或其他仪器）测量各相电流与电压的夹角。

(4) 根据测量各相电流的夹角，在六角图上画出各相电流的位置。

(5) 根据实际负荷的潮流和性质分析各相电流应处在六角图上的位置。

26 TV 二次回路电压降的测量方法有哪几种？

答：(1) 互感器校验法。

(2) TV 二次压降测试仪法。

(3) 钳形相位伏安表法。

(4) 无线监视仪法。

(5) 高内阻电压表法。

(6) 数字电压表法。

27 用隔离变压器（TV）和互感器校验仪测量二次回路的电压降时，应注意哪些事项？

答：(1) 测量应在 TV 端子箱处进行。

(2) 电能表至测量点应放足够容量的绝缘线，且应全部放开，不得盘卷，以保证测量误差的准确。

(3) 放（收）线时，应注意与高压带电体的安全距离，防止放（收）线时，弹至高压带电体而造成事故。

(4) TV 二次引线和电能表端放过来的导线均应送至各自刀闸，待确认电压是同相和极性正确后，再送入校验仪进行测量。

(5) 隔离 TV 在接入被测 TV 二次时，应先限流，以防隔离 TV 的激磁电流冲击被测电压互感器而造成保护动作。

28 简述电压互感器二次压降的产生原因及减小压降的方法。

答：在发电厂和变电站中，测量用电压互感器与装有测量表计的配电盘距离较远，电压互感器二次端子到配电盘的连接导线较细，电压互感器二次回路接有刀闸辅助触头及空气开关，由于触头氧化，使其接触电阻增大。如果二次表计和继电保护装置共用一组二次回路，则回路中电流较大，它在导线电阻和接触电阻上会产生电压降落，使得电能表端的电压低于互感器二次出口电压，这就是二次压降产生的原因。

减小压降的方法有：

（1）缩短二次回路长度。

（2）加大导线截面。

（3）减小负载，以减小回路电流。

（4）减小回路接触电阻。

29 电能计量装置配置的原则是什么？

答：（1）具有足够的准确度。对于高压电能计量装置，不但电能表、互感器的等级要满足 DL/T 448—2000《电能计量装置技术管理规程》的要求，而且整套装置的综合误差应满足 SD 109—1983《电能计量装置检验规程》的要求。

（2）具有足够的可靠性。要求电能计量故障率低，电能表一次使用寿命长，能适应用电负荷在较大范围变化时的准确计量。

（3）功能能够适应营销管理的需要。一般情况下，电量计量装置应设置以下基本功能：记录有功、无功（感性及容性）电量，多费率计量，最大需量，失压计时以及为负荷监控而设置的脉冲量或数字量传输。具体到某一客户，可以根据供用电合同中关于计量方式的规定，选用其中一部分（或全部）功能。

（4）有可靠的封闭性能和防窃电性能，封印不易伪造。在封印完整的情况下，做到用户无法窃电。

（5）装置要便于工作人员现场检查和带电工作。

30 《电能计量装置技术管理规程》（2016 版）中规定电能计量装置中电压互感器的二次回路电压降应不大于多少？

答：应不大于其额定电压的 0.2%。

31 《电能计量装置技术管理规程》中对于运行中的电能计量装置现场检验周期如何规定？

答：Ⅰ类电能计量装置至少每 6 个月现场检验一次。

Ⅱ类电能计量装置至少每 12 个月现场检验一次。

Ⅲ类电能计量装置至少每 24 个月现场检验一次。

32 电能计量检定人员应满足什么要求？

答：电能计量检定人员的基本条件及要求为：

（1）从事电能计量检定和校准的人员应具有高中及以上学历，掌握必要的电工基础、电子技术和计量基础等知识，熟悉电能计量器具的原理、结构；能熟练操作计算机，掌握检定、校准的相关知识和操作技能。

（2）每台/套电能计量标准装置应至少配备两名符合规定条件的检定或校准人员，并持有与其所开展的检定或校准项目相一致且有效的资质证书。

（3）电能计量检定人员的考核及复查应按照计量检定人员管理办法进行。

（4）计量检定人员中断检定工作一年以上重新工作的，应进行实际操作考核。

33 不合理的计量方式有哪些？

答：（1）电流互感器变比太大，而线路负载小，致使电能表经常在标定电流的20%以下运行。

（2）电能表与其他二次设备共用一组电流互感器，造成二次容量超过电流互感器的额定容量，引起互感器的比差和角差值增大。另外，由于中间环节多，极易发生故障。

（3）电压互感器与电流互感器分别接在电力变压器不同电压侧；不同的电压母线共用一组电压互感器，导致电能表所计电量失真。

（4）电压互感器的额定电压与线路额定电压不符。

（5）无功电能表或双向计量的有功电能表没有装止逆器。

（6）电压互感器到电能表控制屏二次回路的导线截面较细（1.5～2.5mm^2），而且导线很长，加上电压二次回路的开关、熔断器等控制装置的触点接触不良等，增大了导线电阻，产生了电压降。

第五节　绝缘电阻表和接地电阻表

1 绝缘电阻表输出电压的主要参数有哪些？

答：绝缘电阻表输出电压的主要参数有交流纹波量和尖峰值。

2 绝缘电阻表输出电压的主要参数如何检测？

答：对交流纹波量和尖峰值的检测，通常是检测绝缘电阻表开路电压的峰值与其有效值之比值，应不大于1.5。

3 绝缘电阻表输出电压的尖峰值大时会造成什么影响？

答：尖峰值大，不仅会引起示值误差，还会导致被测物的局部放电，严重时造成电气设备的损坏。

4 测量接地电阻有哪些方法？

答：测量接地电阻的方法有：电流表电压表法、接地电阻直接读数法、电流表功率表法、电桥法和三点法。一般采用前两种方法。

5 测量接地电阻可否在直流电压下进行？

答：大地之所以能够导电是因土壤中含有电解质的作用。若测量接地电阻时施加直流电压，则会引起化学极化作用，使测量结果严重失真。因此，测量接地电阻一般都用交流电进行。

6 为什么绝缘电阻在测量前要将被测设备短路放电？

答：绝缘电阻在测量前务必将被测设备电源切断，并进行放电。决不允许用表计去测量带电设备的绝缘电阻，以防止人身、设备事故。即使加在设备上的电压很低，对人身、设备没有危险，也得不出正确的测量结果，达不到测量的目的。被试设备的电源虽已切断而未进行放电之前，也不允许进行测量。因为设备在电容量很大时，对地会有很高的电位差。所以，一定要先行放电，再进行测量。另外，有的被试设备虽已断电，但离其他带电设备很近也可能感应出高电压。

7 绝缘电阻表在使用时应注意什么？

答：(1) 发电机转速应基本维持恒定，切忌忽快忽慢。

(2) 测量时要注意环境温度与湿度。

(3) 绝缘电阻随着测试时间的长短而有差异，一般采用1min以后的读数为准。遇到电容量较大的被测设备（如电容器、变压器、电缆线等）时，要等到指针稳定不变时记取读数。

(4) 使用表计时，当发电机手柄已经摇动，在E、I之间就会产生很高的直流电压，绝不能用手触及。测试站束，发电机还未完全停止转动或设备尚未放电之前，亦不要用手触及导线。

(5) 试验时的接线不要用绞织线，否则就相当于在被测设备上并联了一个绝缘电阻，使测量值变小。若绞织线本身绝缘已失效，则使测量结果失去意义。

(6) 用绝缘电阻表测量电气设备对地绝缘时，应当用E端接地（指被测设备的接地外壳），L端接被测设备。反之，会由于大地杂散电流对测量结果造成影响，使测量不准。

(7) 做完具有大电容设备的测试后，应对被测设备进行放电。

(8) 不能全部停电的双回架空线路和母线，禁止进行测量。

8 简述数字式接地电阻表的使用方法。

答：(1) 校准。将电阻表水平放置，检查数字式接地电阻表检流计指针是否在中心刻度线上，如有偏离，就要进行调零。

(2) 埋设探测针。并使接地体、电位探测针、数字式接地电阻表电流探测针在一条直线上并且彼此相距20m。

（3）将倍率标度置于最大倍数，同时旋转测量标度盘，使检流计指针指在中心线上。

（4）如果测量读数太小，应将倍率标度置于较小倍数，再重新测量，以得到正确电阻值。

（5）用测量的读数乘以倍率标度的倍数即是所测的接地电阻值。

9 钳形电流表分类有哪些？

答：根据其结构及用途分为互感器式和电磁系两种。

常用的是互感器式钳形电流表，由电流互感器和整流系仪表组成。它只能测量交流电流。

电磁系仪表可动部分的偏转与电流的极性无关。因此，它可以交直流两用。

10 钳形接地电阻仪比传统的接地电阻表有何优势？

答：钳形接地电阻仪是非接触测量，只需将钳表的钳口钳住被测接地线，即可从钳表的液晶屏上读出接地电阻值。操作非常简便；钳形接地电阻仪不用辅助电极，不存在布极误差；钳表测量的接地电阻是接地极的对地电阻以及接地线电阻的总和，完全满足国家标准GL/T 621《交流电气装置的接地》的要求。

11 什么是土壤电阻率？为什么要测土壤电阻率？

答：土壤电阻率是单位长度土壤电阻的平均值，单位是欧姆·米（Ω·m）。

土壤电阻率ρ是决定接地体接地电阻的重要因数。不同性质的土壤，固然有不同的土壤电阻率，就是同一种土壤，由于温度和含水量等不同，土壤电阻率也会随之发生显著的变化。因此，为了在进行接地装置设计时有正确的依据，使所设计的接地装置更能符合实际工作的需要，必须进行土壤电阻率的测量。

12 使用中的接地电阻表检定项目有哪些？

答：（1）外观检查。

（2）通电检查。

（3）绝缘试验。

（4）示值误差试验。

（5）辅助接地电阻影响检查。

13 接地电阻表的检定周期为多长？

答：接地电阻表的检定周期一般不得超过一年。

第六节　电桥和电阻箱

1 直流电桥不用时，为什么应将检流计两端短接？

答：检流计由于张丝悬吊工作时灵敏度较高，直流电桥不使用时，将检流计两端短接，可使阻尼力矩增加很大，避免检流计晃动时震断张丝。

2 如何判断按有关标准生产的电阻箱合格与否？

答：按有关标准生产的电阻箱是以每一十进盘所列出的准确度级别以及残余电阻、变差的允许范围来判断合格与否。

3 使用直流单电桥测量电阻，测量结束后，为什么要先关断检流计按钮，再关断电源按钮？

答：是因为测量具有较大电感的电阻时，会因先断开电源而产生自感电动势，此电动势作用到检流计回路，会使检流计损坏。

4 试述电阻器泄漏电流屏蔽的含义。

答：电阻器泄漏电流屏蔽是将泄漏电流引到大地或固定点的导电通路。

5 试述电阻器静电屏蔽的含义。

答：静电屏蔽是用来保护被它所包围的空间不受外界静电影响的导电外壳或涂层。

6 电桥整体检定时，确定全检量程的原则是什么？

答：电桥整体检定时，确定全检量程的原则为：应保证被检电桥第一个测量盘加入工作，其示值由1～10时的各个电阻测量值均应在该电桥的有效量程以内。

7 直流电桥若长期存放不使用时，应如何处理？

答：直流电桥长期存放不使用时，应经常进行通电试验，保证其处于良好状态。

8 直流电桥的有关部件如何维护保养？

答：直流电桥的有关部件如开关、电刷、插塞及座、端钮、按钮，至少每3个月清洁一次，用绸布蘸些汽油擦净活动触点污秽，再用无水酒精清洗，并涂上一层薄薄的凡士林或其他防锈油。

9 高阻箱有哪些检定项目？

答：高阻箱的检定项目有：外观及线路检查、残余电阻、接触电阻、变差、基本误差、电压变差、绝缘电阻、绝缘强度、温度系数、温度变差、湿度变差和功率变差。

10 测量高阻箱绝缘电阻时，对环境条件和测数器有何要求？

答：测量高阻箱绝缘电阻时，被测高阻箱应在温度为15～35℃，相对湿度45%～75%的环境条件下预处理24h，并用测量误差不大于10%的测量仪器进行测量。

11 什么是电桥的测量范围？什么是电桥的工作范围？

答：电桥的测量范围是指电桥能够读数的阻值范围，如单桥最大倍率为1000，读数盘

为 $10^4\Omega$，则测量范围上限可达 $10^7\Omega$。

电桥的工作范围是指保证准确度的测量范围，如携带型单桥工作范围上限只有 $10^4\Omega$。

12　为什么微调电阻箱最小步值可以做到 $10^{-4}\Omega$，而一般电阻箱做不到?

答：微调电阻箱由串并联电阻组成，开关的接触电阻与并联电阻串接，当并联电阻较大时，开关接触电阻可以忽略不计，由于并联电阻的作用可以使步值做到 $10^{-4}\Omega$。而一般电阻箱是串联电阻线路，开关接触电阻直接影响电阻值，因而无法做到最小步值为 $10^{-4}\Omega$。

13　如何测定电阻箱的绝缘电阻？对测定设备有什么条件?

答：电阻箱绝缘电阻可采用绝缘电阻表、高阻计或用检流计法测量。

测量应在电阻箱电路和与电路无电气连接的外部金属（外壳点）间进行。测量结果应在施加电压后 1min 时读取。测量绝缘电阻的误差应不大于 10%。测量电压为其标称使用电压上限值，但不得低于 500V。

14　如何测定电阻箱开关接触电阻变差?

答：用分辨力不大于 0.1mΩ 的低电阻表或双电桥或其他能满足要求的计量器具进行测量。先将各盘旋转多次，使末盘示值为 1，阻值为 ΔR，其余各盘为零，测得阻值为 M_0；测第 1 盘变差时，将第 1 盘来回旋转多次后回到零，其余各盘不动，测得阻值为 M_1，则第 1 盘开关接触电阻变差的相对值 $\delta_1=(M_0-M_1)/\Delta R$。依次对每盘开关进行变差测定，若各次测得值为 M_i，则第 i 盘开关接触电阻变差的相对值 $\delta_i=(M_{i-1}-M_i)/\Delta R$。

15　试述用标准电桥直测法整体检定 0.1 级及以下电阻箱的步骤。

答：选用比被检电阻准确度级别高两级的电桥作标准，阻值在 100Ω 及以上采用单桥；阻值在 100Ω 以下采用双桥线路检定电阻箱阻值。先测定残余电阻和变差（无零示值时，在 0.01Ω 处测定变差），再检定电阻箱示值误差，并在每一测得值中减去残余电阻，作为每一示值的实际值，并以此值和残余电阻、变差大小判断电阻箱是否合格。

16　高阻箱检定时，对测量重复性、环境条件及测试电压有何要求?

答：高阻箱检定时，要求测量重复性的标准偏差不大于被检电阻器等级指数的 1/10。

对环境条件，要求温度范围为 (20±1)℃，相对湿度在 40%～60%之间。

测试时施加于被检电阻器的电压应为其最高使用电压。

17　试述用数字表直测法测量电阻箱的方法。

答：在检定条件下，当数字欧姆表或数字多用表的欧姆挡测量电阻时，带来的扩展不确定度（$k=3$）小于被检等级指数的 1/3 时，可直接用电阻表或数字多用表的欧姆挡测量被检电阻箱的电阻值，检定结果为 $R_x=B_X$(B_X 为电阻表显示读数)。

18　使用检流计应注意什么?

答：使用检流计应注意：

(1) 使用时必须轻放，在搬动时应将活动部分用止动器锁住或用导线将两个接线端钮短接。

(2) 在被测电流的大致范围未知的情况下，应配用一台万用分流器或串一个很大的保护电阻（如几兆欧）进行测量。当确信不会损坏检流计时，再逐步提高其灵敏度。

(3) 决不允许用万用表或电阻表去测检流计的内阻，否则会因通入的电流过大而烧坏检流计。

19 选择检流计应注意哪几点要求?

答：应注意以下2点要求：

(1) 当检流计测量电阻较大电路的电流时，应选择电流灵敏度高且有较大外临界电阻的检流计，如AC4/1、AC4/2、AC12/1、AC15/2型较为合适。

(2) 若检流计是用在双臂电桥或补偿电路内测量小电阻时，应选用电流灵敏度高，外临界电阻小的检流计，如AC4/5、AC4/6、AC15/4、AC15/5型较为合适。

20 直流电桥周期检定的项目有哪些?

答：一般应包括以下内容：外观及线路检查、绝缘电阻测量、内附指零仪试验和基本误差测定。

第七节　电流互感器和电压互感器

1 测量用电压互感器的接线方式有哪几种?

答：测量用电压互感器的接线方式有：

(1) 用一台单相电压互感器来测量某一相对地电压或相间电压的接线方式。

(2) 用两台单相互感器接成不完全星形，也称V—V接线。

(3) 用三台单相电压互感器构成Y_0/Y_0的接线形式。

(4) 一台三相五芯柱电压互感器接成$Y_0/Y_0/\Delta$（开口三角形）的接线方式。

2 什么是电子式互感器?

答：电子式互感器由连接到传输系统和二次转换器的一个或多个电流或电压传感器组成，用以传输正比于被测量的量，供给测量仪器、仪表和继电保护或控制装置。在数字接口的情况下，一组电子式互感器共用一台合并单元完成此功能。

3 什么是电子式电流互感器?

答：一种电子式互感器，在正常使用条件下，其二次转换器的输出实质上正比于一次电流，且相位差在连接方向正确时接近于已知相位角。

4 什么是电子式电压互感器?

答：一种电子式互感器，在正常使用条件下，其二次电压从实质上正比于一次电压，且相位差在连接方向正确时接近于已知相位角。

5 运行中的电流互感器误差的变化与哪些工作条件有关？

答：运行中的电流互感器误差与一次电流、频率、波形、环境温度的变化及二次负荷的大小和功率因数等工作条件有关。

6 测量用电流互感器至电能表的二次导线的材料和截面有何要求？

答：（1）二次导线应采用铜质单芯绝缘线。

（2）二次导线截面积应按电流互感器额定二次负荷计算确定，至少应不小于 $4mm^2$。

7 测量用电压互感器至电能表的二次导线的材料与截面有何要求？

答：（1）二次导线应采用铜质单芯绝缘线。

（2）不小于 $2.5mm^2$。

8 什么是互感器的合成误差？

答：由于互感器存在比差和角差，则在测量结果中也存在一定误差，这个由互感器比差和角差引起的误差，称为合成误差。

9 分别说明LQJ-10、LFC-10、LMJ-10、LQG-0.5、LFCD-10型电流互感器的各字母和数字的含义。

答：（1）第一位字母“L”为电流互感器。

（2）第二位字母“Q”为线圈式，“F”为复匝式，“M”为母线型贯穿式。

（3）第三位字母“J”为树脂浇注式，“C”为瓷绝缘，“G”为改进式。

（4）第四位字母“D”为接差动或距离保护。

（5）数字“10”和“0.5”分别表示一次电压为10kV和500V。

10 分别说明JDJ-10、JDZ-10、JSJW-10、JDJJ-35型电压互感器的各字母和数字的含义。

答：（1）第一位字母“J”为电压互感器。

（2）第二位字母“D”为单相，“S”为三相。

（3）第三位字母“J”为油浸式，“Z”为环氧浇注式。

（4）第四位字母“W”为绕组五柱式，“J”为接地保护。

（5）数字“10”和“35”表示分别是一次电压为10kV和35kV的电压互感器。

11 互感器轮换周期是怎样规定的？

答：互感器的轮换周期是：

（1）高压互感器至少每10年轮换一次（可用现场检验代替轮换，当现场检验互感器误差超差时，应查明原因，制订更换或改造计划，尽快解决。时间不得超过下一次主设备检修完成日期）。

（2）低压电流互感器至少每20年轮换一次。

12 GB 1207—2006《电磁式电压互感器》中规定的二次绕组绝缘要求是什么？

答：二次绕组绝缘的额定工频耐受电压应为3kV（方均根值）。

13 什么是测量用电压互感器？

答：测量用电压互感器是指为指示仪表、积分仪表和其他类似电器供电的电压互感器。

14 什么是测量用电压互感器准确级？一般有哪些标准准确级？

答：测量用电压互感器的准确级是在额定电压和额定负荷下，以该准确级所规定的最大允许电压误差百分数来标称。

测量用单相电磁式电压互感器的标准准确级为0.1、0.2、0.5、1.0、3.0。

15 保护用电压互感器准确级有哪些？

答：保护用电压互感器准确级为3P和6P。

16 GB 1207—2006《电磁式电压互感器》中电压互感器的额定输出标准值是如何规定的？

答：功率因数为0.8（滞后）的额定输出标准值为：10VA，15VA，25VA，30VA，50VA，75VA，100VA。其中有下标线者为优先值，大于100VA的额定输出值可由制造方和用户协商确定。对于三相电压互感器而言，其额定输出值是指每相的额定输出。

第八节　计量法规和检定规程

1 按JJF 1059《测量不确定度评定与表示》的要求，出具报告的测量结果不确定度最多取几位有效位数？

答：最多取2位有效位数。

2 什么是真值？什么是约定真值？

答：真值是个理想的概念，表征严格定义的量处于该定义条件下的量值。真值通常不能准确知道。

约定真值是真值的近似值。就给定目的而言，两者之差可以略而不计。

3 何谓量值传递？

答：量值传递就是通过对计量器具的检定或校准，将国家基准（标准）所复现的计量单位量值，通过计量标准逐级传递到工作计量器具，以保证对被测对象所得量值的准确一致。

4 简述较量仪器定义。

答：需要度量器参加工作才能获得最后结果的测量仪器统称为较量仪器，如电桥、电位差计等。

5 简述 JJG 124—2005《电流表、电压表、功率表及电阻表检定规程》中，对各类表计偏离零位的试验要求。

答：对在标度尺上有零分度线的仪表，应进行断电回零试验。对于电流、电压表及功率表，应在全检量程检定基本误差之后进行；对功率表还要在检定全检量程基本误差前，对电压线路施加额定电压，将电流回路断开，读取指示器对零分度线的偏离值；对电阻表偏离零位没有要求。

6 数字电压表的检定主要是按照什么规程进行的?

答：按照 JJG 315—1983《直流数字电压表试行检定规程》、JJG 34—1999《交流数字电压表检定规程》（航天）进行检定。

7 什么叫补偿测量法?

答：用与被测量对象性质相同的已知量去补偿被测量，量时使两者作用相互平衡的测量方法，叫补偿测量法。

8 补偿测量法有哪些特点?

答：补偿测量法的特点是：

（1）测量精度高。

（2）不向被测量取用或释放能量。

（3）测量回路无电流流过，因此与连接导线电阻大小无关。

（4）测量准确度与电源稳定性有关。

9 JJG 982—2003《直流电阻箱检定规程》规定后续检定电阻箱时应检定哪些项目?

答：电阻箱后续检定的项目为：外观及线路检查、绝缘电阻检测、残余电阻和开关变差，示值误差的检定。

10 简述计量器具检定质量考核的内容。

答：检定是否满足检定规程要求；检定内容是否完整无遗漏，结果处理是否正确；数据记录、证书是否保存；签字是否完整；防止由检定失误导致的计量差错。

11 试解释精密度、正确度和准确度的含义。

答：测量的精密度是表示测量结果中随机误差大小的程度，它反映了在一定条件下进行多次测量时所得测量结果之间的分散程度。

正确度是反映测量结果中系统误差大小程度的，它反映了测量结果的正确程度。

准确度是反映随机误差和系统误差二者大小程度的，表示测量结果与真值之间的一致程度，它综合地反映测量结果的正确程度和精密程度。

12 《计量检定人员管理办法》规定计量检定人员应当履行哪些义务？

答：（1）依照有关规定和计量检定规程开展计量检定活动，恪守职业道德。

（2）保证计量检定数据和有关技术资料的真实完整。

（3）正确保存、维护、使用计量基准和计量标准，使其保持良好的技术状况。

（4）承担质量技术监督部门委托的与计量检定有关的任务。

（5）保守在计量检定活动中知悉的商业秘密和技术秘密。

13 使用标准电池时应注意什么事项？为什么？

答：使用标准电池时应注意的事项：

（1）防止过量充放电。充放电会引起电极极化，使电极电位偏离正常值。

（2）防止日晒和强光照射。强光下会产生电动势不稳定。

（3）防止温度突变。温度突变会产生滞后，内阻变大。

（4）防止震动、倾斜和倒置。震动、倾斜和倒置使电动势值不稳定甚至损坏电池。

14 检定标准电阻时，检定结果的误差有哪些？

答：检定标准电阻时的检定误差有：

（1）标准量具的误差包括标准量具的年变化和检定标准量具时的总误差。

（2）检定过程中的总误差包括测量仪器引入误差、灵敏度不够引起的误差、温度和湿度影响引起的误差以及温度测量所引入的误差等。

15 检定三相功率表时，为什么常用的单相检验结果和三相检验结果不一致？

答：结果不一致有三个原因：

（1）存在着角差，若两套元件角差不等，就会造成单、三相检验结果的差别，$\cos\varphi=1$时，差别最大。

（2）两套元件存在转矩不平衡，$\cos\varphi$越低，差别越大。

（3）两套元件存在电磁干扰，$\cos\varphi$越高，差别越大。

16 交流仪表检定装置的周期检定项目有哪些？

答：周期检定项目有：一般检查；绝缘电阻的测定；输出电量稳定度的测定；输出电量波形畸变系数的测定；装置试验标准差估计值的测定；监视仪表测量误差的测定；电压回路电压损耗的测定以及装置综合测量误差的测定。

17 SD 110—83《电测量指示仪表检验规程》规定对已安装在现场仪表的校验，一般分为哪两种方式？

答：在线（实负荷）校验和离线（虚负荷）校验。

18 SD 110—83《电测量指示仪表检验规程》规定什么是现场仪表的在线校验？在线校验的项目有哪些？

答：在线校验是指：使用标准装置对现场的仪表实施在运行工作状态下的在线测量比较。

现场在线校验项目如下：

（1）核对互感器变比。

（2）核对测量仪表技术参数。

（3）检查测量仪表和与之连用的互感器的二次回路接线是否正确。

（4）在实际负载下校验测量仪表的误差。

19 SD 110—83《电测量指示仪表检验规程》规定什么是现场仪表的离线校验？离线校验的项目有哪些？

答：离线校验是指：使用标准装置对现场的被检仪表实施在离线状态下的校验。

离线校验的项目如下：

（1）核对互感器变比。

（2）核对测量仪表技术参数。

（3）检查测量仪表和与之连用的互感器的二次回路接线是否正确。

（4）离线（虚负荷）方法校验测量装置的基本误差。

20 DL/T 448—2000《电能计量装置技术管理规程》对电能表的轮换周期有何规定？

答：（1）运行中的Ⅰ、Ⅱ、Ⅲ类电能表的轮换周期一般为 3～4 年。运行中的Ⅳ类电能表的轮换周期为 4～6 年。但对同一厂家、型号的静止式电能表可按上述轮换周期，到周期抽检 10％，做修调前检验，若满足（Ⅰ、Ⅱ类电能表的修调前检验合格率为 100％；Ⅲ类电能表的修调前检验合格率应不低于 98％；Ⅳ类电能表的修调前检验合格率应不低于 95％。）要求，则其他运行表计允许延长一年使用，待第二年再抽检，直到不满足上述要求时全部轮换。Ⅴ类双宝石电能表的轮换周期为 10 年。

（2）其他运行中的Ⅴ类电能表，从装出第六年起，按规定进行分批抽样，做修调前检验，满足要求可继续运行，否则全部拆回。

第十二章

电测仪表高级工

第一节　电测量指示仪表

1 静电系仪表与热电系仪表的工作原理各是怎样的?

答：静电系仪表是利用电容器两极板间的静电作用去推动可动部分偏转的仪表。其可动部分偏转角取决于电压的平方。

热电系仪表是热电变换器与磁电系测量机构组合起来的一种仪表。当被测电流流过热电变换器时，热电偶便产生了热电势，当接入磁电系测量机构后便有电流流过仪表可动线圈，使可动部分发生偏转。其偏转角与被测电流的平方成正比。

2 静电系仪表可否用来测量非正弦波电压?

答：由于静电系仪表的平均转矩反映的是任何复杂波形的有效值之和，所以可以用来测量非正弦波形。

3 热电系仪表有哪些特点?

答：(1) 交直流两用。

(2) 频带宽，最高可达几兆赫。

(3) 仪表指示值为有效值，与波形无关。

(4) 仪表读数与温度有关，特别对较高灵敏度的仪表易受外界辐射能的干扰。

(5) 过载能力低，一般规定不允许超过额定值的20%。

(6) 热电偶易损坏。

(7) 由于热电势很小，要求磁电系测量机构具有较高的灵敏度。

4 同步表的检定内容有哪些?

答：同步表的检定内容为：误差检定；变差检定；快、慢方向检查和转速均匀性检查。

5 依据 JJG 440—2008《工频单相相位表检定规程》，简述其工频单相相位表的周期检定项目。

答：工频单相相位表周期检定项目为：外观检查；基本误差和升降变差的检定；非额定

负载影响的检定。

6 简述 JJG 440—2008《工频单相相位表检定规程》中的非额定负载影响检定的技术指标要求。

答：相位表在额定电压和 40％～100％额定电流下，其基本误差和升降变差均应不超过被检相位表的准确度等级。

7 电磁系整步表中的旋转磁场是怎样产生的？

答：从电工理论可知，凡是在空间构成一定交叉角度的两个线圈，分别通过不同相位的同频率电流时，将产生旋转磁场。电磁系整步表中，线圈 A_1 和 A_3 在空间互成 90°，而其中电流 $\dot{I}_1$ 和 $\dot{I}_3$ 又有 90°的相位差。因此，其合成磁场将是一个旋转磁场。

当线圈中的电流 $\dot{I}_1$ 和 $\dot{I}_3$ 为正半波时，电流的方向是由线圈端 A_1 和 A_3 流入，由 X_1 和 X_3 流出；而在 $\dot{I}_1$ 和 $\dot{I}_3$ 的负半波时，电流的方向则相反，即由 A_1 和 A_3 流出。根据右手定则，即可定出各瞬间的合成磁场方向。

线圈的合成磁场是不断旋转的，而且当电流变化一个周期时，旋转磁场在空间正好转过一圈，即磁场旋转的角速度和电流角频率正好相等。这样，我们就可以用旋转磁场旋转一周的时间长短，来衡量发电机电压的周期或频率。

8 什么叫“中性点位移”？中性点位移会给用电电器带来什么危害？怎样防止其危害？

答：在三相三线制电路中，虽然三相电源是对称的，但是如果三相负载不对称，三相负载上分配的电压也不对称，使得负载的中性点与负载对称时的中性点（即电源中性点）不重合，它们之间有电位差，把这种现象称为中性点位移。

中性点位移的极端情况发生在三相三线制负载一相短路的情况下，此时短路相的电压为零，其他两相电压升高 1.73 倍。显然，接于这两相的用电电器将不能正常工作，甚至被烧毁。

为避免造成中性点位移，首先应尽量把三相负载调整到接近平衡。更重要的是把三相三线制改为三相四线制，即在电源与负载的中性点之间用一根导线（即中线）连接起来，给不平衡负载下的不平衡电流提供一个通道。

因此，在中线上不能安装熔断器或任何拉合设备，中线导线的截面积也不能选得过小。

9 简述温度对磁电式仪表的影响及通常采用的补偿措施。

答：环境温度变化时，磁电系仪表会产生附加误差，具体表现在以下三方面：

（1）温度升高后，游丝或张丝弹性减弱，造成反作用力矩减小，使仪表的指针偏转有偏快的趋势。

（2）温度升高后，永久磁铁磁性减弱，使仪表磁间隙中的磁感应强度减小，使仪表指针有偏慢的趋势。

（3）温度升高时，导线电阻值要发生变化。

补偿的方法有：

（1）磁补偿法，在磁系统中采用特殊材料的磁分流器，使减弱的磁性得到补偿。

（2）用双金属片调节游丝或张丝的张力。

（3）在线路中接入热敏电阻。

（4）采用不同接线方式构成测量线路。

10 电动系及铁磁电动系功率表的角误差如何补偿？有什么不同点？

答：电动系功率表和铁磁电动系功率表的角度，是因为流过固定线圈电流与磁通不同相（夹角为 θ），流过动圈电流与外加电压不同相（夹角为 β）引起的。在电动系仪表中 $\beta>\theta$，在铁磁电动系仪表中 $\beta>\theta$，补偿角误差就是设法使 $\beta=\theta$。

补偿电动系功率表角误差措施，常见的有两种：一种方法是在部分所加电阻上并联一个电容；另一种方法是在动圈上并联一个电感和电阻，以减小 β，使得 $\beta-\theta=0$。补偿铁磁电动系功率表的方法是在电压回路串以电感或在动圈上（有时还包括一部分附加电阻）并联电容器，以增大 β，使 $\beta-\theta=0$。

11 什么是 DVM 的响应时间？分别说明阶跃、极性和量程响应时间。

答：响应时间是从输入电压发生突变的瞬间到满足准确度的稳定显示值之间的时间间隔。

阶跃响应时间是在某量程上，在无极性变化时，由输入量以规定的幅值阶跃变化引起的响应时间。

极性响应时间是由输入量以规定的幅值跃变使输出极性变化引起的响应时间。

量程响应时间是在无极性变化时，由输入量以规定的幅值跃变引起转换到相邻量程的响应时间。

12 在对 AC-DVM 的检定中，为什么常要对其进行波形失真和波峰因数影响量的试验？

答：交流数字电压表的读数一般是按纯正弦波测定的，实际中经常遇到的是失真的正弦波和各种非正弦波，会带来测量误差；失真波的峰顶亦会超出电路允许范围，也会带来测量误差。故 AC-DVM 检定时须进行波形失真和波峰因数影响量的试验。

13 如何消除系统误差？

答：要消除系统误差也就是消除和减少其误差的来源。为此消除的方法也就是从三个来源方面着手：

（1）减少其装置的误差。首先对装置的性能进行检查，使用合格有效的仪器仪表。

（2）减少环境与人员的误差。

（3）减少方法误差。选择比较良好的测量方法，尽可能地减少其带来的误差。如采用一些替代法、换位法、正负误差补偿法、微差法等。

14 随机误差的特性是什么？如何消除？

答：随机误差的特性有以下几个方面：

（1）有界性：在多次的测量中随机误差实际上不会超过一定的界限。

（2）对称性：绝对值相等的正负误差出现的概率相等。

（3）单峰性：在多次的测量中绝对值小的误差比绝对值大的误差出现的机会多。

（4）抵偿性：在相同的测量条件下，同一被测量进行多次测量，随机误差的算术平均值随着测量次数 n 的无限增加而趋于零。

从上面的特性中可以看出，多次测量时，随机误差的总和 $\sum\delta_i$ 中正负误差相互抵消。当 n 趋向无穷大时，随机误差为 0。也就是说，可以通过多次测量的方法来减小或消除随机误差。

15　为了提高测量的精密度，是否测量次数越多越好？

答：从贝塞尔公式看，似乎测量次数越多，S 值越小，实际上这种看法是不对的。因为测量的次数多，分子中的误差平方项也相应增多，结果对 S 值的影响是有限的。理论上，标准差 σ 是一个常量，随着测量次数增多，S 逼近 σ，而不是趋于零。

适当增多测量次数可以提高算术平均值的精密度，也便于发现粗大误差。但是测量次数达到一定值以后，平均值的标准差随着测量次数的增加减少得很慢。而且测量次数过多，时间势必加长，这时环境条件，甚至被测量本身也可能发生变化，使得测量结果失真。

16　测量误差与测量不确定度之间关系是怎样的？

答：误差是测量结果与被测量真值之差。它以真值为中心，说明测量结果与真值的差异；而不确定度则是以测量结果为中心，用它估计测量结果与真值相符合的程度。由于真值是未知的，因而误差本身就是不确定的。

误差和不确定度是两个不同的概念。误差是不确定度的来源，误差理论是不确定度表示的基础。测量结果用不确定度来表示，是误差理论的发展。

第二节　变送器和交流采样测量装置

1　试述串模干扰电压的来源和形式。

答：串模干扰电压的来源有：

（1）空间的电磁辐射波。

（2）测量仪器供电系统中瞬时扰动产生的脉冲干扰。

（3）变压器绕组间寄生电容串入的工频干扰。

（4）稳压电源的纹波干扰。

其形式可能是直流，也可能是正弦或非正弦的，脉冲的或高频、低频的，或是多种形式叠加的。

2　直流标准源的主要技术参数可分为哪两类？

答：一类是运用参数，包括输出电压范围、输出电流范围、输出额定功率及调节细度等；另一类是质量性能参数，包括准确度、稳定度、负载调整度、电源调整率及交流纹波系数等。

3 试述交流采样测量装置中由不平衡电流引起的改变量的检验方法。

答：交流采样测量装置中由不平衡电流对三相有功功率、无功功率引起的改变量测试：

（1）在功率因数为1.0的情况下，施加标称电压。改变输入电流使其为较高标称值的一半，测定有功功率、无功功率的输出值，记为E_x。

（2）断开任何一相电流，电压保持平衡和对称，调整其他相电流，给交流采样测量装置施加与程序（1）相同的激励，记录新的有功功率、无功功率的输出值，记为E_{xc}。

（3）不平衡电流引起的改变量计算式为

$$\frac{E_{xc}-E_x}{A_f}\times 100\% \tag{12-1}$$

式中　A_f——为输出基准值。

其计算结果应小于或等于被检验交流采样测量装置等级指数。

4 画出用比较法检定三相有功功率变送器的接线图？

答：比较法检定三相有功功率变送器的接线，见图12-1。

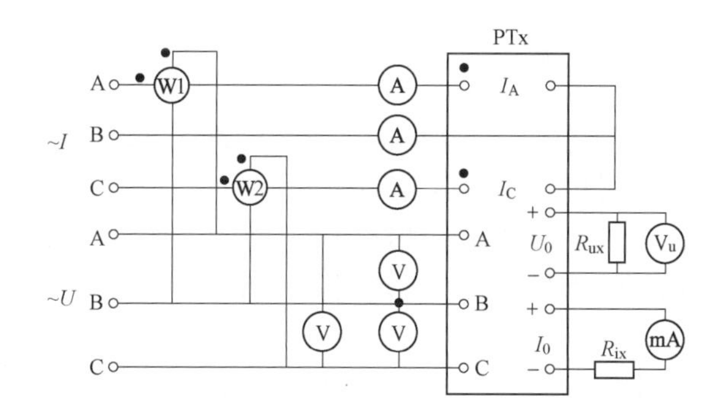

图12-1　三相有功功率变送器检定接线图（比较法接线）

5 画出用微差法检定三相有功功率变送器的接线图？

答：微差法检定三相有功功率变送器的接线，见图12-2。

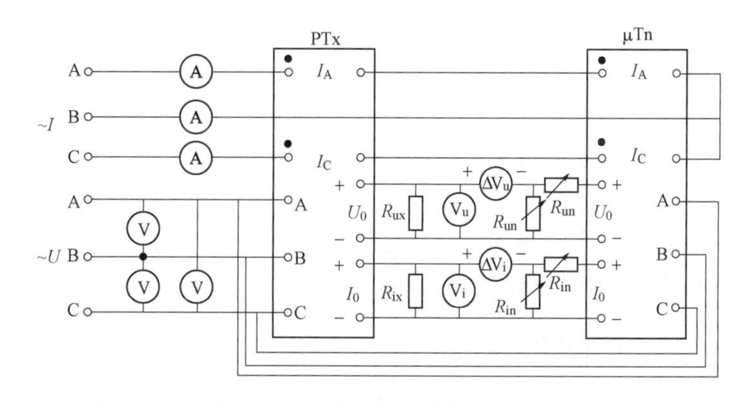

图12-2　三相有功功率变送器检定接线图（微差法接线）

6 画出用两功率表人工中性点原理检定附加B相电流式不平衡无功功率变送器接线图。

答：用两功率表人工中性点原理检定附加B相电流式不平衡无功功率变送器接线，见图12-3。

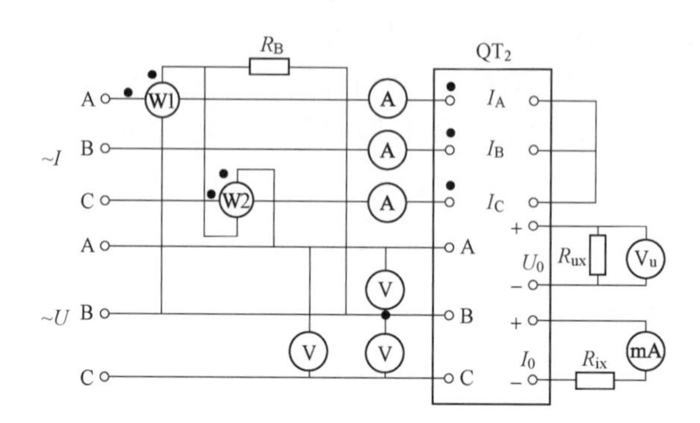

图12-3 用两功率表人工中性点原理接线检定附加B相电流式不平衡无功功率变送器接线图

7 变送器响应时间如何测定？

答：（1）在测定响应时间之前，变送器应置于参比条件下，辅助线路至少应按预处理时间通电，辅助电源取自被测量但不能隔离者除外。

（2）用开关突然改变激励，分别使变送器产生一个上升的输入阶跃和一个下降的输入阶跃，记录从施加输入阶跃到输出量达到稳定范围所经历的时间，取二者中的较大值作为响应时间。

（3）输入阶跃这样确定使输出量产生从正向输出范围的0～90%的变化，和从100%～10%的变化。

（4）稳定范围应是正向输出的±1%。

8 检定变送器时为什么要进行输出纹波含量的测试？

答：变送器在电力系统中主要用于遥测和实时控制系统，变送器输出的直流模拟量经A/D转换，变为数字信号后方能供计算机或控制系统使用。变送器输出的有效信号是直流信号，叠加在直流信号上的纹波就是噪声。如果采用积分式A/D转换器，因其具有极强的抗干扰能力，甚至可以抑制过零的交流信号，所以输出纹波的影响较小，但积分式A/D转换器的采样时间太长．难以反映被测量的瞬时变化，故常用逐位逼近式A/D转换器。这种A/D转换器的采样时间很短，可达微秒级，但其抗干扰能力很差，当它正好在输出信号的峰谷点上采样时，会产生较大的附加误差，这时输出纹波的影响达到最大值。所以，输出纹波的大小对变送器的测量准确度有较大的影响。

9 变送器校验试验点如何选择？

答：检定变送器时，试验点一般按等分原则选取。

（1）对于电流、电压变送器，N不应小于6（N为被测量的上、下限之间且包括二者在内的间距相等的量值）通常取为6。

（2）对于频率、相位角和功率因数变送器，N应不小于9，通常取为9或11。

（3）对于有功功率和无功功率变送器，除按上述等分原则选取11个试验点外，还应增加两个试验点。在这两个试验点，输入标准值分别等于正向被测量范围和反向被测量范围的中心值，输出标准值分别等于正向输出范围和反向输出范围的中心值。

10　交流采样测量装置现场在线校验的项目有哪些？

答：（1）核对互感器变比。

（2）核对测量装置技术参数。

（3）检查测量装置和与之连用的互感器的二次回路是否正确。

（4）在实际负载下校验测量装置的误差。

11　交流采样测量装置的校验周期如何规定？

答：电力系统重要测量量所使用的交流采样测量装置以及其他有重要用途的交流采样测量装置每年至少校验一次；一般测量量使用的交流采样测量装置每三年至少校验一次。

12　交流采样测量装置的基本误差校验时如何选取试验点？

答：进行基本误差校验时试验点的确定如下：

（1）电压校验点：0，40%U_n，80%U_n，100%U_n，120%U_n（U_n为标称电压）。

（2）电流校验点：0，20%I_n，40%I_n，60%I_n，80%I_n，100%I_n，120%I_n（I_n为标称电流）。

（3）功率（有功、无功）试验点：在施加标称电压值条件下：

1）$\cos\varphi=1(\sin\varphi=1)$，电流变化点为：0，20%$I_n$，40%$I_n$，50%$I_n$，60%$I_n$，80%$I_n$，100%$I_n$，120%$I_n$（$I_n$为标称电流）。

2）$\cos\varphi=0.5L(\sin\varphi=0.5L)$，电流变化点为：40%$I_n$，100%$I_n$。

3）$\cos\varphi=0.5C(\sin\varphi=0.5C)$，电流变化点为：40%$I_n$，100%$I_n$。

13　校验交流采样测量装置时选取的标准装置有何要求？

答：标准装置满足被检交流采样测量装置等级的要求，即比被检交流采样测量装置等级高两个准确度等级；其次要经计量检定部门检定合格。标准装置的调节细度应小于被校交流采样测量装置基本误差极限的1/5～1/10。

第三节　电能表和电能计量系统

1　在现场检验电能表时，还应检查哪些计量差错？

答：（1）电能表的倍率差错。

（2）电压互感器熔断丝熔断或二次回路接触不良。

(3) 电流互感器二次接触不良或开路。

2 当现场检验电能表的误差超过规定值时应怎么办?

答:(1) 当超过规定值时,应在三个工作日内更换电能表。
(2) 现场检验结果及时告知客户,必要时转有关部门处理。

3 电能计量装置的综合误差包括哪几部分?

答:电能计量装置的综合误差包括电能表的误差、互感器的合成误差和电压互感器二次回路压降的误差。其中互感器的合成误差是其比值差和角差的合成。

4 电子式电能表为什么要进行电磁兼容性试验?

答:电子式电能表(包括机电式电能表)采用了敏感的电子元器件,由于其小型化、低功耗、高速度的要求,使得电表在严酷的电磁环境下遭受损害或失效的机会较大,严重的可造成设备事故。另一方面,电表在运行时会对周围环境电磁骚扰,可能干扰公共安全和通信设备的工作,影响百姓的文化生活。因此,为了保证电能计量的准确、可靠,有必要对电子式电能表进行电磁兼容性试验。

5 为什么要对电子式电能表进行浪涌抗扰度试验?

答:电能表在不同环境与安装条件下可能遇到雷击、供电系统开关切换、电网故障等,造成的电压和电流浪涌可能使电能表工作异常甚至损坏。浪涌抗扰度试验可评定电能表在遭受高能量脉冲干扰时的抗干扰能力。

6 为什么要对电子式电能表进行静电放电抗扰度试验?

答:静电问题与环境条件和使用场合有关。静电电荷尤其可能在干燥与使用人造纤维的环境中产生。静电放电则发生在带静电电荷的人体或物体的接触,或靠近正常工作的电子设备的过程中,使设备中的敏感元件造成误动作,严重时甚至引起损坏。对电子式电能表进行静止放电抗扰度试验,可以用来模拟操作人员或物体在接触电表时的放电及人或物体对邻近物体的放电,以评价电能表抵抗静电放电干扰的能力。

7 为什么要对电子式电能表进行电快速瞬变脉冲群抗扰度试验?

答:电子式电能表对来自继电器、接触器等电感性负载在切换和触点跳动时,所产生的各种瞬时干扰较敏感。这类干扰具有上升时间快、持续时间短、重复率高和能量较低的特点,耦合到电能表的电源线、控制线、信号线和通信线路时,虽然不会造成严重损坏,但会对电能表造成骚扰,影响其正常工作。因此,有必要对电子式电能表进行电快速瞬变脉冲群抗扰度试验。

8 为什么要对电子式电能表进行高频电磁场抗扰度试验?

答:电磁辐射对大多数电子设备会产生影响,尤其是随着手提移动电话的普及,当使用人员离电子设备距离很近时,可产生强度达几十特斯拉的电磁场辐射,它对产品的干扰作用是很大的。为了评价电能表抵抗由无线电发送或其他设备发射连续波的辐射电磁能量的能力，有必要进行高频电磁场抗扰度试验。

9　静电放电抗扰度试验对电子式电能表会产生哪些影响？

答：静电放电抗扰度试验可能损坏电能表的元器件（如芯片、液晶、数码管等），出现多余电量；时钟复位、停走或走时不准；内存数据破坏，需量复位；功能不正常等。

10　浪涌抗扰度试验对电子式电能表会产生哪些影响？

答：浪涌抗扰度试验可能会损坏电能表的电源输入部分，缩短压敏电阻的使用寿命，损坏电子线路板上的元器件，影响计量准确度，程序出错，功能不正常等。

11　根据 JJG 307—2006《机电式交流电能表》规定，电能表走字试验应如何进行？

答：在规格相同的一批受检电能表中，选用误差较稳定（在试验期间误差的变化不超过1/6 基本误差限），而常数已知的两只电能表作为参照表。各表电流线路串联而电压线路并联（注意各电压回路导线电压降应该合格），加最大负载功率。当计度器末位（是否是小数位无关）改变不少于 10（对 0.5～1 级表）或 5（对 2～3 级表）个数字时，参照表与其他表的示数（通电前、后示值之差）应符合式（12 - 2）要求，即

$$\gamma = \frac{D_i - D_0}{D_0} \times 100 + \gamma_0 \leqslant 1.5\text{ 倍基本误差}(\%) \qquad (12-2)$$

式中　D_i——第 i 只受检电能表示数（$i=1, 2, \cdots, n$）；

D_0——两只参照表示数的平均值；

γ_0——两只参照表相对误差的平均值，%。

12　电能表的基本误差就是电能表在允许工作条件下的相对误差吗？为什么？

答：电能表的基本误差不是电能表在允许工作条件下的相对误差。

所谓电能表的基本误差是指在规定的试验条件下（包括影响量的范围、环境条件、试验接线等）电能表的相对误差值。它反映了电能表测量的基本准确度。它并非电能表在使用时的真实误差。因为电能表规定的使用条件要比测定基本误差的条件宽。例如环境温度在测量基本误差时，对 2 级表规定的试验条件为（20±2）℃，而使用条件规定为 0～40℃。

13　检定电能表可采用哪两种方法？它们各有什么特点？

答：检定电能表一般采用瓦秒法和比较法（标准电能表法）。

瓦秒法是测定电能表误差的基础方法，它对电源稳定度要求很高，而且是通过计时的办法来间接测量的。

标准电能表法是直接测定电能表误差，即在相同的功率下把被检电能表测定的电能与标准电能表测定的电能相比较，即能确定被检电能表的相对误差的方法。这种测定方法对电源稳定度要求不高，但用作标准的电能表比被检表要高两个等级，目前普遍采用此法。

14　电能计量装置新装完工后电能表通电检查内容是什么？并说明有关检查方法的原理。

答：电能计量装置新装完工后电能表通电检查内容及有关检查方法的原理如下：

（1）测量电压相序是否正确，拉开客户电容器后有功、无功表是否正转。因正相序时，断开客户电容器，就排除了过补偿引起的无功表反转的可能，负载既然需要电容器进行无功补偿，因此必定是感性负载。这样有功、无功表都正转才正常。

（2）用验电笔试验电能表外壳零线接线端柱，应无电压，以防电流互感器二次开路电压或漏电。

（3）若无功电能表反转，有功表正转，可用专用短路端子使电流互感器二次侧短路，拔去电压熔丝后将无功表 U、W 两相电流的进出线各自对调，但对 DX、LG 等无功表必须将 U 相电压、电流与 W 相电压、电流对调。

（4）在负载对称情况下，高压电能表拔出 B 相电压，三相二元件低压表拔出中相线，电能表转速应慢一半左右。因为三相二元件电能表去掉 V 相电压线后，转矩降低一半。

（5）采用跨相电压试验：拔出 U、W 两相电压后，在功率因数滞后情况下，用 U 相电压送 W 相电压回路，有功表正转；用 W 相电压送 U 相电压回路，有功表反转；用 U 相电压送 W 相电压回路，且 W 相电压送 U 相电压回路时，有功表不转。因为 U、W 相电压交叉时，电能表产生的转矩为零。

15　三相电能计量装置中电压互感器烧坏的原因有哪些？

答：以下几个原因可导致电压互感器烧坏。

（1）极性接错，使两个单相电压互感器中一相长期在$\sqrt{3}$倍额定电压下过电压运行，引起一次、二次绕组流过大电流而烧坏。对两台单相电压互感器接成 V 形（即不完全三角形），一定要按 U－X－U－X，u—x—u—x 连接，否则极性就接错。

（2）将线电压接入带$\sqrt{3}$变压比的单相电压互感器。凡带$\sqrt{3}$变压比的单相电压互感器不能接成 V 形。

（3）大气过电压，操作过电压，系统长期单相接地，绝缘劣化变质，高压未用合格熔丝等。对于高压侧严禁乱挂铜丝，铅锡熔丝等。

16　电能表可靠性的含义是什么？

答：电能表可靠性是指在规定条件下和规定时间内，电能表完成规定功能的能力。表示电能表可靠性水平的指标称为可靠性特征量，包括可靠度、失效率、可靠寿命等。

规定的条件是指电能表的使用条件和环境条件。使用条件是指进入电能表或其材料内部起作用的应力条件，如电应力、化学应力和物理应力。环境条件是指在电能表外部起作用的应力条件，如气候条件、机械环境、负荷条件、工作方式等。

规定的时间是指电能表的设计寿命。可靠性随时间的延长而降低，电能表只能在规定时间内达到目标可靠性水平。

规定的功能是指电能表的技术性能指标。完成规定功能就是指电能表满足工作要求而无失效地运行。

技术性能指标和可靠性是表征电能表质量水平的不同方面，技术性能指标是确定性的概念，能用仪器测量出来；可靠性是不确定性概念，是电能表随时间保持功能的能力，遵循一种概率统计规律，无法用仪器测量出来。电能表技术性能指标与可靠性存在极为密切的关系。没有技术性能指标，可靠性就无从谈起；如果电能表不可靠，就容易出现故障或失效，就不好用或根本无法用。所以，电能表的技术性能指标与可靠性无法分割。

第四节　电桥和电阻箱

1 直流低电阻表全检量程选取的原则是什么？

答：直流低电阻表全检量程选取的原则是：选取最高准确度中的最低量程作为全检量程，或按用户要求确定全检量程。

2 简述数字式直流低电阻表全检量程检定点选取的原则。

答：数字式直流低电阻表全检量程检定点选取的原则：在全检量程上相对均匀地选取 8 个点进行检定，其中应包含显示值的起始点、中间点和接近满度点（例如 3 位半数字低电阻表至少包含 0.1、1.0、1.9 三点）。

3 试述直流电桥基准值的定义。

答：直流电桥基准值是：为了规定电桥的准确度，供电桥各有效量程参比的一个单值。除非制造厂另有规定，一个给定的有效量程的基准值即为该量程最大的 10 的整数幂。

4 试述直流电桥允许基本误差的定义。

答：电桥的允许基本误差定义，可用式（12 - 3）表示，即

$$E_{\mathrm{lim}} = \pm \frac{c}{100}\left(\frac{R_{\mathrm{N}}}{k} + X\right) \tag{12-3}$$

式中　E_{lim}——电桥的允许基本误差，Ω；

R_{N}——基准值，Ω；

X——标度盘示值，Ω；

k——制造厂规定的数值，但必须≥10；

c——准确度等级。

5 采用整体检定的电桥的稳定度如何考核？

答：采用整体检定的电桥，其稳定度的考核是测量盘与量程系数比分别考核。

6 0.2 级数字式直流低电阻表的基值误差应在何种温湿度条件下进行检定？

答：0.2 级数字式直流低电阻表的基值误差应在温度（20±2)℃、相对湿度 25%～75% 条件下进行检定。

7 0.5 级数字式直流低电阻表的基值误差应在何种温湿度条件下进行检定？

答：0.5 级数字式直流低电阻表的基值误差应在温度（20±5)℃、相对湿度 25%～75% 条件下进行检定。

8 直流低电阻表在检定环境条件下，需放置多长时间才能进行检定？

答：直流低电阻表的基值误差在检定环境条件下，需放置不少于8h方能进行检定。

9 交流电桥对电源有何要求？

答：一般要求如下：
（1）电源电压要稳定，不随外界因素（如负载等）变化。
（2）波形要为正弦波。
（3）频率要稳定，并有一定的频率调节范围。
（4）具有足够的功率。
（5）使用安全、方便。

10 使用标准电阻时的注意事项有哪些？

答：使用标准电阻时应注意：
（1）要避免碰撞、剧烈震动、电流过载、光源的直接照射和温度的剧烈变化，周围应无腐蚀性气体。
（2）使用时应尽量在20℃环境下工作，以减少由于电阻—温度计算公式带来的误差。
（3）使用电阻时工作电流一般为1/3额定电流。
（4）拿取标准电阻时，应避免用手直接接触电阻的金属外壳。
（5）要保持标准电阻面板清洁。
（6）小阻值标准电阻应放在变压器油中，以增大热稳定性。

11 精密测量电阻中为什么要求读数盘有良好的线性和小的变差？

答：精密测量电阻一般采用替代法，可以消除测量仪器示值误差的影响，但测量仪器读数盘的变差和线性将直接影响测量结果。因此，必须要求由于变差和线性不一致而引起的误差小于被检电阻等级指数的1/10。

读数盘的线性包括两部分：一是指后一位十进盘十个电阻之和与前一盘示值中任一个电阻值的一致性；二是指同一十进盘相邻两个元件之间电阻值的一致性。

12 精密测量电阻时应遵守哪些基本原则？

答：精密测量电阻时，应遵守的基本原则是：
（1）同标称值测量。
（2）测量过程中，保持读数盘前三位示值恒定。
（3）要求读数盘有良好的线性和小的变差。
（4）保证测量装置有足够的灵敏度。
（5）消除测量线路的热电势。
（6）防止泄漏影响。
（7）用电桥测量时要保证电桥顶点与被测电阻节点重合；补偿法测量时要求测量电压端与被测电阻节点重合。

13 如何判断电位差计基本误差是否合格？

答：判断电位差计基本误差是否合格，应按各测量盘中最大误差（符号相同）综合计算，是否符合允许基本误差公式。对多量程电位差计，还应将测得的量程系数比的实际值乘上全检量程各测量盘中示值误差最大点，并综合计算是否符合该量程的允许基本误差公式。

14 干扰交流电桥测量准确性的因素有哪些？

答：干扰交流电桥测量准确性的因素有：电桥本身各部分间电磁场的互相影响；线路元件对周围物体的电容耦合，如电源、被测量及指零仪等对地的电容耦合；测量时与外部带电回路之间的电感耦合等。

15 直流单臂电桥若需要外接直流电源时，应注意什么？

答：需外接直流电源时，应根据电桥说明书的要求来选择，一般电压为2～4V。为了保护检流计，在电源电路中最好串联一个可调电阻。测量时，可逐渐减小电阻，以提高灵敏度。

第五节　电流互感器和电压互感器

1 什么是P级保护用电流互感器？

答：P级保护用电流互感器是无剩磁通限值的保护用电流互感器，在对称短路电流条件下规定其饱和特性。

2 什么是PR级保护用电流互感器？

答：PR级保护用电流互感器是具有剩磁通限值的保护用电流互感器，在对称短路电流条件下规定其饱和特性。

3 什么是TPX级暂态特性保护用电流互感器？

答：TPX级暂态特性保护用电流互感器是无剩磁通限值的保护用电流互感器，以峰值瞬时误差在暂态短路电流条件下规定其饱和特性。

4 什么是TPY级暂态特性保护用电流互感器？

答：TPY级暂态特性保护用电流互感器是具有剩磁通限值的保护用电流互感器，以峰值瞬时误差在暂态短路电流条件下规定其饱和特性。

5 什么是TPZ级暂态特性保护用电流互感器？

答：TPZ级暂态特性保护用电流互感器是具有二次时间常数规定值的保护用电流互感器，以峰值交流分量误差在暂态短路电流条件下规定其饱和特性。

6 如何根据电流互感器的额定二次容量计算其能承担的二次阻抗？

答：电流互感器能承担的二次阻抗应根据式（12-4）计算，即

$$|Z_2| = \frac{S_n}{I_n^2}(\Omega) \tag{12-4}$$

式中 S_n——二次额定容量，VA；

I_n——二次额定电流，A，一般为1A或5A。

7 检定互感器时，对标准互感器有何要求？

答：标准互感器的准确度等级至少应比被检互感器高两个等级，且其误差在检定有效期内，相对变化（变差）不应超过误差限值的1/3。

8 S级电流互感器的使用范围是什么？

答：由于S级电流互感器在额定电流的1%～120%之间都能准确计量，故对长期处在负载电流小，但又有大负载电流的用户或有大冲击负载的用户和线路，为了提高这类用户的计量准确度，则可选用S级电流互感器。

9 同一台电压互感器，其铭牌上为什么有多个准确度级别和多个额定容量？电压互感器二次负载与额定容量有何关系？

答：(1) 由于电压互感器的误差与二次负载有关，二次负载越大，电压比误差和角误差越大。因此，制造厂家就按各种准确度级别给出了对应的使用额定容量，同时按长期发热条件下给出了最大容量。

(2) 准确度等级对二次负载有具体要求。如测量仪表要求选用0.5级的电压互感器，若铭牌上对应0.5级的二次负载为120VA，则该电压互感器在运行时，实际接入的二次负载容量应大于30VA而小于120VA，否则测量误差会增大，电压互感器的运行准确度等级会降低。

10 电压互感器运行时有哪些误差？影响误差的因素主要有哪些？

答：电压互感器运行时存在以下误差：

(1) 比误差。比误差 f_U 是指电压互感器二次电压 U_2 按额定电压比折算至一次后与一次侧实际电压 U_1 的差，对一次实际电压 U_1 比的百分数，用式（12-5）表示，即

$$f_U = \frac{K_U U_2 - U_1}{U_1} \times 100\% \tag{12-5}$$

(2) 角误差。角误差 δ_U 是指二次侧电压相量 $\dot{U}_2$，逆时针旋转180°与一次侧电压相量 $\dot{U}_1$之间的夹角。

影响电压互感器误差的因素主要有；

(1) 一次、二次侧绕组阻抗的影响。阻抗越大，误差越大。

(2) 空载电流 I_0 的影响。空载电流 I_0 越大，误差越大。

(3) 一次电压的影响。当一次电压变化时，空载电流和铁芯损耗角将随之变化，使误差

发生变化。

（4）二次负载及二次负载 $\cos\varphi_2$ 的影响。二次负载越大，误差越大；二次负载 $\cos\varphi_2$ 越大，误差越小，且角误差明显减小。

11 电流互感器运行时有哪些误差？影响误差的因素主要有哪些？

答：电流互感器运行时存在以下误差：

（1）比误差。比误差 f_I 指电流互感器二次电流按额定电流比折算至一次后的 $K_I I_2$ 与一次侧实际电流 I_1 的差，对一次实际电流 I_1 比的百分数，用式（12 - 6）表示，即

$$f_I = \frac{K_I I_2 - I_1}{I_1} \times 100\% \tag{12-6}$$

（2）角误差。角误差 δ_I 是指二次侧电流相量 $\dot{I}_2$，逆时针旋转180°与一次侧电流相量 $\dot{I}_1$ 之间的夹角。

影响电流互感器误差的因素主要有：

（1）一次电流 I_1 的影响。I_1 比其额定电流大得多或小得多时，因铁芯磁导率下降，比误差和角误差与铁芯磁导率成反比，故误差增大。因此，I_1 在其额定值附近运行时，误差较小。

（2）励磁电流的 I_0 的影响。I_0 越大，误差越大。I_0 受其铁芯质量、结构的影响，故 I_0 决定于电流互感器的制造质量。

（3）二次负载阻抗 Z_2 大小的影响。Z_2 越大，误差越大。

（4）二次负载功率因数的影响。二次负载功率因数越大，角误差 δ_I 越大，比差越小。

12 如何对电流互感器进行伏安特性测量？

答：在电流互感器被试二次绕组两端施加电压，以励磁电流读数为准，读取电压值。当对某一组绕组进行试验时，其他绕组均处于开路状态，如此依次对每一组二次绕组进行试验，试验中应注意电表的分流分压作用所带来的误差，接线如图 12 - 4 所示。

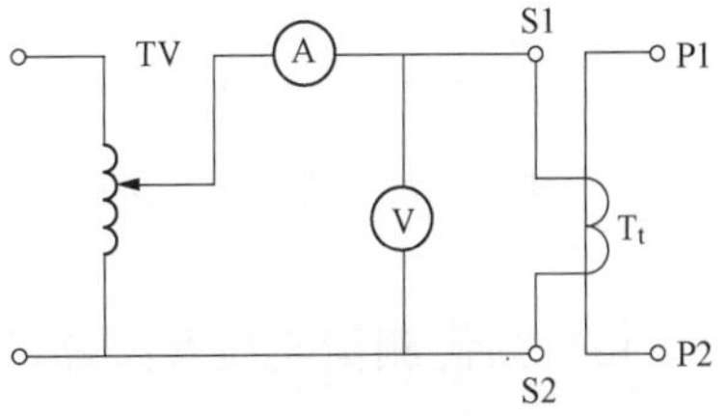

图 12 - 4　电流互感器伏安特性测试接线
TV—调压器；V—平均值电压表；
A—电流表；Tt—被试互感器

当测量电压高于二次绕组工频耐压值时，须用低频率的试验电源，在测取电压值与电流值及实测频率后，将电压值折算到 50Hz 电源时的数值。折算方法按式（12 - 7）计算，即

$$U = \frac{U_X}{50} f_X \tag{12-7}$$

式中　U_X——实测电压值，V；

　　　f_X——实测频率，Hz。

13 如何对电流互感器进行退磁？

答：互感器退磁方法应按制造单位在标牌上标注的或技术文件中所规定的退磁方法进行。如果制造单位未做规定，可根据具体情况，在下面介绍的方法中选一合适的方法进行

退磁。

（1）开路退磁法。在一次（或二次）绕组中选择其匝数较少的一个绕组，通以10%的额定一次（或二次）电流，在其他绕组均开路的情况下，平稳、缓慢地将电流降至0。退磁过程中应监视接于匝数最多绕组两端的峰值电压表，当指示值超过2600V时，则应在较小的电流下进行退磁。

（2）闭路退磁法。在二次绕组上接一个相当于额定负载10～20倍的电阻（考虑足够容量），对一次绕组通以工频电流，由0增至1.2倍的额定电流，然后均匀缓慢地降至0。对具有两个或两个以上的二次绕组的电流互感器进行退磁时，其中一个二次绕组接退磁电阻，其余的二次绕组应短路。

14 如何用直流法测定电压互感器的极性?

答：电池的正极接一次绕组A端，负极接一次绕组的N（或B）端。直流电流表的正极接在二次绕组的a端，负极接在二次绕组的n（或b）端。接通开关的瞬间，电流表指针向顺时针方向摆动即为减极性。接线如图12-5所示。

15 如何用直流法测定电流互感器的极性?

答：电池的正极接在一次绕组P1端，负极接在一次绕组的P2端；直流电流表的正极接在二次绕组的S1端，负极接在二次绕组的S2端。接通开关瞬间，电流表向顺时方向摆动，则互感器为减极性。接线如图12-6所示。

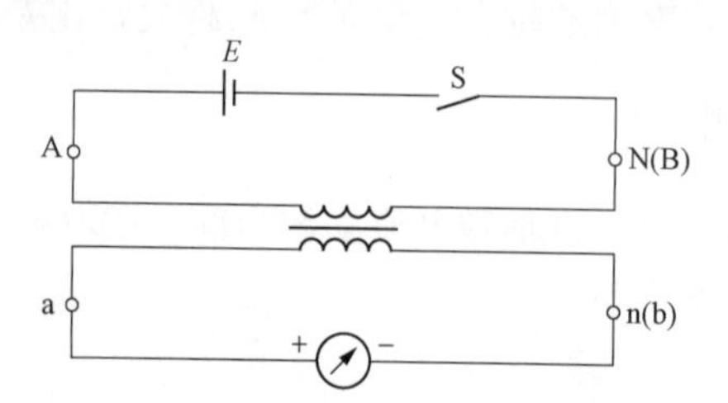

图12-5　直流法测量电压互感器极性

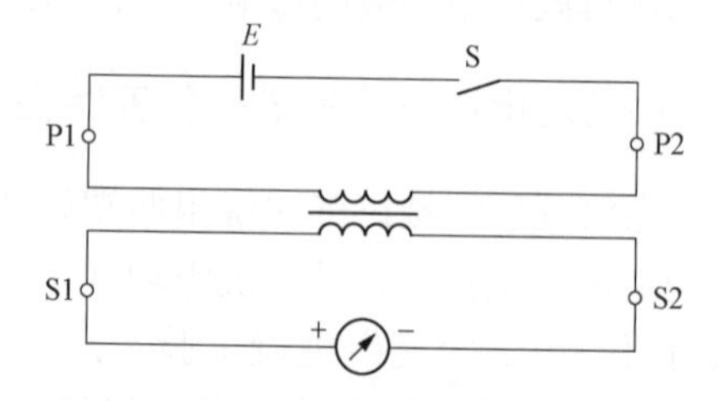

图12-6　直流法测量电流互感器极性

16 如何测量电压互感器的励磁特性?

答：进行励磁特性测量时应使用额定频率50Hz，波形为实际正弦波的试验电源。

试验时应将互感器一次绕组的末端出线端子可靠接地，其他绕组开路，如图12-7所示。在互感器二次绕组上测量损耗值和励磁电流值，当用平均值电压表和方均根值电压表同时测量电压时，如果测取的电压值相同或差异不大于2%，则测量的损耗值不需校正，应以平均值电压表读数为准，当平均值电压表读数显示为规定的试验电压时，分别从电流表和瓦特表上读取励磁电流值和损耗值。如果从平均值电压表和方均根值电压表同时读取的电压数值差异超过2%时则必须校正。

17 常见的电流互感器误差补偿方法有哪些?

答：（1）匝数补偿法。将二次绕组匝数比额定匝数少绕一匝或几匝，可改变电流变比。

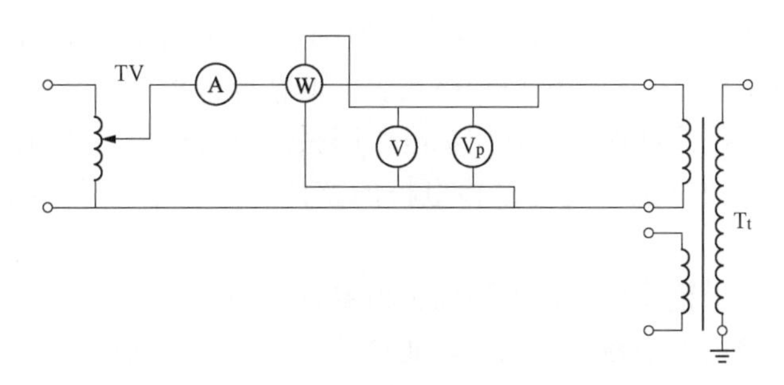

图 12-7　电压互感器励磁特性测量接线图

TV—自耦调压器；V—方均根值交流电压表；W—低功率因数功率表；

A—交流电流表；V_p—平均值交流电压表；T_t—被试互感器。

使二次电流相应增大，则可以补偿激磁电流引起的负的比值差，此种方法对角差影响极小。但由于增减一匝时，对比值差调整范围太大。为此，采用分数匝补偿方法和半匝补偿方法。

（2）圆环磁分路补偿法。磁分路可以加在铁芯的外周、内周或两侧。此方法能够对比值差和角差同时进行补偿。

（3）二次绕组并联阻抗补偿法。二次绕组并联电容补偿对比差补偿为正值，对角差补偿为负值。且补偿值二次负载 Z 和并联电容 C 的大小成正比，而与二次电流的大小无关，是一种效果较好的补偿方法。

第六节　计量法规和检定规程

1 如何减小系统误差？

答：为减小恒定的系统误差，首先要设法消除或削弱产生系统误差的根源。但是，实验条件一经确定，被测量的真值也就确定了。为减少测量结果中的系统误差，应选择准确度等级和量限适合的计量器具，还可以采用修正值对测量结果进行修正。此外，为减小系统误差，还常采用一些特殊的测量方法，常用的有零位测量法、替代测量法、微差测量法、异号法和换位法等。

2 JJG 531—2003《直流电阻分压箱检定规程》中对直流数字电压表输入阻抗有什么要求？为什么？

答：JJG 531—2003 中要求直流数字电压表输入阻抗不小于 10GΩ。

在电压比较法检定分压箱时，数字电压表直接接至分压箱输出端，数字电压表输入阻抗与分压箱输出电阻并联，当数字电压表输入阻抗较小时由于分流作用会影响分压箱输出电压的测量准确度。

3 简述直流电桥误差检定方法及检定对象。

答：直流电桥误差检定方法可分为整体检定、按元件检定与半整体检定三种。

（1）整体检定。整体检定就是采用标准电阻用标准量具，将标准电阻箱接于被检电桥的

被测电阻 R_x 连接的端钮上，以标准电阻的实际值确定被检电阻的示值误差。整体检定与电桥测量方法相同，只是反过来判断电桥合格与否。低精度电桥大多采用这种方法检定。

（2）按元件检定。按元件检定是利用标准电阻去测量被检电桥各电阻元件的实际值，根据测量结果，通过计算的方法来确定被检电桥的整体误差。这种检定方法大多用于高精度电桥。

（3）半整体检定。半整体检定是上述两种检定方法的结合，即用整体检定方法检定电桥的比例臂，用按元件检定方法检定比较盘，通过计算确定电桥的误差。这种方法多用于中精度电桥。

4 什么是不确定度的 A 类评定?

答：不确定度的 A 类评定是指对规定测量条件下测得的量值用统计分析的方法进行的测量不确定度分量的评定。

5 什么是不确定度的 B 类评定?

答：不确定度的 B 类评定是指用不同于测量不确定度 A 类评定的方法对测量不确定度分量进行的评定。

6 什么是合成标准不确定度?

答：合成标准不确定度是指由在一个测量模型中各输入量的标准测量不确定度获得的输出量的标准测量不确定度。

7 什么是扩展不确定度?

答：扩展不确定度是合成标准测量不确定度与一个大于 1 的数字因子的乘积。

8 什么是测量不确定度?

答：根据所用到的信息，表征赋予被测量值分散新的非负参数，称为测量不确定度。

9 含有粗差的异常值如何处理和判别?

答：含有粗差的异常值应从测量数据中剔除。在测量过程中，若发现有的测量条件不符合要求，可将该测量数据从记录中划去，但须注明原因。

在测量进行后，要判断一个测量值是否异常，可用异常值发现准则，如格拉布斯准则、来伊达准则等。

10 发电企业电能计量技术机构应具备哪些计量标准的配置?

答：发电企业电能计量技术机构电能计量标准及试验设备的配置：

（1）0.05 级或 0.1 级三相电能表标准装置。

（2）0.05 级或 0.1 级电能表现场检验仪器。

（3）电压互感器二次回路压降测试仪（互感器二次负荷测试仪）。

（4）电能表绝缘强度试验、校核常数（走字）试验设备。

（5）电能计量装置检定、校准、检验、维修等操作所必备的工器具。
（6）其他仪器仪表及设备根据工作需求配置。

11 简述测量数据化整的通用方法。

答：测量数据化整的通用方法是，将测得的各次相对误差的平均值除以化整间距数，所得之商按数据修约规则化整，化整后的数字乘以化整间距数，所得的乘积即为最终结果。

12 测量中可能导致不确定度的来源一般有哪些？

答：（1）被测量的定义不完整。
（2）复现被测量的测量方法不理想。
（3）取样的代表性不够，即被测样本不能代表所定义的被测量。
（4）对测量过程受环境影响的认识不恰如其分或对环境的测量与控制不完善。
（5）对模拟式仪器的读数存在人为偏移。
（6）测量仪器的计量性能（如灵敏度、鉴别力、分辨力、死区及稳定性等）的局限性。
（7）测量标准或标准物质的不确定度。
（8）引用的数据或其他参量的不确定度。
（9）测量方法和测量程序的近似和假设。
（10）在相同条件下被测量在重复观测中的变化。

13 获得B类标准不确定度的信息来源一般有哪些？

答：（1）以前的观测数据。
（2）对有关技术资料和测量仪器特性的了解和经验。
（3）生产部门提供的技术说明文件。
（4）校准证书、检定证书或其他文件提供的数据、准确度的等级或级别，包括目前暂在使用的极限误差等。
（5）手册或某些资料给出的参考数据及其不确定度。规定实验方法的国家标准或类似技术文件中给出的重复性限 r 或复现性限 R。

第七节　检　定　装　置

1 高准确度等级的标准器为什么在送检前后要进行标准比对？

答：标准比对的目的是检查标准器的稳定性以及检查本单位的检定误差与上级单位的检定误差一致性。

2 简述高准确度等级的标准器的比对方法。

答：标准比对时，以标准器成组的平均值为标准，将标准组内的各个量具相互进行比较，测定其新值，与原有实际值相比，检查其变化情况。

3 电子式交流仪表检定装置由哪几部分组成?

答：电子式交流仪表检定装置一般由程控信号源，功率放大器，电流、电压互感器，量程转换开关及数字式电流、电压、功率标准表组成。

4 什么是完全平衡法？什么是不完全平衡法?

答：完全平衡法是指用指零仪指示为零而使测量线路达到平衡，其优点是不受电流变化的影响，测量迅速，可直核读数，但测量仪器需要有足够的读数位数。

不完全平衡法，也称内插法。测量线路处于不完全平衡状态，利用指零仪指示偏转读取测量值的尾数，优点是不要求测量仪器有足够的读数位数，但需要电流恒定，需要内插法计算。

5 整体检定电桥时应注意哪几个问题?

答：(1) 要注意连接导线电阻、开关接触电阻及标准电阻箱的残余电阻对检定结果带来的影响。

(2) 在整体检定四端式电桥时，跨线电阻不应超过制造厂的规定，当制造厂没有明确规定时，跨线电阻应不大于标准电阻与被检电阻和的1/5，但不得大于0.01Ω。

(3) 在检定四端式电桥时，如果标准电阻箱的调节细度不够，允许调节被检电桥最后一、二个测量盘，使电桥平衡。此时，电桥测得读数与标准电阻箱示值之差就是被检电桥示值的误差。

6 交流仪表检定装置的绝缘电阻和工频耐压是如何测定的?

答：装置的绝缘电阻用绝缘电阻表进行测定，通常采用1000V绝缘电阻表（标称电压小于或等于50V的辅助线路用500V绝缘电阻表)，所有电路与装置外露金属部分之间的绝缘电阻不应低于5MΩ。

装置的工频耐压用耐压试验仪进行测定，所有通电部分与不通电的外露金属部分之间，在温度为10～35℃，相对湿度于85%的条件下，应能承受50Hz正弦有效值为2000V的试验电压，历时1min；对标称电压小于或等于50V的辅助线路，应能承受50Hz正弦有效值为500V的试验电压，历时1min。电压输出线路与电流输出线路之间和不同相别的电流输出线路之间应能承受2倍额定电压的试验，但最低电压不小于600V。

7 交流仪表检定装置重复性如何测试？应注意哪些问题?

答：测量计量标准装置的重复性时，必须保证重复测量条件，即必须是同一测量程序，同一计量器具，同一观测者，在同一地点和统一使用条件下，在短时间的重复测量。测量时，应保证每个测量结果的独立性，每测完一次，取得一个数据后，关闭电源输出开关，拆除全部测量接线，将各调节旋钮恢复零位，旋动各转换开关，重复调节装置的标准表零位后，在进行下一次测量，取得另一个数据。

注意的问题：绝不能在以上条件均不变的情况下连续几次读数。用贝塞尔公式计算标准差。

8 修理数字电压表用的校验电源有哪些基本要求？

答：(1) 适当的输出范围及分档。

(2) 调节细度优于0.01%。

(3) 稳定度优于0.01%。

(4) 直流输出的交流纹波小于0.2%。

(5) 交流输出失真度小于0.2%。

9 交流仪表装置周期检定时输出电压稳定度如何测定？

答：(1) 选择测试仪表。选择一较为稳定的被测数字电压表，分辨率应不低于装置电量稳定度规定值的1/10，其标准差应不低于电量稳定度的1/5。

(2) 测试方法。

1) 在电压基本量限下接入最大、最小负载，在测量上限进行测定。

2) 将测试仪表接入检定装置中并通电，待装置和测试仪表达到热稳定后开始测试。

3) 连续测三组数据，每组测试时间为1min，每隔1～2s读取一个读数，按式（12-8）计量电量稳定度，即

$$\gamma_{\mathrm{w}}=\frac{1}{3}\sum_{i=1}^{3}\left(\frac{A_{\mathrm{kmax}}-A_{\mathrm{kmin}}}{A_{\mathrm{m}}}\right)\times 100\% \tag{12-8}$$

式中　A_{kmax}——第k组测得最大值；

A_{kmin}——第k组测得最小值；

A_{m}——所测量限的测量上限；

k——测量组数（k=1，2，3）。

10 移相器在电能表检定装置中起什么作用？

答：电能表在检定中，需要测定在不同功率因数下的误差，所以要借助移相器改变电能表的电压与电流之间的相位角。

11 电能表检定装置进行检定时，应满足哪些环境条件？

答：(1) 环境温度为（20±2）℃。

(2) 相对湿度要求小于85%。

(3) 试验室内应无腐蚀性气体、无振动、无尘、光照充足、防阳光辐射、无外磁场干扰。

12 电能表检定装置的周期检定项目有哪些？

答：(1) 一般检查。

(2) 测量绝缘电阻。

(3) 测定输出功率稳定度，输出电压、电流波形失真度。

(4) 检查监视仪表测定范围和准确度。

(5) 测定标准表与被试表电压端钮之间的电位差。

（6）测定装置的测量误差。

（7）测定装置的标准偏差估计值。

13 在对电工式检定装置的输出电流相序进行检查时，一般将电流量限选择开关放在什么位置？为什么？

答：在对电工式检定装置的输出电流相序进行检查时，一般将电流量限选择开关放在最小电流量限上。

这是因为升流器二次侧最小电流挡输出电压较高，便于相序表启动。

14 在检定电能表检定装置时，一般检查主要有哪些内容？

答：（1）查看技术文件和相关计量器具是否有有效期内的检定证书。

（2）检查标志和结构，应满足要求并无严重影响计量性能的缺陷。

15 直流仪表检定装置的检定项目有哪些内容？

答：（1）一般检查。

（2）测定电位差计工作电源的稳定度。

（3）测定绝缘电阻和检查漏电影响。

（4）测定杂散电势。

（5）测定电源稳定度和交流系数。

（6）测定电压回路和电流回路的引线电阻及开关接触变差。

（7）检查调节设备的覆盖性和调节细度。

（8）监视仪表的检查。

（9）进行检查性的试验。

（10）综合误差的计算。

16 交流仪表检定装置的检定项目有哪些内容？

答：（1）测定绝缘电阻。

（2）检查相序。

（3）测定输出电压、电流、功率、频率稳定度及输出电压、电流波形畸变系数。

（4）检查电压调节器和电流调节器工作情况。

（5）检查移相器的移相范围。

（6）检验标准表、监视仪表及标准互感器。

（7）测定综合误差。

（8）进行检查性试验（比对试验）。